普通高等教育“十三五”精品教材

江西省普通高等学校优秀教材

微积分

主　编○刘二根　盛梅波　范自柱

副主编○任飞正　万洛简　叶晓峰

西南交通大学出版社

·成　都·

图书在版编目（CIP）数据

微积分 / 刘二根，盛梅波，范自柱主编. 一成都：西南交通大学出版社，2020.7（2022.8 重印）
ISBN 978-7-5643-7484-6

Ⅰ. ①微… Ⅱ. ①刘… ②盛… ③范… Ⅲ. ①微积分－高等学校－教材 Ⅳ. ①O172

中国版本图书馆 CIP 数据核字（2020）第 108745 号

Weijifen
微积分

刘二根
盛梅波 主编
范自柱

责任编辑 张宝华
封面设计 何东琳设计工作室

印张：18.5 字数：462千
成品尺寸：185 mm × 260 mm
版次：2020年7月第1版
印次：2022年8月第2次
印刷：成都蓉军广告印务有限责任公司
书号：ISBN 978-7-5643-7484-6

出版发行：西南交通大学出版社
网址：http://www.xnjdcbs.com
地址：四川省成都市金牛区二环路北一段111号
西南交通大学创新大厦21楼
邮政编码：610031
发行部电话：028-87600564 028-87600533
定价：46.00元

课件咨询电话：028-81435775
图书如有印装质量问题 本社负责退换

前　言

“微积分”是普通高等学校经济管理类各专业重要基础课之一，是学习其他数学课程和经济管理类课程必备的数学基础，是培养抽象思维能力、逻辑推理与判断能力、几何直观和空间想象能力、熟练的运算能力、初步的数学建模能力以及综合运用所学的知识分析和解决实际应用问题能力的强有力的数学工具.

本书按照普通高等学校经济管理类专业微积分课程的教学大纲及考研大纲，根据面向 21 世纪经济管理类数学教学内容和课程体系改革的基本精神编写而成. 内容包括函数、极限与连续、导数与微分、中值定理与导数应用、不定积分、定积分、定积分应用、多元函数微分学、二重积分、无穷级数、常微分方程与差分方程及附录一：基础知识、附录二：Mathematica 软件介绍与数学实验. 每节配有习题、每章配有复习题，书末附有习题及复习题的参考答案.

在编写过程中，考虑到经济管理类专业有相当一部分学生学文科，我们把本课程涉及的中学数学中的一些重要公式，特别是三角函数及反三角函数的一些公式，极坐标等知识作为附录一一列出，以方便学生查用. 每章的复习题中都精选了近年来全国硕士研究生入学考试的部分数学试题，它可作为学生课后学习辅导、提高训练及考研训练之用.

参加本书编写工作的有刘二根、盛梅波、范自柱、任飞正、万洛简、叶晓峰、吴泽九、胡新根、王广超、朱惠倩. 由刘二根对全书进行统稿.

由于编者水平有限，加上时间仓促，不足之处在所难免，恳请读者批评指正.

编　者

2020 年 3 月

目　录

第一章　函数、极限与连续

初等数学的研究对象基本上是不变的量，而高等数学的研究对象是变动的量．函数是高等数学的主要研究对象，极限是微积分的理论基础，极限方法是研究变量的一种基本方法，而连续是函数的一个重要性态．本章将介绍函数、极限与连续的基本概念、基本方法以及一些性质．

第一节　函　数

一、集　合

1．集合概念

集合是数学的一个重要概念，下面通过几个例子来理解它．例如，一个专业的学生、一批灯泡、全体实数等，这些由某种特定事物组成的集体就是集合．一般地，具有某种特定性质的事物的总体称为**集合**，通常用大写英文字母如 A，B，C 等表示．而组成集合的事物称为集合的**元素**，用小写英文字母如 a，b，c 表示．如果 a 是集合 A 的元素，就说 a 属于 A，记为 $a\in A$．如果 a 不是集合 A 的元素，就说 a 不属于 A，记为 $a\notin A$ 或 $a\,\overline{\in}\,A$．由有限个元素组成的集合称为**有限集**，由无限个元素组成的集合称为**无限集**.

下面举几个集合的例子．

（1）某大学 2020 级的全体学生．　　（2）不等式 $x^2-6x+8<0$ 的所有解．

（3）全体有理数．　　（4）抛物线 $y=x^2-3x+2$ 上所有的点．

2．集合的表示

（1）列举法：把集合的所有元素一一列举出来，并用 $\{\ \}$ 括起来．例如，由 a,b,c,d,e,f 组成的集合 A，可表示为 $A=\{a, b, c, d, e, f\}$．

（2）描述法：若集合 A 是由具有某种性质 P 的元素 x 的全体所组成，那么 A 可表示为 $A=\{x\mid x\text{具有性质}P\}$．例如，$A=\{x\mid x^2-6x+8<0\}$．

对于数集，下面介绍几个特殊的数集及其记法：

全体非负整数，即自然数构成的集合记为 $\mathbf{N}$，即 $\mathbf{N}=\{0, 1, 2, \cdots, n, \cdots\}$．

全体正整数构成的集合记为 $\mathbf{Z}^+$，即 $\mathbf{Z}^+=\{1, 2, \cdots, n, \cdots\}$．

全体整数构成的集合记为 $\mathbf{Z}$，即 $\mathbf{Z}=\{\cdots, -n, \cdots, -2, -1, 0, 1, 2, \cdots, n, \cdots\}$．

全体有理数构成的集合记为 $\mathbf{Q}$，即 $\mathbf{Q}=\left\{\dfrac{p}{q}\middle| p\in\mathbf{Z}, q\in\mathbf{Z}^+,\text{且 } p\text{ 与 }q\text{ 互质}\right\}$．

全体实数构成的集合记为 $\mathbf{R}$，全体正实数构成的集合记为 $\mathbf{R}^+$，全体复数构成的集合记为 $\mathbf{C}$.

3．子集

设 A，B 是两个集合，如果集合 A 的所有元素都是集合 B 的元素，即若 $x\in A$，必有 $x\in B$，则称 A 是 B 的**子集**，记为 $A\subset B$（读作 A 包含于 B）或 $B\supset A$（读作 B 包含 A）．

如果集合 A 与集合 B 互为子集，即 $A \subset B$ 且 $B \subset A$，则称集合 A 与集合 B **相等**，记为 $A = B$. 例如，设 $A = \{x \mid 1 < x < 2\}$，$B = \{x \mid x^2 - 3x + 2 < 0\}$，则 $A = B$.

若 $A \subset B$ 且 $A \neq B$，则称 A 是 B 的**真子集**，记为 $A \subsetneq B$．例如，$\mathbf{N} \subsetneq \mathbf{Z} \subsetneq \mathbf{Q} \subsetneq \mathbf{R}$．

不含任何元素的集合称为空集，记为 $\varnothing$. 规定：空集是任何集合的子集.

4．集合的运算

（1）并：设 A，B 是两个集合，由所有属于 A 或者属于 B 的元素组成的集合称为 A 与 B 的**并集**（简称并），记为 $A \cup B$，即

$$A \cup B = \left\{ x \middle| x \in A\text{或}x \in B \right\}.$$

（2）交：设 A，B 是两个集合，由所有既属于 A 又属于 B 的元素组成的集合称为 A 与 B 的**交集**（简称交），记为 $A \cap B$，即

$$A \cap B = \left\{ x \middle| x \in A\text{且}x \in B \right\}.$$

（3）差：设 A，B 是两个集合，由所有属于 A 而不属于 B 的元素组成的集合称为 A 与 B 的**差集**（简称差），记为 $A \setminus B$，即

$$A \setminus B = \left\{ x \middle| x \in A\text{且}x \notin B \right\}.$$

如果所研究的某个问题限定在一个大的集合 I 中进行，而所研究的其他集合 A 都是 I 的子集，则称集合 I 为**全集**，$I \setminus A$ 为 A 的**余集或补集**，记为 $\overline{A}$ 或 A^C.

例如，设 $A = \{1, 2, 3, 4, 5, 6\}$，$B = \{1, 3, 5, 7\}$，　$I = \{1, 2, 3, 4, 5, 6, 7, 8, 9, 10\}$，则

$$A \cup B = \{1, 2, 3, 4, 5, 6, 7\}，\quad A \cap B = \{1, 3, 5\}；$$

$$A \setminus B = \{2, 4, 6\}，\quad B \setminus A = \{7\}；$$

$$\overline{A} = \{7, 8, 9, 10\}，\quad \overline{B} = \{2, 4, 6, 8, 9, 10\}.$$

（4）集合运算规律.

设 A，B，C 为任意三个集合，则

① 交换律：$A \cup B = B \cup A$，$A \cap B = B \cap A$.

② 结合律：$(A \cup B) \cup C = A \cup (B \cup C)$，$(A \cap B) \cap C = A \cap (B \cap C)$.

③ 分配律：$(A \cup B) \cap C = (A \cap C) \cup (B \cap C)$，$(A \cap B) \cup C = (A \cup C) \cap (B \cup C)$.

④ 对偶律：$\overline{A \cup B} = \overline{A} \cap \overline{B}$，$\overline{A \cap B} = \overline{A} \cup \overline{B}$.

以上规律都可以根据集合运算及相等的定义证明.

5．区间和邻域

（1）区间.

区间是微积分中常用的实数集．设 a 和 b 为实数，且 $a < b$，数集 $\left\{ x \middle| a < x < b \right\}$ 称为**开区间**，记为 (a, b)，即

$$(a, b) = \left\{ x \middle| a < x < b \right\}.$$

其中 a 和 b 称为开区间 (a, b) 的端点.

类似可定义闭区间和半开半闭区间：

闭区间：$[a,b]=\{x|a\leqslant x\leqslant b\}$.

半开半闭区间：$[a,b)=\{x|a\leqslant x<b\}$，$(a,b]=\{x|a<x\leqslant b\}$.

以上区间称为**有限区间**，而数 $b-a$ 称为这些区间的**长度**. 另外，我们还可以定义无限区间，为此引入记号 $+\infty$（读作正无穷大）及 $-\infty$（读作负无穷大），则可以如下定义**无限区间**：

$$(a,+\infty)=\{x|x>a\},\quad [a,+\infty)=\{x|x\geqslant a\};$$

$$(-\infty,b)=\{x|x<b\},\quad (-\infty,b]=\{x|x\leqslant b\};\quad (-\infty,+\infty)=\mathbf{R}.$$

有限区间和无限区间都可以在数轴上表示，例如，图 1-1 (a), (b), (c), (d) 分别表示区间 (a,b), $[a,b]$, $[a,+\infty)$, $(-\infty,b)$.

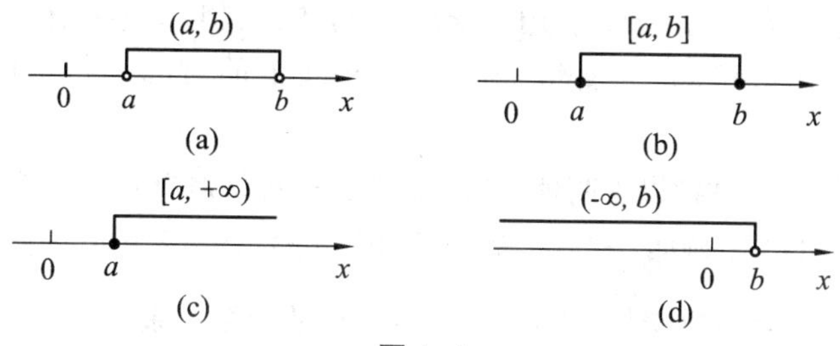

图 1–1

（2）邻域.

邻域是微积分中常用的实数集，它是一类特殊的区间. 设 a 和 δ 为实数，且 $\delta>0$，数集 $\{x||x-a|<\delta\}$ 称为以点 a 中心、δ 为半径的**邻域**，记为 $U(a,\delta)$，即

$$U(a,\delta)=\{x||x-a|<\delta\}.$$

$U(a,\delta)$ 还可以表示为

$$U(a,\delta)=(a-\delta,a+\delta).$$

如果不需要指出其半径，则 $U(a,\delta)$ 可简记为 $U(a)$.

点 a 的 δ 邻域 $U(a,\delta)$ 在数轴上表示为图 1-2.

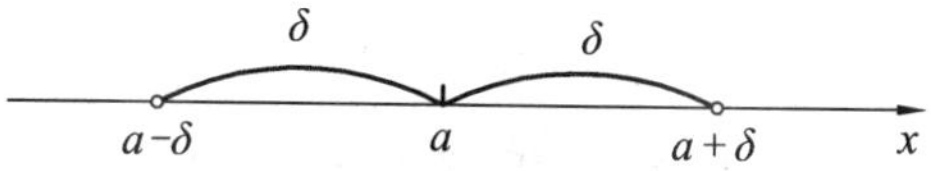

图 1–2

有时用到的邻域要把中心去掉，点 a 的 δ 邻域去掉中心 a 后称为点 a 的**去心 δ 邻域**，记为 $\mathring{U}(a,\delta)$，即

$$\mathring{U}(a,\delta)=\{x|0<|x-a|<\delta\}.$$

二、函　数

1．函数的概念

定义 1.1　设 D 是一个非空数集，如果存在一个法则 f，使得对 D 中每一个元素 x，按照法则 f，都有一个确定的实数 y 与之对应，则称 f 为定义在 D 上的**函数**，记为

$$y=f(x),$$

其中 x 称为**自变量**，y 称为**因变量**，数集 D 称为函数的**定义域**，记为 D_f，即 $D_f=D$.

对 $x_0 \in D$，按照法则 f，有确定的值 y_0（记为 $f(x_0)$）与之对应，称 $f(x_0)$为函数在点 x_0 处的**函数值**，还可记为$y\big|_{x=x_0}$．所有函数值的集合称为函数的**值域**，记为 R_f，即

$$R_f = \left\{ y \middle| y = f(x), x \in D \right\}.$$

函数的定义域和对应法则是确定函数的两个要素，当两个函数的定义域和对应法则均相同时，称这两个函数**相等**.

例 1 下列各对函数是否相同?

（1）$f(x) = \dfrac{x^2 - 1}{x - 1}$ 与 $g(x) = x + 1$；（2）$f(x) = \lg x^2$ 与 $g(x) = 2\lg|x|$.

解 （1）因为 $f(x)$ 的定义域为 $(-\infty, 1) \cup (1, +\infty)$，$g(x)$ 的定义域为 $(-\infty, +\infty)$，所以 $f(x)$ 与 $g(x)$ 的定义域不同，故 $f(x)$与$g(x)$ 不相同.

（2）因为 $f(x)$ 的定义域为 $(-\infty, 0) \cup (0, +\infty)$，$g(x)$ 的定义域为 $(-\infty, 0) \cup (0, +\infty)$，所以 $f(x)$ 与 $g(x)$ 的定义域相同．又 $f(x) = 2\lg|x|$，所以 $f(x)$与$g(x)$ 的对应法则也相同．故 $f(x)$与$g(x)$ 相同.

关于函数的定义域，通常按以下两种情形来确定：一种是对有实际背景的函数，需根据实际背景中变量的实际意义确定. 例如，在自由落体运动中，设物体下落的时间为 t，下落的距离为 s，开始下落的时刻 $t = 0$，落地的时刻 $t = T$，则 s 与 t 之间的函数关系是 $s = \dfrac{1}{2}gt^2, t \in [0, T]$．则这个函数的定义域就是区间 $[0, T]$．另一种是对用算式表达的函数，通常约定这种函数的定义域是使得算式有意义的一切实数组成的集合，这种定义域称为函数的自然定义域．例如，函数 $y = \sqrt{1 - x^2}$ 的定义域是闭区间 $[-1, 1]$，函数 $y = \dfrac{1}{\sqrt{1 - x^2}}$ 的定义域是开区间 $(-1, 1)$.

例 2 求下列函数的定义域.

（1）$f(x) = \lg(x - 1) + \sqrt{4 - x^2}$；（2）$f(x) = \arcsin(x - 2) + \dfrac{1}{x - 3}$.

解（1）要使函数有意义，必须满足

$$\begin{cases} x - 1 > 0, \\ 4 - x^2 \geqslant 0. \end{cases}$$

解不等式，得 $\begin{cases} x > 1, \\ -2 \leqslant x \leqslant 2. \end{cases}$ 所以$1 < x \leqslant 2$，故所求定义域为 $D_f = (1, 2]$.

（2）要使函数有意义，必须满足

$$\begin{cases} |x - 2| \leqslant 1, \\ x - 3 \neq 0. \end{cases}$$

解不等式，得 $\begin{cases} 1 \leqslant x \leqslant 3, \\ x \neq 3. \end{cases}$ 所以$1 \leqslant x < 3$，故所求定义域为 $D_f = [1, 3)$.

在函数的定义中，对每个 $x \in D_f$，对应的函数值 y 总是唯一的，这样的函数称为**单值函数**；否则，称为**多值函数**．例如，方程 $x^2 + y^2 = r^2$ 在闭区间 $[-r, r]$ 上确定了以 x 为自变量、y 为因变量的函数，但对每个 $x \in (-r, r)$，对应的 y 有两个值 $y = \pm\sqrt{r^2 - x^2}$，所以此方程确定了一个多值函数．一般若无特别说明，本教材中的函数均指单值函数.

表示函数的方法主要有三种：表格法、图形法、解析法（公式法）．这在中学里大家已经熟

悉了．其中用图形法表示函数是基于函数图形的概念，即坐标平面上的点集

$$W=\{(x,y)\,|\,y=f(x),x\in D_f\}$$

称为函数 $y=f(x)$ 的**图形**（见图 1-3）．

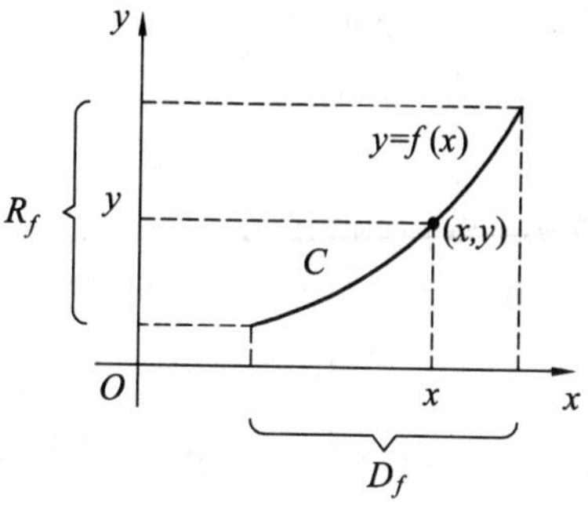

图 1-3

根据函数解析式的不同形式，函数又分为显函数、隐函数、分段函数．

（1）显函数：函数 y 由 x 的解析表达式直接给出．例如，$y=x+\sin x$．

（2）隐函数：函数的因变量 y 与自变量 x 的对应关系由方程 $F(x,y)=0$ 给出．例如，$y=\ln(x+y)$．

（3）分段函数：函数在定义域的不同变化范围内，具有不同的解析表达式．下面介绍几个分段函数．

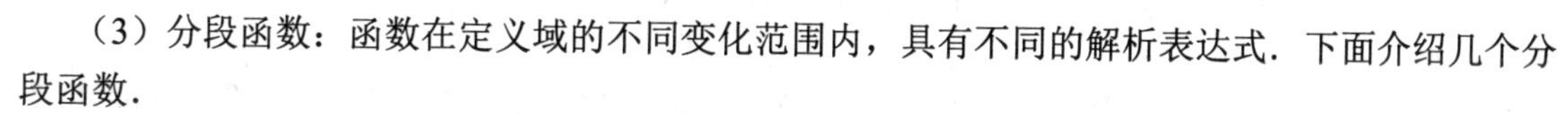

例 3　绝对值函数

$$y=|x|=\begin{cases}x, & x\geqslant 0,\\ -x, & x<0.\end{cases}$$

其定义域为 $D_f=(-\infty,+\infty)$，值域为 $R_f=[0,+\infty)$，图形如图 1-4 所示．

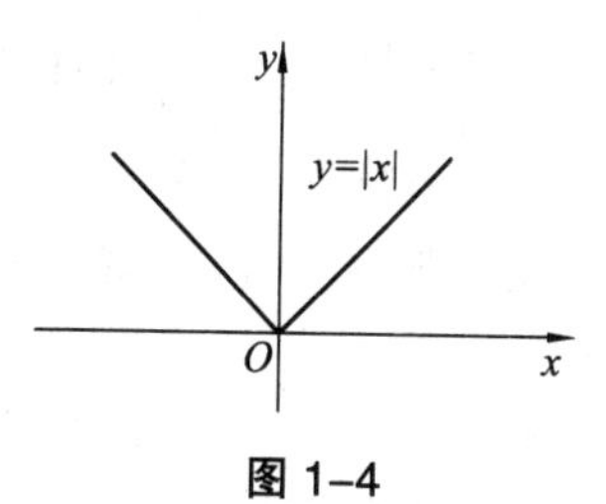

图 1-4

例 4　符号函数

$$y=\operatorname{sgn}x=\begin{cases}1, & x>0,\\ 0, & x=0,\\ -1, & x<0.\end{cases}$$

其定义域为 $D_f=(-\infty,+\infty)$，值域为 $R_f=\{-1,0,1\}$，图形如图 1-5 所示．

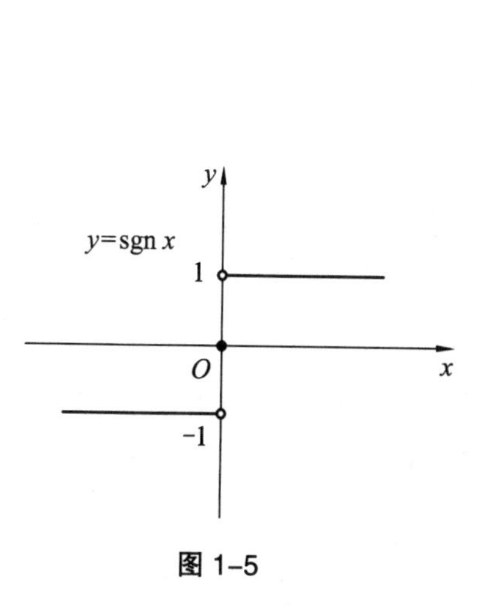

图 1-5

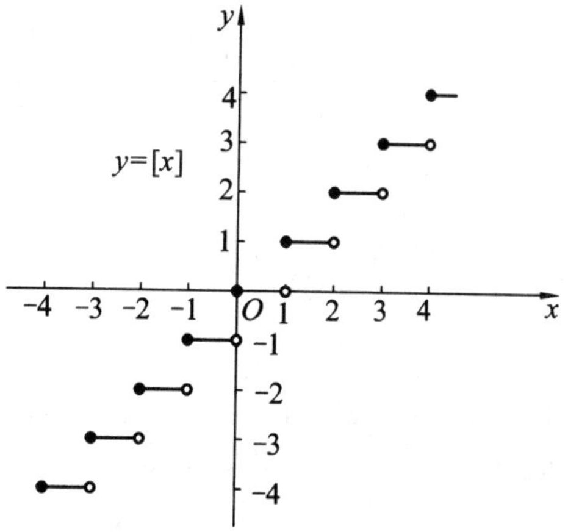

图 1-6

例 5　取整函数

$$y=[x],$$

其中 $[x]$ 表示不超过 x 的最大整数．例如，$[2.4]=2,\ [0.3]=0,\ [-2.3]=-3$．

取整函数 $y=[x]$ 的定义域为 $D_f=(-\infty,+\infty)$，值域为 $R_f=\mathbf{Z}$，图形如图 1-6 所示．

2．函数的特性

（1）函数的有界性．

设函数 $f(x)$ 的定义域为 D，数集 $X\subset D$，如果存在正数 M，使对一切 $x\in X$，有

$$|f(x)|\leqslant M,$$

则称函数 $f(x)$ 在 X 上**有界**；否则，称函数 $f(x)$ 在 X 上**无界**．若 $X=D$，则称 $f(x)$ 为**有界函数**．

函数 $f(x)$ 无界，就是说对任何正数 M，总存在 $x_0\in X$，使 $|f(x_0)|>M$．

例如，① 函数 $f(x)=\sin x$ 在 $(-\infty,+\infty)$ 上有界，因为 $|\sin x|\leqslant 1$．

② 函数 $f(x)=\dfrac{1}{x}$ 在开区间 $(0,1)$ 无界．因为对任意 $M>0$，要使

$$|f(x)|=\left|\frac{1}{x}\right|=\frac{1}{x}>M,$$

只要 $x<\dfrac{1}{M}$，取 $x_0=\dfrac{1}{1+M}$，则 $x_0\in(0,1)$，且 $|f(x_0)|=1+M>M$，所以函数 $f(x)=\dfrac{1}{x}$ 在开区间 $(0,1)$ 无界．但函数 $f(x)=\dfrac{1}{x}$ 在 $(1,2)$ 内是有界的．

（2）函数的单调性．

设函数 $f(x)$ 的定义域为 D，区间 $I\subset D$．若对任意 $x_1,x_2\in I$，且 $x_1<x_2$，有

$$f(x_1)<f(x_2),$$

则称函数 $f(x)$ 在区间 I 上**单调增加**（见图 1-7），区间 I 称为 $f(x)$ 的**单调增加区间**．

设函数 $f(x)$ 的定义域为 D，区间 $I\subset D$．若对任意 $x_1,x_2\in I$，且 $x_1<x_2$，有

$$f(x_1)>f(x_2),$$

则称函数 $f(x)$ 在区间 I 上**单调减少**（见图 1-8），区间 I 称为 $f(x)$ 的**单调减少区间**．

单调增加和单调减少的函数统称为**单调函数**．

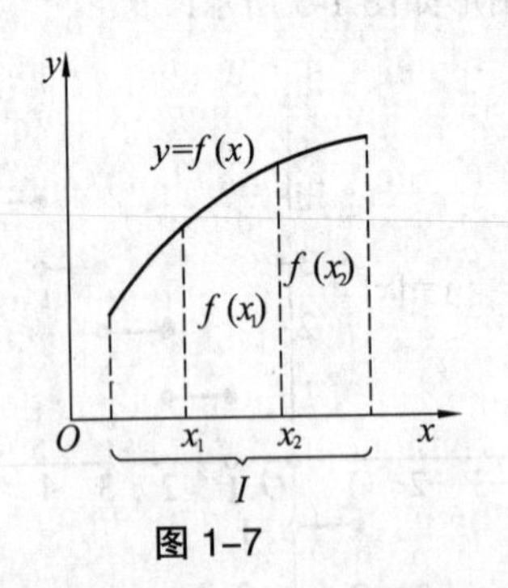

图 1–7

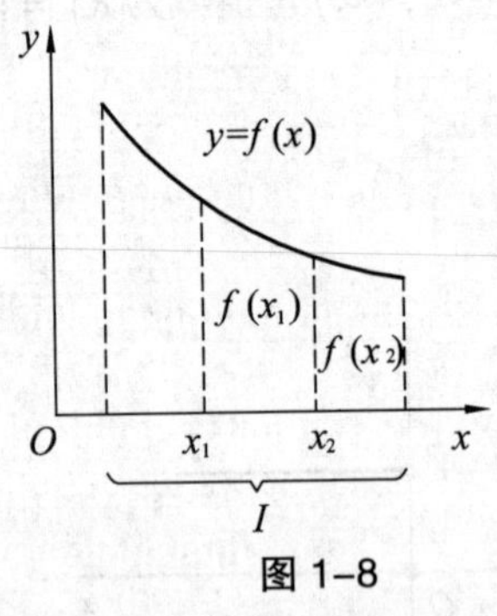

图 1–8

例如，函数 $y=x^2$ 在区间 $(-\infty,0]$ 上是单调减少的，在区间 $[0,+\infty)$ 上是单调增加的，在 $(-\infty,+\infty)$ 上不是单调函数（见图 1-9）．而函数 $y=x^3$ 在 $(-\infty,+\infty)$ 上是单调增加的（见图 1-10）．

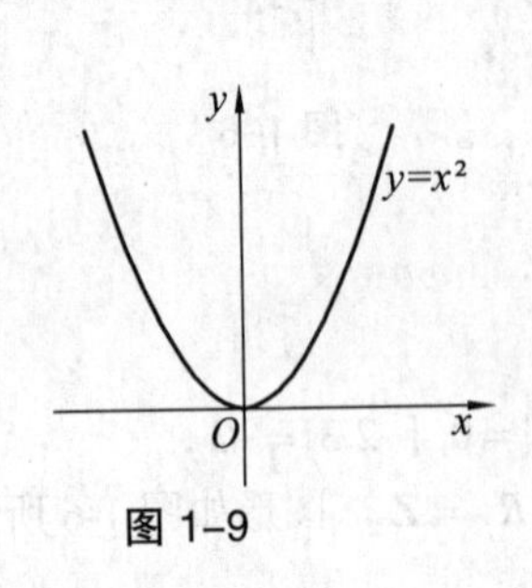

图 1–9

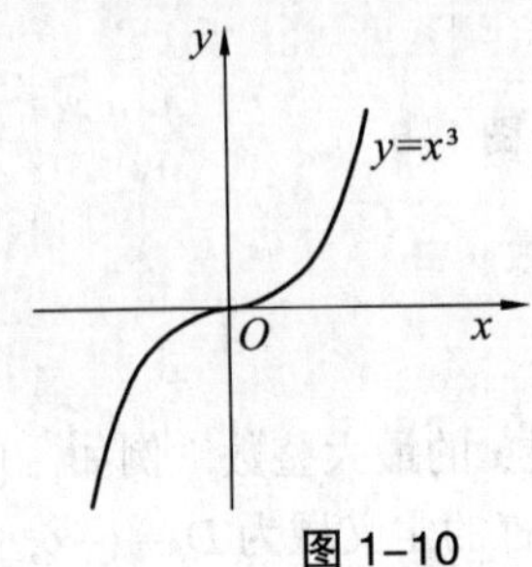

图 1–10

（3）函数的奇偶性.

设函数 $f(x)$ 的定义域 D 关于原点对称，若对于任一 $x\in D$，有

$$f(-x)=-f(x),$$

则称 $f(x)$ 为**奇函数**. 若对于任一 $x\in D$，有

$$f(-x)=f(x),$$

则称 $f(x)$ 为**偶函数**.

奇函数的图形关于原点对称（见图 1-11），偶函数的图形关于 y 轴对称（见图 1-12）.

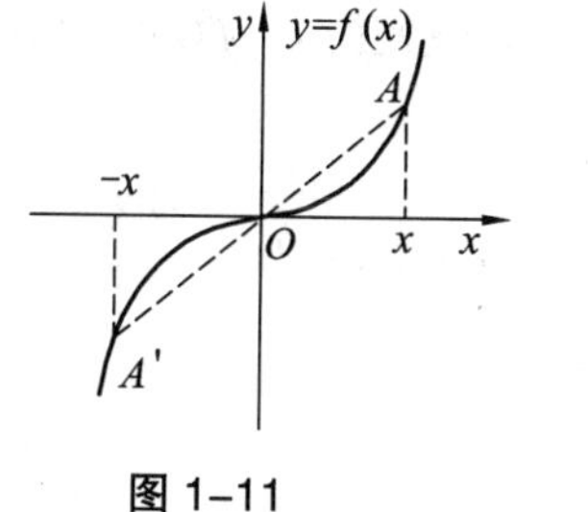

图 1–11

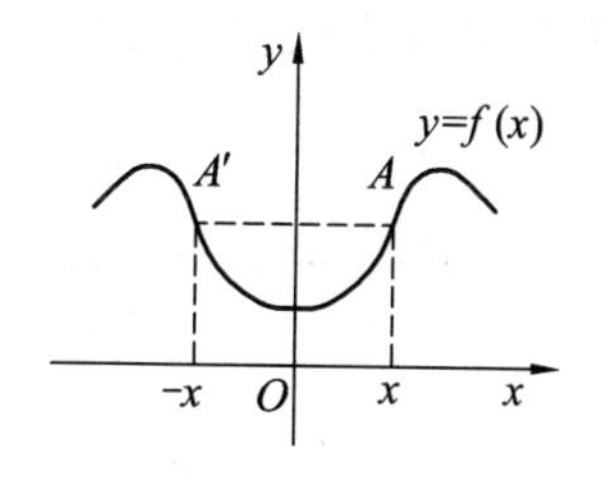

图 1–12

函数 $y=\sin x$，$y=x^3$ 都是奇函数，$y=\cos x$，$y=x^2$ 是偶函数，而 $y=\sin x+\cos x$ 是非奇非偶函数.

例 6　判断 $f(x)=\ln(\sqrt{1+x^2}-x)$ 的奇偶性.

解　因为 $f(x)$ 的定义域为 $(-\infty,+\infty)$，且

$$f(-x)=\ln[\sqrt{1+(-x)^2}-(-x)]=\ln(\sqrt{1+x^2}+x)$$

$$=\ln\frac{1}{\sqrt{1+x^2}-x}=-\ln(\sqrt{1+x^2}-x)=-f(x),$$

所以 $f(x)$ 为奇函数.

（4）函数的周期性.

设函数 $f(x)$ 的定义域为 D，若存在一个正数 T，使得对于任一 $x\in D$，有 $x+T\in D$，且

$$f(x+T)=f(x),$$

则称 $f(x)$ 为**周期函数**，T 称为 $f(x)$ 的一个**周期**.

显然，若 T 为函数 $f(x)$ 的一个周期，则 $nT\ (n\in\mathbf{Z}^+)$ 也为 $f(x)$ 的周期. 通常我们所说的周期是指最小正周期. 例如，$y=\sin x$，$y=\cos x$ 的周期为 2π，$y=\tan x$，$y=\cot x$ 的周期为 π.

周期函数的图形特点：在函数的定义域内，每个长度为 T 的区间上，函数的图形有相同的形状（见图 1-13）.

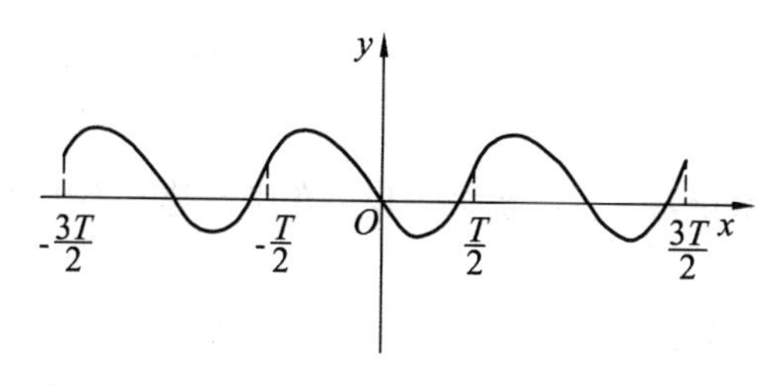

图 1–13

3．反函数与复合函数

（1）反函数.

设函数 $y=f(x)$ 的定义域为 D_f，值域为 R_f，若对任一个 $y\in R_f$，存在确定的 $x\in D_f$ 与 y 对应，且满足关系式 $y=f(x)$，则在 R_f 上定义了一个函数，称之为 $y=f(x)$ 的**反函数**，记为

$$x=\varphi(y) \quad \text{或} \quad x=f^{-1}(y).$$

而原来的函数 $y=f(x)$ 称为**直接函数**.

函数 $y=f(x)$ 中，x 为自变量，y 为因变量，定义域为 D_f，值域为 R_f.

函数 $x=f^{-1}(y)$ 中，y 为自变量，x 为因变量，定义域为 R_f，值域为 D_f.

一般地，习惯用 x 表示自变量，y 表示因变量，于是我们把 $y=f(x)(x\in D_f)$ 的反函数记为

$$y=f^{-1}(x) \quad (x\in R_f).$$

函数 $y=f(x)$ 与它的反函数 $y=f^{-1}(x)$ 的图形关于直线 $y=x$ 对称（见图 1-14）.

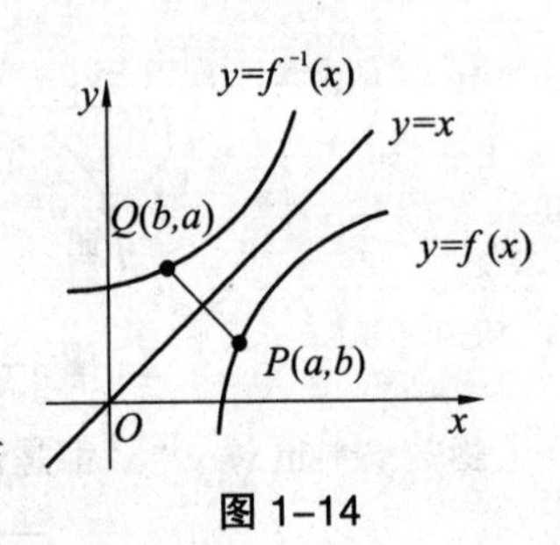

图 1–14

例 7 求函数 $y=\dfrac{e^x-e^{-x}}{2}$ 的反函数.

解 由 $y=\dfrac{e^x-e^{-x}}{2}$，得 $2y=e^x-e^{-x}$，即 $(e^x)^2-2ye^x-1=0$. 从而

$$e^x=\frac{2y+\sqrt{4y^2+4}}{2}=y+\sqrt{1+y^2},$$

于是

$$x=\ln(y+\sqrt{1+y^2}),$$

故所求反函数为

$$y=\ln(x+\sqrt{1+x^2}).$$

（2）复合函数.

设函数 $y=f(u)$ 的定义域为 D_f，函数 $u=\varphi(x)$ 的值域为 R_φ，若 $D_f\cap R_\varphi\neq\varnothing$，则称函数

$$y=f[\varphi(x)]$$

为**复合函数**，其中 x 为自变量，y 为因变量，而 u 称为**中间变量**.

例如，函数 $y=\sin u$ 与 $u=x^2+1$ 的复合函数为 $y=\sin(x^2+1)$. 不是任何两个函数都能复合成一个复合函数，如，$y=f(u)=\arcsin u$ 与 $u=\varphi(x)=x^2+2$ 就不能复合成一个复合函数，因为 $D_f=[-1,1]$，$R_\varphi=[2,+\infty)$，$D_f\cap R_\varphi=\varnothing$.

利用复合函数的概念，可以将一个复杂函数看成由几个简单函数复合而成，以便于对函数进行研究. 例如，函数 $y=\sin e^{x+1}$ 可以看成 $y=\sin u$，$u=e^v$，$v=x+1$ 三个函数复合而成.

三、初等函数

1．基本初等函数

幂函数、指数函数、对数函数、三角函数、反三角函数等 5 类函数统称为**基本初等函数**. 下面分别进行介绍.

（1）幂函数：$y=x^\mu$（μ 为实数).

定义域依 μ 的取值而定，但不论 μ 取何值，$y=x^\mu$ 在 $(0,+\infty)$ 都有定义，且图形都经过点 $(1,1)$.

例如，$y=x^2$，$y=x^{\frac{2}{3}}$ 的定义域为 $(-\infty,+\infty)$，图形关于 y 轴对称（见图 1-15）.

$y=x^3$，$y=x^{\frac{1}{3}}$ 的定义域为 $(-\infty,+\infty)$，图形关于原点对称（见图 1-16）.

$y=\dfrac{1}{x}$ 的定义域为 $(-\infty,0)\cup(0,+\infty)$，图形关于原点对称（见图 1-17）.

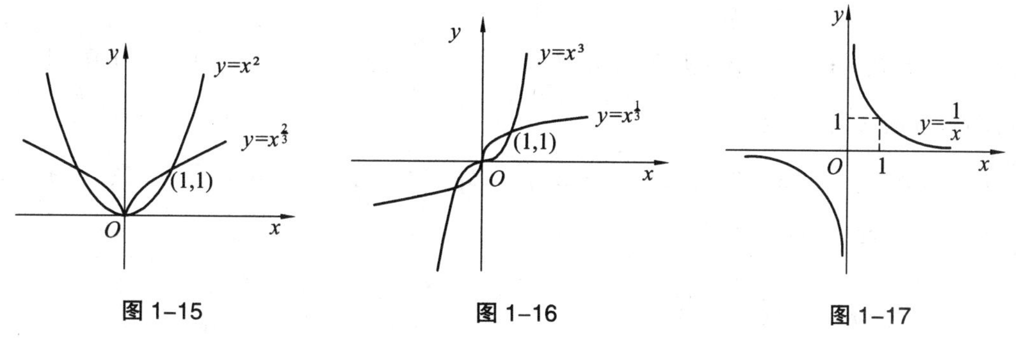

图 1–15　　图 1–16　　图 1–17

（2）指数函数：$y=a^x\ (a>0,a\neq 1)$.

特别地，有 $y=\mathrm{e}^x$，其中 $\mathrm{e}=2.718\,281\,828\,459\cdots$ 为无理数.

定义域为 $(-\infty,+\infty)$，值域为 $(0,+\infty)$，图形都通过点 $(0,1)$．当 $a>1$ 时，函数 $y=a^x$ 单调增加；当 $0<a<1$ 时，函数 $y=a^x$ 单调减少（见图 1-18）.

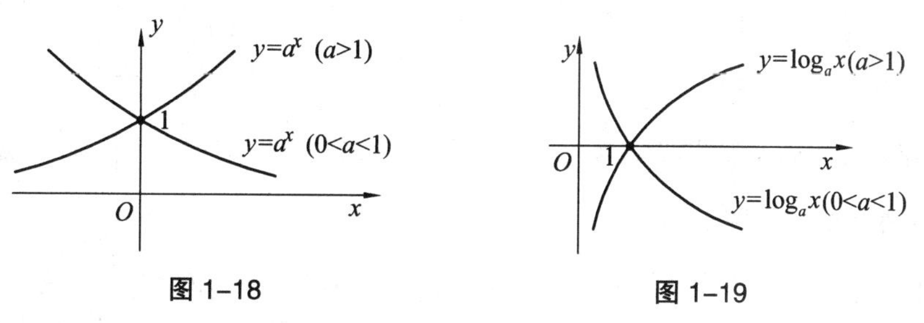

图 1–18　　图 1–19

（3）对数函数：$y=\log_a x\ (a>0,a\neq 1)$.

特别地，当 $a=\mathrm{e}$ 时，对数函数记为 $y=\ln x$.

定义域为 $(0,+\infty)$，值域为 $(-\infty,+\infty)$，图形都通过点 $(1,0)$．当 $a>1$ 时，函数 $y=\log_a x$ 单调增加；当 $0<a<1$ 时，函数 $y=\log_a x$ 单调减少（见图 1-19）．对数函数与指数函数互为反函数.

（4）三角函数：$y=\sin x$，$y=\cos x$，$y=\tan x$，$y=\cot x$，$y=\sec x$，$y=\csc x$.

① 正弦函数 $y=\sin x$，定义域为 $(-\infty,+\infty)$，值域为 $[-1,1]$，是奇函数且以 2π 为周期的周期函数（见图 1-20）.

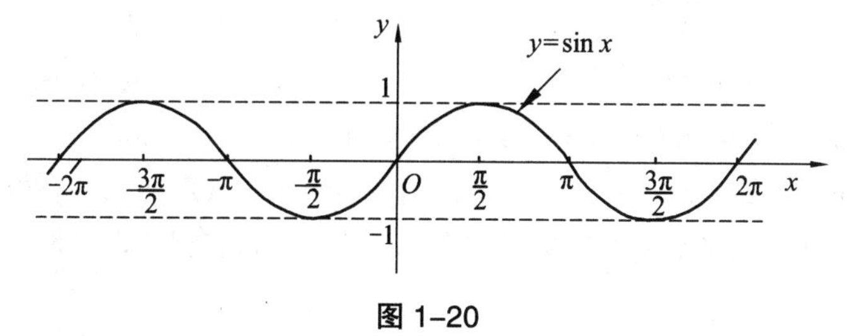

图 1–20

② 余弦函数 $y=\cos x$，定义域为 $(-\infty,+\infty)$，值域为 $[-1,1]$，是偶函数且以 2π 为周期的周期函数（见图 1-21）.

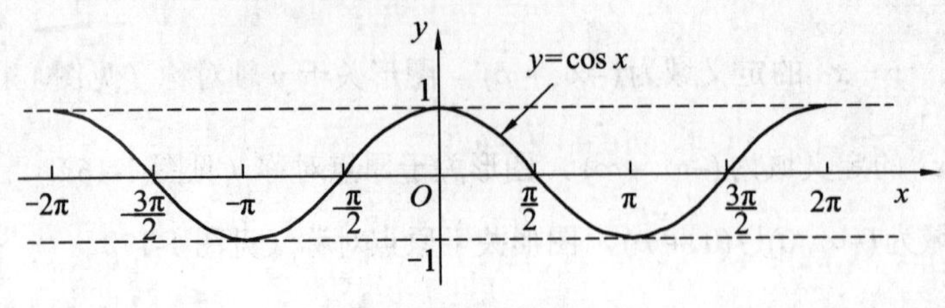

图 1–21

③ 正切函数 $y=\tan x$，定义域为$\left\{x\middle|x\neq k\pi+\dfrac{\pi}{2},k\in\mathbf{Z}\right\}$，值域为$(-\infty,+\infty)$，是奇函数且以π为周期的周期函数（见图 1-22）.

④ 余切函数 $y=\cot x$，定义域为$\{x|x\neq k\pi,k\in\mathbf{Z}\}$，值域为$(-\infty,+\infty)$，是奇函数且以π为周期的周期函数（见图 1-23）.

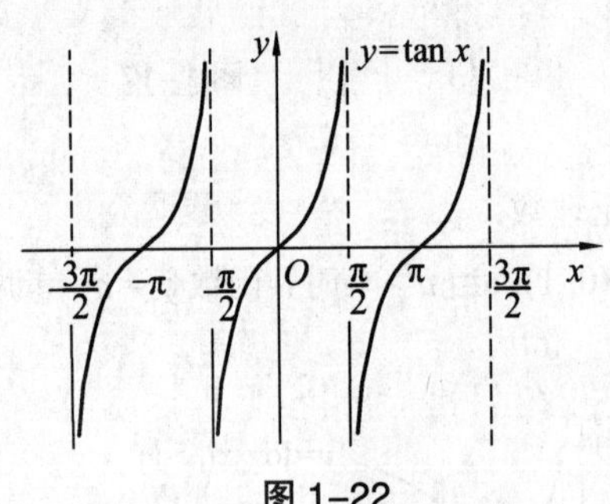

图 1–22

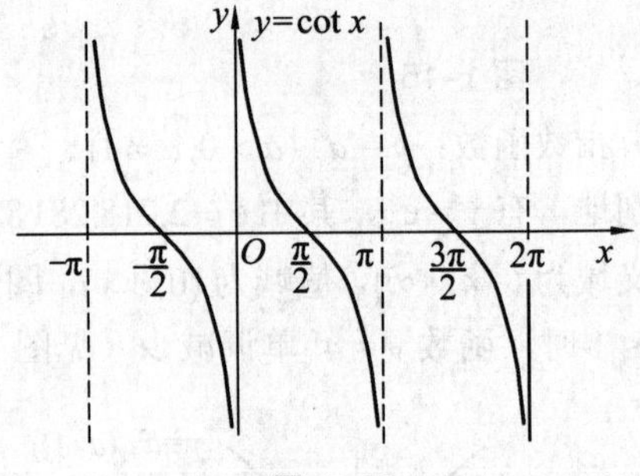

图 1–23

⑤ 正割函数 $y=\sec x$，定义域为$\left\{x\middle|x\neq k\pi+\dfrac{\pi}{2},k\in\mathbf{Z}\right\}$，值域为$\{y\,|\,|y|\geqslant 1\}$，是偶函数且以2π 为周期的周期函数（见图 1-24）.

⑥ 余割函数 $y=\csc x$，定义域为$\{x|x\neq k\pi,k\in\mathbf{Z}\}$，值域为$\{y\,|\,|y|\geqslant 1\}$，是奇函数且以 2π 为周期的周期函数（见图 1-25）.

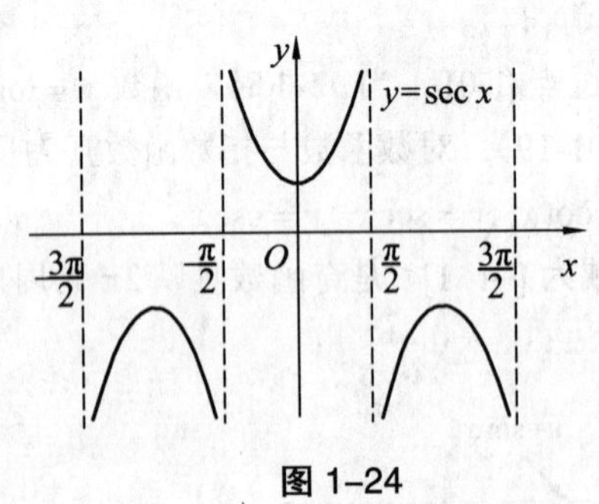

图 1–24

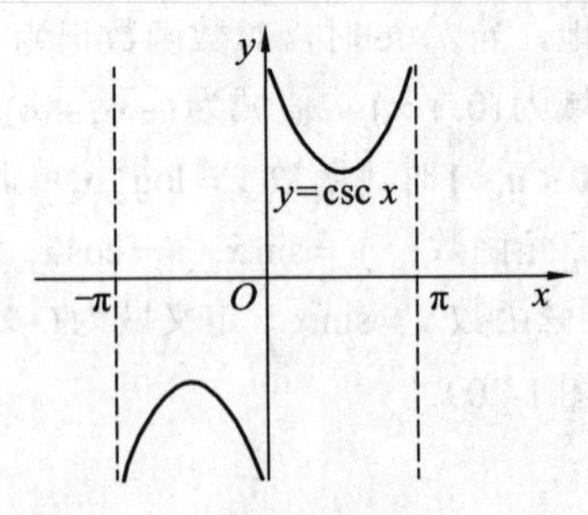

图 1–25

（4）反三角函数：$y=\arcsin x$，$y=\arccos x$，$y=\arctan x$，$y=\operatorname{arccot} x$.

由于三角函数 $y=\sin x$，$y=\cos x$，$y=\tan x$，$y=\cot x$ 在其定义域内不是单调的，为了得到它们的反函数，对这些三角函数需要限定在某个单调区间内进行讨论，故取反三角函数的主值.

常用的反三角函数：

① 反正弦函数 $y=\arcsin x$，定义域为$[-1,1]$，值域为$\left[-\dfrac{\pi}{2},\dfrac{\pi}{2}\right]$，是奇函数且为单调增加函数（见

图 1-26).

② 反余弦函数 $y=\arccos x$，定义域为$[-1,1]$，值域为$[0,\pi]$，是单调减少函数（见图 1-27).

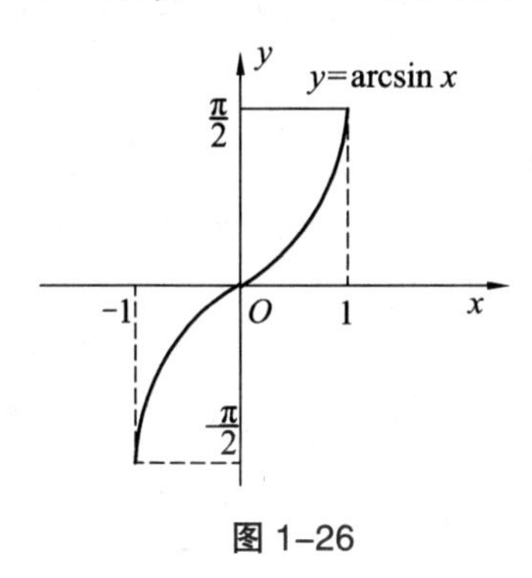

图 1–26

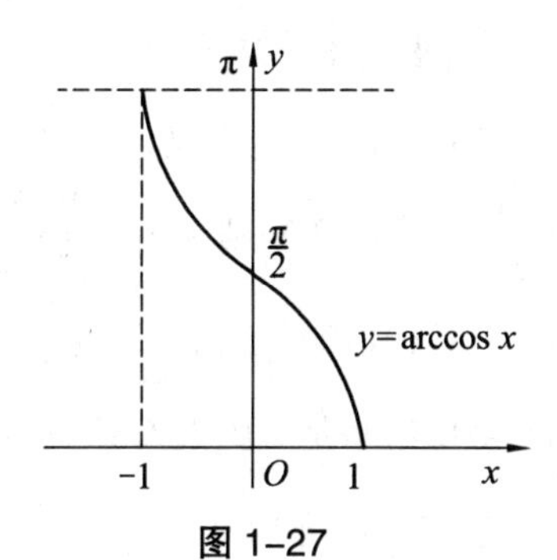

图 1–27

③ 反正切函数 $y=\arctan x$，定义域为$(-\infty,+\infty)$，值域为$\left(-\dfrac{\pi}{2},\dfrac{\pi}{2}\right)$，是奇函数且为单调增加函数（见图 1-28).

④ 反余切函数 $y=\operatorname{arccot} x$，定义域为$(-\infty,+\infty)$，值域为$(0,\pi)$，是单调减少函数(见图 1-29).

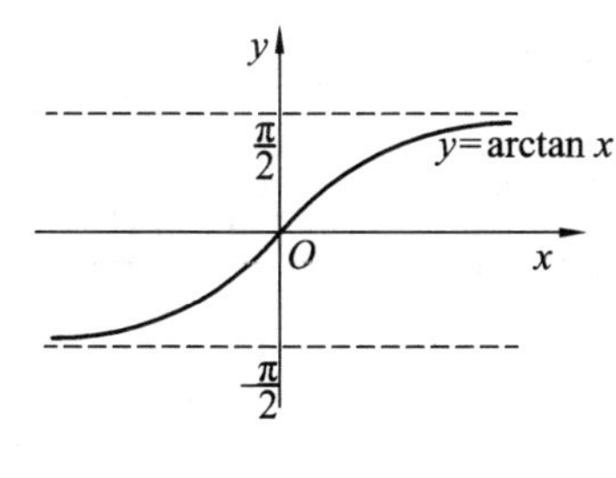

图 1–28

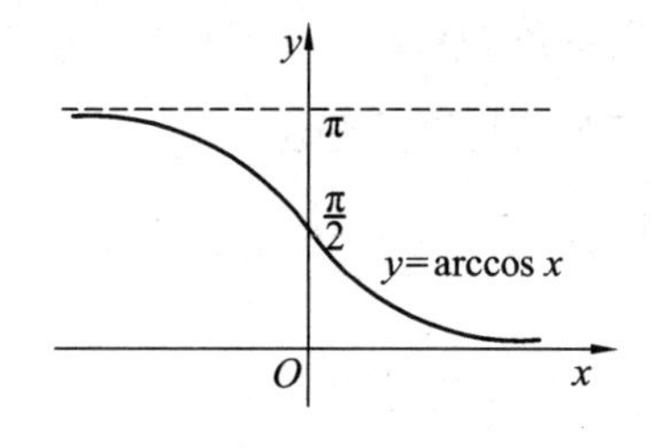

图 1–29

2．初等函数

由常数和基本初等函数经过有限次的四则运算和有限次的函数复合而成，并可用一个式子表示的函数，称为**初等函数**．例如 $y=\sqrt{\cot\dfrac{x}{2}}$，$y=\dfrac{\arcsin(x-1)}{1+x^2}$，$y=x\cos^2 x-\sqrt{1-x^2}$ 等都是初等函数．

习　题　1–1

1．设 $A=(-\infty,-4)\cup(4,+\infty)$, $B=(-8,3]$，求 $A\cap B$, $A\cup B$, $A\setminus B$, $B\setminus A$．

2．设 A,B 为任意两个集合，证明：$\overline{A\cap B}=\overline{A}\cup\overline{B}$．

3．求下列函数的定义域．

（1）$y=\sqrt{2x+3}$；　（2）$y=\ln\dfrac{x-1}{2}$；　（3）$y=\dfrac{1}{4-x^2}$；

（4）$y=\dfrac{1}{1-x^2}+\sqrt{x+1}$；　（5）$y=\dfrac{\arccos(x-2)}{\sqrt{x^2-3x+2}}$；　（6）$y=\sqrt{\lg\dfrac{5x-x^2}{4}}$．

4．下列各对函数是否相同？

（1）$f(x)=\sqrt{x^2-4x+4}$ 与 $g(x)=x-2$；　（2）$f(x)=x$ 与 $g(x)=x(\sin^2 x+\cos^2 x)$．

5．设 $f(x)=\begin{cases}|\sin x|, & |x|<\dfrac{\pi}{3},\\ 0, & |x|\geqslant\dfrac{\pi}{3},\end{cases}$ 求 $f\left(\dfrac{\pi}{4}\right), f\left(-\dfrac{\pi}{6}\right), f(-2)$，并作 $y=f(x)$ 的图形.

6．设 $f(x)$在$(0,+\infty)$上有意义，$x_1>0$，$x_2>0$，证明：

（1）若 $\dfrac{f(x)}{x}$ 单调减少，则 $f(x_1+x_2)<f(x_1)+f(x_2)$；

（2）若 $\dfrac{f(x)}{x}$ 单调增加，则 $f(x_1+x_2)>f(x_1)+f(x_2)$.

7．下列函数中哪些是奇函数？哪些是偶函数？哪些是非奇非偶函数？

（1）$y=x\sin x-\cos x+1$；（2）$y=x^2-x^3$；　（3）$y=\dfrac{e^x-e^{-x}}{2}$；

（4）$y=\ln\dfrac{1+x}{1-x}$；　（5）$y=x^2(x-1)(x+1)$；　（6）$y=2^x+1$.

8．证明：定义在$(-a,a)$内的任意函数 $f(x)$ 都可以表示成一个奇函数与一个偶函数之和.

9．下列函数中哪些是周期函数？对于周期函数，求其周期.

（1）$y=\cos^2 x$；　（2）$y=x\sin x$；　（3）$y=|\sin x|$；　（4）$y=\sin x+\cos x$.

10．证明函数 $f(x)=x\cos x$ 在$(0,+\infty)$上是无界函数.

11．求下列函数的反函数.

（1）$y=\sqrt[3]{1-x}$；　（2）$y=\dfrac{2-x}{3+x}$；　（3）$y=1+\ln(x+2)$；　（4）$y=\dfrac{2^x}{2^x+1}$.

12．设 $f(x)=\dfrac{x}{1+x}$，求 $f[f(x)]$，$f\{f[f(x)]\}$.

13．设 $f(x)=\begin{cases}1, & |x|<1,\\ 0, & |x|=1,\\ -1, & |x|>1,\end{cases}$ $g(x)=e^x$，求 $f[g(x)]$ 及 $g[f(x)]$，并作出它们的图形.

14．设函数 $f(x)$ 的定义域为$[0,1]$，求下列函数的定义域.

（1）$f(x^2)$；　（2）$f(\sin x)$；　（3）$f(x-a)+f(x+a)\ (a>0)$.

15．设 $f\left(x+\dfrac{1}{x}\right)=x^2+\dfrac{1}{x^2}$，求 $f(x)$.

16．设 $f(x)$满足$3f(x)-f\left(\dfrac{1}{x}\right)=\dfrac{1}{x}$，求$f(x)$.

17．设 $f[\varphi(x)]=1+\cos x$，$\varphi(x)=\sin\dfrac{x}{2}$，求 $f(\cos x)$.

18．下列函数可以看成由哪些函数复合而成?

（1）$y=e^{\sin\frac{1}{x}}$；　（2）$y=\cos\ln(x-2)$；　（3）$y=\sqrt{\arctan(x^2+1)}$.

19．某工厂生产某产品，每日最多生产 100 单位，它的日固定成本为 130 元，生产一个单位的可变成本为 6 元，求该厂日总成本函数及平均单位成本函数.

20．某化肥厂生产某产品 1 000 吨，每吨定价为 130 元，销售量在 700 吨以内按原价出售，超过 700 吨时，超过的部分打九折出售，试将销售总收益与总销量的函数关系用数学表达式表示出来.

第二节　数列的极限

一、数列极限的定义

极限概念是由于求某些实际问题的精确解而产生的. 例如，我国古代数学家刘徽（公元 3 世纪）利用圆内接正多边形来推算圆面积的方法——割圆术，就是极限思想在几何上的应用.

设有一圆，首先作内接正六边形，它的面积记为 A_1；再作内接正十二边形，它的面积记为 A_2；再作内接正二十四边形，它的面积记为 A_3；……如此下去，每次边数加倍，一般把内接正 $6\times 2^{n-1}(n\in\mathbf{Z}^+)$边形的面积记为 A_n. 这样就得到一系列内接正多边形的面积：

$$A_1,\ A_2,\ \cdots,\ A_n,\cdots.$$

设 n 无限增大（记为$n\to\infty$，读作 n 趋于无穷大），即内接正多边形的边数无限增加，在这个过程中内接正多边形无限接近于圆，同时 A_n 也无限接近于某一确定的数值，这个确定的数值就理解为圆的面积. 这个确定的数值在数学上称为有次序的数（数列） $A_1, A_2,\cdots, A_n,\cdots$ 当 $n\to\infty$ 时的极限. 在圆面积问题中我们发现，正是数列的极限才精确地表达了圆的面积.

又如，春秋战国时期的哲学家庄子（公元前 4 世纪）在《庄子 • 天下篇》一书中对“截丈问题”有一段名言：“一尺之棰，日截其半，万世不竭”，其中也包含了深刻的极限思想.

极限是研究变量的变化趋势的基本工具，微积分中许多基本概念，例如，连续、导数、定积分、无穷级数等都是建立在极限的基础上，极限方法已成为微积分中的一种基本方法，因此有必要做进一步阐述.

定义 1.2　定义在正整数集合上的函数 $y=f(n)$，当自变量 n 按 $1,2,3,\cdots$ 依次增大的顺序取值时，得到一列有次序的函数值

$$f(1)=x_1,\quad f(2)=x_2,\quad f(3)=x_3,\quad \cdots,\quad f(n)=x_n,\quad \cdots,$$

这一列有次序的数称为**数列**，记为$\{x_n\}$，其中第 n 项 x_n 称为数列的**一般项或通项**.

例如，$\dfrac{1}{2},\ \dfrac{2}{3},\ \dfrac{3}{4},\ \cdots,\ \dfrac{n}{n+1},\ \cdots$；$3,\ 3^2,\ 3^3,\ \cdots,\ 3^n,\ \cdots$；$\dfrac{1}{3},\ \dfrac{1}{3^2},\ \dfrac{1}{3^3},\ \cdots,\ \dfrac{1}{3^n},\ \cdots$；

$$-1,\ 1,\ -1,\ \cdots,\ (-1)^n,\ \cdots;\quad 2,\frac{1}{2},\ \frac{4}{3},\ \cdots,\ \frac{n+(-1)^{n-1}}{n},\ \cdots,$$

都是数列的例子，它们的通项分别为$\dfrac{n}{n+1}, 3^n, \dfrac{1}{3^n}, (-1)^n, \dfrac{n+(-1)^{n-1}}{n}$.

在几何上，数列$\{x_n\}$可看作数轴上的一个动点，它依次取数轴上的点 $x_1, x_2, x_3,\cdots, x_n,\cdots$（见图 1-30）.

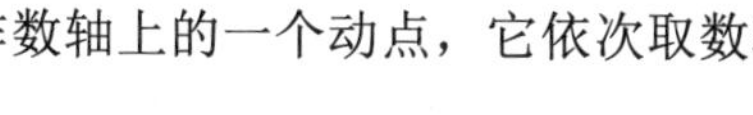

x_2　$x_1\ x_3$　x_n　x

图 1–30

下面通过一个例子引出极限的概念.

观察数列

$$\{x_n\}=\left\{\frac{n+(-1)^{n-1}}{n}\right\}:\ 2,\frac{1}{2},\ \frac{4}{3},\ \cdots,\ \frac{n+(-1)^{n-1}}{n},\ \cdots$$

当 n 无限增大时的变化趋势.

因为
$$|x_n-1|=\left|\frac{(-1)^{n-1}}{n}\right|=\frac{1}{n},$$
易见，当 n 越来越大时，$\frac{1}{n}$ 越来越小，从而 x_n 就越来越接近 1．因为只要 n 足够大，$|x_n-1|$，即 $\frac{1}{n}$ 就可以小于任意给定的正数，所以当 n 无限增大时，x_n 无限接近 1．例如，给定 $\frac{1}{1\,000}$，要使 $\frac{1}{n}<\frac{1}{1\,000}$，只要 $n>1\,000$，即从第 1 001 项起，都能使不等式
$$|x_n-1|<\frac{1}{1\,000}$$
成立．同样给定 $\frac{1}{100\,000}$，要使 $\frac{1}{n}<\frac{1}{100\,000}$，只要 $n>100\,000$，即从第 100 001 项起，都能使不等式
$$|x_n-1|<\frac{1}{100\,000}$$
成立．一般地，对给定不论多么小的正数 ε，总存在一个正整数 N，当 $n>N$ 时，有不等式
$$|x_n-1|<\varepsilon$$
成立．即当 $n\to\infty$ 时，数列 $x_n=\frac{n+(-1)^{n-1}}{n}$ 无限接近 1．数 1 称为 $x_n=\frac{n+(-1)^{n-1}}{n}$ 当 $n\to\infty$ 时的极限．

定义 1.3　设有数列 $\{x_n\}$ 与常数 a，若对任意给定的 $\varepsilon>0$（不论 ε 多么小），总存在正整数 N，使得当 $n>N$，不等式
$$|x_n-a|<\varepsilon$$
成立，则称常数 a 是数列 $\{x_n\}$ 的**极限**，或称**数列** $\{x_n\}$ **收敛于** a，记为
$$\lim_{n\to\infty}x_n=a \quad 或 \quad x_n\to a\ (n\to\infty).$$
若一个数列没有极限，则称数列 $\{x_n\}$ 是**发散**的．习惯上也说 $\lim\limits_{n\to\infty}x_n$ 不存在．

上述定义中正数 ε 可以任意给定是非常重要的，只有这样，不等式 $|x_n-a|<\varepsilon$ 才能表达 x_n 与 a 无限接近的意思．另外正整数 N 与 ε 有关，它随着 ε 的给定而确定．

$\lim\limits_{n\to\infty}x_n=a$ 的几何解释：

将常数 a 及数列 $x_1,x_2,\cdots,x_n,\cdots$ 表示在数轴上，再在数轴上作 a 的 ε 邻域 $U(a,\varepsilon)$（见图 1-31）．因为不等式 $|x_n-a|<\varepsilon$ 与不等式 $a-\varepsilon<x_n<a+\varepsilon$ 等价，所以 $\lim\limits_{n\to\infty}x_n=a$ 的**几何意义**是：当 $n>N$ 时，所有的点 x_n 都落在开区间 $(a-\varepsilon,a+\varepsilon)$ 内，而至多只有 N 个点落在这个区间之外．

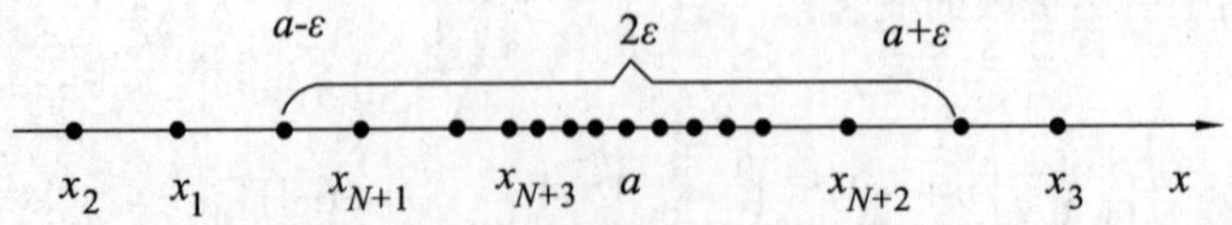

a-ε　2ε　a+ε
x2　x1　xN+1　xN+3　a　xN+2　x3　x

图 1-31

为方便起见，我们把数列极限 $\lim\limits_{n\to\infty}x_n=a$ 的定义表述为：

$\lim\limits_{n\to\infty} x_n = a \Leftrightarrow \forall\varepsilon > 0$，$\exists N > 0$，当 $n > N$ 时，有 $|x_n - a| < \varepsilon$.

数列极限的定义并没有给出求极限的方法，但给出了证明数列$\{x_n\}$的极限为 a 的方法．下面举例说明如何证明数列极限．

例 8　证明：$\lim\limits_{n\to\infty} C = C$ (C为常数) .

证明　$\forall\varepsilon > 0$，取 $N = 1$，当 $n > N$ 时，有

$$|C - C| = 0 < \varepsilon ,$$

故 $\lim\limits_{n\to\infty} C = C$ (C 为常数).

例 9　证明：$\lim\limits_{n\to\infty} \dfrac{n + (-1)^{n-1}}{n} = 1$.

证明　$\forall\varepsilon > 0\,(\varepsilon < 1)$，要使

$$\left|\frac{n + (-1)^{n-1}}{n} - 1\right| = \frac{1}{n} < \varepsilon ,$$

只要 $n > \dfrac{1}{\varepsilon}$ ，取 $N = \left[\dfrac{1}{\varepsilon}\right] > 0$ ，从而 $\forall\varepsilon > 0$， $\exists N = \left[\dfrac{1}{\varepsilon}\right] > 0$，当 $n > N$ 时，有

$$\left|\frac{n + (-1)^{n-1}}{n} - 1\right| < \varepsilon ,$$

故 $\lim\limits_{n\to\infty} \dfrac{n + (-1)^{n-1}}{n} = 1$.

例 10　证明：$\lim\limits_{n\to\infty} q^n = 0$ ($|q| < 1$).

证明　当 $q = 0$ 时， $q^n = 0$，所以 $\lim\limits_{n\to\infty} q^n = 0$.

当 $q \neq 0$ 时， $\forall\varepsilon > 0(\varepsilon < 1)$，要使

$$|q^n - 0| = |q|^n < \varepsilon ,$$

只要 $n > \log_{|q|} \varepsilon$ ，取 $N = \left[\log_{|q|} \varepsilon\right] + 1 > 0$ ，从而 $\forall\varepsilon > 0$， $\exists N = \left[\log_{|q|} \varepsilon\right] + 1 > 0$ ，当 $n > N$ 时，有

$$|q^n - 0| < \varepsilon .$$

故 $\lim\limits_{n\to\infty} q^n = 0$.

因此 $\lim\limits_{n\to\infty} q^n = 0$ ($|q| < 1$) .

二、收敛数列的性质

定理 1.1（极限的唯一性）　若数列 $\{x_n\}$ 收敛，则它的极限是唯一的.

证明　设 $\lim\limits_{n\to\infty} x_n = a$， $\lim\limits_{n\to\infty} x_n = b$，则 $\forall\varepsilon > 0$， $\exists N_1 > 0$，当 $n > N_1$ 时，有

$$|x_n - a| < \varepsilon .$$

$\exists N_2 > 0$，当 $n > N_2$ 时，有

$$|x_n - b| < \varepsilon .$$

取 $N = \max\{N_1, N_2\}$，则当 $n > N$ 时，同时有 $|x_n - a| < \varepsilon$，$|x_n - b| < \varepsilon$，从而

$$|a-b| = |a - x_n + x_n - b| \leqslant |x_n - a| + |x_n - b| < \varepsilon + \varepsilon = 2\varepsilon .$$

由于 ε 为任意小的正数，所以 $|a-b| = 0$，故 $a = b$．从而结论成立．

定理 1.2（收敛数列的有界性）　若数列 $\{x_n\}$ 收敛，则数列 $\{x_n\}$ 一定有界．

证明　设 $\lim\limits_{n\to\infty} x_n = a$，则对 $\varepsilon = 1 > 0$，$\exists N > 0$，当 $n > N$ 时，有

$$|x_n - a| < 1 .$$

因为 $|x_n| - |a| \leqslant |x_n - a|$，所以

$$|x_n| < 1 + |a| .$$

取 $M = \max\{1+|a|, |x_1|, |x_2|, \cdots, |x_N|\} > 0$，则对所有的 n，有

$$|x_n| \leqslant M .$$

因此数列 $\{x_n\}$ 一定有界．

定理 1.3（收敛数列的保号性）　若 $\lim\limits_{n\to\infty} x_n = a$ 且 $a > 0$(或$a < 0$)，则存在正整数 N，当 $n > N$ 时，有 $x_n > 0$ (或 $x_n < 0$)．

证明　我们只证 $a > 0$ 的情形．

因为 $\lim\limits_{n\to\infty} x_n = a$ 且 $a > 0$，则对 $\varepsilon = \dfrac{a}{2} > 0$，存在正整数 N，当 $n > N$ 时，有

$$|x_n - a| < \frac{a}{2} .$$

又 $|x_n - a| \geqslant a - x_n$，所以

$$a - x_n < \frac{a}{2} .$$

故 $x_n > a - \dfrac{a}{2} = \dfrac{a}{2} > 0$．

推论 1　若数列 $\{x_n\}$ 从某项起有 $x_n \geqslant 0$ (或 $x_n \leqslant 0$)，且 $\lim\limits_{n\to\infty} x_n = a$，则 $a \geqslant 0$ (或 $a \leqslant 0$).

证明　只证 $x_n \geqslant 0$ 的情形．设数列 $\{x_n\}$ 从第 N_1 项起，即当 $n > N_1$ 时，有 $x_n \geqslant 0$．

下面用反证法证明．设 $a < 0$，则由定理 1.3 知，存在正整数 N_2，当 $n > N_2$ 时，有

$$x_n < 0 .$$

取 $N = \max\{N_1, N_2\}$，则当 $n > N$ 时，同时有

$$x_n \geqslant 0, \quad x_n < 0 .$$

成立．显然这是矛盾的，故 $a \geqslant 0$．

若推论的条件 $x_n \geqslant 0$ 改为 $x_n > 0$，则结论仍为 $a \geqslant 0$．例如，$x_n = \dfrac{1}{n} > 0$，而 $\lim\limits_{n\to\infty} x_n = 0$．

定义 1.4　在数列 $\{x_n\}$ 中任意抽取无限多项并保持这些项在原数列中的先后次序，这样得到的一个数列称为原数列 $\{x_n\}$ 的**子数列**．

例如，数列

$$\{x_n\}=\{(-1)^{n+1}\}:\ 1,\ -1,\ 1,\ -1,\ \cdots,\ (-1)^{n+1},\ \cdots,$$

有子数列$\{x_{2k}\}$：$-1,-1,\cdots,-1,\cdots$及子数列$\{x_{2k-1}\}$：$1,1,\cdots,1,\cdots$.

定理 1.4（收敛数列与其子数列间的关系）

$$\lim_{n\to\infty}x_n=a\Leftrightarrow\lim_{k\to\infty}x_{2k-1}=a \text{ 且 } \lim_{k\to\infty}x_{2k}=a .$$

作为练习请读者自己完成．由定理 1.4 可得到下面推论．

推论 2　若$\lim\limits_{k\to\infty}x_{2k-1}=a$，$\lim\limits_{k\to\infty}x_{2k}=b$，且$a\neq b$，则数列$\{x_n\}$发散．

例 11　设$x_n=(-1)^{n+1}$，证明数列$\{x_n\}$发散．

证明　因为

$$\lim_{k\to\infty}x_{2k-1}=\lim_{k\to\infty}(-1)^{2k}=\lim_{k\to\infty}1=1,\qquad \lim_{k\to\infty}x_{2k}=\lim_{k\to\infty}(-1)^{2k+1}=\lim_{k\to\infty}(-1)=-1,$$

显然，$1\neq-1$，所以数列$\{x_n\}$发散．

从例 11 可知，由数列$\{x_n\}$有界推不出数列$\{x_n\}$收敛．

习　题　1–2

1．用观察的方法判断下列数列是否收敛？若收敛写出其极限．

（1）$x_n=\dfrac{(-1)^n}{n}$；　　（2）$x_n=\dfrac{n-1}{n+1}$；　　（3）$x_n=\dfrac{1+(-1)^n}{n}$；

（4）$x_n=3+\dfrac{1}{n^2}$；　　（5）$x_n=n-\dfrac{1}{n}$；　　（6）$x_n=\dfrac{3^n-1}{4^n}$．

2．用数列极限的定义证明下列极限．

（1）$\lim\limits_{n\to\infty}\dfrac{2n-1}{3n+2}=\dfrac{2}{3}$；　　（2）$\lim\limits_{n\to\infty}\left(1-\dfrac{1}{2^n}\right)=1$；

（3）$\lim\limits_{n\to\infty}\dfrac{2n^2+3}{n^2}=2$；　　（4）$\lim\limits_{n\to\infty}0.\underbrace{999\cdots9}_{n个}=1$．

3．证明：若$\lim\limits_{n\to\infty}x_n=a$，则$\lim\limits_{n\to\infty}|x_n|=|a|$．举例说明反过来未必成立．

4．设数列$\{x_n\}$有界，且$\lim\limits_{n\to\infty}y_n=0$，证明：$\lim\limits_{n\to\infty}x_ny_n=0$．

5．证明：$\lim\limits_{n\to\infty}x_n=a$的充分必要条件是$\lim\limits_{k\to\infty}x_{2k-1}=a$且$\lim\limits_{k\to\infty}x_{2k}=a$．

第三节　函数的极限

数列是定义在正整数集合上的函数$x_n=f(n)$，数列$\{x_n\}$的极限为a，即当自变量n取正整数且无限增大时（$n\to\infty$）时，对应的函数值$f(n)$无限接近数a．如果把数列极限概念中的自变量n和函数值$f(n)$的特殊性撇开，就可以引出函数极限的概念．在自变量x的某个变化过程中，如果对应的函数值$f(x)$无限接近于确定的常数A，则A称为x在该变化过程中函数$f(x)$的极限．极限A是与自变量x的变化过程密切相关的，自变量的变化过程不同，函数的极限就表现为不同的形式．下面分两种情形讨论函数的极限：① 自变量趋于无穷大时函数的极限；② 自变量趋于有限值时函数的极限.

一、自变量趋于无穷大时函数的极限

观察函数 $f(x)=\frac{1}{x}$ 当 $x\to\infty$ 时的变化趋势. 因为

$$\left|f(x)-0\right|=\frac{1}{|x|},$$

易见，当 $|x|$ 越来越大时，$\frac{1}{|x|}$ 越来越小，从而 $f(x)$ 就越来越接近 0. 因为只要 $|x|$ 足够大，$\left|f(x)-0\right|$, 即 $\frac{1}{|x|}$ 就可以小于任意给定的正数，所以当 $|x|$ 无限增大时，$f(x)$ 无限接近 0.

定义 1.5 设 $f(x)$ 在当 $|x|$ 大于某一正数时有定义及有常数 A，若对任意给定的 $\varepsilon>0$（不论 ε 多么小），总存在正数 X，使得对于满足不等式 $|x|>X$ 的一切 x，对应的函数值都满足不等式

$$\left|f(x)-A\right|<\varepsilon,$$

则称常数 A 为函数 $f(x)$ 当 $x\to\infty$ 时的**极限**，记为

$$\lim_{x\to\infty}f(x)=A \quad 或 \quad f(x)\to A\ (x\to\infty).$$

定义中 ε 刻画了 $f(x)$ 与 A 的接近程度，X 刻画了 $|x|$ 充分大的程度，X 是随 ε 而确定的.

为方便起见，定义 1.5 可表述为：

$\lim\limits_{x\to\infty}f(x)=A\Leftrightarrow\forall\varepsilon>0$，$\exists X>0$，当 $|x|>X$ 时，有 $\left|f(x)-A\right|<\varepsilon$.

若 $x>0$ 且无限增大（记作 $x\to+\infty$），则只要把上面定义中的 $|x|>X$ 改为 $x>X$，就得到 $\lim\limits_{x\to+\infty}f(x)=A$ 的定义. 同样，若 $x<0$ 且 $|x|$ 无限增大（记作 $x\to-\infty$），则只要把 $|x|>X$ 改为 $x<-X$，就得到 $\lim\limits_{x\to-\infty}f(x)=A$ 的定义. 即

$$\lim_{x\to+\infty}f(x)=A\Leftrightarrow\forall\varepsilon>0，\exists X>0，当\ x>X\ 时，有\ \left|f(x)-A\right|<\varepsilon.$$

$$\lim_{x\to-\infty}f(x)=A\Leftrightarrow\forall\varepsilon>0，\exists X>0，当\ x<-X\ 时，有\ \left|f(x)-A\right|<\varepsilon.$$

由上述定义很容易得到下面结论.

定理 1.5 $\lim\limits_{x\to\infty}f(x)=A\Leftrightarrow\lim\limits_{x\to-\infty}f(x)=A$ 且 $\lim\limits_{x\to+\infty}f(x)=A$.

极限 $\lim\limits_{x\to\infty}f(x)=A$ 的几何意义：作直线 $y=A-\varepsilon$ 和 $y=A+\varepsilon$，则存在 $X>0$，使得当 $x<-X$ 或 $x>X$ 时，函数 $f(x)$ 的图形位于这两条直线之间（见图 1-32）.

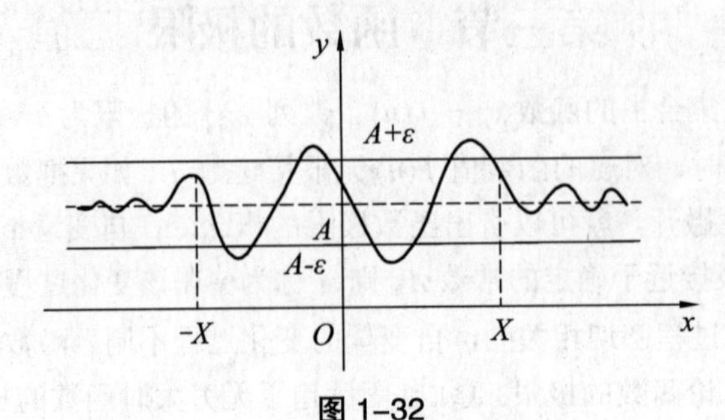

图 1–32

例 12　证明：$\lim\limits_{x\to+\infty} C = C$（$C$ 为常数）.

证明　$\forall\varepsilon>0$，取 $X=1$，当 $x>X$ 时，有

$$|C-C|=0<\varepsilon,$$

故 $\lim\limits_{x\to+\infty} C = C$（$C$ 为常数）.

例 13　证明：$\lim\limits_{x\to\infty}\dfrac{\sin x}{x}=0$.

证明　$\forall\varepsilon>0$，要使

$$\left|\frac{\sin x}{x}-0\right|\leqslant\frac{1}{|x|}<\varepsilon,$$

只要 $|x|>\dfrac{1}{\varepsilon}$，取 $X=\dfrac{1}{\varepsilon}>0$，从而 $\forall\varepsilon>0$，$\exists X=\dfrac{1}{\varepsilon}>0$，当 $|x|>X$ 时，有

$$\left|\frac{\sin x}{x}-0\right|<\varepsilon,$$

故 $\lim\limits_{x\to\infty}\dfrac{\sin x}{x}=0$.

二、自变量趋于有限值时函数的极限

观察函数 $f(x)=\dfrac{x^2-1}{x-1}$ 当 $x\to1$ 时的变化趋势. 因为

$$|f(x)-2|=|x-1|,$$

易见，当 $|x-1|$ 越来越小且不为 0 时，$f(x)$ 就越来越接近 2. 也就是说，只要 $|x-1|$ 足够小且不为 0 时，$|f(x)-2|$，即 $|x-1|$ 就可以小于任意给定的正数，所以当 x 无限趋于 1 时，$f(x)$ 无限接近 2.

定义 1.6　设 $f(x)$ 在 x_0 的某一去心邻域内有定义及有常数 A，若对任意给定的 $\varepsilon>0$（不论 ε 多么小），总存在正数 δ，使得对于满足不等式 $0<|x-x_0|<\delta$ 的一切 x，对应的函数值都满足不等式

$$|f(x)-A|<\varepsilon,$$

则称常数 A 为函数 $f(x)$ 当 $x\to x_0$ 时的**极限**，记为

$$\lim_{x\to x_0} f(x)=A \quad 或 \quad f(x)\to A\ (x\to x_0)$$

定义中的 $0<|x-x_0|$ 表示 $x\neq x_0$，所以 $x\to x_0$ 时 $f(x)$ 有没有极限与 $f(x)$ 在点 x_0 处是否有定义没有关系，δ 与任意给定的正数 ε 有关.

为方便起见，定义 1.6 表述为：

$\lim\limits_{x\to x_0} f(x)=A \Leftrightarrow \forall\varepsilon>0$，$\exists\delta>0$，当 $0<|x-x_0|<\delta$ 时，有 $|f(x)-A|<\varepsilon$.

极限 $\lim\limits_{x\to x_0} f(x)=A$ 的几何意义：作直线 $y=A-\varepsilon$ 和 $y=A+\varepsilon$，则存在 $\delta>0$，使得当 $x_0-\delta<x<0$ 或 $0<x<x_0+\delta$ 时，函数 $f(x)$ 的图形位于这两条直线之间（见图 1-33）.

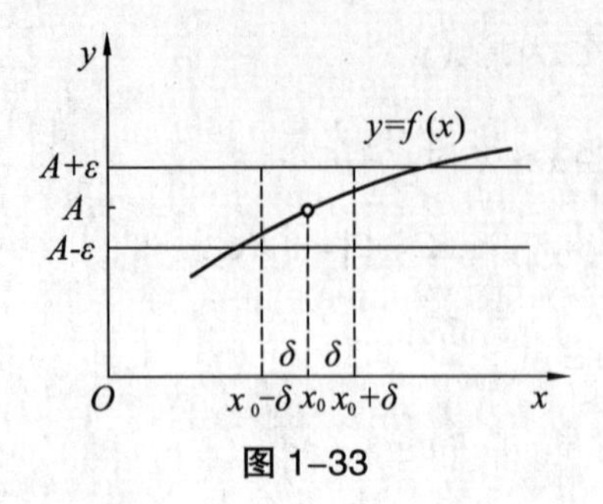

图 1–33

例 14　证明：$\lim\limits_{x \to x_0} C = C$（$C$ 为常数）.

证明　$\forall \varepsilon > 0$，取 $\delta = 1$，当 $0 < |x - x_0| < \delta$ 时，有

$$|C - C| = 0 < \varepsilon,$$

故 $\lim\limits_{x \to x_0} C = C$（$C$ 为常数）.

例 15　证明：$\lim\limits_{x \to x_0} x = x_0$.

证明　$\forall \varepsilon > 0$，要使

$$|x - x_0| < \varepsilon,$$

只要 $|x - x_0| < \varepsilon$，取 $\delta = \varepsilon > 0$，从而 $\forall \varepsilon > 0$，$\exists \delta = \varepsilon > 0$，当 $0 < |x - x_0| < \delta$ 时，有

$$|x - x_0| < \varepsilon,$$

故 $\lim\limits_{x \to x_0} x = x_0$.

例 16　证明：$\lim\limits_{x \to 2}(2x + 3) = 7$.

证明　$\forall \varepsilon > 0$，要使

$$|(2x + 3) - 7| = 2|x - 2| < \varepsilon,$$

只要 $|x - 2| < \dfrac{\varepsilon}{2}$，取 $\delta = \dfrac{\varepsilon}{2} > 0$，从而 $\forall \varepsilon > 0$，$\exists \delta = \dfrac{\varepsilon}{2} > 0$，当 $0 < |x - 2| < \delta$ 时，有

$$|(2x + 3) - 7| < \varepsilon,$$

故 $\lim\limits_{x \to 2}(2x + 3) = 7$.

例 17　证明：当 $x_0 > 0$ 时，$\lim\limits_{x \to x_0} \sqrt{x} = \sqrt{x_0}$.

证明　$\forall \varepsilon > 0$，要使

$$\left|\sqrt{x} - \sqrt{x_0}\right| = \frac{|x - x_0|}{\sqrt{x} + \sqrt{x_0}} < \frac{|x - x_0|}{\sqrt{x_0}} < \varepsilon,$$

只要 $|x - x_0| < \sqrt{x_0}\,\varepsilon$，取 $\delta = \min\{x_0, \sqrt{x_0}\,\varepsilon\} > 0$，从而 $\forall \varepsilon > 0$，$\exists \delta > 0$，当 $0 < |x - x_0| < \delta$ 时，有

$$\left|\sqrt{x} - \sqrt{x_0}\right| < \varepsilon,$$

故当 $x_0 > 0$ 时，有 $\lim\limits_{x \to x_0} \sqrt{x} = \sqrt{x_0}$.

三、左、右极限

当$x \to x_0$时$f(x)$的极限概念中，x是既从x_0的左侧也从x_0的右侧趋于x_0的，但有时我们只需考虑x仅从x_0的左侧趋于x_0（记作$x \to x_0^-$）的情形或x仅从x_0的右侧趋于x_0（记作$x \to x_0^+$）的情形，这就是左、右极限的概念.

定义 1.7 设$f(x)$在x_0的左侧某范围内有定义及有常数A，若对任意给定的$\varepsilon > 0$（不论ε多么小），总存在正数δ，使得对于满足$-\delta < x - x_0 < 0$的一切x，对应的函数值都满足不等式

$$|f(x) - A| < \varepsilon ,$$

则称常数A为函数$f(x)$在x_0处的**左极限**，记为

$$\lim_{x \to x_0^-} f(x) = A \quad 或 \quad f(x_0^-) = A .$$

定义 1.8 设$f(x)$在x_0的右侧某范围内有定义及有常数A，若对任意给定的$\varepsilon > 0$（不论ε多么小），总存在正数δ，使得对于满足$0 < x - x_0 < \delta$的一切x，对应的函数值都满足不等式

$$|f(x) - A| < \varepsilon ,$$

则称常数A为函数$f(x)$在x_0处的**右极限**，记为

$$\lim_{x \to x_0^+} f(x) = A \quad 或 \quad f(x_0^+) = A .$$

左、右极限也可简单地表述为：

$\lim\limits_{x \to x_0^-} f(x) = A \Leftrightarrow \forall \varepsilon > 0$，$\exists \delta > 0$，当$-\delta < x - x_0 < 0$时，有$|f(x) - A| < \varepsilon$.

$\lim\limits_{x \to x_0^+} f(x) = A \Leftrightarrow \forall \varepsilon > 0$，$\exists \delta > 0$，当$0 < x - x_0 < \delta$时，有$|f(x) - A| < \varepsilon$.

例 18 证明：$\lim\limits_{x \to 0^-} (x-1) = -1$.

证明 $\forall \varepsilon > 0$，要使

$$|(x-1) - (-1)| = -x < \varepsilon ,$$

只要$x > -\varepsilon$，取$\delta = \varepsilon > 0$，从而$\forall \varepsilon > 0$，$\exists \delta = \varepsilon > 0$，当$-\delta < x - 0 < 0$时，有

$$|(x-1) - (-1)| < \varepsilon ,$$

故$\lim\limits_{x \to 0^-} (x-1) = -1$.

例 19 证明：$\lim\limits_{x \to 0^+} (x+1) = 1$.

证明 $\forall \varepsilon > 0$，要使

$$|(x+1) - 1| = x < \varepsilon ,$$

只要$x < \varepsilon$，取$\delta = \varepsilon > 0$，从而$\forall \varepsilon > 0$，$\exists \delta = \varepsilon > 0$，当$0 < x - 0 < \delta$时，有

$$|(x+1) - 1| < \varepsilon ,$$

故$\lim\limits_{x \to 0^+} (x+1) = 1$.

下面给出左、右极限与极限的关系.

定理 1.6 $\lim\limits_{x \to x_0} f(x) = A \Leftrightarrow \lim\limits_{x \to x_0^-} f(x) = A$且$\lim\limits_{x \to x_0^+} f(x) = A$.

利用左、右极限及极限的定义很容易证明. 左、右极限也称为单侧极限.

推论 1　若 $\lim\limits_{x \to x_0^-} f(x) = A$， $\lim\limits_{x \to x_0^+} f(x) = B$，且 $A \neq B$，则 $\lim\limits_{x \to x_0} f(x)$ 不存在.

例 20　证明：函数

$$f(x) = \begin{cases} x-1, & x<0, \\ 0, & x=0, \\ x+1, & x>0, \end{cases}$$

当 $x \to 0$ 时的极限不存在.

证明　由例 18，例 19，得

$$\lim_{x \to 0^-} f(x) = \lim_{x \to 0^-} (x-1) = -1, \quad \lim_{x \to 0^+} f(x) = \lim_{x \to 0^+} (x+1) = 1,$$

显然，$\lim\limits_{x \to 0^-} f(x) \neq \lim\limits_{x \to 0^+} f(x)$，故函数 $f(x)$ 当 $x \to 0$ 时的极限不存在.

四、函数极限的性质

与收敛数列的性质类似，函数极限也有相应的性质. 它们都可以根据函数极限的定义，采用与收敛数列性质相同的证明方法进行证明，这里就不再重复. 下面仅以 $x \to x_0$ 的极限形式为代表给出这些性质，而其他形式的极限性质，只需稍作一些修改即可得到.

定理 1.7（唯一性）　若极限 $\lim\limits_{x \to x_0} f(x)$ 存在，则其极限唯一.

定理 1.8（局部有界性）　若 $\lim\limits_{x \to x_0} f(x) = A$，则存在 $\delta > 0$ 和常数 $M > 0$，使得当 $0 < |x - x_0| < \delta$ 时，有 $|f(x)| \leqslant M$.

定理 1.9（局部保号性）　若 $\lim\limits_{x \to x_0} f(x) = A$，且 $A > 0$（或 $A < 0$），则存在 $\delta > 0$，使得当 $0 < |x - x_0| < \delta$ 时，有 $f(x) > 0$（或 $f(x) < 0$）.

推论 2　若 $\lim\limits_{x \to x_0} f(x) = A$ 且在 x_0 的某个去心邻域内 $f(x) \geqslant 0$（或 $f(x) \leqslant 0$），则 $A \geqslant 0$（或 $A \leqslant 0$）.

定理 1.10（函数极限与数列极限的关系）　若 $\lim\limits_{x \to x_0} f(x)$ 存在，$\{x_n\}$ 为 $f(x)$ 的定义域内任一收敛于 x_0 的数列，且满足 $x_n \neq x_0 \, (n \in \mathbf{Z}^+)$，则相应的函数值数列 $\{f(x_n)\}$ 也收敛，且 $\lim\limits_{n \to \infty} f(x_n) = \lim\limits_{x \to x_0} f(x)$.

证明　设 $\lim\limits_{x \to x_0} f(x) = A$，则 $\forall \varepsilon > 0$，$\exists \delta > 0$，当 $0 < |x - x_0| < \delta$ 时，有

$$|f(x) - A| < \varepsilon.$$

因为 $\lim\limits_{n \to \infty} x_n = x_0$，则对上述 $\delta > 0$，$\exists N > 0$，当 $n > N$ 时，有

$$|x_n - x_0| < \delta.$$

又 $x_n \neq x_0 \, (n \in \mathbf{Z}^+)$，所以当 $n > N$ 时，有 $0 < |x_n - x_0| < \delta$，从而

$$|f(x_n) - A| < \varepsilon.$$

故 $\{f(x_n)\}$ 收敛，且 $\lim\limits_{n \to \infty} f(x_n) = \lim\limits_{x \to x_0} f(x)$.

习　题　1-3

1．用函数极限的定义证明下列极限．

（1）$\lim\limits_{x\to\infty}\dfrac{3x+2}{x}=3$；　（2）$\lim\limits_{x\to+\infty}\dfrac{1}{1+e^x}=0$；　（3）$\lim\limits_{x\to-\infty}\dfrac{1}{1+e^x}=1$；

（4）$\lim\limits_{x\to2}\dfrac{x^2-4}{x-2}=4$；　（5）$\lim\limits_{x\to1^-}(2x+1)=3$；　（6）$\lim\limits_{x\to1^+}\dfrac{x^2-1}{x-1}=2$．

2．设 $f(x)=\dfrac{|x|}{x}$，求 $\lim\limits_{x\to0^-}f(x)$, $\lim\limits_{x\to0^+}f(x)$，并说明 $\lim\limits_{x\to0}f(x)$ 是否存在?．

3．设 $\lim\limits_{x\to\infty}f(x)$ 存在，证明其极限唯一．

4．试给出 $x\to\infty$ 时局部有界性的定理，并加以证明．

5．试给出 $x\to\infty$ 时局部保号性的定理，并加以证明．

第四节　无穷小与无穷大

一、无穷小

定义 1.9　若函数 $f(x)$ 当 $x\to x_0$（或 $x\to\infty$）时的极限为零，则称函数 $f(x)$ 为当 $x\to x_0$（或 $x\to\infty$）时的**无穷小**．

用 $\varepsilon-\delta(X)$ 语言可描述为：

若 $\forall\varepsilon, \exists\delta>0$ (或 $X>0$)，当 $0<|x-x_0|<\delta$（或 $|x|>X$）时，有

$$|f(x)|<\varepsilon .$$

则称函数 $f(x)$ 为当 $x\to x_0$（或 $x\to\infty$）时的无穷小．

例如，因为 $\lim\limits_{n\to\infty}\dfrac{1}{2^n}=0$，所以数列 $\dfrac{1}{2^n}$ 为当 $n\to\infty$ 时的无穷小．

因为 $\lim\limits_{x\to1}(x^2-1)=0$，所以函数 x^2-1 为当 $x\to1$ 时的无穷小．

因为 $\lim\limits_{x\to\infty}\dfrac{1}{x}=0$，所以函数 $\dfrac{1}{x}$ 为当 $x\to\infty$ 时的无穷小．

关于无穷小做一点说明：不要把无穷小与很小的数（如千万分之一）混淆．因为无穷小是这样的函数，在 $x\to x_0$（或 $x\to\infty$）的过程中，该函数的绝对值能小于任意给定的正数 ε，而很小的数（如千万分之一）就不能小于任意给定的正数 ε（ε 取一亿分之一）．但零是可以作为无穷小的唯一常数，因为若 $f(x)=0$，则显然对任意给定的 $\varepsilon>0$，有 $|f(x)|=0<\varepsilon$．

下面介绍关于无穷小的两个重要结论．

定理 1.11　在自变量的同一变化过程 $x\to x_0$（或 $x\to\infty$）中，函数 $f(x)$ 具有极限 A 的充分必要条件是

$$f(x)=A+\alpha(x),$$

其中 $\alpha(x)$ 是无穷小．

证明　必要性．设 $\lim\limits_{x\to x_0}f(x)=A$，则 $\forall\varepsilon>0, \exists\delta>0$，当 $0<|x-x_0|<\delta$ 时，有

$$|f(x)-A|<\varepsilon .$$

令 $\alpha(x)=f(x)-A$，则有

$$|\alpha(x)| < \varepsilon .$$

所以 $\alpha(x)$ 是 $x \to x_0$ 时的无穷小，且 $f(x) = A + \alpha(x)$.

充分性. 设 $f(x) = A + \alpha(x)$ 且 $\alpha(x)$ 是 $x \to x_0$ 时的无穷小，则

$$\alpha(x) = f(x) - A ,$$

且 $\forall \varepsilon > 0, \exists \delta > 0$ ，当 $0 < |x - x_0| < \delta$ 时，有

$$|\alpha(x)| < \varepsilon .$$

于是

$$|f(x) - A| < \varepsilon .$$

故 A 为 $f(x)$ 当 $x \to x_0$ 时的极限.

类似地可证明 $x \to \infty$ 时的情形.

例如，因为 $\dfrac{1+x^2}{2x^2} = \dfrac{1}{2} + \dfrac{1}{2x^2}$ ，而 $\lim\limits_{x\to\infty}\dfrac{1}{2x^2} = 0$ ，所以 $\lim\limits_{x\to\infty}\dfrac{1+x^2}{2x^2} = \dfrac{1}{2}$.

定理 1.12 有界函数与无穷小的乘积是无穷小.

证明 设当 $|x| > X_1 > 0$ 时，$f(x)$ 为有界函数，$\lim\limits_{x\to\infty} g(x) = 0$ ，则 $\exists M > 0$ ，当 $|x| > X_1 > 0$ 时，有

$$|f(x)| \leqslant M .$$

$\forall \varepsilon > 0, \exists X_2 > 0$ ，当 $|x| > X_2$ 时，有

$$|g(x)| < \frac{\varepsilon}{M} ,$$

取 $X = \max\{X_1, X_2\} > 0$ ，则当 $|x| > X$ 时，有 $|f(x)| \leqslant M$ 且 $|g(x)| < \dfrac{\varepsilon}{M}$ 同时成立. 从而

$$|f(x)g(x)| = |f(x)||g(x)| < M \cdot \frac{\varepsilon}{M} = \varepsilon .$$

故当 $x \to \infty$ 时，$f(x)g(x)$ 为无穷小.

其他趋向过程同样可以证明.

例 21 求 $\lim\limits_{x\to\infty}\dfrac{\sin x}{x}$.

解 因为 $|\sin x| \leqslant 1$ ，$\lim\limits_{x\to\infty}\dfrac{1}{x} = 0$ ，所以

$$\lim_{x\to\infty}\frac{\sin x}{x} = \lim_{x\to\infty}\left(\sin x \cdot \frac{1}{x}\right) = 0 .$$

例 22 求 $\lim\limits_{x\to\infty}\dfrac{1}{x(1+\mathrm{e}^x)}$.

解 因为 $\mathrm{e}^x > 0$, 所以 $\left|\dfrac{1}{1+\mathrm{e}^x}\right| < 1$. 又 $\lim\limits_{x\to\infty}\dfrac{1}{x} = 0$ ，故

$$\lim_{x\to\infty}\frac{1}{x(1+\mathrm{e}^x)} = \lim_{x\to\infty}\left(\frac{1}{1+\mathrm{e}^x} \cdot \frac{1}{x}\right) = 0 .$$

二、无穷大

若当 $x \to x_0$ （或 $x \to \infty$ ）时，函数 $f(x)$ 的绝对值 $|f(x)|$ 无限增大，则称函数 $f(x)$ 为当 $x \to x_0$ （或 $x \to \infty$ ）时的无穷大.

定义 1.10　设函数 $f(x)$ 在点 x_0 的某一去心邻域内（或 $|x|$ 大于某一正数时）有定义，若对任意给定的正数 M（不论它多么大），总存在 $\delta>0$（或 $X>0$），使得对于满足不等式 $0<|x-x_0|<\delta$（或 $|x|>X$）的一切 x，对应的函数值都满足不等式

$$|f(x)|>M\ .$$

则称函数 $f(x)$ 为当 $x\to x_0$（或 $x\to\infty$）时的**无穷大**.

当 $x\to x_0$（或 $x\to\infty$）时为无穷大的函数 $f(x)$，按函数极限定义来说，极限是不存在的. 但为了方便，我们把无穷大记为

$$\lim_{x\to x_0} f(x)=\infty\ （或\ \lim_{x\to\infty} f(x)=\infty\ ）.$$

若在无穷大的定义中，把 $|f(x)|>M$ 换成 $f(x)>M$（或 $f(x)<-M$）就得到正无穷大（或负无穷大）的定义，记为

$$\lim_{\substack{x\to x_0\\(x\to\infty)}} f(x)=+\infty\quad （或\ \lim_{\substack{x\to x_0\\(x\to\infty)}} f(x)=-\infty\ ）.$$

需要注意的是，无穷大不是数，不能与很大的数混淆.

例 23　证明：$\lim\limits_{x\to1}\dfrac{1}{x-1}=\infty$（见图 1-34）.

证明　$\forall M>0$，要使

$$\left|\frac{1}{x-1}\right|=\frac{1}{|x-1|}>M\ ,$$

只要 $|x-1|<\dfrac{1}{M}$，取 $\delta=\dfrac{1}{M}>0$，从而 $\forall M>0,\ \exists\delta=\dfrac{1}{M}>0$，当 $0<|x-1|<\delta$ 时，有

$$\left|\frac{1}{x-1}\right|>M\ ,$$

故 $\lim\limits_{x\to1}\dfrac{1}{x-1}=\infty$.

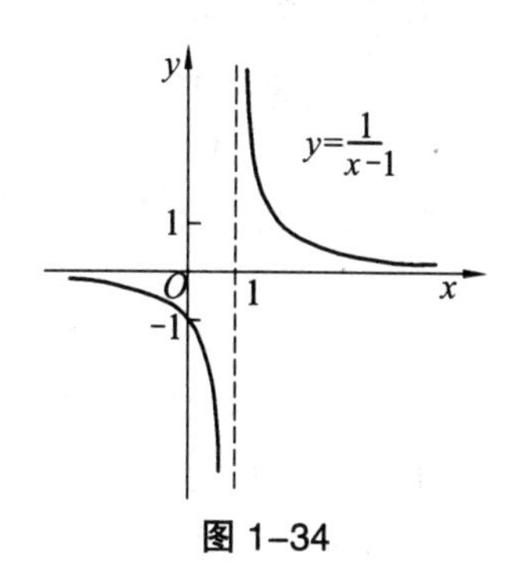

图 1-34

例 24　证明：$\lim\limits_{x\to\infty}(x+3)=\infty$.

证明　$\forall M>0$，要使

$$|x+3|\geqslant|x|-3>M\ ,$$

只要 $|x|>M+3$，取 $X=M+3>0$，从而 $\forall M>0$，$\exists X=M+3>0$，当 $|x|>M$ 时，有

$$|x+3|>M\ ,$$

故 $\lim\limits_{x\to\infty}(x+3)=\infty$.

三、无穷小与无穷大的关系

定理 1.13　在自变量的同一变化过程中，若 $f(x)$ 为无穷小且 $f(x)\neq0$，则 $\dfrac{1}{f(x)}$ 为无穷大；若 $f(x)$ 为无穷大，则 $\dfrac{1}{f(x)}$ 为无穷小.

证明　设 $\lim\limits_{x\to x_0} f(x)=0$ 且 $f(x)\neq0$，则 $\forall\varepsilon=\dfrac{1}{M}>0$，$\exists\delta>0$，当 $0<|x-x_0|<\delta$，有

$$|f(x)|<\frac{1}{M}.$$

由于当 $0<|x-x_0|<\delta$ 时，$f(x)\neq 0$，所以

$$\left|\frac{1}{f(x)}\right|>M.$$

故 $\dfrac{1}{f(x)}$ 为 $x\to x_0$ 时的无穷大.

另外一种情况作为练习请读者自己完成.

习 题 1-4

1．利用定义证明.

（1）$y=\dfrac{x^2-4}{x-2}$ 当 $x\to -2$ 时为无穷小； （2）$y=x\cos\dfrac{1}{x}$ 当 $x\to 0$ 时为无穷小.

2．利用定义证明.

（1）$y=\dfrac{1+3x}{x}$ 当 $x\to 0$ 时为无穷大； （2）$y=x+\sin x$ 当 $x\to\infty$ 时为无穷大.

3．求下列极限.

（1）$\lim\limits_{x\to\infty}\dfrac{\arctan x}{x}$； （2）$\lim\limits_{x\to\infty}\dfrac{1}{x}(3+\cos x)$； （3）$\lim\limits_{n\to\infty}\dfrac{1+(-1)^n}{n}$.

4．设 $f(x)$ 为无穷大，证明 $\dfrac{1}{f(x)}$ 为无穷小.

第五节　极限运算法则

前面讨论了极限的定义，由极限的定义只能证明函数或数列的极限为某个常数，而不能求极限．本节将建立极限的运算法则和复合函数的极限运算法则，从而给出求一些函数（包括数列）极限的方法．在下面的讨论中，记号“lim”下面没有给出自变量的变化过程，这表示这些结论对 $n\to\infty$，$x\to\infty$，$x\to x_0$ 及单侧极限都成立．但在论证时，只对 $x\to x_0$ 的情形进行证明，其他情形稍作改变即可.

定理 1.14　若 $\lim f(x)=A$，$\lim g(x)=B$，则

（1）$\lim[f(x)\pm g(x)]=A\pm B=\lim f(x)\pm\lim g(x)$.

（2）$\lim[f(x)g(x)]=AB=\lim f(x)\lim g(x)$.

（3）$\lim\dfrac{f(x)}{g(x)}=\dfrac{A}{B}=\dfrac{\lim f(x)}{\lim g(x)}\ (B\neq 0)$.

证明　（1）因为 $\lim\limits_{x\to x_0}f(x)=A$，$\lim\limits_{x\to x_0}g(x)=B$，所以 $\forall\varepsilon>0$，$\exists\delta_1>0$，当 $0<|x-x_0|<\delta_1$ 时，有

$$|f(x)-A|<\frac{\varepsilon}{2}.$$

$\exists\delta_2>0$，当 $0<|x-x_0|<\delta_2$ 时，有

$$|g(x)-B|<\frac{\varepsilon}{2}.$$

取 $\delta=\min\{\delta_1,\delta_2\}>0$，则当 $0<|x-x_0|<\delta$ 时，同时有

$$|f(x)-A|<\frac{\varepsilon}{2},\ |g(x)-B|<\frac{\varepsilon}{2}.$$

从而

$$\left|[f(x)\pm g(x)]-(A\pm B)\right|=\left|[f(x)-A]\pm[g(x)-B]\right|\leqslant|f(x)-A|+|g(x)-B|<\frac{\varepsilon}{2}+\frac{\varepsilon}{2}=\varepsilon .$$

故
$$\lim_{x\to x_0}[f(x)\pm g(x)]=A\pm B=\lim_{x\to x_0}f(x)\pm\lim_{x\to x_0}g(x).$$

（2）因为 $\lim\limits_{x\to x_0}f(x)=A$，$\lim\limits_{x\to x_0}g(x)=B$.

若 $A=0$，则 $f(x)$ 为无穷小．由函数极限的性质可知，$\exists M>0,\delta_1>0$，使得当 $0<|x-x_0|<\delta_1$ 时，有 $|g(x)|\leqslant M$，即 $g(x)$ 有界．所以 $f(x)g(x)$ 为无穷小，故结论成立.

若 $A\neq0$，则 $\forall\varepsilon>0,\ \exists\delta_2>0$，当 $0<|x-x_0|<\delta_2$ 时，有

$$|f(x)-A|<\frac{\varepsilon}{2M} .$$

$\exists\delta_3>0$，当 $0<|x-x_0|<\delta_3$ 时，有

$$|g(x)-B|<\frac{\varepsilon}{2|A|} .$$

取 $\delta=\min\{\delta_1,\delta_2,\delta_3\}>0$，则当 $0<|x-x_0|<\delta$ 时，同时有

$$|g(x)|\leqslant M,\quad |f(x)-A|<\frac{\varepsilon}{2M},\quad |g(x)-B|<\frac{\varepsilon}{2|A|} .$$

从而

$$\begin{aligned}|f(x)g(x)-AB|&=|f(x)g(x)-Ag(x)+Ag(x)-AB|=|[f(x)-A]g(x)+A[g(x)-B]|\\&\leqslant|f(x)-A||g(x)|+|A||g(x)-B|<\frac{\varepsilon}{2M}\cdot M+|A|\frac{\varepsilon}{2|A|}=\varepsilon .\end{aligned}$$

故
$$\lim_{x\to x_0}f(x)g(x)=AB=\lim_{x\to x_0}f(x)\lim_{x\to x_0}g(x).$$

关于（3）的证明，作为练习请读者自己完成.

定理 1.14 中的（1），（2）可推广为有限个函数或数列的情形．例如，设 $\lim f(x)=A$，$\lim g(x)=B$，$\lim h(x)=C$，则

$$\lim[f(x)+g(x)-h(x)]=\lim f(x)+\lim g(x)-\lim h(x) ,$$

$$\lim[f(x)g(x)h(x)]=\lim f(x)\lim g(x)\lim h(x) .$$

对定理 1.14 中的（2），有下面两个推论：

推论 1　若 $\lim f(x)$ 存在，而 C 为常数，则

$$\lim[Cf(x)]=C\lim f(x) .$$

推论 2　若 $\lim f(x)$ 存在，而 m 为正整数，则

$$\lim[f(x)]^m=[\lim f(x)]^m .$$

定理 1.15　若 $f(x)\geqslant g(x)$，且 $\lim f(x)=A$，$\lim g(x)=B$，则 $A\geqslant B$.

证明　令 $\varphi(x)=f(x)-g(x)$，则 $\varphi(x)\geqslant0$．由第三节推论得 $\lim\varphi(x)\geqslant0$．又

$$\lim\varphi(x)=\lim[f(x)-g(x)]=\lim f(x)-\lim g(x)=A-B ,$$

所以 $A-B\geqslant0$，即 $A\geqslant B$.

例 25　求 $\lim\limits_{x\to1}(3x-2)$.

解　$\lim\limits_{x\to1}(3x-2)=\lim\limits_{x\to1}(3x)-\lim\limits_{x\to1}2=3\lim\limits_{x\to1}x-2=3\cdot1-2=1$.

例 26 求$\lim\limits_{x\to 2}\dfrac{3x^2-2}{x^3+4x+4}$.

解 $$\lim_{x\to 2}\frac{3x^2-2}{x^3+4x+4}=\frac{\lim\limits_{x\to 2}(3x^2-2)}{\lim\limits_{x\to 2}(x^3+4x+4)}=\frac{3(\lim\limits_{x\to 2}x)^2-\lim\limits_{x\to 2}2}{(\lim\limits_{x\to 2}x)^3+4\lim\limits_{x\to 2}x+\lim\limits_{x\to 2}4}=\frac{3\cdot 2^2-2}{2^3+4\cdot 2+4}=\frac{1}{2}.$$

例 27 求$\lim\limits_{x\to 1}\dfrac{x^2-3x+2}{x^2-1}$.

解 $$\lim_{x\to 1}\frac{x^2-3x+2}{x^2-1}=\lim_{x\to 1}\frac{(x-1)(x-2)}{(x-1)(x+1)}=\lim_{x\to 1}\frac{x-2}{x+1}=\frac{\lim\limits_{x\to 1}(x-2)}{\lim\limits_{x\to 1}(x+1)}=-\frac{1}{2}.$$

例 28 求$\lim\limits_{x\to 2}\dfrac{3x-2}{x^2-5x+6}$.

解 因为

$$\lim_{x\to 2}\frac{x^2-5x+6}{3x-2}=\frac{(\lim\limits_{x\to 2}x)^2-5\lim\limits_{x\to 2}x+6}{3\lim\limits_{x\to 2}x-2}=\frac{2^2-5\cdot 2+6}{3\cdot 2-2}=0,$$

所以根据无穷大与无穷小的关系，得

$$\lim_{x\to 2}\frac{3x-2}{x^2-5x+6}=\infty.$$

小结：当$P(x)$, $Q(x)$为多项式时，求极限$\lim\limits_{x\to x_0}\dfrac{P(x)}{Q(x)}$的方法:

（1）当$Q(x_0)\neq 0$时，$\lim\limits_{x\to x_0}\dfrac{P(x)}{Q(x)}=\dfrac{P(x_0)}{Q(x_0)}$.

（2）当$Q(x_0)=0$且$P(x_0)\neq 0$时，$\lim\limits_{x\to x_0}\dfrac{P(x)}{Q(x)}=\infty$.

（3）当$Q(x_0)=P(x_0)=0$时，先将分子、分母的公因式$(x-x_0)$约去，化为（1）或（2）的情形.

例 29 求$\lim\limits_{x\to\infty}\dfrac{2x^2+5x+1}{3x^2-2x-3}$.

解 当$x\to\infty$时，分子、分母都是无穷大，因而不能用极限运算法则，因此必须对函数作恒等变形，即用x^2去除分子及分母，然后再使用极限运算法则.

$$\lim_{x\to\infty}\frac{2x^2+5x+1}{3x^2-2x-3}=\lim_{x\to\infty}\frac{2+\frac{5}{x}+\frac{1}{x^2}}{3-\frac{2}{x}-\frac{3}{x^2}}=\frac{\lim\limits_{x\to\infty}2+5\lim\limits_{x\to\infty}\frac{1}{x}+\left(\lim\limits_{x\to\infty}\frac{1}{x}\right)^2}{\lim\limits_{x\to\infty}3-2\lim\limits_{x\to\infty}\frac{1}{x}-3\left(\lim\limits_{x\to\infty}\frac{1}{x}\right)^2}$$

$$=\frac{2+5\times 0+0^2}{3-2\times 0-3\times 0^2}=\frac{2}{3}.$$

例 30 求$\lim\limits_{x\to\infty}\dfrac{2x^2-5x-1}{3x^3+2x^2+4}$.

解 类似例 29，用x^3去除分子及分母得

$$\lim_{x\to\infty}\frac{2x^2-5x-1}{3x^3+2x^2+4}=\lim_{x\to\infty}\frac{\frac{2}{x}-\frac{5}{x^2}-\frac{1}{x^3}}{3+\frac{2}{x}+\frac{4}{x^3}}=\frac{0}{3}=0.$$

例 31　求 $\lim\limits_{x\to\infty}\dfrac{3x^3+2x^2+4}{2x^2-5x-1}$.

解　因为 $\lim\limits_{x\to\infty}\dfrac{2x^2-5x-1}{3x^3+2x^2+4}=0$，所以

$$\lim_{x\to\infty}\frac{3x^3+2x^2+4}{2x^2-5x-1}=\infty.$$

小结：当 $a_0\neq 0,\ b_0\neq 0,\ n,m$ 为非负整数时，则

$$\lim_{x\to\infty}\frac{a_0x^n+a_1x^{n-1}+\cdots+a_n}{b_0x^m+b_1x^{m-1}+\cdots+b_m}=\begin{cases}0, & n<m,\\ \dfrac{a_0}{b_0}, & n=m,\\ \infty, & n>m.\end{cases}$$

定理 1.16（复合函数的极限运算法则）　设函数 $y=f[g(x)]$ 由函数 $y=f(u)$ 与函数 $u=g(x)$ 复合而成，$y=f[g(x)]$ 在点 x_0 的某去心邻域内有定义，若 $\lim\limits_{x\to x_0}g(x)=u_0$，$\lim\limits_{u\to u_0}f(u)=A$，且存在 $\delta_0>0$，当 $x\in\mathring{U}(x_0,\delta_0)$ 时，$g(x)\neq u_0$，则

$$\lim_{x\to x_0}f[g(x)]=\lim_{u\to u_0}f(u)=A.$$

证明　因为 $\lim\limits_{u\to u_0}f(u)=A$，则 $\forall\varepsilon>0,\ \exists\eta>0$，当 $0<|u-u_0|<\eta$ 时，有

$$|f(u)-A|<\varepsilon.$$

又 $\lim\limits_{x\to x_0}g(x)=u_0$，则对上述 $\eta>0$，$\exists\delta_1>0$，当 $0<|x-x_0|<\delta_1$ 时，有

$$|g(x)-u_0|<\eta.$$

取 $\delta=\min\{\delta_0,\delta_1\}>0$，则当 $0<|x-x_0|<\delta$ 时，同时有 $|g(x)-u_0|<\eta$，$g(x)\neq u_0$. 即

$$0<|g(x)-u_0|<\eta,$$

从而

$$|f[g(x)]-A|=|f(u)-A|<\varepsilon,$$

故

$$\lim_{x\to x_0}f[g(x)]=\lim_{u\to u_0}f(u)=A.$$

把定理 1.16 中的 $\lim\limits_{x\to x_0}g(x)=u_0$ 换成 $\lim\limits_{x\to x_0}g(x)=\infty$ 或 $\lim\limits_{x\to\infty}g(x)=\infty$，而把 $\lim\limits_{u\to u_0}f(u)=A$ 换成 $\lim\limits_{u\to\infty}f(u)=A$ 可得类似结果.

定理 1.16 表明，若函数 $f(u)$ 和 $g(x)$ 满足定理的条件，可作代换 $u=g(x)$，把求 $\lim\limits_{x\to x_0}f[(g(x)]$ 化为求 $\lim\limits_{u\to u_0}f(u)$，其中 $u_0=\lim\limits_{x\to x_0}g(x)$.

例 32　求 $\lim\limits_{x\to 3}\sqrt{\dfrac{x^2-9}{x-3}}$.

解　　$y=\sqrt{\dfrac{x^2-9}{x-3}}$ 是由 $y=\sqrt{u}$ 与 $u=\dfrac{x^2-9}{x-3}$ 复合而成的. 因为

$$\lim_{x\to 3}\frac{x^2-9}{x-3}=\lim_{x\to 3}(x+3)=6,$$

所以
$$\lim_{x\to 3}\sqrt{\frac{x^2-9}{x-3}}=\lim_{u\to 6}\sqrt{u}=\sqrt{6}.$$

例 33　求 $\lim\limits_{x\to+\infty}(\sqrt{x+\sqrt{x}}-\sqrt{x-\sqrt{x}})$.

解
$$\lim_{x\to+\infty}(\sqrt{x+\sqrt{x}}-\sqrt{x-\sqrt{x}})=\lim_{x\to+\infty}\frac{2\sqrt{x}}{\sqrt{x+\sqrt{x}}+\sqrt{x-\sqrt{x}}}$$
$$=\lim_{x\to+\infty}\frac{2}{\sqrt{1+\frac{1}{\sqrt{x}}}+\sqrt{1-\frac{1}{\sqrt{x}}}}=\frac{2}{1+1}=1.$$

习 题 1-5

1．计算下列极限．

（1）$\lim\limits_{x\to 2}\frac{x+2}{x^2-2x+8}$；（2）$\lim\limits_{x\to\sqrt{2}}\frac{x^2-2}{x^2+2}$；（3）$\lim\limits_{x\to 3}\frac{x^2-9}{x^2-7x+12}$；

（4）$\lim\limits_{h\to 0}\frac{(x+h)^2-x^2}{h}$；（5）$\lim\limits_{x\to 2}\sqrt{\frac{x-2}{x^2-4}}$；（6）$\lim\limits_{x\to 1}\frac{x^n-1}{x-1}$（$n$为正整数）；

（7）$\lim\limits_{x\to\infty}\left(1+\frac{1}{x^2}\right)\left(2-\frac{3}{x}\right)$；（8）$\lim\limits_{x\to\infty}\frac{3x^3+2x-1}{5x^3+3x^2+x}$；（9）$\lim\limits_{x\to\infty}\frac{x^2+2x+3}{x^3+4x^2-1}$；

（10）$\lim\limits_{x\to 1}\left(\frac{1}{x-1}-\frac{2}{x^2-1}\right)$；（11）$\lim\limits_{h\to 0}\frac{\sqrt{x+h}-\sqrt{x}}{h}$；（12）$\lim\limits_{x\to\infty}\frac{(2x+3)^{10}(3x-2)^{10}}{(6x-5)^{20}}$；

（13）$\lim\limits_{n\to\infty}\frac{1+2+\cdots+n}{n^2}$；（14）$\lim\limits_{n\to\infty}\left(1+\frac{1}{3}+\frac{1}{3^2}+\cdots+\frac{1}{3^n}\right)$；

（15）$\lim\limits_{n\to\infty}\sqrt{n}(\sqrt{n+1}-\sqrt{n-1})$；（16）$\lim\limits_{x\to-\infty}(\sqrt{x^2+3x+1}-\sqrt{x^2-x+2})$.

2．设 $\lim\limits_{x\to 1}\frac{x^2+ax+b}{x-1}=-2$, 求 a, b.

3．设 $\lim\limits_{x\to\infty}\left(\frac{x^2+1}{x-1}-ax+b\right)=3$, 求 a, b.

4．设当 $x\to x_0$ 时 $f(x)$ 为无穷大，且 $\lim\limits_{x\to x_0}g(x)$ 存在，证明当 $x\to x_0$ 时，$f(x)+g(x)$ 为无穷大.

5．设 $\lim f(x)$, $\lim g(x)$ 存在，且 $\lim g(x)\neq 0$，证明 $\lim\frac{f(x)}{g(x)}=\frac{\lim f(x)}{\lim g(x)}$.

第六节　极限存在准则与两个重要极限

一、极限存在准则

准则 I　若数列 $\{x_n\}$, $\{y_n\}$, $\{z_n\}$ 满足下列条件：

（1）存在正整数 N_0，当 $n>N_0$ 时，有 $y_n\leqslant x_n\leqslant z_n$；

（2）$\lim\limits_{n\to\infty} y_n = a$，$\lim\limits_{n\to\infty} z_n = a$，

则数列$\{x_n\}$收敛，且$\lim\limits_{n\to\infty} x_n = a$．

证明　因为$\lim\limits_{n\to\infty} y_n = a$，$\lim\limits_{n\to\infty} z_n = a$，则$\forall\varepsilon>0$，$\exists$正整数$N_1$，当$n>N_1$时，有

$$|y_n - a| < \varepsilon,$$

即

$$a-\varepsilon < y_n .$$

$\exists$正整数N_2，当$n>N_2$时，有

$$|z_n - a| < \varepsilon,$$

即

$$z_n < a+\varepsilon .$$

取$N=\max\{N_0, N_1, N_2\}>0$，则当$n>N$时，同时有

$$y_n \leqslant x_n \leqslant z_n，\quad a-\varepsilon<y_n，\quad z_n<a+\varepsilon .$$

从而

$$a-\varepsilon < x_n < a+\varepsilon,$$

即

$$|x_n - a| < \varepsilon .$$

故数列$\{x_n\}$收敛，且$\lim\limits_{n\to\infty} x_n = a$．

准则Ⅰ称为夹逼准则，而且准则Ⅰ还可以推广到函数的极限．

准则Ⅰ′　若函数$f(x)$, $g(x)$, $h(x)$满足下列条件：

（1）当$x\in \mathring{U}(x_0, \delta_0)$（或$|x|>X_0$）时，有$g(x)\leqslant f(x)\leqslant h(x)$；

（2）$\lim\limits_{\substack{x\to x_0\\(x\to\infty)}} g(x) = A$，$\lim\limits_{\substack{x\to x_0\\(x\to\infty)}} h(x) = A$，

则$\lim\limits_{\substack{x\to x_0\\(x\to\infty)}} f(x)$存在，且$\lim\limits_{\substack{x\to x_0\\(x\to\infty)}} f(x) = A$．

例 34　求$\lim\limits_{n\to\infty}\left(\dfrac{1}{n+\sqrt{1}}+\dfrac{1}{n+\sqrt{2}}+\cdots+\dfrac{1}{n+\sqrt{n}}\right)$．

解　因为

$$\frac{n}{n+\sqrt{n}} < \frac{1}{n+\sqrt{1}}+\frac{1}{n+\sqrt{2}}+\cdots+\frac{1}{n+\sqrt{n}} < \frac{n}{n+\sqrt{1}},$$

又$\lim\limits_{n\to\infty}\dfrac{n}{n+\sqrt{n}} = \lim\limits_{n\to\infty}\dfrac{1}{1+\sqrt{\dfrac{1}{n}}} = 1$，$\lim\limits_{n\to\infty}\dfrac{n}{n+\sqrt{1}} = \lim\limits_{n\to\infty}\dfrac{1}{1+\dfrac{1}{n}} = 1$，故

$$\lim_{n\to\infty}\left(\frac{1}{n+\sqrt{1}}+\frac{1}{n+\sqrt{2}}+\cdots+\frac{1}{n+\sqrt{n}}\right) = 1 .$$

例 35　证明：$\lim\limits_{x\to 0}(1-\cos x) = 0$．

证明　因为$1-\cos x = 2\sin^2\dfrac{x}{2}$，且$|\sin x|\leqslant|x|$，所以

$$0\leqslant 1-\cos x\leqslant \frac{x^2}{2} .$$

又 $\lim\limits_{x\to 0}\dfrac{x^2}{2}=\dfrac{1}{2}(\lim\limits_{x\to 0}x)^2=\dfrac{1}{2}\cdot 0^2=0$，故

$$\lim_{x\to 0}(1-\cos x)=0.$$

由例 35 很容易得到 $\lim\limits_{x\to 0}\cos x=1$.

准则Ⅱ　单调有界数列必有极限.

若数列 $\{x_n\}$ 满足条件

$$x_1\leqslant x_2\leqslant x_3\leqslant\cdots\leqslant x_n\leqslant x_{n+1}\leqslant\cdots,$$

则称数列 $\{x_n\}$ 是**单调增加**的；若数列 $\{x_n\}$ 满足条件

$$x_1\geqslant x_2\geqslant x_3\geqslant\cdots\geqslant x_n\geqslant x_{n+1}\geqslant\cdots,$$

则称数列 $\{x_n\}$ 是**单调减少**的．单调增加和单调减少数列统称为**单调数列**.

在第二节我们得到：收敛的数列一定有界，但有界的数列不一定收敛．准则Ⅱ表明：若一个数列不仅有界而且是单调的，则该数列的极限必定存在．也就是说，该数列一定收敛.

对准则Ⅱ我们不作证明，只给出它的几何解释：

从数轴上看，单调数列的点 x_n 只可能向同一个方向移动，所以只有两种可能情形：或者沿数轴移向无穷远，或者无限趋近于某一定点 A（见图 1-35），即数列 $\{x_n\}$ 无限趋于一个数 A．而对有界数列，数轴上点 x_n 都落在数轴上某一个区间 $[-M,M]$ 内，所以上述第一种情况不可能发生，即只有第二种情况发生，也就是说，该数列收敛.

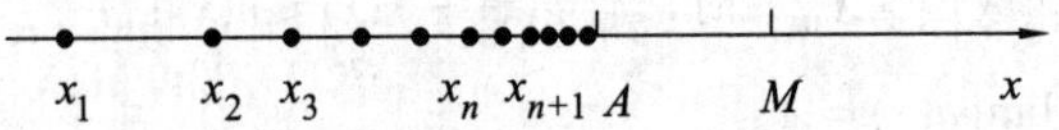

x_1　x_2　x_3　x_n　x_{n+1}　A　M　x

图 1-35

例 36　设数列 $\{x_n\}$ 满足 $x_1=\sqrt{2},\ x_{n+1}=\sqrt{2+x_n}\ \ (n\in\mathbf{Z}^+)$，证明：数列 $\{x_n\}$ 收敛，并求其极限.

证明　由已知可得 $x_2=\sqrt{2+\sqrt{2}}>x_1$．设 $x_{n-1}<x_n$，则 $2+x_{n-1}<2+x_n$，故 $\sqrt{2+x_{n-1}}<\sqrt{2+x_n}$，即 $x_n<x_{n+1}$，因此数列 $\{x_n\}$ 单调增加.

$x_1=\sqrt{2}<2$．设 $x_{n-1}<2$，则 $2+x_{n-1}<2+2=4$，故 $\sqrt{2+x_{n-1}}<\sqrt{4}=2$，即 $x_n<2$．又 $x_n>0$，所以 $|x_n|<2$，即数列 $\{x_n\}$ 有界．因此数列 $\{x_n\}$ 收敛.

设 $\lim\limits_{n\to\infty}x_n=a$，因为 $x_{n+1}=\sqrt{2+x_n}$，即 $x_{n+1}^2=2+x_n$，从而

$$\lim_{n\to\infty}x_{n+1}^2=\lim_{n\to\infty}(2+x_n),$$

即 $a^2=2+a$，所以 $a=2,\ a=-1$．由极限保号性的推论得 $a=2$，故 $\lim\limits_{n\to\infty}x_n=2$.

二、两个重要极限

1．$\lim\limits_{x\to 0}\dfrac{\sin x}{x}=1$.

证明　先证 $x>0$ 的情形．如图 1-36 所示，在单位圆中，$BC\perp OA,\ DA\perp OA$，圆心角 $\angle AOB=x\left(0<x<\dfrac{\pi}{2}\right)$．显然 $\sin x=BC$，$x=AB$，$\tan x=AD$．因为

$$S_{\triangle AOB} < S_{扇形AOB} < S_{\triangle AOD},$$

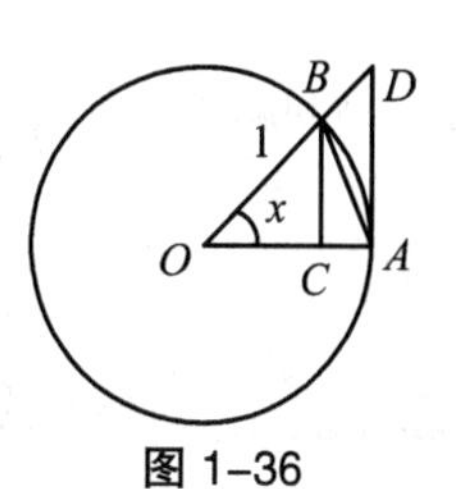

图 1–36

所以
$$\frac{1}{2}\sin x < \frac{1}{2}x < \frac{1}{2}\tan x,$$

即
$$\sin x < x < \tan x.$$

当 $\sin x > 0$ 时，有
$$1 < \frac{x}{\sin x} < \frac{1}{\cos x},$$

即
$$\cos x < \frac{\sin x}{x} < 1.$$

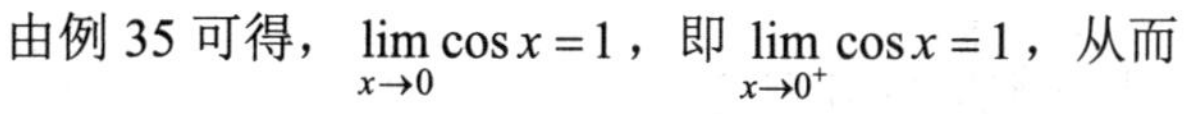
由例 35 可得，$\lim\limits_{x\to 0}\cos x = 1$，即 $\lim\limits_{x\to 0^+}\cos x = 1$，从而

$$\lim_{x\to 0^+}\frac{\sin x}{x} = 1.$$

又
$$\lim_{x\to 0^-}\frac{\sin x}{x} \xlongequal{令x=-t} \lim_{t\to 0^+}\frac{\sin(-t)}{-t} = \lim_{t\to 0^+}\frac{\sin t}{t} = 1,$$

故 $\lim\limits_{x\to 0}\dfrac{\sin x}{x} = 1$.

例 37　求 $\lim\limits_{x\to 0}\dfrac{\sin 2x}{x}$.

解　$\lim\limits_{x\to 0}\dfrac{\sin 2x}{x} = \lim\limits_{x\to 0}\left(2\cdot\dfrac{\sin 2x}{2x}\right) = 2\lim\limits_{x\to 0}\dfrac{\sin 2x}{2x} = 2\times 1 = 2$.

例 38　求 $\lim\limits_{x\to 0}\dfrac{\tan x}{x}$.

解　$\lim\limits_{x\to 0}\dfrac{\tan x}{x} = \lim\limits_{x\to 0}\left(\dfrac{\sin x}{x}\cdot\dfrac{1}{\cos x}\right) = \lim\limits_{x\to 0}\dfrac{\sin x}{x}\cdot\lim\limits_{x\to 0}\dfrac{1}{\cos x} = 1$.

例 39　求 $\lim\limits_{x\to 0}\dfrac{1-\cos x}{x^2}$.

解　$\lim\limits_{x\to 0}\dfrac{1-\cos x}{x^2} = \lim\limits_{x\to 0}\dfrac{2\sin^2\dfrac{x}{2}}{x^2} = \dfrac{1}{2}\lim\limits_{x\to 0}\dfrac{\sin^2\dfrac{x}{2}}{\left(\dfrac{x}{2}\right)^2} = \dfrac{1}{2}\lim\limits_{x\to 0}\left(\dfrac{\sin\dfrac{x}{2}}{\dfrac{x}{2}}\right)^2 = \dfrac{1}{2}\times 1^2 = \dfrac{1}{2}$.

2．$\lim\limits_{x\to\infty}\left(1+\dfrac{1}{x}\right)^x = \mathrm{e}$.

考虑 x 取正整数 n 且 $n\to\infty$ 的情形．设 $x_n = \left(1+\dfrac{1}{n}\right)^n$，下面证明数列 $\{x_n\}$ 单调有界.

由二项式定理公式得

$$\begin{aligned}
x_n &= \left(1+\frac{1}{n}\right)^n \\
&= 1+\frac{n}{1!}\cdot\frac{1}{n}+\frac{n(n-1)}{2!}\cdot\frac{1}{n^2}+\frac{n(n-1)(n-2)}{3!}\cdot\frac{1}{n^3}+\cdots+\frac{n(n-1)\ \cdots\ (n-n+1)}{n!}\cdot\frac{1}{n^n} \\
&= 1+1+\frac{1}{2!}\left(1-\frac{1}{n}\right)+\frac{1}{3!}\left(1-\frac{1}{n}\right)\left(1-\frac{2}{n}\right)+\cdots+\frac{1}{n!}\left(1-\frac{1}{n}\right)\left(1-\frac{2}{n}\right)\cdots\left(1-\frac{n-1}{n}\right),
\end{aligned}$$

$$x_{n+1}=1+1+\frac{1}{2!}\left(1-\frac{1}{n+1}\right)+\frac{1}{3!}\left(1-\frac{1}{n+1}\right)\left(1-\frac{2}{n+1}\right)+\cdots+$$
$$\frac{1}{n!}\left(1-\frac{1}{n+1}\right)\left(1-\frac{2}{n+1}\right)\cdots\left(1-\frac{n-1}{n+1}\right)+\frac{1}{(n+1)!}\left(1-\frac{1}{n+1}\right)\left(1-\frac{2}{n+1}\right)\cdots\left(1-\frac{n}{n+1}\right).$$

比较 x_n, x_{n+1} 的展开式，可以看出，除前两项外，x_n 的每一项都小于 x_{n+1} 的对应项，而且 x_{n+1} 还多了最后一个正项，因此

$$x_n<x_{n+1}.$$

故数列 $\{x_n\}$ 单调增加.

因为 x_n 的展开式中各项括号内的数都小于 1，且 $\frac{1}{n!}=\frac{1}{1\cdot2\cdot3\cdots n}<\frac{1}{2^{n-1}}$，所以

$$x_n<1+1+\frac{1}{2!}+\frac{1}{3!}+\cdots+\frac{1}{n!}<1+1+\frac{1}{2}+\frac{1}{2^2}+\cdots+\frac{1}{2^{n-1}}=1+\frac{1-\frac{1}{2^n}}{1-\frac{1}{2}}=3-\frac{1}{2^{n-1}}<3.$$

又 $x_n>0$，故数列 $\{x_n\}$ 有界.

根据准则Ⅱ，数列 $\{x_n\}$ 必有极限. 这个极限我们用无理数 e 来表示，即

$$\lim_{n\to\infty}\left(1+\frac{1}{n}\right)^n=\mathrm{e}.$$

而对于 x 取实数且 $x\to+\infty$ 或 $x\to-\infty$ 时，可以证明函数 $\left(1+\frac{1}{x}\right)^x$ 的极限都存在且等于 e，故

$$\lim_{x\to\infty}\left(1+\frac{1}{x}\right)^x=\mathrm{e}. \tag{1}$$

利用复合函数的极限运算法则，若在公式（1）中令 $t=\frac{1}{x}$，则有

$$\lim_{t\to0}(1+t)^{\frac{1}{t}}=\mathrm{e},$$

即

$$\lim_{x\to0}(1+x)^{\frac{1}{x}}=\mathrm{e}.$$

例 40 求 $\lim_{x\to0}(1+2x)^{\frac{1}{x}}$.

解 $\lim_{x\to0}(1+2x)^{\frac{1}{x}}=\lim_{x\to0}(1+2x)^{\frac{1}{2x}\cdot2}=\lim_{x\to0}\left[(1+2x)^{\frac{1}{2x}}\right]^2=\mathrm{e}^2$.

例 41 求 $\lim_{x\to\infty}\left(1-\frac{1}{x}\right)^x$.

解
$$\lim_{x\to\infty}\left(1-\frac{1}{x}\right)^x=\lim_{x\to\infty}\left[1+\left(-\frac{1}{x}\right)\right]^{-x\cdot(-1)}=\lim_{x\to\infty}\left\{\left[1+\left(-\frac{1}{x}\right)\right]^{-x}\right\}^{-1}$$
$$=\lim_{x\to\infty}\frac{1}{\left[1+\left(-\frac{1}{x}\right)\right]^{-x}}=\frac{1}{\mathrm{e}}=\mathrm{e}^{-1}.$$

习　题　1-6

1．计算下列极限．

（1）$\lim\limits_{x\to 0}\dfrac{\sin 2x}{\sin 3x}$；　（2）$\lim\limits_{x\to 0}\dfrac{\tan 2x}{x}$；　（3）$\lim\limits_{x\to 1}\dfrac{\sin \pi x}{x-1}$；

（4）$\lim\limits_{x\to \infty}x\sin\dfrac{2}{x}$；　（5）$\lim\limits_{x\to 0}\dfrac{1-\cos 2x}{x\sin x}$；　（6）$\lim\limits_{x\to 0}\dfrac{3\arcsin x}{5x}$；

（7）$\lim\limits_{n\to \infty}2^n\sin\dfrac{x}{2^n}\ (x\neq 0)$；　（8）$\lim\limits_{x\to 0}\dfrac{x-\sin x}{x+\sin x}$；　（9）$\lim\limits_{x\to \infty}\dfrac{3x^2+5x}{5x+3}\sin\dfrac{4}{x}$．

2．计算下列极限．

（1）$\lim\limits_{x\to 0}(1-x)^{\frac{1}{x}}$；　（2）$\lim\limits_{x\to 0}\left(\dfrac{2-x}{2}\right)^{\frac{4}{x}}$；　（3）$\lim\limits_{x\to \infty}\left(\dfrac{1+x}{x}\right)^{2x}$；

（4）$\lim\limits_{x\to \infty}\left(\dfrac{x-1}{x+1}\right)^{x}$；　（5）$\lim\limits_{n\to \infty}\left(1+\dfrac{3}{n}\right)^{n}$；　（6）$\lim\limits_{x\to \infty}\left(1-\dfrac{1}{x}\right)^{kx}\ (k\in \mathbf{Z}^+)$．

3．求 $\lim\limits_{n\to \infty}\left(\dfrac{n}{n^2+1}+\dfrac{n}{n^2+2}+\cdots+\dfrac{n}{n^2+n}\right)$．

4．证明：$\lim\limits_{x\to 0^+}x\left[\dfrac{1}{x}\right]=1$．

5．设 $x_1=\sqrt{6},\ x_n=\sqrt{6+x_{n-1}}\ (n\geqslant 2)$，证明：数列 $\{x_n\}$ 收敛并求其极限．

第七节　无穷小的比较

根据极限运算法则可知，两个无穷小的和、差及乘积仍为无穷小，但两个无穷小的商却会出现不同情况．例如，当 $x\to 0$ 时，x，x^2，$\sin x$ 都是无穷小，但

$$\lim_{x\to 0}\frac{x^2}{x}=0,\quad \lim_{x\to 0}\frac{x}{x^2}=\infty,\quad \lim_{x\to 0}\frac{\sin x}{x}=1.$$

两个无穷小商的极限的各种不同情况，反映了不同无穷小趋于零的“快慢”程度：在 $x\to 0$ 的过程中，x^2 比 x “快些”，x 比 x^2 “慢些”，$\sin x$ 与 x “快慢相仿”．

定义 1.11　设 α,β 是同一个趋向过程中的无穷小，且 $\beta\neq 0$．

（1）若 $\lim\dfrac{\alpha}{\beta}=0$，则称 α 是比 β **高阶的无穷小**，记为 $\alpha=o(\beta)$；

（2）若 $\lim\dfrac{\alpha}{\beta}=\infty$，则称 α 是比 β **低阶的无穷小**；

（3）若 $\lim\dfrac{\alpha}{\beta}=c\neq 0$，则称 α 与 β 是**同阶无穷小**；

（4）若 $\lim\dfrac{\alpha}{\beta}=1$，则称 α 与 β 是**等价无穷小**，记为 $\alpha\sim\beta$．例如，$\sin x\sim x$．

显然，等价无穷小是同阶无穷小的特殊情形，即 $c=1$ 的情形．

例 42　证明：当 $x\to 1$ 时，x^2-1 与 x^3-1 是同阶无穷小．

证明　因为

$$\lim_{x\to1}\frac{x^2-1}{x^3-1}=\lim_{x\to1}\frac{x+1}{x^2+x+1}=\frac{2}{3},$$

所以当 $x\to1$ 时，x^2-1 与 x^3-1 是同阶无穷小.

例 43　证明：当 $x\to0$ 时，$\sqrt{1+x}-1$ 与 $\frac{x}{2}$ 是等价无穷小.

证明　因为

$$\lim_{x\to0}\frac{\sqrt{1+x}-1}{\frac{x}{2}}=\lim_{x\to0}\frac{2x}{x(\sqrt{1+x}+1)}=\lim_{x\to0}\frac{2}{\sqrt{1+x}+1}=1,$$

所以当 $x\to0$ 时，$\sqrt{1+x}-1$ 与 $\frac{x}{2}$ 是等价无穷小.

关于等价无穷小，有下面一个重要结论.

定理 1.17　设 $\alpha\sim\alpha',\ \beta\sim\beta'$，且 $\lim\frac{\alpha'}{\beta'}$ 存在，则 $\lim\frac{\alpha}{\beta}=\lim\frac{\alpha'}{\beta'}$.

证明　由 $\alpha\sim\alpha',\ \beta\sim\beta'$，得 $\lim\frac{\alpha}{\alpha'}=1$，$\lim\frac{\beta'}{\beta}=1$. 于是

$$\lim\frac{\alpha}{\beta}=\lim\left(\frac{\alpha}{\alpha'}\cdot\frac{\alpha'}{\beta'}\cdot\frac{\beta'}{\beta}\right)=\lim\frac{\alpha}{\alpha'}\cdot\lim\frac{\alpha'}{\beta'}\cdot\lim\frac{\beta'}{\beta}=\lim\frac{\alpha'}{\beta'}.$$

定理 1.17 表明，在求两个无穷小商的极限时，分子或分母可以用等价无穷小替换. 因此如果无穷小的替换运用得当，可化简极限的计算. 下面给出常用的等价无穷小（当 $x\to0$ 时）：

$$\sin x\sim x,\quad \tan x\sim x,\quad 1-\cos x\sim\frac{x^2}{2},\quad \arcsin x\sim x,$$

$$\arctan x\sim x,\quad e^x-1\sim x,\quad \ln(1+x)\sim x,\quad \sqrt[n]{1+x}-1\sim\frac{x}{n}.$$

例 44　求 $\lim\limits_{x\to0}\frac{\sin3x}{\tan5x}$.

解　当 $x\to0$ 时，$\sin3x\sim3x,\ \tan5x\sim5x$，所以

$$\lim_{x\to0}\frac{\sin3x}{\tan5x}=\lim_{x\to0}\frac{3x}{5x}=\frac{3}{5}.$$

例 45　求 $\lim\limits_{x\to0}\frac{\ln(1+x^2)}{1-\cos x}$.

解　当 $x\to0$ 时，$\ln(1+x^2)\sim x^2,\ 1-\cos x\sim\frac{x^2}{2}$，所以

$$\lim_{x\to0}\frac{\ln(1+x^2)}{1-\cos x}=\lim_{x\to0}\frac{x^2}{\frac{x^2}{2}}=2.$$

注意：$\lim\limits_{x\to0}\frac{\tan x-\sin x}{x^3}\neq\lim\limits_{x\to0}\frac{x-x}{x^3}=0$. 事实上

$$\lim_{x\to0}\frac{\tan x-\sin x}{x^3}=\lim_{x\to0}\left[\frac{\sin x(1-\cos x)}{x^3}\cdot\frac{1}{\cos x}\right]=\lim_{x\to0}\frac{\frac{x^3}{2}}{x^3}=\frac{1}{2}.$$

习　题 1–7

1．当 $x \to 0$ 时，$x - x^2$ 与 $3x^2 - x^3$ 相比，哪一个是高阶无穷小？

2．当 $x \to 0$ 时，试将下列无穷小与 x 进行比较．

（1）$x^3 + 100x^2$；　　（2）$\sqrt{1+x} - \sqrt{1-x}$．

3．证明：当 $x \to 0$ 时，$\sec x - 1 \sim \dfrac{x^2}{2}$．

4．利用等价无穷小求下列极限．

（1）$\lim\limits_{x \to 0} \dfrac{\arctan 2x}{\sin 3x}$；　（2）$\lim\limits_{x \to 0} \dfrac{\ln(1+3x)}{\tan 7x}$；　（3）$\lim\limits_{x \to 0} \dfrac{\sin x^n}{(\sin x)^m}\ (n, m \in \mathbf{Z}^+)$；

（4）$\lim\limits_{x \to 0} \dfrac{e^{x^2} - 1}{x \sin x}$；　（5）$\lim\limits_{x \to 0} \dfrac{\sqrt{1 + x\sin x} - 1}{x \arcsin x}$；　（6）$\lim\limits_{x \to 0^+} \dfrac{1 - \sqrt{\cos x}}{x(1 - \cos\sqrt{x})}$．

5．设 $\alpha \sim \beta,\ \beta \sim \gamma$，证明：$\alpha \sim \gamma$．

6．证明：α与β是等价无穷小的充分必要条件是 $\alpha = \beta + o(\beta)$．

第八节　函数的连续性与间断点

一、函数的连续性

自然界中很多变量的变化是连续不断的，如气温的变化、物体运动的路程、植物的生长等都是连续变化的．这种现象反映在数学上就是函数的连续性．例如，就气温的变化来看，当时间变动很小时，气温的变化也很小，这种特点就是下面要介绍的连续性．为此先引入增量概念，然后描述连续性，并引出连续性的定义．

设变量 u 从它的一个初值 u_1 变到终值 u_2，终值与初值的差 $u_2 - u_1$ 称为**变量 u 的增量**（**改变量**），记作 Δu，即

$$\Delta u = u_2 - u_1 .$$

增量 Δu 可以是正的，也可以是负的；当 $\Delta u > 0$ 时，变量的终值 u_2 大于初值 u_1，当 $\Delta u < 0$ 时，变量的终值 u_2 小于初值 u_1．

设函数 $y = f(x)$ 在点 x_0 的某一邻域内有定义，当自变量 x 在该邻域内从 x_0 变到 $x_0 + \Delta x$ 时，函数 y 相应地从 $f(x_0)$ 变到 $f(x_0 + \Delta x)$，因此函数 y 的对应增量（改变量）为

$$\Delta y = f(x_0 + \Delta x) - f(x_0) .$$

这个关系式的几何解释如图 1-37 所示．

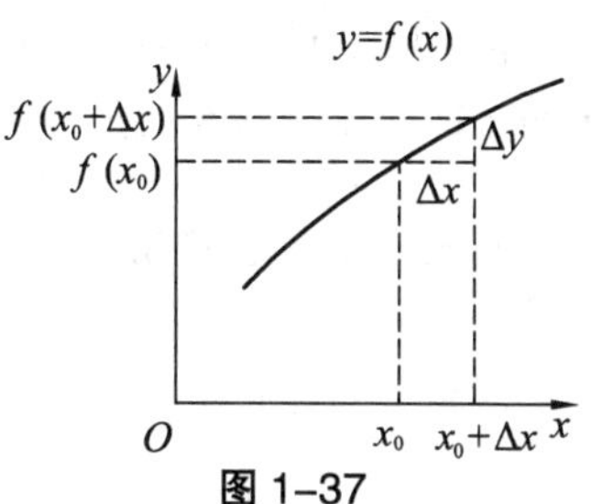

图 1–37

例如，对函数 $y = x^2$，当 x 由 x_0 变到 $x_0 + \Delta x$ 时，函数 y 的增量为

$$\Delta y = f(x_0 + \Delta x) - f(x_0) = (x_0 + \Delta x)^2 - x_0^2 = 2x_0\Delta x + (\Delta x)^2 .$$

借助函数增量的概念，下面引入函数连续的概念．

定义 1.12　设函数 $y = f(x)$ 在点 x_0 的某一邻域内有定义，若当自变量的增量 Δx 趋于零时，对应的函数的增量 $\Delta y = f(x_0 + \Delta x) - f(x_0)$ 也趋于零，即

$$\lim_{\Delta x\to 0}\Delta y=0 \quad 或 \quad \lim_{\Delta x\to 0}[f(x_0+\Delta x)-f(x_0)]=0,$$

则称函数 $y=f(x)$ 在点 x_0 处**连续**.

在上述定义中，若令 $x=x_0+\Delta x$，则当 $\Delta x\to 0$ 时，有 $x\to x_0$．又

$$\Delta y=f(x_0+\Delta x)-f(x_0)=f(x)-f(x_0),$$

即
$$f(x)=f(x_0)+\Delta y,$$

于是由 $\lim\limits_{\Delta x\to 0}\Delta y=0$ 得

$$\lim_{x\to x_0}f(x)=\lim_{\Delta x\to 0}[f(x_0)+\Delta y]=f(x_0).$$

反过来，由 $\lim\limits_{x\to x_0}f(x)=f(x_0)$ 可得：$\lim\limits_{\Delta x\to 0}\Delta y=0$．于是关于连续有如下等价定义.

定义 1.13 设函数 $y=f(x)$ 在点 x_0 的某一邻域内有定义，若

$$\lim_{x\to x_0}f(x)=f(x_0),$$

则称函数 $y=f(x)$ 在点 x_0 处**连续**.

定义 1.14 设函数 $y=f(x)$ 在点 x_0 的某一邻域内有定义，如果对于任意给定的正数 ε，总存在正数 δ，使得对于满足不等式 $|x-x_0|<\delta$ 的一切 x，对应的函数值都满足不等式

$$|f(x)-f(x_0)|<\varepsilon,$$

则称函数 $y=f(x)$ 在点 x_0 处连续.

下面再定义左连续与右连续的概念.

定义 1.15 若 $\lim\limits_{x\to x_0^-}f(x)=f(x_0)$，则称 $y=f(x)$ 在点 x_0 处**左连续**.

定义 1.16 若 $\lim\limits_{x\to x_0^+}f(x)=f(x_0)$，则称 $y=f(x)$ 在点 x_0 处**右连续**.

由左、右极限与极限的关系可得左、右连续与连续的关系：

函数 $y=f(x)$ 在点 x_0 处连续 $\Leftrightarrow$ 函数 $y=f(x)$ 在点 x_0 处既是左连续又是右连续.

上述关于函数连续的概念都是在一点上考虑的，我们还可以把在一点的连续推广到一个区间上.

在区间上每一点都连续的函数，称为在该区间上的**连续函数**，或者说函数在该区间上连续．若区间包括端点，则函数在右端点连续是指左连续，在左端点连续是指右连续.

例 46 证明：函数 $f(x)=\begin{cases}\dfrac{\sin x}{x}, & x\neq 0,\\ 1, & x=0\end{cases}$ 在点 $x=0$ 处连续.

证明 因为

$$\lim_{x\to 0}f(x)=\lim_{x\to 0}\frac{\sin x}{x}=1=f(0),$$

所以 $f(x)$ 在点 $x=0$ 处连续.

例 47 证明：函数 $y=\sin x$ 在区间 $(-\infty,+\infty)$ 内连续.

证明 任取 $x\in(-\infty,+\infty)$，并在 x 处有增量 Δx，则函数 $y=\sin x$ 的增量为

$$\Delta y=\sin(x+\Delta x)-\sin x=2\cos\left(x+\frac{\Delta x}{2}\right)\sin\frac{\Delta x}{2}.$$

因为$\left|\cos\left(x+\frac{\Delta x}{2}\right)\right|\leqslant 1$，$\left|\sin\frac{\Delta x}{2}\right|\leqslant\left|\frac{\Delta x}{2}\right|$，所以

$$0\leqslant|\Delta y|\leqslant|\Delta x|.$$

又$\lim\limits_{\Delta x\to 0}|\Delta x|=0$，由夹逼准则得

$$\lim_{\Delta x\to 0}|\Delta y|=0.$$

于是

$$\lim_{\Delta x\to 0}\Delta y=0.$$

故函数$y=\sin x$在点x处连续．由x的任意性可得，函数$y=\sin x$在区间$(-\infty,+\infty)$内连续．

同理可证，函数$y=\cos x$在区间$(-\infty,+\infty)$内连续．函数$y=\sqrt{x}$在区间$[0,+\infty)$内连续．

二、函数的间断点

定义 1.17　若函数$f(x)$在点x_0处不连续，则称$f(x)$在点x_0处**间断**，而点x_0称为函数$f(x)$的**间断点**．

由函数在某点连续的定义可知，若函数$f(x)$在点x_0处满足下列三个条件之一，则点x_0称为函数$f(x)$的间断点．

（1）$f(x)$在点x_0处没有定义；

（2）$f(x)$在点x_0处有定义，但$\lim\limits_{x\to x_0}f(x)$不存在；

（3）$f(x)$在点x_0处有定义且$\lim\limits_{x\to x_0}f(x)$存在，但$\lim\limits_{x\to x_0}f(x)\neq f(x_0)$．

例 48　正切函数$y=\tan x$在$x=\frac{\pi}{2}$处没有定义，所以点$x=\frac{\pi}{2}$是函数$y=\tan x$的间断点．

因为$\lim\limits_{x\to\frac{\pi}{2}}\tan x=\infty$，故称$x=\frac{\pi}{2}$为函数$y=\tan x$的**无穷间断点**（见图 1-38）．

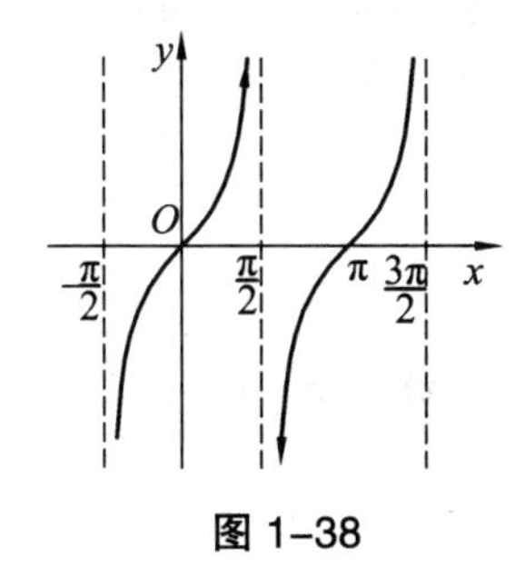

图 1-38

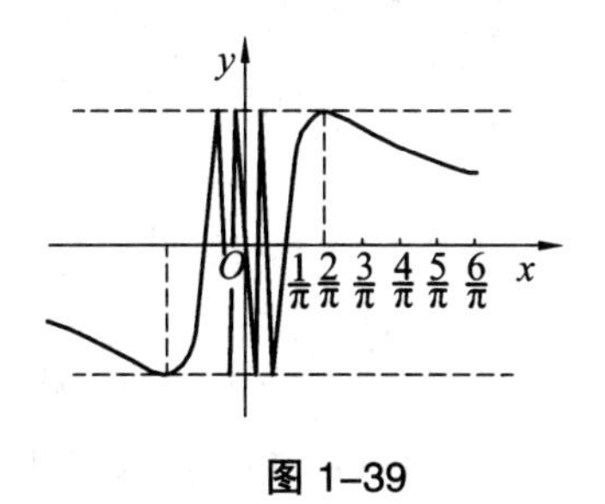

图 1-39

例 49　函数$y=\sin\frac{1}{x}$在点$x=0$没有定义，所以点$x=0$是函数$y=\sin\frac{1}{x}$的间断点．

因为当$x\to 0$时，函数值在-1与$+1$之间变动无限多次（见图 1-39），所以点$x=0$称为函数$y=\sin\frac{1}{x}$的**振荡间断点**．

例 50　函数$y=\frac{x^2-1}{x-1}$在点$x=1$处没有定义，故点$x=1$是函数$y=\frac{x^2-1}{x-1}$的间断点（见图 1-40）．

因为$\lim\limits_{x\to 1}\frac{x^2-1}{x-1}=\lim\limits_{x\to 1}(x+1)=2$，若补充定义：$y|_{x=1}=2$，则函数$y=\frac{x^2-1}{x-1}$在点$x=1$处连续，

所以点 $x=1$ 称为函数 $y=\frac{x^2-1}{x-1}$ 的**可去间断点**.

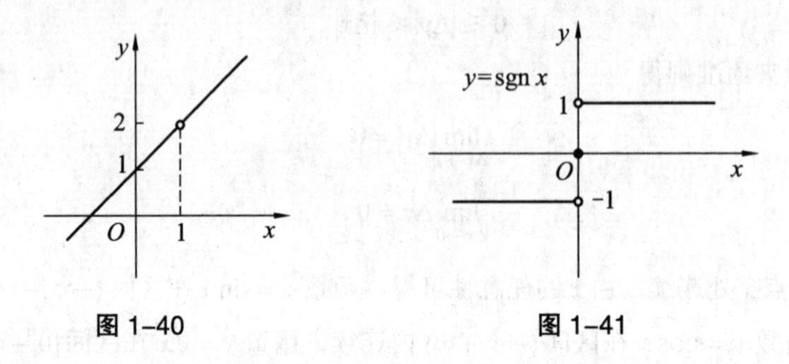

图 1-40　　图 1-41

例 51　函数

$$f(x)=\operatorname{sgn} x=\begin{cases}-1, & x<0, \\ 0, & x=0, \\ 1, & x>0.\end{cases}$$

当 $x \to 0$ 时，有

$$\lim_{x\to 0^-} f(x)=\lim_{x\to 0^-}(-1)=-1, \quad \lim_{x\to 0^+} f(x)=\lim_{x\to 0^+} 1=1 .$$

于是 $\lim\limits_{x\to 0} f(x)$ 不存在，故 $x=0$ 是函数 $f(x)$ 的间断点.

因为函数 $f(x)$ 的图形在点 $x=0$ 处产生跳跃现象（见图 1-41），所以称点 $x=0$ 为函数 $f(x)$ 的**跳跃间断点**.

上面举了几个间断点的例子，通常把间断点分成两类：若点 x_0 为函数 $f(x)$ 的间断点，且左极限 $f(x_0^-)$ 及右极限 $f(x_0^+)$ 都存在，则称点 x_0 为函数 $f(x)$ 的**第一类间断点**. 不是第一类间断点的任何间断点，称为**第二类间断点**. 在第一类间断点中，左、右极限相等者称为**可去间断点**，左、右极限不相等者称为**跳跃间断点**. 无穷间断点和振荡间断点显然为第二间断点.

例 52　求 $f(x)=\frac{x(x-1)}{|x|(x^2-1)}$ 的间断点，并分类.

解　$f(x)$ 的间断点为 $x=0$，$x=\pm 1$.

因为
$$\lim_{x\to 0^-} f(x)=\lim_{x\to 0^-}\frac{1}{-(x+1)}=-1, \quad \lim_{x\to 0^+} f(x)=\lim_{x\to 0^+}\frac{1}{x+1}=1,$$

所以 $x=0$ 为 $f(x)$ 的第一类间断点且为跳跃间断点.

因为
$$\lim_{x\to 1} f(x)=\lim_{x\to 1}\frac{x}{|x|(x+1)}=\frac{1}{2},$$

所以 $x=1$ 为 $f(x)$ 的第一类间断点且为可去间断点.

因为
$$\lim_{x\to -1} f(x)=\lim_{x\to -1}\frac{x}{|x|(x+1)}=\infty,$$

所以 $x=-1$ 为 $f(x)$ 的第二类间断点且为无穷间断点.

习 题 1-8

1. 证明：函数 $y=\cos x$ 在区间 $(-\infty,+\infty)$ 内连续.

2．讨论函数 $f(x)=\begin{cases}x^2, & 0\leqslant x\leqslant 1,\\ 2-x, & 1<x\leqslant 2\end{cases}$ 的连续性，并作出函数的图形.

3．求下列函数的间断点并判断其类型.

（1）$f(x)=\dfrac{x-2}{x^2-3x+2}$；　（2）$f(x)=\begin{cases}x+1, & x\leqslant 1,\\ 2-x, & x>1;\end{cases}$　（3）$f(x)=x\sin\dfrac{1}{x}$.

4．给下列函数的 $f(0)$ 补充定义一个数值，使 $f(x)$ 在点 $x=0$ 处连续.

（1）$f(x)=\dfrac{\sqrt{1+x}-\sqrt{1-x}}{x}$；　（2）$f(x)=\sin x\cos\dfrac{1}{x}$.

5．讨论函数 $f(x)=\lim\limits_{n\to\infty}\dfrac{1-x^{2n}}{1+x^{2n}}x$ 的连续性，若有间断点判断其类型.

6．设函数

$$f(x)=\begin{cases}\dfrac{\sin 2x}{x}, & x<0,\\ a, & x=0,\\ x\sin\dfrac{2}{x}+b, & x>0\end{cases}$$

在点 $x=0$ 处连续，试求 a,b.

第九节　连续函数的运算与性质

一、连续函数的和、差、积、商的连续性

由函数连续的定义及极限的四则运算法则可得下面的定理.

定理 1.18　设函数 $f(x)$ 和 $g(x)$ 在点 x_0 处连续，则函数

$$f(x)\pm g(x),\quad f(x)g(x),\quad \frac{f(x)}{g(x)}\ (\text{当}g(x_0)\neq 0\text{时})$$

在点 x_0 处连续.

例如，$\sin x$，$\cos x$ 在区间 $(-\infty,+\infty)$ 内连续，所以 $\tan x=\dfrac{\sin x}{\cos x}$，$\cot x=\dfrac{\cos x}{\sin x}$，$\sec x=\dfrac{1}{\cos x}$，$\csc x=\dfrac{1}{\sin x}$ 在其定义域内连续．于是三角函数在其定义域内连续.

二、反函数的连续性

定理 1.19　若函数 $y=f(x)$ 在区间 I_x 上单调增加（或单调减少）且连续，则它的反函数 $x=f^{-1}(y)$ 也在对应的区间 $I_y=\{y\,|\,y=f(x),x\in I_x\}$ 上单调增加（或单调减少）且连续.

证明从略.

例如，$y=\sin x$ 在区间 $\left[-\dfrac{\pi}{2},\dfrac{\pi}{2}\right]$ 上单调增加且连续，则它的反函数 $y=\arcsin x$ 在区间 $[-1,1]$ 上也是单调增加且连续的．同样 $y=\arccos x$ 在区间 $[-1,1]$ 上单调减少且连续；$y=\arctan x$ 在区间 $(-\infty,+\infty)$ 内单调增加且连续；$y=\operatorname{arccot} x$ 在区间 $(-\infty,+\infty)$ 内单调减少且连续．于是反三角函数在其定义域内连续.

三、复合函数的连续性

定理 1.20　设函数 $y=f[g(x)]$ 由函数 $y=f(u)$ 与函数 $u=g(x)$ 复合而成，若存在包含在函数

$y=f[g(x)]$ 定义域的一个去心邻域，使得 $\lim\limits_{x\to x_0} g(x)=u_0$，且 $y=f(u)$ 在 u_0 处连续，则

$$\lim_{x\to x_0} f[g(x)]=\lim_{u\to u_0} f(u)=f(u_0). \tag{2}$$

证明 因为 $y=f(u)$ 在 u_0 处连续，即 $\lim\limits_{u\to u_0} f(u)=f(u_0)$，则 $\forall\varepsilon>0,\ \exists\eta>0$，当 $|u-u_0|<\eta$ 时，有

$$|f(u)-f(u_0)|<\varepsilon.$$

又 $\lim\limits_{x\to x_0} g(x)=u_0$，则对上述 $\eta>0$，$\exists\delta>0$，当 $0<|x-x_0|<\delta$ 时，有

$$|g(x)-u_0|<\eta.$$

从而
$$|f[g(x)]-f(u_0)|=|f(u)-f(u_0)|<\varepsilon,$$

故
$$\lim_{x\to x_0} f[g(x)]=\lim_{u\to u_0} f(u)=f(u_0).$$

由于在定理 1.20 中 $\lim\limits_{x\to x_0} g(x)=u_0$，$\lim\limits_{u\to u_0} f(u)=f(u_0)$，故公式（2）又可化为

$$\lim_{x\to x_0} f[g(x)]=f[\lim_{x\to x_0} g(x)] \tag{3}$$

公式（3）表示求复合函数 $f[(g(x)]$ 的极限时，连续函数符号 f 与极限号 $\lim\limits_{x\to x_0}$ 可以交换次序.

$\lim\limits_{x\to x_0} f[g(x)]=\lim\limits_{u\to u_0} f(u)$ 表明，在定理 1.20 的条件下，可以作代换 $u=g(x)$，把求 $\lim\limits_{x\to x_0} f[g(x)]$ 转化为求 $\lim\limits_{u\to u_0} f(u)$，这里 $u_0=\lim\limits_{x\to x_0} g(x)$.

把定理 1.20 中的 $x\to x_0$ 换成 $x\to\infty$，可得类似的结论.

例 53 求 $\lim\limits_{x\to 0}\sin(1+x)^{\frac{1}{x}}$.

解 $\lim\limits_{x\to 0}\sin(1+x)^{\frac{1}{x}}=\sin[\lim\limits_{x\to 0}(1+x)^{\frac{1}{x}}]=\sin \mathrm{e}$.

定理 1.21 设函数 $y=f[g(x)]$ 由函数 $y=f(u)$ 与函数 $u=g(x)$ 复合而成，若函数 $u=g(x)$ 在点 x_0 连续，函数 $y=f(u)$ 在点 $u_0=g(x_0)$ 连续，则复合函数 $y=f[g(x)]$ 在点 x_0 也连续.

只要在定理 1.20 的证明过程中把 u_0 换成 $g(x_0)$ 即可.

例 54 讨论函数 $y=\sin\dfrac{1}{x}$ 的连续性.

解 函数 $y=\sin\dfrac{1}{x}$ 是由 $y=\sin u$ 及 $u=\dfrac{1}{x}$ 复合而成的. 而 $y=\sin u$ 在区间 $(-\infty,+\infty)$ 内连续，$u=\dfrac{1}{x}$ 在区间 $(-\infty,0)\cup(0,+\infty)$ 内连续，根据定理 1.21，函数 $y=\sin\dfrac{1}{x}$ 在区间 $(-\infty,0)\cup(0,+\infty)$ 内连续.

四、初等函数的连续性

在基本初等函数中，我们已证明了三角函数及反三角函数在其定义域内连续. 可以证明，指数函数 $y=a^x(a>0,a\neq1)$ 在其定义域 $(-\infty,+\infty)$ 内单调且连续. 由定理 1.20，对数函数 $y=\log_a x\ (a>0,a\neq1)$ 作为指数函数 $y=a^x$ 的反函数在定义域 $(0,+\infty)$ 内单调且连续.

幂函数 $y=x^\mu$ 的定义域随 μ 值而异，但无论 μ 为何值，在区间 $(0,+\infty)$ 内幂函数总是有定义的. 可以证明，在区间 $(0,+\infty)$ 内幂函数是连续的. 事实上，当 $x>0$ 时，有 $y=x^\mu=a^{\mu\log_a x}$，即

幂函数 $y=x^{\mu}$ 可看作是由 $y=a^{u}$ 与 $u=\mu\log_a x$ 复合而成，根据定理 1.21，它在区间 $(0,+\infty)$ 内是连续的．如果对于 μ 取各种不同值加以分别讨论，可以证明幂函数在其定义域内是连续的．于是可得下面结论．

定理 1.22　基本初等函数在其定义域内是连续的．

由于初等函数是由基本初等函数经过有限次四则运算和复合运算所构成的，故有：

定理 1.23　一切初等函数在其定义区间内都是连续的．

定义区间是指包含在定义域内的区间．

利用定理 1.23，求初等函数在其定义区间内某点的极限，可转化为求初等函数在该点的函数值，即

$$\lim_{x\to x_0} f(x)=f(x_0)\ \text{（}x_0\text{ 属于定义区间）}.$$

例 55　求 $\lim\limits_{x\to 0}\dfrac{\sqrt{1+x^2}-1}{x^2}$．

解　$\lim\limits_{x\to 0}\dfrac{\sqrt{1+x^2}-1}{x^2}=\lim\limits_{x\to 0}\dfrac{(\sqrt{1+x^2}-1)(\sqrt{1+x^2}+1)}{x^2(\sqrt{1+x^2}+1)}=\lim\limits_{x\to 0}\dfrac{1}{\sqrt{1+x^2}+1}=\dfrac{1}{2}$．

例 56　求 $\lim\limits_{x\to 0}\dfrac{\mathrm{e}^x-1}{x}$．

解　令 $\mathrm{e}^x-1=t$，则 $x=\ln(1+t)$，且当 $x\to 0$ 时，$t\to 0$，所以

$$\lim_{x\to 0}\frac{\mathrm{e}^x-1}{x}=\lim_{t\to 0}\frac{t}{\ln(1+t)}=\lim_{t\to 0}\frac{1}{\ln(1+t)^{\frac{1}{t}}}=\frac{1}{\ln\left[\lim\limits_{t\to 0}(1+t)^{\frac{1}{t}}\right]}=\frac{1}{\ln \mathrm{e}}=1.$$

五、闭区间上连续函数的性质

1．最大值与最小值定理

定义 1.18　对于在区间 I 上有定义的函数 $f(x)$，若存在 $x_0\in I$，使得对于任一 $x\in I$，有

$$f(x)\leqslant f(x_0)\quad (f(x)\geqslant f(x_0)),$$

则称 $f(x_0)$ 为函数 $f(x)$ 在区间 I 上的**最大值（最小值）**．

例如，函数 $f(x)=3+\cos x$ 在区间 $[0,2\pi]$ 上有最大值 4 和最小值 2．函数 $f(x)=\operatorname{sgn} x$ 在区间 $(-\infty,+\infty)$ 内有最大值 1 和最小值 -1．但函数 $f(x)=x$ 在开区间 (a,b) 内既无最大值又无最小值．

定理 1.24（最大值和最小值定理）　在闭区间上连续的函数在该区间上一定能取得它的最大值和最小值．

定理 1.24 说明，若函数 $f(x)$ 在闭区间 $[a,b]$ 上连续，则至少有一点 $\xi_1\in[a,b]$，使 $f(\xi_1)$ 为 $f(x)$ 在 $[a,b]$ 上的最大值；又至少有一点 $\xi_2\in[a,b]$，使 $f(\xi_2)$ 为 $f(x)$ 在 $[a,b]$ 上的最小值（见图 1-42）．

注意：若函数在开区间内连续，或函数在闭区间上有间断点，则函数在该区间上不一定有最大值或最小值．

例如，函数 $f(x)=x$ 在开区间 (a,b) 内既无最大值又无最小值；又如函数

$$y=f(x)=\begin{cases}-x+1, & 0\leqslant x<1,\\ 1, & x=1,\\ -x+3, & 1<x\leqslant 2.\end{cases}$$

在闭区间[0,2]上无最大值和最小值（见图 1-43）.

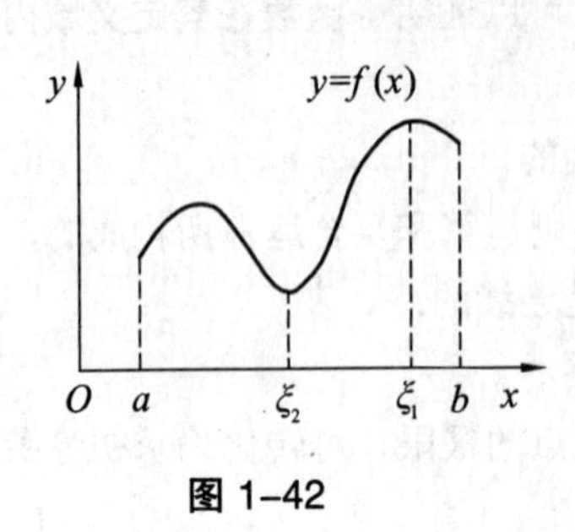

图 1–42

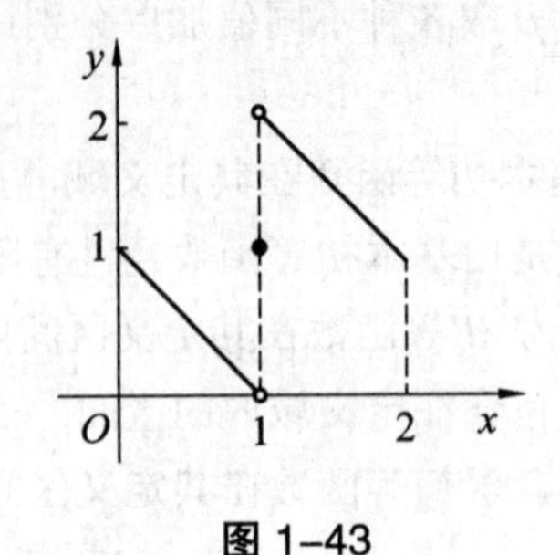

图 1–43

定理 1.25（有界性定理）　在闭区间上连续的函数一定在该区间上有界.

证明　设 $f(x)$ 在 $[a,b]$ 上连续，则 $f(x)$ 在 $[a,b]$ 上可取得最大值 $f(\xi_1)$ 及最小值 $f(\xi_2)$．于是对任意的 $x\in[a,b]$，有

$$f(\xi_1)\leqslant f(x)\leqslant f(\xi_2).$$

取 $M=\max\{|f(\xi_1)|,|f(\xi_2)|\}$，则对任意的 $x\in[a,b]$，有

$$|f(x)|\leqslant M.$$

故函数 $f(x)$ 在 $[a,b]$ 上有界.

2．介值定理

定义 1.19　若 $f(x_0)=0$，则称 x_0 为函数 $f(x)$ 的**零点**.

定理 1.26（零点定理）　设函数 $f(x)$ 在闭区间 $[a,b]$ 上连续，且 $f(a)$ 与 $f(b)$ 异号，则至少存在一点 $\xi\in(a,b)$，使

$$f(\xi)=0.$$

零点定理的几何意义：若连续曲线弧 $y=f(x)$ 的两个端点位于 x 轴的两侧，则这段曲线弧与 x 轴至少有一个交点（见图 1-44）.

图 1–44

定理 1.27（介值定理）　设函数 $f(x)$ 在闭区间 $[a,b]$ 上连续，且在该区间的端点取不同的函数值

$$f(a)=A \quad 及 \quad f(b)=B \quad (A\neq B),$$

则对于 A 与 B 之间的任意一个数 C，至少存在一点 $\xi\in(a,b)$，使

$$f(\xi)=C.$$

证明　设 $\varphi(x)=f(x)-C$，则 $\varphi(x)$ 在闭区间 $[a,b]$ 上连续，且 $\varphi(a)=A-C$ 与 $\varphi(b)=B-C$ 异号．根据零点定理，至少存在一点 $\xi\in(a,b)$，使

$$\varphi(\xi)=0.$$

即

$$f(\xi)-C=0,$$

故 $f(\xi)=C$.

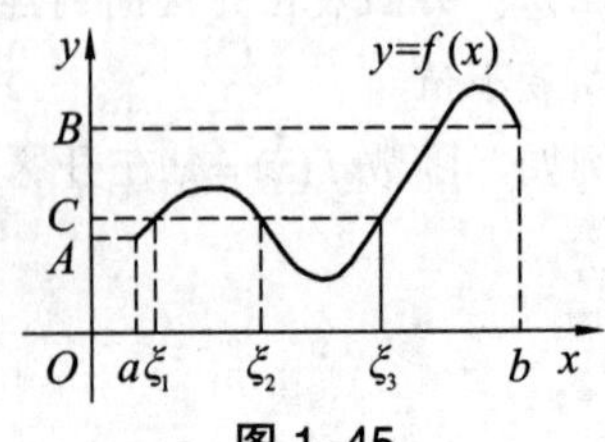

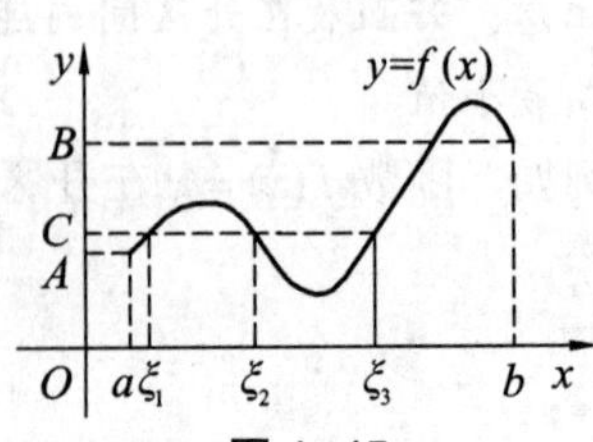

图 1–45

定理 1.27 的几何意义：连续曲线弧 $y=f(x)$ 与水平直线 $y=C$ 至少交于一点（见图 1-45）.

推论　在闭区间上连续的函数必取得介于最小值 m 与最大值 M 之间的任何值.

证明方法类似于定理 1.27.

例 57　证明：方程 $x^5+1=3x$ 在区间 $(0,1)$ 内至少有一个根.

证明　设 $f(x)=x^5-3x+1$，则 $f(x)$ 在闭区间 $[0,1]$ 上连续．又

$$f(0)=1>0\text{，}\quad f(1)=-1<0\text{，}$$

根据零点定理，至少存在一点 $\xi\in(0,1)$，使

$$f(\xi)=0\text{，}$$

即

$$\xi^5+1=3\xi .$$

故方程 $x^5+1=3x$ 在区间 $(0,1)$ 内至少有一个根.

习　题　1–9

1．求函数 $f(x)=\dfrac{x^2+4x+3}{x^2+x-6}$ 的连续区间，并求极限 $\lim\limits_{x\to0}f(x)$，$\lim\limits_{x\to-3}f(x)$ 及 $\lim\limits_{x\to2}f(x)$.

2．求下列函数的极限.

（1）$\lim\limits_{x\to0}\ln\dfrac{\sin 2x}{x}$；　（2）$\lim\limits_{x\to0}\dfrac{x}{\sqrt{1+x}-1}$；　（3）$\lim\limits_{x\to+\infty}x(\sqrt{1+x^2}-x)$；

（4）$\lim\limits_{x\to1}\dfrac{\sqrt{5x-1}-2}{x-1}$；　（5）$\lim\limits_{x\to0}\dfrac{\sin 2x}{\ln(1+3x)}$；　（6）$\lim\limits_{n\to\infty}n[\ln(n+1)-\ln n]$.

3．设 $f(x)=\begin{cases}e^x, & x<0,\\ a+x, & x\geqslant 0\end{cases}$ 在 $(-\infty,+\infty)$ 内连续，求常数 a .

4．证明：方程 $x=a\sin x+b$（其中 $a>0,\ b>0$）至少有一个正根，并且它不超过 $a+b$.

5．设 $f(x)$ 在 $[a,b]$ 上连续，$a<x_1<x_2<\cdots<x_n<b\ (n\geqslant3)$，证明：在 (x_1,x_n) 内至少存在一点 ξ，使 $f(\xi)=\dfrac{f(x_1)+f(x_2)+\cdots+f(x_n)}{n}$.

6．设 $f(x)=e^x-2$，证明：在区间 $(0,2)$ 内至少存在一点 x_0，使 $f(x_0)=x_0$.

7．设 $f(x)$ 在区间 $(-\infty,+\infty)$ 内连续，且极限 $\lim\limits_{x\to\infty}f(x)$ 存在，证明：函数 $f(x)$ 在区间 $(-\infty,+\infty)$ 内有界.

复习题一

1．填空题.

（1）设 $f(x)=\sin x$，$f[\varphi(x)]=1-x^2$，则 $\varphi(x)$ 的定义域为__________；

（2）设 $\lim\limits_{x\to\infty}\left(\dfrac{x+2a}{x-a}\right)^x=8$，则 $a=$________；

（3）$\lim\limits_{n\to\infty}(\sqrt{n+3\sqrt{n}}-\sqrt{n-\sqrt{n}})=$________；

（4）$\lim\limits_{x\to-\infty}x(\sqrt{x^2+100}+x)=$________；

（5）设 $f(x)=\begin{cases}\dfrac{\sin 2x}{x}, x\neq 0,\\ a+x, x=0\end{cases}$ 在点 $x=0$ 处连续，则 $a=$ ______ .

2．选择题.

（1）函数 $y=\dfrac{|x|\sin(x-2)}{x(x-1)(x-2)^2}$ 在区间（　　）内有界.

A　$(-1,0)$　　B　$(0,1)$　　C　$(1,2)$　　D　$(2,3)$

（2）设数列的通项为 $x_n=\begin{cases}\dfrac{n^2+\sqrt{n}}{n}, n\text{为奇数},\\ \dfrac{1}{n}, \quad n\text{为偶数},\end{cases}$ 则当 $n\to\infty$ 时，x_n 是（　　）.

A　无穷大　　B　无穷小　　C　有界变量　　D　无界变量

（3）$\lim\limits_{x\to\infty}\left(\dfrac{x^2+1}{x^2-1}-\dfrac{\sin 2x}{x}\right)=$（　　）.

A　-2　　B　-1　　C　1　　D　3

（4）当 $x\to 0^+$ 时，与 $\sqrt{x}$ 等价的无穷小量是（　　）.

A $1-\mathrm{e}^{\sqrt{x}}$　　B $\ln\dfrac{1-x}{1-\sqrt{x}}$　　C $\sqrt{1+\sqrt{x}}-1$　　D $1-\cos\sqrt{x}$

（5）函数 $f(x)=\lim\limits_{n\to\infty}\dfrac{1+x}{1+x^{2n}}$，讨论 $f(x)$ 的间断点，其结论为（　　）.

A　不存在间断点　　B　存在间断点 $x=1$

C　存在间断点 $x=0$　　D　存在间断点 $x=-1$

3．解答题.

（1）求 $\lim\limits_{x\to 0}\dfrac{3\sin x+x^2\cos\dfrac{1}{x}}{(1+\cos x)\ln(1+x)}$；

（2）设当 $x\to\infty$ 时，函数 $f(x)=\dfrac{x^2-2x}{x+1}-ax-b$ 为无穷小，求常数 a，b；

（3）求 $\lim\limits_{n\to\infty}\left(\dfrac{1}{\sqrt{n^2+1}}+\dfrac{1}{\sqrt{n^2+2}}+\cdots+\dfrac{1}{\sqrt{n^2+n}}\right)$；

（4）设 $f(x)=\begin{cases}\dfrac{x^2-ax+b}{1-x}, x>1,\\ x^2+1, \quad x\leqslant 1\end{cases}$ 且 $\lim\limits_{x\to 1}f(x)$ 存在，求 a,b;

（5）当 $x\to 0$ 时，$\sqrt{1+\tan x}-\sqrt{1-\sin x}$ 与 x 是否为等价无穷小？为什么？

（6）求 $\lim\limits_{x\to 0}\left(\dfrac{2+\mathrm{e}^{\frac{1}{x}}}{1+\mathrm{e}^{\frac{4}{x}}}+\dfrac{\sin x}{|x|}\right)$；

（7）求 $\lim\limits_{n\to\infty}\tan^n\left(\dfrac{\pi}{4}+\dfrac{2}{n}\right)$；

（8）当 $f(0)$ 等于多少时，函数 $f(x)=\dfrac{\csc x-\cot x}{x}\ (x\neq 0)$ 在点 $x=0$ 处连续.

4．证明题.

设函数 $f(x)$ 在区间 $[0,2a]$ 上连续，且 $f(0)=f(2a)$，证明：至少存在一点 $\xi\in[0,a]$，使 $f(\xi)=f(\xi+a)$.

第二章　导数与微分

微分学是微积分的重要组成部分，它的基本概念是导数与微分．本章我们主要讨论导数与微分的概念及其计算方法．

第一节　导数概念

一、引　例

在解决实际问题时，除了需要了解变量之间的函数关系之外，有时还需要研究变量变化快慢的程度，例如，物体运动的速度、城市人口增长的速度、劳动生产率等等．只有在引进导数概念后，才能更好地说明这些量的变化情况．下面通过讨论两个实际问题：切线问题和速度问题，引出导数概念．

1．切线问题

设曲线 C 为函数 $y=f(x)$ 的图形（见图 2-1），点 $M(x_0, y_0)$ 为曲线上一点，如何求曲线 C 在点 M 处的切线斜率？

在曲线上另取一点 $N(x_0+\Delta x, y_0+\Delta y)(\Delta x \neq 0)$，连接点 M 和点 N 的直线称为曲线 C 的**割线**．当点 N 沿曲线 C 趋于点 M 时，若割线 MN 绕点 M 旋转而趋于极限位置直线 MT，则称直线 MT 为曲线 C 在点 M 处的**切线**．设割线 MN 的倾角为 φ，则割线 MN 的斜率为

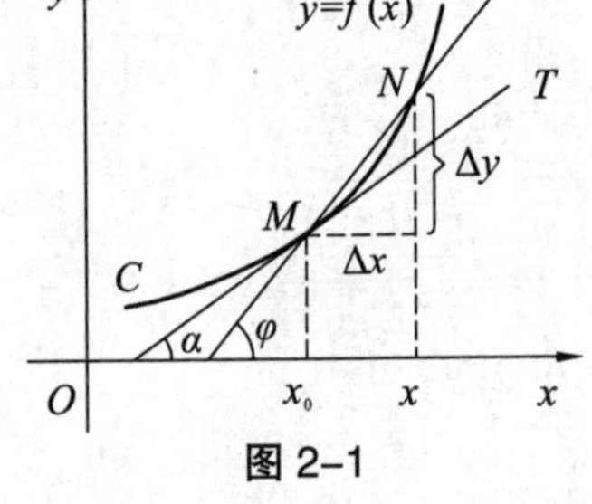

图 2-1

$$\tan\varphi = \frac{y_0+\Delta y-y_0}{x_0+\Delta x-x_0} = \frac{\Delta y}{\Delta x}.$$

当点 N 沿曲线 C 趋于点 M 时，割线 MN 的倾角 φ 趋近于切线 MT 的倾角 α，且有 $\Delta x \to 0$，故割线 MN 的斜率 $\tan\varphi$ 趋近于切线 MT 的斜率 $\tan\alpha$，因此曲线 C 在点 M 处的切线斜率为

$$\tan\alpha = \lim_{\Delta x\to 0}\tan\varphi = \lim_{\Delta x\to 0}\frac{\Delta y}{\Delta x}.$$

2．速度问题

设 s 表示一质点从某个时刻开始到时刻 t 作变速直线运动所经过的路程，则 s 是时刻 t 的函数 $s=s(t)$，如何求质点在时刻 t_0 的瞬时速度？

当时间从时刻 t_0 改变到时刻 $t_0+\Delta t$ 时，质点所经过的路程为

$$\Delta s = s(t_0+\Delta t)-s(t_0).$$

则在时间段 Δt 内质点的平均速度为

$$\bar{v} = \frac{\Delta s}{\Delta t} = \frac{s(t_0+\Delta t)-s(t_0)}{\Delta t}.$$

显然，当 Δt 很小时，可以用 $\bar{v}$ 近似表示物体在时刻 t_0 的速度．Δt 愈小，近似的程度就愈好．当 $\Delta t\to 0$ 时，若极限 $\lim\limits_{\Delta t\to 0}\frac{\Delta s}{\Delta t}$ 存在，则该极限为质点在时刻 t_0 的瞬时速度，即

$$v(t_0)=\lim_{\Delta t\to 0}\frac{\Delta s}{\Delta t}.$$

上面两个例子的实际意义完全不同，但从抽象的数量关系来看，它们的实质是相同的，即都可归结为计算函数增量与自变量增量比值在自变量增量趋于0的极限，这种特殊的极限就是下面要讲的导数.

二、导数的概念

定义 2.1　设函数 $y=f(x)$ 在点 x_0 的某个邻域内有定义，当自变量 x 在点 x_0 处取得增量Δx（点 $x_0+\Delta x$ 仍在该邻域内）时，相应地，函数 y 取得增量$\Delta y=f(x_0+\Delta x)-f(x_0)$. 若极限 $\lim\limits_{\Delta x\to 0}\dfrac{\Delta y}{\Delta x}$ 存在，则称函数 $y=f(x)$ 在点 x_0 处可导，称该极限为函数 $y=f(x)$ 在点 x_0 处的**导数**，记为$f'(x_0)$，即

$$f'(x_0)=\lim_{\Delta x\to 0}\frac{\Delta y}{\Delta x}=\lim_{\Delta x\to 0}\frac{f(x_0+\Delta x)-f(x_0)}{\Delta x}, \tag{1}$$

也可记为 $y'|_{x=x_0}$，$\left.\dfrac{\mathrm{d}y}{\mathrm{d}x}\right|_{x=x_0}$ 或 $\left.\dfrac{\mathrm{d}f(x)}{\mathrm{d}x}\right|_{x=x_0}$.

函数 $y=f(x)$ 在点 x_0 处可导有时也称为函数 $y=f(x)$ 在点 x_0 处具有导数或导数存在.

导数定义中的公式（1）可取不同的形式，常见的形式有

$$f'(x_0)=\lim_{h\to 0}\frac{f(x_0+h)-f(x_0)}{h}\quad 或\quad f'(x_0)=\lim_{x\to x_0}\frac{f(x)-f(x_0)}{x-x_0}.$$

在实际中，$\dfrac{\Delta y}{\Delta x}=\dfrac{f(x_0+\Delta x)-f(x_0)}{\Delta x}$ 反映的是自变量 x 从 x_0 改变到 $x_0+\Delta x$ 时，函数 $f(x)$ 的平均变化速度，称为**平均变化率**. 而导数 $f'(x_0)=\lim\limits_{\Delta x\to 0}\dfrac{\Delta y}{\Delta x}$ 反映的是函数 $f(x)$ 在点 x_0 处的变化速度，称为函数 $f(x)$ 在点 x_0 处的**变化率**.

若极限 $\lim\limits_{\Delta x\to 0}\dfrac{\Delta y}{\Delta x}=\lim\limits_{\Delta x\to 0}\dfrac{f(x_0+\Delta x)-f(x_0)}{\Delta x}$ 不存在，则称函数 $y=f(x)$ 在点 x_0 处**不可导**或称 $f'(x_0)$ **不存在**.

上面所讨论的是函数在一点的导数，若函数 $y=f(x)$ 在开区间 I 内每一点都可导，则称函数 $f(x)$ 在开区间 I 内**可导**. 这时，对于任一 $x\in I$，都对应 $f(x)$ 的一个确定的导数值，即在开区间 I 内构成了一个函数，称之为函数 $y=f(x)$ 的**导函数**，简称**导数**，记为 y'，$f'(x)$，$\dfrac{\mathrm{d}y}{\mathrm{d}x}$ 或 $\dfrac{\mathrm{d}f(x)}{\mathrm{d}x}$. 即

$$y'=\lim_{\Delta x\to 0}\frac{f(x+\Delta x)-f(x)}{\Delta x}\quad 或\quad y'=\lim_{h\to 0}\frac{f(x+h)-f(x)}{h}.$$

显然，函数$f(x)$在点 x_0 处的导数$f'(x_0)$就是导函数$f'(x)$在点 $x=x_0$ 处的函数值，即

$$f'(x_0)=f'(x)\big|_{x=x_0}.$$

根据导数的定义，函数在一点的导数$f'(x_0)$是一个极限，而在一点的极限又可以分左、右极限，因此导数也有左、右导数的概念.

定义 2.2　设函数 $y=f(x)$ 在点 x_0 的某个邻域内有定义，若极限

$$\lim_{\Delta x\to 0^-}\frac{\Delta y}{\Delta x}=\lim_{\Delta x\to 0^-}\frac{f(x_0+\Delta x)-f(x_0)}{\Delta x}$$

存在，则称该极限为函数 $y=f(x)$ 在点 x_0 处的**左导数**，记为 $f'_-(x_0)$．这时也称函数 $y=f(x)$ 在点 x_0 处左方可导．

定义 2.3 设函数 $y=f(x)$ 在点 x_0 的某个邻域内有定义，若极限

$$\lim_{\Delta x\to 0^+}\frac{\Delta y}{\Delta x}=\lim_{\Delta x\to 0^+}\frac{f(x_0+\Delta x)-f(x_0)}{\Delta x}$$

存在，则称该极限为函数 $y=f(x)$ 在点 x_0 处的**右导数**，记为 $f'_+(x_0)$．这时也称函数 $y=f(x)$ 在点 x_0 处右方可导．

根据左、右极限与极限的关系，可得左、右导数与导数的关系：

$f(x)$ 在点 x_0 处可导 $\Leftrightarrow$ 左导数 $f'_-(x_0)$ 与右导数 $f'_+(x_0)$ 存在且相等．

左导数和右导数统称为**单侧导数**．

若 $f(x)$ 在开区间 (a,b) 内可导，且 $f'_+(a)$ 及 $f'_-(b)$ 存在，则称 $f(x)$ 在闭区间 $[a,b]$ 上可导．

下面举例说明如何求导数．

例 1 设 $f(x)=C$（C 为常数），求 $f'(x)$．

解 $f'(x)=\lim\limits_{\Delta x\to 0}\dfrac{f(x+\Delta x)-f(x)}{\Delta x}=\lim\limits_{\Delta x\to 0}\dfrac{C-C}{\Delta x}=0$，

即
$$C'=0.$$

例 2 设 $f(x)=\dfrac{1}{x}$，求 $f'(x)$．

解 $f'(x)=\lim\limits_{\Delta x\to 0}\dfrac{f(x+\Delta x)-f(x)}{\Delta x}=\lim\limits_{\Delta x\to 0}\dfrac{\frac{1}{x+\Delta x}-\frac{1}{x}}{\Delta x}=\lim\limits_{\Delta x\to 0}-\dfrac{1}{(x+\Delta x)x}=-\dfrac{1}{x^2}$．

例 3 设 $f(x)=\sqrt{x}$，求 $f'(1)$．

解 $f'(1)=\lim\limits_{\Delta x\to 0}\dfrac{f(1+\Delta x)-f(1)}{\Delta x}=\lim\limits_{\Delta x\to 0}\dfrac{\sqrt{1+\Delta x}-1}{\Delta x}=\lim\limits_{\Delta x\to 0}\dfrac{1}{\sqrt{1+\Delta x}+1}=\dfrac{1}{2}$．

例 4 设 $f(x)=x^n\,(n\in\mathbf{Z}^+)$，求 $f'(x)$．

解
$$\begin{aligned}f'(x)&=\lim_{\Delta x\to 0}\frac{f(x+\Delta x)-f(x)}{\Delta x}=\lim_{\Delta x\to 0}\frac{(x+\Delta x)^n-x^n}{\Delta x}\\&=\lim_{\Delta x\to 0}[nx^{n-1}+\mathrm{C}_n^2x^{n-2}\Delta x+\cdots+\mathrm{C}_n^n(\Delta x)^{n-1}]=nx^{n-1}.\end{aligned}$$

即
$$(x^n)'=nx^{n-1}.$$

更一般地，有
$$(x^\mu)'=\mu x^{\mu-1}.$$

例如，$(x^{\frac{1}{7}})'=\dfrac{1}{7}x^{\frac{1}{7}-1}=\dfrac{1}{7}x^{-\frac{6}{7}}$，$\left(\dfrac{1}{x}\right)'=(x^{-1})'=-x^{-1-1}=-\dfrac{1}{x^2}$．

例 5 设 $f(x)=\sin x$，求 $f'(x)$．

解
$$\begin{aligned}f'(x)&=\lim_{\Delta x\to 0}\frac{f(x+\Delta x)-f(x)}{\Delta x}=\lim_{\Delta x\to 0}\frac{\sin(x+\Delta x)-\sin x}{\Delta x}\\&=\lim_{\Delta x\to 0}\frac{2\cos\left(x+\frac{\Delta x}{2}\right)\sin\frac{\Delta x}{2}}{\Delta x}=\lim_{\Delta x\to 0}\cos\left(x+\frac{\Delta x}{2}\right)\frac{\sin\frac{\Delta x}{2}}{\frac{\Delta x}{2}}=\cos x.\end{aligned}$$

即
$$(\sin x)'=\cos x.$$
同理可求
$$(\cos x)'=-\sin x.$$
例 6　设 $f(x)=\log_a x\ (a>0,a\neq 1)$，求 $f'(x)$.

解　$f'(x)=\lim\limits_{\Delta x\to 0}\dfrac{f(x+\Delta x)-f(x)}{\Delta x}=\lim\limits_{\Delta x\to 0}\dfrac{\log_a(x+\Delta x)-\log_a x}{\Delta x}$

$$=\lim_{\Delta x\to 0}\frac{\log_a\left(1+\dfrac{\Delta x}{x}\right)}{\Delta x}=\lim_{\Delta x\to 0}\frac{1}{x}\log_a\left(1+\frac{\Delta x}{x}\right)^{\frac{x}{\Delta x}}=\frac{1}{x}\log_a \mathrm{e}=\frac{1}{x\ln a}.$$

即
$$(\log_a x)'=\frac{1}{x\ln a}.$$
特别地，有
$$(\ln x)'=\frac{1}{x}.$$
例 7　讨论函数 $f(x)=|x|$ 在点 $x=0$ 处的可导性.

解　因为

$$f'_-(0)=\lim_{\Delta x\to 0^-}\frac{f(0+\Delta x)-f(0)}{\Delta x}=\lim_{\Delta x\to 0^-}\frac{|\Delta x|}{\Delta x}=\lim_{\Delta x\to 0^-}(-1)=-1,$$

$$f'_+(0)=\lim_{\Delta x\to 0^+}\frac{f(0+\Delta x)-f(0)}{\Delta x}=\lim_{\Delta x\to 0^+}\frac{|\Delta x|}{\Delta x}=\lim_{\Delta x\to 0^+}1=1,$$

于是 $f'_-(0)\neq f'_+(0)$，故函数 $f(x)=|x|$ 在点 $x=0$ 处不可导.

三、导数的几何意义

函数 $y=f(x)$ 在点 x_0 处的导数 $f'(x_0)$ 在几何上表示曲线 $y=f(x)$ 在点 $M(x_0,f(x_0))$ 处的切线斜率，即 $f'(x_0)=k_{切}$. 这时，由直线的点斜式方程可知，曲线 $y=f(x)$ 在点 $M(x_0,y_0)$ 处的切线方程为
$$y-y_0=f'(x_0)(x-x_0).$$
过切点 $M(x_0,y_0)$ 且与切线垂直的直线称为曲线 $y=f(x)$ 在点 M 处的法线. 根据法线的定义，若 $f'(x_0)\neq 0$，则法线的斜率为 $k_{法}=-\dfrac{1}{f'(x_0)}$，从而法线方程为
$$y-y_0=-\frac{1}{f'(x_0)}(x-x_0).$$
例 8　求曲线 $y=x^3$ 在点 (1, 1) 处的切线方程和法线方程.

解　因为 $y'=3x^2$，所以 $y'|_{x=1}=3$，于是 $k_{切}=3$，$k_{法}=-\dfrac{1}{3}$. 从而所求切线方程为
$$y-1=3(x-1),$$
即
$$3x-y-2=0.$$
法线方程为
$$y-1=-\frac{1}{3}(x-1),$$
即
$$x+3y-4=0.$$

四、可导与连续的关系

定理 2.1　设函数 $y=f(x)$ 在点 x_0 处可导，则 $y=f(x)$ 在点 x_0 处一定连续.

证明 因为 $y=f(x)$ 在点 x_0 处可导，所以 $\lim\limits_{\Delta x\to 0}\frac{\Delta y}{\Delta x}$ 存在且等于 $f'(x_0)$，从而

$$\lim_{\Delta x\to 0}\Delta y=\lim_{\Delta x\to 0}\left(\frac{\Delta y}{\Delta x}\cdot\Delta x\right)=\lim_{\Delta x\to 0}\frac{\Delta y}{\Delta x}\cdot\lim_{\Delta x\to 0}\Delta x=f'(x_0)\cdot 0=0,$$

故函数 $y=f(x)$ 在点 x_0 处一定连续.

定理 2.1 说明连续是可导的必要条件，但不是充分条件，即可导一定连续，但连续不一定可导．例如，函数 $y=|x|$ 在点 $x=0$ 处连续，但由例 7 可知，$y=|x|$ 在点 $x=0$ 处不可导.

例 9 讨论函数 $f(x)=\begin{cases}\frac{\sin^2 x}{x}, & x\neq 0,\\ 0, & x=0\end{cases}$ 在点 $x=0$ 处的连续性与可导性.

解 因为

$$f'(0)=\lim_{x\to 0}\frac{f(x)-f(0)}{x-0}=\lim_{x\to 0}\frac{\sin^2 x}{x^2}=\lim_{x\to 0}\left(\frac{\sin x}{x}\right)^2=1,$$

所以函数 $y=f(x)$ 在点 $x=0$ 处可导.

由可导的必要条件可知，函数 $y=f(x)$ 在点 $x=0$ 处连续.

习 题 2–1

1．用导数定义求函数 $y=3x-x^2$ 在 $x=1$ 处的导数.

2．证明：$(\cos x)'=-\sin x$.

3．一质点的运动方程为 $s=t^2+3$，求该质点在 $t=2$ 时的瞬时速度.

4．求下列函数的导数.

（1）$y=\frac{1}{\sqrt{x}}$；（2）$y=x^2\sqrt{x}$；（3）$y=\frac{x\sqrt{x}}{\sqrt[3]{x^2}}$.

5．求曲线 $y=\ln x$ 在点 $M(\mathrm{e},1)$ 处的切线方程和法线方程.

6．讨论函数 $f(x)=\begin{cases}x^2\sin\frac{1}{x}, & x\neq 0,\\ 0, & x=0\end{cases}$ 在 $x=0$ 处的连续性与可导性.

7．设函数 $f(x)=\begin{cases}x^2, & x\leqslant 1,\\ ax+b, & x>1\end{cases}$ 在点 $x=1$ 处可导，求常数 a，b.

8．证明：双曲线 $xy=1$ 在任一点处的切线与两坐标轴构成的三角形的面积都等于 2.

第二节 函数的求导法则

上节我们介绍了导数的定义，并用导数定义求出了几个基本初等函数的导数，但如果每一个函数都按定义去求它的导数，那将是极为复杂和困难的，所以希望找到一些基本公式与运算法则来化简导数的计算.

一、函数的和、差、积、商的求导法则

定理 2.2 若函数 $u=u(x)$ 及 $v=v(x)$ 在点 x 处具有导数，则它们的和、差、积、商（除分母为零的点外）都在点 x 处具有导数，且

（1）$[u(x)\pm v(x)]'=u'(x)\pm v'(x)$；

（2）$[u(x)v(x)]'=u'(x)v(x)+u(x)v'(x)$；

（3）$\left[\dfrac{u(x)}{v(x)}\right]'=\dfrac{u'(x)v(x)-u(x)v'(x)}{v^2(x)}\quad (v(x)\neq 0)$.

证明（1）$[u(x)\pm v(x)]'=\lim\limits_{h\to 0}\dfrac{[u(x+h)\pm v(x+h)]-[u(x)\pm v(x)]}{h}$

$$=\lim_{h\to 0}\left[\frac{u(x+h)-u(x)}{h}\pm\frac{v(x+h)-v(x)}{h}\right]$$

$$=\lim_{h\to 0}\frac{u(x+h)-u(x)}{h}\pm\lim_{h\to 0}\frac{v(x+h)-v(x)}{h}$$

$$=u'(x)\pm v'(x)\ .$$

（2）$[u(x)v(x)]'=\lim\limits_{h\to 0}\dfrac{u(x+h)v(x+h)-u(x)v(x)}{h}$

$$=\lim_{h\to 0}\frac{u(x+h)v(x+h)-u(x)v(x+h)+u(x)v(x+h)-u(x)v(x)}{h}$$

$$=\lim_{h\to 0}\left[\frac{u(x+h)-u(x)}{h}v(x+h)+u(x)\frac{v(x+h)-v(x)}{h}\right]$$

$$=\lim_{h\to 0}\frac{u(x+h)-u(x)}{h}\cdot\lim_{h\to 0}v(x+h)+u(x)\cdot\lim_{h\to 0}\frac{v(x+h)-v(x)}{h}$$

$$=u'(x)v(x)+u(x)v'(x)\ .$$

（3）$\left[\dfrac{u(x)}{v(x)}\right]'=\lim\limits_{h\to 0}\dfrac{\dfrac{u(x+h)}{v(x+h)}-\dfrac{u(x)}{v(x)}}{h}=\lim\limits_{h\to 0}\dfrac{u(x+h)v(x)-u(x)v(x+h)}{v(x+h)v(x)h}$

$$=\lim_{h\to 0}\frac{[u(x+h)-u(x)]v(x)-u(x)[v(x+h)-v(x)]}{v(x+h)v(x)h}$$

$$=\lim_{h\to 0}\frac{\dfrac{u(x+h)-u(x)}{h}v(x)-u(x)\dfrac{v(x+h)-v(x)}{h}}{v(x+h)v(x)}$$

$$=\frac{u'(x)v(x)-u(x)v'(x)}{v^2(x)}\ .$$

上述法则可简单地表示为

$$(u\pm v)'=u'\pm v'\ ,\quad (uv)'=u'v+uv'\ ,\quad \left(\frac{u}{v}\right)'=\frac{u'v-uv'}{v^2}\ .$$

定理 2.2 中的法则(1)、(2)可推广到任意有限个可导函数的情形.例如,设 $u(x)$, $v(x)$, $w(x)$ 均可导，则有

$$(u+v-w)'=u'+v'-w'\ ,\qquad (uvw)'=u'vw+uv'w+uvw'\ .$$

在法则（2）中，若 $v=C$ (C 为常数)，则有

$$(Cu)'=Cu'\ .$$

例 10　设 $y=x^3-3x^2+5x+4$ ，求 y' .

解　$y'=(x^3)'-3(x^2)'+5x'+4'=3x^2-6x+5$.

例 11　设 $f(x)=x\sin x+\cos x$ ，求 $f'(x)$ 及 $f'\left(\dfrac{\pi}{3}\right)$.

解　$f'(x)=(x\sin x)'+(\cos x)'=x'\sin x+x(\sin x)'-\sin x=\sin x+x\cos x-\sin x=x\cos x$.

$$f'\left(\frac{\pi}{3}\right)=\frac{\pi}{3}\cos\frac{\pi}{3}=\frac{\pi}{6}.$$

例 12　设 $y=\tan x$，求 y'.

解　$y'=\left(\dfrac{\sin x}{\cos x}\right)'=\dfrac{(\sin x)'\cos x-\sin x(\cos x)'}{\cos^2 x}=\dfrac{\cos^2 x+\sin^2 x}{\cos^2 x}=\dfrac{1}{\cos^2 x}=\sec^2 x$.

即
$$(\tan x)'=\sec^2 x.$$

同理可求
$$(\cot x)'=-\csc^2 x.$$

例 13　设 $y=\sec x$，求 y'.

解　$y'=\left(\dfrac{1}{\cos x}\right)'=\dfrac{1'\cdot\cos x-1\cdot(\cos x)'}{\cos^2 x}=\dfrac{\sin x}{\cos^2 x}=\sec x\tan x$.

即
$$(\sec x)'=\sec x\tan x.$$

同理可求
$$(\csc x)'=-\csc x\cot x.$$

二、反函数的求导法则

定理 2.3　若函数 $x=\varphi(y)$ 在某区间 I_y 内单调、可导且 $\varphi'(y)\neq 0$，则它的反函数 $y=f(x)$ 在对应区间 $I_x=\left\{x\mid x=\varphi(y), y\in I_y\right\}$ 内也可导，且

$$f'(x)=\frac{1}{\varphi'(y)} \quad 或 \quad \frac{\mathrm{d}y}{\mathrm{d}x}=\frac{1}{\dfrac{\mathrm{d}x}{\mathrm{d}y}}.$$

证明　因为 $x=\varphi(y)$ 在区间 I_y 内单调、可导（可导一定连续），故由第一章第九节定理 1.19 可知，$x=\varphi(y)$ 的反函数 $y=f(x)$ 存在，且 $y=f(x)$ 在区间 I_x 内也单调、连续.

任取 $x\in I_x$，并在点 x 处给以增量 $\Delta x(\Delta x\neq 0,\ x+\Delta x\in I_x)$，由 $y=f(x)$ 的单调性可知

$$\Delta y=f(x+\Delta x)-f(x)\neq 0.$$

于是
$$\frac{\Delta y}{\Delta x}=\frac{1}{\dfrac{\Delta x}{\Delta y}}.$$

因为 $y=f(x)$ 连续，故当 $\Delta x\to 0$ 时，有 $\Delta y\to 0$．从而

$$f'(x)=\lim_{\Delta x\to 0}\frac{\Delta y}{\Delta x}=\lim_{\Delta y\to 0}\frac{1}{\dfrac{\Delta x}{\Delta y}}=\frac{1}{\varphi'(y)}.$$

上述结论可简单地表述为：反函数的导数等于直接函数导数的倒数.

例 14　设 $y=\arcsin x$，求 y'.

解　因为 $y=\arcsin x$ 为 $x=\sin y$ 的反函数，又函数 $x=\sin y$ 在开区间 $\left(-\dfrac{\pi}{2},\dfrac{\pi}{2}\right)$ 内单调、可导，且 $(\sin y)'=\cos y\neq 0$．故由反函数的求导法则，在对应区间 $I_x=(-1,1)$ 内，有

$$y'=\frac{1}{\cos y}=\frac{1}{\sqrt{1-\sin^2 y}}=\frac{1}{\sqrt{1-x^2}}.$$

即
$$(\arcsin x)'=\frac{1}{\sqrt{1-x^2}}.$$

同理可求
$$(\arccos x)'=-\frac{1}{\sqrt{1-x^2}}.$$

例 15　设 $y=\arctan x$，求 y'.

解　因为 $y=\arctan x$ 为 $x=\tan y$ 的反函数，又函数 $x=\tan y$ 在开区间 $\left(-\frac{\pi}{2},\frac{\pi}{2}\right)$ 内单调、可导，且 $(\tan y)'=\sec^2 y\neq 0$．故由反函数的求导法则，在对应区间 $I_x=(-\infty,+\infty)$ 内，有
$$y'=\frac{1}{\sec^2 y}=\frac{1}{1+\tan^2 y}=\frac{1}{1+x^2}.$$

即
$$(\arctan x)'=\frac{1}{1+x^2}.$$

同理可求
$$(\operatorname{arccot} x)'=-\frac{1}{1+x^2}.$$

例 16　设 $y=a^x\ (a>0,a\neq 1)$，求 y'.

解　因为 $y=a^x$ 为 $x=\log_a y$ 的反函数，又函数 $x=\log_a y$ 在开区间 $(0,+\infty)$ 内单调、可导，且 $(\log_a y)'=\frac{1}{y\ln a}\neq 0$．故由反函数的求导法则，在对应区间 $I_x=(-\infty,+\infty)$ 内，有
$$y'=\frac{1}{\frac{1}{y\ln a}}=y\ln a=a^x\ln a.$$

即
$$(a^x)'=a^x\ln a.$$

特别地，有
$$(\mathrm{e}^x)'=\mathrm{e}^x.$$

例 17　设 $y=(1+x^2)\arctan x$，求 y'.

解　$y'=(1+x^2)'\arctan x+(1+x^2)(\arctan x)'=2x\arctan x+1$.

到目前为止，所有基本初等函数的导数我们都求出来了，那么由基本初等函数构成的较复杂的初等函数的导数如何求呢？如函数 $\ln\tan x$、$\sin\frac{1}{x}$ 的导数怎样求？

三、复合函数的求导法则

定理 2.4　若 $u=g(x)$ 在点 x 处可导，函数 $y=f(u)$ 在点 $u=g(x)$ 处可导，则复合函数 $y=f[g(x)]$ 在点 x 处可导，且
$$\frac{\mathrm{d}y}{\mathrm{d}x}=f'(u)g'(x)\quad 或\quad \frac{\mathrm{d}y}{\mathrm{d}x}=\frac{\mathrm{d}y}{\mathrm{d}u}\cdot\frac{\mathrm{d}u}{\mathrm{d}x}.$$

证明　当 $u=g(x)$ 在点 x 处的某邻域内为常数时，则 $g'(x)=0$，且 $y=f[g(x)]$ 也为常数，于是 $\frac{\mathrm{d}y}{\mathrm{d}x}=0$，故结论成立.

当 $u=g(x)$ 在点 x 处的某邻域内不为常数时，则 $\Delta u=g(x+\Delta x)-g(x)\neq 0$，这时有
$$\frac{\mathrm{d}y}{\mathrm{d}x}=\lim_{\Delta x\to 0}\frac{\Delta y}{\Delta x}=\lim_{\Delta x\to 0}\frac{f[g(x+\Delta x)]-f[g(x)]}{\Delta x}$$
$$=\lim_{\Delta x\to 0}\frac{f[g(x+\Delta x)]-f[g(x)]}{g(x+\Delta x)-g(x)}\cdot\frac{g(x+\Delta x)-g(x)}{\Delta x}$$

$$= \lim_{\Delta x \to 0} \frac{f(u+\Delta u)-f(u)}{\Delta u} \cdot \frac{g(x+\Delta x)-g(x)}{\Delta x}$$

$$= \lim_{\Delta u \to 0} \frac{f(u+\Delta u)-f(u)}{\Delta u} \cdot \lim_{\Delta x \to 0} \frac{g(x+\Delta x)-g(x)}{\Delta x} = f'(u)g'(x).$$

例 18 设 $y = \ln\tan x$，求 y'.

解 因为函数 $y = \ln\tan x$ 是由 $y = \ln u$ 与 $u = \tan x$ 复合而成的，又 $(\ln u)' = \frac{1}{u}$，$(\tan x)' = \sec^2 x$，所以

$$y' = \frac{1}{u} \cdot \sec^2 x = \frac{\sec^2 x}{\tan x} = 2\csc 2x.$$

例 19 设 $y = \sin\frac{1}{x}$，求 $\frac{\mathrm{d}y}{\mathrm{d}x}$.

解 因为函数 $y = \sin\frac{1}{x}$ 是由 $y = \sin u$ 与 $u = \frac{1}{x}$ 复合而成的，又 $(\sin u)' = \cos u$，$\left(\frac{1}{x}\right)' = -\frac{1}{x^2}$，所以

$$\frac{\mathrm{d}y}{\mathrm{d}x} = \cos u \cdot \left(-\frac{1}{x^2}\right) = -\frac{1}{x^2}\cos\frac{1}{x}.$$

从上面例子可以看出，在求复合函数的导数时，关键是弄清所给函数是由哪些简单函数复合而成，然后通过简单函数的导数及复合函数求导法则求出所给函数的导数．如果对复合函数求导比较熟练，就不必再写出中间变量．例如，

$$(\ln\tan x)' = \frac{1}{\tan x} \cdot (\tan x)' = \frac{\sec^2 x}{\tan x} = 2\csc 2x.$$

$$\left(\sin\frac{1}{x}\right)' = \cos\frac{1}{x} \cdot \left(\frac{1}{x}\right)' = -\frac{1}{x^2}\cos\frac{1}{x}.$$

复合函数的求导法则可以推广到多个中间变量的情形．例如，设 $y = f(u)$，$u = g(v)$，$v = h(x)$ 可导，则

$$\frac{\mathrm{d}y}{\mathrm{d}x} = \frac{\mathrm{d}y}{\mathrm{d}u} \cdot \frac{\mathrm{d}u}{\mathrm{d}v} \cdot \frac{\mathrm{d}v}{\mathrm{d}x}.$$

例 20 设 $y = \mathrm{e}^{\cos x^2}$，求 y'.

解 $y' = (\mathrm{e}^{\cos x^2})' = \mathrm{e}^{\cos x^2} \cdot (\cos x^2)' = \mathrm{e}^{\cos x^2}(-\sin x^2) \cdot (x^2)' = -2x\sin x^2\,\mathrm{e}^{\cos x^2}$.

例 21 设 $y = \ln(x + \sqrt{x^2 + a^2})$，求 y'.

解 $y' = \frac{1}{x+\sqrt{x^2+a^2}} \cdot (x + \sqrt{x^2+a^2})'$

$$= \frac{1}{x+\sqrt{x^2+a^2}} \cdot \left[1 + \frac{1}{2}(x^2+a^2)^{-\frac{1}{2}} \cdot (x^2+a^2)'\right]$$

$$= \frac{1}{x+\sqrt{x^2+a^2}}\left(1 + \frac{x}{\sqrt{x^2+a^2}}\right) = \frac{1}{\sqrt{x^2+a^2}}.$$

例 22 设 $x > 0$，证明幂函数的导数公式：

$$(x^{\mu})'=\mu x^{\mu-1}.$$

解 因为 $x^{\mu}=\mathrm{e}^{\mu\ln x}$，所以

$$(x^{\mu})'=(\mathrm{e}^{\mu\ln x})'=\mathrm{e}^{\mu\ln x}\cdot(\mu\ln x)'=x^{\mu}\cdot\mu\cdot\frac{1}{x}=\mu x^{\mu-1}.$$

四、基本求导法则与导数公式

1．函数的和、差、积、商的求导法则

设 $u=u(x)$ 及 $v=v(x)$ 可导，则

（1）$[u(x)\pm v(x)]'=u'(x)\pm v'(x)$．

（2）$[u(x)v(x)]'=u'(x)v(x)+u(x)v'(x)$．

（3）$\left[\dfrac{u(x)}{v(x)}\right]'=\dfrac{u'(x)v(x)-u(x)v'(x)}{v^2(x)}\ (v(x)\neq 0)$．

2．常数和基本初等函数的导数公式

（1）$C'=0$．

（2）$(x^{\mu})'=\mu x^{\mu-1}$．

（3）$(\sin x)'=\cos x$．

（4）$(\cos x)'=-\sin x$．

（5）$(\tan x)'=\sec^2 x$．

（6）$(\cot x)'=-\csc^2 x$．

（7）$(\sec x)'=\sec x\tan x$．

（8）$(\csc x)'=-\csc x\cot x$．

（9）$(a^x)'=a^x\ln a$．特别地，有 $(\mathrm{e}^x)'=\mathrm{e}^x$．

（10）$(\log_a x)'=\dfrac{1}{x\ln a}$．特别地，有 $(\ln x)'=\dfrac{1}{x}$．

（11）$(\arcsin x)'=\dfrac{1}{\sqrt{1-x^2}}$．

（12）$(\arccos x)'=-\dfrac{1}{\sqrt{1-x^2}}$．

（13）$(\arctan x)'=\dfrac{1}{1+x^2}$．

（14）$(\operatorname{arccot} x)'=-\dfrac{1}{1+x^2}$．

3．反函数的求导法则

设函数 $x=\varphi(y)$ 在某区间 I_y 内单调、可导且 $\varphi'(y)\neq 0$，则其反函数 $y=f(x)$ 的导数为

$$f'(x)=\frac{1}{\varphi'(y)}\quad 或\quad \frac{\mathrm{d}y}{\mathrm{d}x}=\frac{1}{\dfrac{\mathrm{d}x}{\mathrm{d}y}}.$$

4．复合函数的求导法则

设 $u=g(x)$ 在点 x 处可导，函数 $y=f(u)$ 在点 $u=g(x)$ 处可导，则复合函数 $y=f[g(x)]$ 的导数为

$$\frac{\mathrm{d}y}{\mathrm{d}x}=f'(u)g'(x)\quad 或\quad \frac{\mathrm{d}y}{\mathrm{d}x}=\frac{\mathrm{d}y}{\mathrm{d}u}\cdot\frac{\mathrm{d}u}{\mathrm{d}x}.$$

例 23 设 $y=\ln[\cos(5+3x^2)]$，求 y'．

解
$$\begin{aligned}y'&=\frac{1}{\cos(5+3x^2)}\cdot[\cos(5+3x^2)]'\\&=\frac{1}{\cos(5+3x^2)}\cdot[-\sin(5+3x^2)](5+3x^2)'=-6x\tan(5+3x^2).\end{aligned}$$

例 24 设函数 $f(u)$ 可导，$y=\mathrm{e}^{f(x^2)}$，求 y'.

解 $y'=\mathrm{e}^{f(x^2)}\cdot[f(x^2)]'=\mathrm{e}^{f(x^2)}f'(x^2)\cdot(x^2)'=2xf'(x^2)\mathrm{e}^{f(x^2)}$.

习 题 2-2

1．推导下列函数的导数公式.

（1）$(\cot x)'=-\csc^2 x$；（2）$(\csc x)'=-\csc x\cot x$；

（3）$(\arccos x)'=-\dfrac{1}{\sqrt{1-x^2}}$；（4）$(\operatorname{arccot} x)'=-\dfrac{1}{1+x^2}$.

2．求下列函数的导数.

（1）$y=\dfrac{3}{x^5}+\dfrac{4}{x^4}-\dfrac{5}{x}+6$；（2）$y=x^3\mathrm{e}^x+3^x$；（3）$y=\dfrac{1-\ln x}{1+\ln x}$；

（4）$y=\tan x-x\cot x$；（5）$y=\mathrm{e}^x(\sin x+\cos x)$；（6）$y=\dfrac{\sin x}{x}+\dfrac{x}{\sin x}$；

（7）$y=x\ln x\cos x$；（8）$y=x^2\arccos x$；（9）$y=\dfrac{\arctan x}{1+x^2}+\ln 3$.

3．求下列函数在给定点处的导数.

（1）$\rho=\theta\sin\theta+\dfrac{1}{2}\cos\theta$，求 $\left.\dfrac{\mathrm{d}\rho}{\mathrm{d}\theta}\right|_{\theta=\frac{\pi}{4}}$；（2）$f(x)=\dfrac{3}{5-x}+\dfrac{x^2}{5}$，求 $f'(0)$ 和 $f'(2)$.

4．求曲线 $y=2\sin x+x^2+3$ 上横坐标 $x=0$ 的切线方程和法线方程.

5．求下列函数的导数.

（1）$y=(2+3x^3)^4$；（2）$y=\mathrm{e}^{-x^2}$；（3）$y=2^{\frac{x}{\ln x}}$；

（4）$y=(\arccos x)^2$；（5）$y=\arctan\dfrac{x+1}{x-1}$；（6）$y=\ln(\csc x-\cot x)$；

（7）$y=\sin^n x\sin nx$；（8）$y=x\arcsin\dfrac{x}{2}+\sqrt{4-x^2}$；（9）$y=\ln\tan\dfrac{x}{2}$；

（10）$y=\cos^2\dfrac{1}{x}$；（11）$y=\mathrm{e}^{\arctan\sqrt{x}}$；（12）$y=\sin\mathrm{e}^{x^2+x-1}$.

6．设函数 $f(x)$ 和 $g(x)$ 可导，且 $f^2(x)+g^2(x)\neq 0$，求函数 $y=\sqrt{f^2(x)+g^2(x)}$ 的导数 .

7．设 $f(x)$ 可导，求下列函数的导数 $\dfrac{\mathrm{d}y}{\mathrm{d}x}$.

（1）$y=\mathrm{e}^{f(x)}f^2(x)$；（2）$y=f\left(\operatorname{arccot}\dfrac{1}{x}\right)$.

8．设 $f\left(\dfrac{1}{x}\right)=\dfrac{x}{1+x}$，求 $f'(x)$.

9．设 $y=f\left(\dfrac{3x-2}{3x+2}\right)$，$f'(x)=\arctan x^2$，求 $\left.\dfrac{\mathrm{d}y}{\mathrm{d}x}\right|_{x=0}$.

10．讨论 $f(x)=\lim\limits_{t\to+\infty}\dfrac{x}{2+x^2+\mathrm{e}^{tx}}$ 的可导性，并在可导点求 $f'(x)$.

第三节　高阶导数

由第一节的引例 2 知道，质点作变速直线运动，其瞬时速度 $v(t)$ 为路程函数 $s=s(t)$ 对时间 t 的导数，即

$$v(t)=s'(t).$$

而加速度 $a(t)$ 又是速度函数 $v(t)$ 对时间 t 的变化率，即速度 $v(t)$ 对时间 t 的导数

$$a(t)=v'(t)=[s'(t)]'.$$

于是，加速度 $a(t)$ 就为路程函数 $s(t)$ 对时间 t 的导数的导数，称为 $s(t)$ 对 t 的二阶导数，记为 $s''(t)$．因此，变速直线运动的加速度为路程函数 $s(t)$ 对 t 的二阶导数，即

$$a(t)=s''(t).$$

定义 2.4　若函数 $y=f(x)$ 的导数 $y'=f'(x)$ 仍可导，则称 $y'=f'(x)$ 的导数为函数 $y=f(x)$ 的**二阶导数**，记为 y''，$f''(x)$ 或 $\dfrac{\mathrm{d}^2y}{\mathrm{d}x^2}$．即

$$y''=(y')',\quad f''(x)=[f'(x)]',\quad \frac{\mathrm{d}^2y}{\mathrm{d}x^2}=\frac{\mathrm{d}}{\mathrm{d}x}\left(\frac{\mathrm{d}y}{\mathrm{d}x}\right).$$

类似地，二阶导数的导数称为**三阶导数**，记为 y'''，$f'''(x)$ 或 $\dfrac{\mathrm{d}^3y}{\mathrm{d}x^3}$．

一般地，$(n-1)$ 阶导数的导数称为 ***n* 阶导数**，记为 $y^{(n)}$，$f^{(n)}(x)$ 或 $\dfrac{\mathrm{d}^ny}{\mathrm{d}x^n}$．

函数 $f(x)$ 具有 n 阶导数，也称函数 $f(x)$ 为 n 阶可导．显然，若函数 $f(x)$ 在点 x 处具有 n 阶导数，则函数 $f(x)$ 在点 x 的某一邻域内必定具有一切低于 n 阶的导数．

二阶及二阶以上的导数统称为**高阶导数**，而 $f'(x)$ 也称为**一阶导数**．

根据高阶导数的定义，求高阶导数就是连续多次地求导．

例 25　设 $y=\ln(1+x^2)$，求 y''．

解　因为

$$y'=\frac{1}{1+x^2}\cdot(1+x^2)'=\frac{2x}{1+x^2},$$

所以
$$y''=\frac{(2x)'(1+x^2)-2x(1+x^2)'}{(1+x^2)^2}=\frac{2(1-x^2)}{(1+x^2)^2}.$$

例 26　设 $y=\mathrm{e}^x(\sin x+\cos x)$，求 y'''．

解　因为

$$y'=\mathrm{e}^x(\sin x+\cos x)+\mathrm{e}^x(\cos x-\sin x)=2\mathrm{e}^x\cos x,$$

于是
$$y''=2[\mathrm{e}^x\cos x+\mathrm{e}^x(-\sin x)]=2\mathrm{e}^x(\cos x-\sin x),$$

因此
$$y'''=2[\mathrm{e}^x(\cos x-\sin x)+\mathrm{e}^x(-\sin x-\cos x)]=-4\mathrm{e}^x\sin x.$$

例 27　设 $y=\mathrm{e}^x$，求 $y^{(n)}$．

解　因为

$$y'=\mathrm{e}^x,\quad y''=\mathrm{e}^x,\quad y'''=\mathrm{e}^x,$$

所以
$$y^{(n)}=\mathrm{e}^x.$$

即 $$(e^x)^{(n)}=e^x.$$

例 28　设 $y=\sin x$，求 $y^{(n)}$.

解　因为

$$y'=\cos x=\sin\left(x+\frac{\pi}{2}\right),$$

$$y''=\cos\left(x+\frac{\pi}{2}\right)=\sin\left(x+\frac{\pi}{2}+\frac{\pi}{2}\right)=\sin\left(x+2\cdot\frac{\pi}{2}\right),$$

$$y'''=\cos\left(x+2\cdot\frac{\pi}{2}\right)=\sin\left(x+2\cdot\frac{\pi}{2}+\frac{\pi}{2}\right)=\sin\left(x+3\cdot\frac{\pi}{2}\right),$$

所以 $$y^{(n)}=\sin\left(x+n\cdot\frac{\pi}{2}\right).$$

即 $$(\sin x)^{(n)}=\sin\left(x+n\cdot\frac{\pi}{2}\right).$$

同理可求 $$(\cos x)^{(n)}=\cos\left(x+n\cdot\frac{\pi}{2}\right).$$

例 29　设 $y=\ln(x+a)$，求 $y^{(n)}$.

解　因为

$$y'=\frac{1}{x+a}=(x+a)^{-1},\quad y''=-(x+a)^{-2},\quad y'''=(-1)(-2)(x+a)^{-3},\quad y^{(4)}=(-1)(-2)(-3)(x+a)^{-4},$$

所以 $$y^{(n)}=(-1)(-2)\cdots(-n+1)(x+a)^{-n}=\frac{(-1)^{n-1}(n-1)!}{(x+a)^n}.$$

即 $$[\ln(x+a)]^{(n)}=\frac{(-1)^{n-1}(n-1)!}{(x+a)^n}.$$

例 30　设 $y=x^\mu$，求 $y^{(n)}$.

解　因为

$$y'=\mu x^{\mu-1},\qquad y''=\mu(\mu-1)x^{\mu-2},\qquad y'''=\mu(\mu-1)(\mu-2)x^{\mu-3},$$

所以 $$y^{(n)}=\mu(\mu-1)(\mu-2)\cdots(\mu-n+1)x^{\mu-n}.$$

即 $$(x^\mu)^{(n)}=\mu(\mu-1)(\mu-2)\cdots(\mu-n+1)x^{\mu-n}.$$

特别地，当 $\mu=-1$ 时，有 $\left(\frac{1}{x}\right)^{(n)}=\frac{(-1)^n n!}{x^{n+1}}$.

当 $\mu=n\ (n\in\mathbf{Z}^+)$ 时，有 $(x^n)^{(n)}=n!$，而 $(x^n)^{(k)}=0\ (k>n)$.

若函数 $u=u(x)$，$v=v(x)$ 在点 x 处具有 n 阶导数，则函数 $u(x)\pm v(x)$ 在点 x 处具有 n 阶导数，且有

$$[u(x)\pm v(x)]^{(n)}=[u(x)]^{(n)}\pm[v(x)]^{(n)}.$$

例 31　设 $y=\ln(x^2+3x+2)$，求 $y^{(n)}$.

解　因为 $y=\ln[(x+1)(x+2)]=\ln(x+1)+\ln(x+2)$，又由例 29，得

$$[\ln(x+1)]^{(n)}=\frac{(-1)^{n-1}(n-1)!}{(x+1)^n},\quad [\ln(x+2)]^{(n)}=\frac{(-1)^{n-1}(n-1)!}{(x+2)^n}.$$

所以

$$y^{(n)}=[\ln(x+1)]^{(n)}+[\ln(x+2)]^{(n)}=(-1)^{n-1}(n-1)!\left[\frac{1}{(x+1)^n}+\frac{1}{(x+2)^n}\right].$$

习　题　2-3

1. 求下列函数的二阶导数.

（1） $y=3x^2+\ln x$；　（2） $y=x\sin x$；　（3） $y=\cos^2 x$；

（4） $y=(1+x^2)\arctan x$；　（5） $y=\mathrm{e}^{\sqrt{x}}+\mathrm{e}^{-\sqrt{x}}$；　（6） $y=\ln(x+\sqrt{x^2-1})$.

2. 设 $f(x)=(x+1)^6$，求 $f'''(1)$.

3. 设 $f(x)$ 具有二阶导数，求下列函数的二阶导数 $\dfrac{\mathrm{d}^2y}{\mathrm{d}x^2}$.

（1） $y=f(x^2)$；　（2） $y=\ln f(x)$.

4. 验证函数 $y=C_1\mathrm{e}^x+C_2\mathrm{e}^{2x}$（$C_1, C_2$ 为常数）满足关系式：$y''-3y'+2y=0$.

5. 求下列函数的 n 阶导数.

（1） $y=\sin^2 x$；　（2） $y=x\mathrm{e}^x$；　（3） $y=\dfrac{1}{x^2+3x+2}$.

第四节　隐函数及由参数方程确定的函数的导数

一、隐函数的导数

前面所讨论的求导都是对显函数 $y=f(x)$ 来进行的，但有时变量 y 与 x 之间的函数关系是以隐函数 $F(x,y)=0$ 的形式出现的．在这种情形下，若从方程 $F(x,y)=0$ 中能够解出 $y=f(x)$，即隐函数能够显化，则其导数也就解决了．然而有时从方程 $F(x,y)=0$ 中很难或无法解出 y，即隐函数很难或无法显化．例如，从方程 $\mathrm{e}^{xy}-x^3+y^2+2=0$ 中就无法解出 y．但在实际问题中，有时又需要计算隐函数的导数，因此我们希望有一种方法，不管隐函数能否显化，都能直接由方程求出它所确定的隐函数的导数.

设由方程 $F(x,y)=0$ 确定函数 $y=y(x)$，则把 $y=y(x)$ 代入方程 $F(x,y)=0$ 中得到恒等式

$$F[x,y(x)]\equiv 0.$$

等式两边都是 x 的表达式，所以等式两边可以同时对 x 求导，得到关于 y' 的一次方程，再解出 y' 即可.

1. 隐函数求导方法

利用复合函数求导法则，将方程两边同时对 x 求导，再解出 y'.

例 32　设方程 $\mathrm{e}^{xy}-x^3+y^2+2=0$ 确定隐函数 $y=y(x)$，求 y'.

解　方程两边同时对 x 求导，得

$$e^{xy}(y+xy')-3x^2+2yy'=0,$$

解出 y'，得
$$y'=\frac{3x^2-ye^{xy}}{xe^{xy}+2y}.$$

例 33 设方程 $\frac{1}{2}\sin y=y-x$ 确定隐函数 $y=y(x)$，求 y' 及 y''.

解 方程两边同时对 x 求导，得
$$\frac{1}{2}\cos y\cdot y'=y'-1, \tag{2}$$

解出 y'，得
$$y'=\frac{2}{2-\cos y}.$$

因此
$$y''=\frac{-2\sin y\cdot y'}{(2-\cos y)^2}=-\frac{4\sin y}{(2-\cos y)^3}.$$

或将（2）式两边同时对 x 求导，得
$$\frac{1}{2}[-\sin y\cdot(y')^2+\cos y\cdot y'']=y'',$$

解出 y''，得
$$y''=-\frac{\sin y\cdot(y')^2}{2-\cos y}.$$

把 $y'=\frac{2}{2-\cos y}$ 代入上式，得 $y''=-\frac{4\sin y}{(2-\cos y)^3}$.

例 34 设方程 $\sin(xy)-\ln\frac{x+1}{y}=x$ 确定隐函数 $y=y(x)$，求 $y'(0)$.

解 当 $x=0$ 时，$y=1$. 方程两边同时对 x 求导，得
$$\cos(xy)(y+xy')-\frac{1}{x+1}+\frac{1}{y}y'=1.$$

将 $x=0,\ y=1$ 代入上式，得
$$1-1+y'(0)=1.$$

因此
$$y'(0)=1.$$

例 35 求圆 $x^2+y^2=25$ 在点 $(3,4)$ 处的切线方程.

解 方程两边同时对 x 求导，得
$$2x+2y\cdot y'=0.$$

将 $x=3,\ y=4$ 代入上式，得
$$2\times3+2\times4\times y'(3)=0.$$

于是 $y'(3)=-\frac{3}{4}$，即 $k_{切}=-\frac{3}{4}$. 故所求切线方程为
$$y-4=-\frac{3}{4}(x-3),$$

即
$$3x+4y-25=0.$$

对幂指函数 $[f(x)]^{g(x)}$，没有哪个导数公式可以直接利用求出其导数，因而必须把指数移下来，故需要取对数，这就是下面介绍的对数求导法.

2．对数求导法

两边取对数化为隐函数求导.

对数求导法适用于求幂指函数 $y=[f(x)]^{g(x)}$ 的导数及多因子的积、商及幂表示的函数的导数.

例 36　设 $y=x^{\sin x}\ (x>0)$，求 y'.

解　两边取对数，得

$$\ln y=\sin x\ln x .$$

上式两边对 x 求导，得

$$\frac{1}{y}y'=\cos x\cdot\ln x+\sin x\cdot\frac{1}{x}.$$

于是

$$y'=y\left(\cos x\cdot\ln x+\sin x\cdot\frac{1}{x}\right)=x^{\sin x}\left(\cos x\cdot\ln x+\frac{\sin x}{x}\right).$$

这种幂指函数的导数也可按下面的方法来求.

另解　因为 $y=\mathrm{e}^{\sin x\ln x}$，所以

$$y'=\mathrm{e}^{\sin x\ln x}(\sin x\cdot\ln x)'=x^{\sin x}\left(\cos x\cdot\ln x+\frac{\sin x}{x}\right).$$

例 37　设 $y=\dfrac{(x-1)^3\sqrt{x+1}}{\mathrm{e}^x(x+2)^2}$，求 y'.

解　两边取对数，得

$$\ln y=3\ln(x-1)+\frac{1}{2}\ln(x+1)-x-2\ln(x+2),$$

上式两边对 x 求导，得

$$\frac{1}{y}y'=\frac{3}{x-1}+\frac{1}{2}\cdot\frac{1}{x+1}-1-\frac{2}{x+2},$$

于是

$$y'=y\left(\frac{3}{x-1}+\frac{1}{2}\cdot\frac{1}{x+1}-1-\frac{2}{x+2}\right)=\frac{(x-1)^3\sqrt{x+1}}{\mathrm{e}^x(x+2)^2}\left(\frac{3}{x-1}+\frac{1}{2(x+1)}-1-\frac{2}{x+2}\right).$$

二、由参数方程所确定的函数的导数

若由参数方程

$$\begin{cases}x=\varphi(t),\\ y=\psi(t)\end{cases}\tag{3}$$

确定 y 与 x 的函数关系，则称此函数关系所表示的函数为**由参数方程所确定的函数**.

在实际问题中，需要计算由参数方程所确定的函数的导数，但从参数方程中消去参数 t 有时会有困难. 因此，我们希望有一种方法能直接由参数方程（3）计算出它所确定的函数的导数. 下面来讨论参数方程（3）所确定的函数的求导方法.

在（3）式中，设 $x=\varphi(t)$ 具有单调连续的反函数 $t=\varphi^{-1}(x)$，且此反函数能与函数 $y=\psi(t)$ 构成复合函数 $y=\psi[\varphi^{-1}(x)]$. 若 $x=\varphi(t)$，$y=\psi(t)$ 可导且 $\varphi'(t)\neq 0$，则

$$\frac{\mathrm{d}y}{\mathrm{d}x}=\frac{\mathrm{d}y}{\mathrm{d}t}\cdot\frac{\mathrm{d}t}{\mathrm{d}x}=\frac{\mathrm{d}y}{\mathrm{d}t}\cdot\frac{1}{\frac{\mathrm{d}x}{\mathrm{d}t}}=\frac{\psi'(t)}{\varphi'(t)}.\tag{4}$$

即

$$\frac{\mathrm{d}y}{\mathrm{d}x}=\frac{\psi'(t)}{\varphi'(t)}\quad\text{或}\quad\frac{\mathrm{d}y}{\mathrm{d}x}=\frac{\frac{\mathrm{d}y}{\mathrm{d}t}}{\frac{\mathrm{d}x}{\mathrm{d}t}}.$$

若 $x=\varphi(t)$，$y=\psi(t)$ 具有二阶导数，则从（4）式可得函数的二阶导数公式：

$$\frac{\mathrm{d}^2y}{\mathrm{d}x^2}=\frac{\mathrm{d}}{\mathrm{d}x}\left(\frac{\mathrm{d}y}{\mathrm{d}x}\right)=\frac{\mathrm{d}}{\mathrm{d}t}\left(\frac{\psi'(t)}{\varphi'(t)}\right)\frac{\mathrm{d}t}{\mathrm{d}x}=\frac{\psi''(t)\varphi'(t)-\psi'(t)\varphi''(t)}{\varphi'^2(t)}\cdot\frac{1}{\varphi'(t)},$$

即

$$\frac{\mathrm{d}^2y}{\mathrm{d}x^2}=\frac{\psi''(t)\varphi'(t)-\psi'(t)\varphi''(t)}{\varphi'^3(t)}.$$

例 38　求椭圆 $\begin{cases}x=4\cos t,\\ y=3\sin t\end{cases}$ 在对应 $t=\frac{\pi}{4}$ 点处的切线方程.

解　因为 $\frac{\mathrm{d}x}{\mathrm{d}t}=-4\sin t$，$\frac{\mathrm{d}y}{\mathrm{d}t}=3\cos t$，所以

$$\frac{\mathrm{d}y}{\mathrm{d}x}=\frac{3\cos t}{-4\sin t}=-\frac{3}{4}\cot t.$$

从而所求切线的斜率为 $k_{切}=\left.\frac{\mathrm{d}y}{\mathrm{d}x}\right|_{t=\frac{\pi}{4}}=-\frac{3}{4}$．又切点的坐标为 $x_0=4\cos\frac{\pi}{4}=2\sqrt{2}$，$y_0=3\sin\frac{\pi}{4}=\frac{3\sqrt{2}}{2}$．故切线方程为

$$y-\frac{3\sqrt{2}}{2}=-\frac{3}{4}(x-2\sqrt{2}),$$

即

$$3x+4y-12\sqrt{2}=0.$$

例 39　设 $\begin{cases}x=\ln(1+t^2),\\ y=t-\arctan t,\end{cases}$ 求 $\frac{\mathrm{d}y}{\mathrm{d}x}$ 及 $\frac{\mathrm{d}^2y}{\mathrm{d}x^2}$.

解　因为 $\frac{\mathrm{d}x}{\mathrm{d}t}=\frac{2t}{1+t^2}$，$\frac{\mathrm{d}y}{\mathrm{d}t}=1-\frac{1}{1+t^2}=\frac{t^2}{1+t^2}$，所以

$$\frac{\mathrm{d}y}{\mathrm{d}x}=\frac{\frac{t^2}{1+t^2}}{\frac{2t}{1+t^2}}=\frac{t}{2}.$$

于是

$$\frac{\mathrm{d}^2y}{\mathrm{d}x^2}=\frac{\mathrm{d}\left(\frac{t}{2}\right)}{\mathrm{d}t}\cdot\frac{\mathrm{d}t}{\mathrm{d}x}=\frac{1}{2}\cdot\frac{1+t^2}{2t}=\frac{1+t^2}{4t}.$$

习 题 2-4

1．求由下列方程所确定的隐函数的导数 $\frac{\mathrm{d}y}{\mathrm{d}x}$.

（1）$x^3+y^3=3xy$；　（2）$y=1-x\mathrm{e}^y$；　（3）$\arctan\frac{y}{x}=\ln\sqrt{x^2+y^2}$.

2．求曲线 $x^{\frac{2}{3}}+y^{\frac{2}{3}}=a^{\frac{2}{3}}$ 在点 $\left(\frac{\sqrt{2}}{4}a,\frac{\sqrt{2}}{4}a\right)$ 处的切线方程和法线方程.

3．求由下列方程所确定的隐函数的二阶导数 $\frac{\mathrm{d}^2y}{\mathrm{d}x^2}$.

（1）$x^2+y^2=xy$；　　（2）$y=\tan(x+y)$.

4．设方程 $\mathrm{e}^{xy}+\ln\dfrac{x+1}{y}=x$ 确定隐函数 $y=y(x)$，求 $y'(0)$.

5．设方程 $x\mathrm{e}^{f(x)}=\mathrm{e}^{y}$ 确定函数 $y=y(x)$，其中 $f(x)$ 二阶可导且 $f'\neq1$，求 $\dfrac{\mathrm{d}^2y}{\mathrm{d}x^2}$.

6．用对数求导法求下列函数的导数.

（1）$y=\left(\dfrac{x}{x+a}\right)^x$；　　（2）$y=\sqrt{x\cos x\sqrt{\mathrm{e}^x}}$；　　（3）$y=\dfrac{\sqrt{x+2}(3-x)^2}{(x+1)^3\sin x}$.

7．求下列参数方程所确定的函数的导数 $\dfrac{\mathrm{d}y}{\mathrm{d}x}$.

（1）$\begin{cases}x=t^2+2t,\\y=2t^2+t;\end{cases}$　　（2）$\begin{cases}x=\mathrm{e}^t\cos t,\\y=\mathrm{e}^t\sin t;\end{cases}$　　（3）$\begin{cases}x=\arctan t,\\y=\ln(1+t^2).\end{cases}$

8．求曲线方程 $\begin{cases}x=t+2+\sin t,\\y=t+\cos t\end{cases}$ 在 $t=0$ 对应点处的切线方程.

9．求下列参数方程所确定的函数的二阶导数 $\dfrac{\mathrm{d}^2y}{\mathrm{d}x^2}$.

（1）$\begin{cases}x=a\cos t,\\y=b\sin t;\end{cases}$　　（2）$\begin{cases}x=t+\arctan t,\\y=t^3+6t;\end{cases}$

（3）$\begin{cases}x=f'(t),\\y=tf'(t)-f(t),\end{cases}$ 其中 $f''(t)$ 存在且不为零.

第五节　函数的微分

一、微分的定义

先分析一个具体问题，一块正方形金属薄片由于受温度变化的影响，其边长由 x_0 变到 $x_0+\Delta x$，问此薄片的面积改变了多少？（见图 2-2）

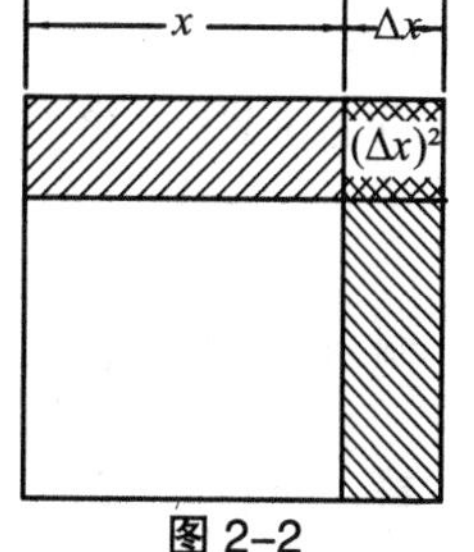

图 2–2

设正方形的边长为 x，面积为 S，则 $S=x^2$. 所以金属薄片的面积改变量为

$$\Delta S=(x_0+\Delta x)^2-x_0^2=2x_0\Delta x+(\Delta x)^2.$$

ΔS 包含两部分：第一部分 $2x_0\Delta x$ 是 Δx 的线性函数（即图 2-2 中　画一层斜线的两个矩形面积之和），而第二部分$(\Delta x)^2$是图 2-2 中画双层斜线的小正方形的面积，且当 $\Delta x\to0$ 时，$(\Delta x)^2$ 是Δx 的高阶无穷小，即 $(\Delta x)^2=o(\Delta x)$. 因此，若正方形边长的改变很微小时（即$|\Delta x|$很小时），可以忽略第二部分$(\Delta x)^2$，而用第一部分 $2x_0\Delta x$ 近似表示ΔS，即 $\Delta S\approx2x_0\Delta x$，其差 $\Delta S-2x_0\Delta x$ 是比 Δx 高阶的无穷小. 我们把 $2x_0\Delta x$ 称为函数 $S=x^2$ 在点 x_0 处的微分.

更一般地，有：

定义 2.5　设函数 $y=f(x)$在某区间内有定义，x_0 及 $x_0+\Delta x$ 都在这个区间内，若函数的增量 $\Delta y=f(x_0+\Delta x)-f(x_0)$ 可表示为

$$\Delta y=A\Delta x+o(\Delta x),$$

其中 A 是不依赖于Δx 的常数，则称函数 $y=f(x)$在点 x_0 处是**可微的**，而 $A\Delta x$ 称为函数 $y=f(x)$在点 x_0 处的**微分**，记为 $\mathrm{d}y$，即

$$\mathrm{d}y = A\Delta x.$$

由微分的定义可知，微分是自变量增量Δx 的线性函数，且函数增量Δy 与微分 $\mathrm{d}y$ 的差$\Delta y-\mathrm{d}y$ 是一个比Δx 高阶的无穷小 $o(\Delta x)$. 现在的问题是如何确定 A？在上面的例子中，有 $\mathrm{d}S=2x_0\Delta x$，于是 $A=2x_0$. 而 $2x_0=S'(x_0)$，即常数 A 为该函数在点 x_0 处的导数. 一般地，有：

定理 2.5 函数 $y=f(x)$在点 x_0 处可微的充分必要条件是函数 $y=f(x)$在点 x_0 处可导，且 $A=f'(x_0)$.

证明 函数 $y=f(x)$在点 x_0 处可微，则

$$\Delta y = A\Delta x + o(\Delta x),$$

上式两边除以 Δx，得

$$\frac{\Delta y}{\Delta x} = A + \frac{o(\Delta x)}{\Delta x}.$$

从而

$$f'(x_0) = \lim_{\Delta x\to 0}\frac{\Delta y}{\Delta x} = \lim_{\Delta x\to 0}\left(A + \frac{o(\Delta x)}{\Delta x}\right) = A + 0 = A.$$

故函数 $y=f(x)$在点 x_0 处可导，且 $A=f'(x_0)$.

反之，设函数 $y=f(x)$在点 x_0 处可导，则

$$\lim_{\Delta x\to 0}\frac{\Delta y}{\Delta x} = f'(x_0).$$

根据极限与无穷小的关系，上式可写成

$$\frac{\Delta y}{\Delta x} = f'(x_0) + \alpha,$$

其中 $\lim\limits_{\Delta x\to 0}\alpha = 0$. 从而

$$\Delta y = f'(x_0)\Delta x + \alpha\Delta x = f'(x_0)\Delta x + o(\Delta x).$$

显然，$f'(x_0)$ 是不依赖于 Δx 的常数，所以函数 $y=f(x)$在点 x_0 处可微，且 $A=f'(x_0)$.

由定理 2.5 可知，

$$\mathrm{d}y = f'(x_0)\Delta x.$$

例 40 求函数 $y=x^3$ 在点 $x=2$ 处的微分.

解 因为 $y'=3x^2$，所以 $y'\big|_{x=2}=3\times 2^2=12$. 故所求微分为

$$\mathrm{d}y = y'\big|_{x=2}\cdot\Delta x = 12\Delta x.$$

函数 $y=f(x)$在任意点 x 处的微分，称为**函数的微分**，记为 $\mathrm{d}y$ 或 $\mathrm{d}f(x)$，即

$$\mathrm{d}y = y'\Delta x. \tag{5}$$

在公式（5）中，若取 $y=x$，则 $y'=1$，$\mathrm{d}y=\mathrm{d}x$. 于是 $\mathrm{d}x=\Delta x$，即自变量的增量等于它的微分，故可得微分的计算公式

$$\mathrm{d}y = y'\mathrm{d}x. \tag{6}$$

在公式(6)两边同除以 dx，得
$$\frac{\mathrm{d}y}{\mathrm{d}x}=y'. \tag{7}$$

(7) 式说明函数的微分 dy 与自变量的微分 dx 之商等于该函数的导数. 因此，导数也叫作“微商”.

例 41　设 $y=x\ln x+x^3$，求 dy .

解　因为
$$y'=x'\ln x+x(\ln x)'+(x^3)'=\ln x+1+3x^2,$$
所以
$$\mathrm{d}y=y'\mathrm{d}x=(3x^2+\ln x+1)\mathrm{d}x.$$

例 42　设 $y=\arctan\dfrac{x-1}{x+1}$，求 d$y$.

解　因为
$$y'=\frac{1}{1+\left(\dfrac{x-1}{x+1}\right)^2}\cdot\left(\frac{x-1}{x+1}\right)'=\frac{(x+1)^2}{2(1+x^2)}\cdot\frac{x+1-(x-1)}{(x+1)^2}=\frac{1}{1+x^2},$$
所以
$$\mathrm{d}y=y'\mathrm{d}x=\frac{1}{1+x^2}\mathrm{d}x.$$

例 43　设方程 $\sin(xy)=\mathrm{e}^x+y^2$ 确定 $y=y(x)$，求 dy .

解　方程两边同时对 x 求导，得
$$\cos(xy)(y+xy')=\mathrm{e}^x+2yy',$$
于是
$$y'=\frac{\mathrm{e}^x-y\cos(xy)}{x\cos(xy)-2y}.$$
所以
$$\mathrm{d}y=y'\mathrm{d}x=\frac{\mathrm{e}^x-y\cos(xy)}{x\cos(xy)-2y}\mathrm{d}x.$$

二、微分的几何意义

为了对微分有比较直观的了解，下面介绍微分的几何意义.

在直角坐标系中，函数 $y=f(x)$ 的图形是一条曲线，如图 2-3 所示. 给定自变量一个取值 x_0，曲线上对应一个点 $M(x_0,y_0)$. 当自变量 x 有微小增量 Δx 时，得到曲线上另一个点 $N(x_0+\Delta x,y_0+\Delta y)$，则
$$QM=\Delta x,\quad QN=\Delta y.$$
过点 M 作曲线的切线 MT，它的倾角为 α，则
$$QP=MQ\tan\alpha=f'(x_0)\Delta x,$$
即
$$\mathrm{d}y=QP.$$

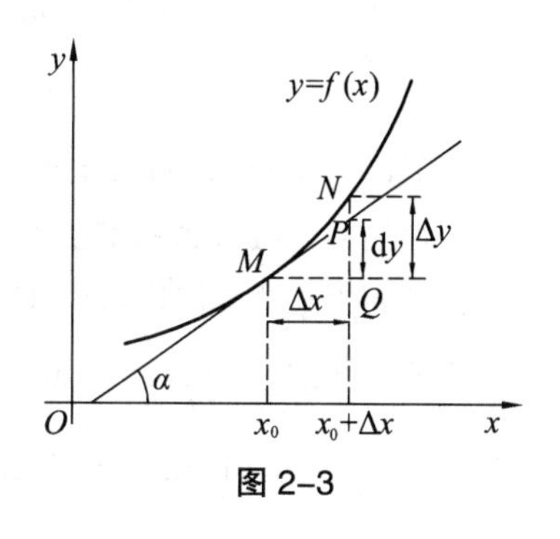

图 2-3

微分的几何意义：对可微函数 $y=f(x)$，dy 表示过点 M 的切线上的点的纵坐标的增量. 显然，Δy 为曲线 $y=f(x)$ 上的点的纵坐标的增量，且当 $|\Delta x|$ 很小时，$|\Delta y-\mathrm{d}y|$ 比 $|\Delta x|$ 小得多. 故在点 M 的附近，可以用切线段来近似代替曲线段.

三、微分法则

由 $\mathrm{d}y = y'\mathrm{d}x$ 可知，求微分时，只要求出其导数 y'，再乘以 $\mathrm{d}x$ 即可. 而在求导法则中，我们曾介绍了导数运算法则、基本导数公式、复合函数求导法则等重要法则，因而对微分同样有相应的微分法则.

1．函数的和、差、积、商的微分法则

设 $u = u(x),\ v = v(x)$ 可微，则

（1）$\mathrm{d}(u \pm v) = \mathrm{d}u \pm \mathrm{d}v$.　　（2）$\mathrm{d}(uv) = v\mathrm{d}u + u\mathrm{d}v$. 特别地，有 $\mathrm{d}(Cu) = C\mathrm{d}u$.

（3）$\mathrm{d}\left(\dfrac{u}{v}\right) = \dfrac{v\mathrm{d}u - u\mathrm{d}v}{v^2}\ (v \neq 0)$.

2．常数和基本初等函数的微分公式

（1）$\mathrm{d}C = 0$.　　（2）$\mathrm{d}x^{\mu} = \mu x^{\mu-1}\mathrm{d}x$.

（3）$\mathrm{d}\sin x = \cos x\mathrm{d}x$.　　（4）$\mathrm{d}\cos x = -\sin x\mathrm{d}x$.

（5）$\mathrm{d}\tan x = \sec^2 x\mathrm{d}x$.　　（6）$\mathrm{d}\cot x = -\csc^2 x\mathrm{d}x$.

（7）$\mathrm{d}\sec x = \sec x \tan x\mathrm{d}x$.　　（8）$\mathrm{d}\csc x = -\csc x \cot x\mathrm{d}x$.

（9）$\mathrm{d}a^x = a^x \ln a\mathrm{d}x$. 特别地，有 $\mathrm{de}^x = \mathrm{e}^x\mathrm{d}x$.

（10）$\mathrm{d}\log_a x = \dfrac{1}{x\ln a}\mathrm{d}x$. 特别地，有 $\mathrm{d}\ln x = \dfrac{1}{x}\mathrm{d}x$.

（11）$\mathrm{d}\arcsin x = \dfrac{1}{\sqrt{1-x^2}}\mathrm{d}x$.　　（12）$\mathrm{d}\arccos x = -\dfrac{1}{\sqrt{1-x^2}}\mathrm{d}x$.

（13）$\mathrm{d}\arctan x = \dfrac{1}{1+x^2}\mathrm{d}x$.　　（14）$\mathrm{d}\,\mathrm{arccot}\, x = -\dfrac{1}{1+x^2}\mathrm{d}x$.

3．复合函数的微分法则

设 $y = f(u),\ u = g(x)$ 可微，则复合函数 $y = f[g(x)]$ 可微，且

$$\mathrm{d}y = y'_x\mathrm{d}x = f'(u)g'(x)\mathrm{d}x. \tag{8}$$

由于 $g'(x)\mathrm{d}x = \mathrm{d}u$，则（8）式可写成

$$\mathrm{d}y = f'(u)\mathrm{d}u \quad 或 \quad \mathrm{d}y = y'_u\mathrm{d}u.$$

由此可见，对函数 $y = f(u)$ 来说，不论 u 是自变量还是中间变量，微分形式 $\mathrm{d}y = f'(u)\mathrm{d}u$ 保持不变. 这一性质称为**微分形式不变性**.

下面再利用上述微分法则求例 41、例 42、例 43 的微分，有

（1）
$$\begin{aligned}\mathrm{d}(x\ln x + x^3) &= \mathrm{d}(x\ln x) + \mathrm{d}x^3 = \ln x\mathrm{d}x + x\mathrm{d}\ln x + 3x^2\mathrm{d}x \\ &= \ln x\mathrm{d}x + x\cdot\frac{1}{x}\mathrm{d}x + 3x^2\mathrm{d}x = (3x^2 + \ln x + 1)\mathrm{d}x.\end{aligned}$$

（2）
$$\mathrm{d}\arctan\frac{x-1}{x+1} = \frac{1}{1+\left(\dfrac{x-1}{x+1}\right)^2}\mathrm{d}\left(\frac{x-1}{x+1}\right) = \frac{(x+1)^2}{2(1+x^2)}\cdot\frac{(x+1)\mathrm{d}(x-1) - (x-1)\mathrm{d}(x+1)}{(x+1)^2}$$

$$=\frac{(x+1)\mathrm{d}x-(x-1)\mathrm{d}x}{2(1+x^2)}=\frac{1}{1+x^2}\mathrm{d}x\,.$$

（3）方程 $\sin(xy)=\mathrm{e}^x+y^2$ 两边同时取微分，得

$$\cos(xy)\mathrm{d}(xy)=\mathrm{d}\,\mathrm{e}^x+\mathrm{d}y^2\,.$$

从而

$$\cos(xy)(y\mathrm{d}x+x\mathrm{d}y)=\mathrm{e}^x\,\mathrm{d}x+2y\mathrm{d}y\,.$$

故

$$\mathrm{d}y=\frac{\mathrm{e}^x-y\cos(xy)}{x\cos(xy)-2y}\mathrm{d}x\,.$$

例 44　$y=\ln(x+\cos x^2)$，求 $\mathrm{d}y$.

解　$\mathrm{d}y=\frac{1}{x+\cos x^2}\mathrm{d}(x+\cos x^2)=\frac{1}{x+\cos x^2}(\mathrm{d}x+\mathrm{d}\cos x^2)$

$$=\frac{1}{x+\cos x^2}(\mathrm{d}x-\sin x^2\mathrm{d}x^2)=\frac{1-2x\sin x^2}{x+\cos x^2}\mathrm{d}x\,.$$

例 45　设 $y=(\sin x)^{\cos x}$，求 $\mathrm{d}y$.

解　方程两边取对数，得

$$\ln y=\cos x\ln\sin x\,.$$

上式两边同时取微分，得

$$\frac{1}{y}\mathrm{d}y=\ln\sin x\mathrm{d}\cos x+\cos x\mathrm{d}\ln\sin x\,,$$

从而

$$\frac{1}{y}\mathrm{d}y=-\sin x\ln\sin x\mathrm{d}x+\cos x\cdot\frac{1}{\sin x}\mathrm{d}\sin x\,,$$

故

$$\mathrm{d}y=(\sin x)^{\cos x}(-\sin x\ln\sin x+\cos x\cot x)\mathrm{d}x\,.$$

例 46　在括号中填入适当的函数，使等式成立.

（1）$\mathrm{d}(\quad)=x^2\mathrm{d}x$；　　　　（2）$\mathrm{d}(\quad)=\sin 2x\mathrm{d}x$.

解（1）因为 $\mathrm{d}x^3=3x^2\mathrm{d}x$，所以

$$x^2\mathrm{d}x=\frac{1}{3}\mathrm{d}(x^3)=\mathrm{d}\left(\frac{1}{3}x^3\right),$$

即

$$\mathrm{d}\left(\frac{1}{3}x^3\right)=x^2\mathrm{d}x\,.$$

故

$$\mathrm{d}\left(\frac{1}{3}x^3+C\right)=x^2\mathrm{d}x\ （C\ 为任意常数）.$$

（2）因为 $\mathrm{d}\cos 2x=-2\sin 2x\mathrm{d}x$，所以

$$\sin 2x\mathrm{d}x=-\frac{1}{2}\mathrm{d}(\cos 2x)=\mathrm{d}\left(-\frac{1}{2}\cos 2x\right).$$

故

$$\mathrm{d}\left(-\frac{1}{2}\cos 2x+C\right)=\sin 2x\mathrm{d}x\ （C\ 为任意常数）.$$

四、微分的应用

在实际问题中，经常会遇到一些复杂的计算公式．若直接用这些公式进行计算很费时、费力，然而利用微分往往可以把一些复杂的计算公式改用简单的近似公式来代替．

若函数 $y=f(x)$ 在点 x_0 处的导数 $f'(x_0)\neq 0$，且 $|\Delta x|$ 很小时，忽略高阶无穷小，可用 $\mathrm{d}y$ 作为 Δy 的近似值，有

$$\Delta y\approx \mathrm{d}y=f'(x_0)\Delta x,$$

即

$$f(x_0+\Delta x)-f(x_0)\approx f'(x_0)\Delta x.$$

故可得近似计算公式

$$f(x_0+\Delta x)\approx f(x_0)+f'(x_0)\Delta x.$$

若令 $x=x_0+\Delta x$，即 $\Delta x=x-x_0$，则有

$$f(x)\approx f(x_0)+f'(x_0)(x-x_0).$$

特别当 $x_0=0$ 时，有

$$f(x)\approx f(0)+f'(0)x.$$

例 47 计算 $\sqrt[3]{8.02}$ 的近似值．

解 设 $f(x)=\sqrt[3]{x}$，则 $f'(x)=\dfrac{1}{3}x^{-\frac{2}{3}}$，于是 $f'(8)=\dfrac{1}{12}$．故

$$\sqrt[3]{8.02}=f(8.02)\approx f(8)+f'(8)\cdot 0.02=2+\frac{0.02}{12}\approx 2.0017.$$

例 48 有一批半径为 1cm 的球，为了提高球面的光洁度，要镀上一层铜，厚度定为 0.01cm. 试估计每只球需用铜多少克（铜的密度是 $8.9\mathrm{g/cm^3}$）？

解 因为球体体积为 $V=\dfrac{4}{3}\pi R^3$，$R_0=1,\ \Delta R=0.01$，所以镀层的体积为

$$\Delta V=V(R_0+\Delta R)-V(R_0)\approx V'(R_0)\Delta R=4\pi R_0^2\Delta R=4\times 3.14\times 1^2\times 0.01=0.13.$$

故镀每只球需用的铜约为 $m=0.13\times 8.9=1.16\,\mathrm{g}$.

例 49 证明：当 $|x|$ 很小时，有 $\ln(1+x)\approx x$．

证明 令 $f(x)=\ln(1+x)$，则 $f(0)=0$，$f'(0)=\left.\dfrac{1}{1+x}\right|_{x=0}=1$．故

$$\ln(1+x)=f(x)\approx f(0)+f'(0)x=0+1\cdot x=x.$$

习 题 2–5

1．设 $y=x^3-x+2$，计算在 $x=2$ 处当 Δx 分别等于 1, 0.1, 0.01 时的 $\mathrm{d}y$．

2．求下列函数的微分．

（1）$y=\dfrac{1}{x}-2\sqrt{x}+3$；（2）$y=x^2\cos 2x$；（3）$y=\dfrac{x}{\sqrt{x^2+1}}$；

（4）$y=\ln^2(1-x^2)$；（5）$y=\arccos\sqrt{x}$；（6）$y=\mathrm{e}^{-x}\sin(1-3x)$；

（7）$y=\operatorname{arccot}\dfrac{1-x^2}{1+x^2}$；（8）$y=2x^{\sqrt{x}}$；（9）$y=\sqrt{\dfrac{(x+1)^2(x+2)}{(x+3)(x+4)^3}}$．

3．求下列方程确定的隐函数的微分．

（1）$x^3-xy+y^3=6$；　（2）$\cos(xy)=\mathrm{e}^{x+y}$；　（3）$\arctan\dfrac{x}{y}=\ln\sqrt{x^2+y^2}$．

4．在括号中填入适当的函数，使等式成立．

（1）$\mathrm{d}(\quad)=\dfrac{1}{\sqrt{x}}\mathrm{d}x$；　（2）$\mathrm{d}(\quad)=\mathrm{e}^{-2x}\mathrm{d}x$；　（3）$\mathrm{d}(\quad)=\csc^2 3x\mathrm{d}x$．

5．设扇形的圆心角$\alpha=60°$，半径$R=100$ cm（见图2-4）．如果R不变，α减少30′，问扇形面积大约改变了多少？又如果α不变，R增加1cm，问扇形面积大约改变了多少？

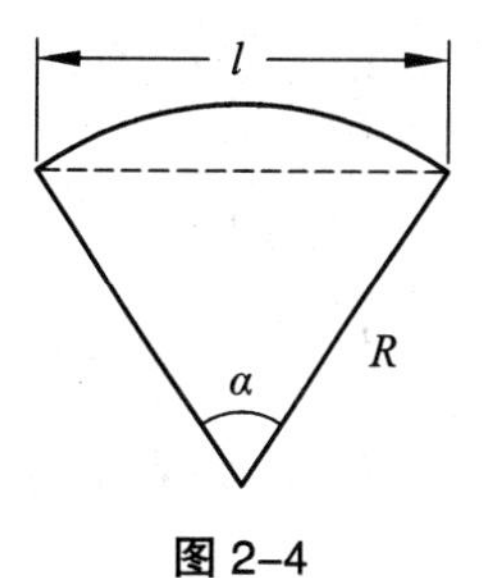

图2–4

6．计算下列函数值的近似值．

（1）$\sqrt[6]{65}$；　（2）$\cos 29°$；　（3）$\arctan 1.02$．

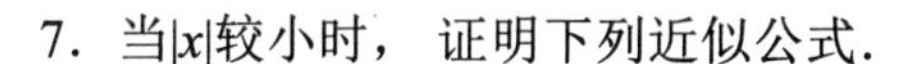
7．当$|x|$较小时，证明下列近似公式．

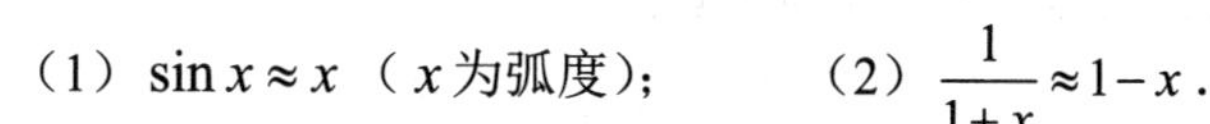
（1）$\sin x\approx x$（x为弧度）；　（2）$\dfrac{1}{1+x}\approx 1-x$．

复习题二

1．填空题．

（1）设$f'(x_0)=-1$，则$\lim\limits_{x\to 0}\dfrac{x}{f(x_0-2x)-f(x_0-x)}=$______；

（2）设$y=\arctan\mathrm{e}^x-\ln\sqrt{\dfrac{\mathrm{e}^{2x}}{\mathrm{e}^{2x}+1}}$，则$\left.\dfrac{\mathrm{d}y}{\mathrm{d}x}\right|_{x=1}=$______；

（3）设$\dfrac{\mathrm{d}}{\mathrm{d}x}\left[f\left(\dfrac{1}{x^2}\right)\right]=\dfrac{1}{x}$，则$f'\left(\dfrac{1}{2}\right)=$______；

（4）设$f(x)=\dfrac{1-x}{1+x}$，则$f^{(n)}(x)=$______；

（5）设$y=(1+\sin x)^x$，则$\mathrm{d}y|_{x=\pi}=$______．

2．选择题．

（1）设函数$f(x)$在$x=0$处连续，则下列命题错误的是（　　）．

A 若$\lim\limits_{x\to 0}\dfrac{f(x)}{x}$存在，则$f(0)=0$　　B 若$\lim\limits_{x\to 0}\dfrac{f(x)+f(-x)}{x}$存在，则$f(0)=0$

C 若$\lim\limits_{x\to 0}\dfrac{f(x)}{x}$存在，则$f'(0)$存在　　D 若$\lim\limits_{x\to 0}\dfrac{f(x)-f(-x)}{x}$存在，则$f'(0)$存在

（2）曲线$\begin{cases}x=\cos t+\cos^2 t,\\ y=1+\sin t\end{cases}$上在对应$t=\dfrac{\pi}{4}$点处的法线斜率为（　　）．

A $1+\sqrt{2}$　　B $\sqrt{2}-1$　　C $-1-\sqrt{2}$　　D $1-\sqrt{2}$

（3）设$f(x)=x^{15}+4x^5-2x+1$，则$f^{(16)}(1)=$（　　）．

A 16!　　B 15!　　C 14!　　D 0

（4）设$f(x)$可导，$F(x)=f(x)(1+|\sin x|)$，则$f(0)=0$是$F(x)$在点$x=0$处可导的（　　）．

A．充分非必要条件　　B．必要且非充分条件

C．充分且必要条件　　D．既非充分也非必要条件

（5）若 $f(x)$ 可导，且 $y=f(\mathrm{e}^x)$，则 $\mathrm{d}y=$（　　）．

A　$f'(\mathrm{e}^x)\mathrm{d}x$　　B　$f'(\mathrm{e}^x)\mathrm{d}\,\mathrm{e}^x$　　C　$[f(\mathrm{e}^x)]'\mathrm{d}\mathrm{e}^x$　　D　$f'(\mathrm{e}^x)\mathrm{e}^x$

3．解答题．

（1）设曲线 $f(x)=x^n$ 在点 $(1,1)$ 处的切线交 x 轴于点 $(x_n,0)$，求 $\lim\limits_{n\to\infty}f(x_n)$；

（2）设 $y=\ln(\mathrm{e}^x+\sqrt{1+\mathrm{e}^{2x}})$，求 y'；

（3）设 $y=\ln\tan\dfrac{x}{2}-\cos x\cdot\ln\tan x$，求 y'；

（4）设方程 $\sin(xy)-\ln(y-x)=x$ 确定隐函数 $y=y(x)$，求 $y'(0)$；

（5）设 $f(x)=\begin{cases}\dfrac{x}{1+\mathrm{e}^{\frac{1}{x}}}, & x\neq 0,\\ 0, & x=0,\end{cases}$ 求 $f'_-(0)$ 及 $f'_+(0)$，并确定 $f(x)$ 在 $x=0$ 处的可导性．

（6）设 $\begin{cases}x=1+t^2,\\ y=\cos t,\end{cases}$ 求 $\dfrac{\mathrm{d}^2y}{\mathrm{d}x^2}$；

（7）设 $y=f(x+y)$，f 具有二阶导数，且 $f'\neq 1$，求 $\dfrac{\mathrm{d}^2y}{\mathrm{d}x^2}$；

（8）设 $y=f(\ln x)\mathrm{e}^{f(x)}$，且 f 可微，求 $\mathrm{d}y$．

4．证明题．

证明：曲线 $\sqrt{x}+\sqrt{y}=\sqrt{a}$（$a$ 为常数）上任一点的切线在两坐标轴上的截距之和为常数．

第三章　中值定理与导数的应用

上一章介绍了导数与微分的基本概念和计算方法，本章将讨论由导数的性质来推断函数所具有的性质，这为解决许多实际问题提供了有力的工具.

本章先介绍微分学应用的理论基础 —— 中值定理，然后进一步介绍如何利用导数判断函数的单调性和凹凸性，利用导数求函数的极限、极值、最大（小）值以及描绘函数图形的方法，最后讨论导数在经济学中的简单应用.

第一节　中值定理

中值定理在微积分理论中占有重要地位，它揭示了函数与导数之间的联系，是用微分学的知识解决实际问题的理论基础. 本节将分别介绍罗尔（Rolle）定理、拉格朗日（Lagrange）中值定理、柯西（Cauchy）中值定理.

一、罗尔（Rolle）定理

观察图 3-1，设函数 $y=f(x)$在闭区间 $[a, b]$ 上的图形是一条连续曲线，且曲线在(a, b)内的每一点处均存在不垂直于 x 轴的切线，曲线的两个端点在一水平线上，即 $f(a)=f(b)$，则可以发现在此曲线弧段内至少有一点处的切线是水平的. 若函数 $y=f(x)$在此点可导，则有 $f'(\xi)=0$. 用数学语言将此几何事实描述出来，便得到以下定理.

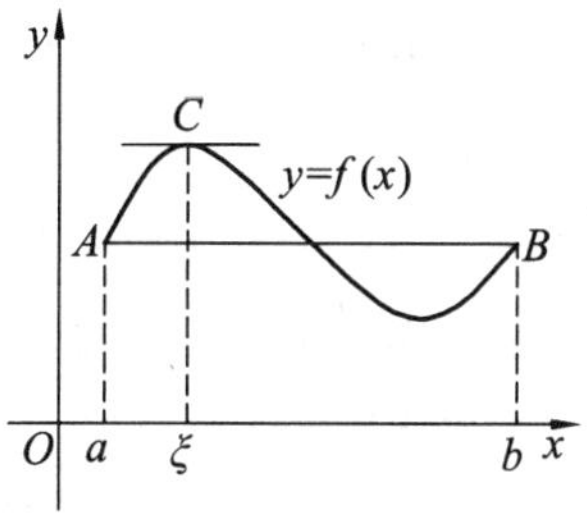

图 3–1

定理 3.1（罗尔定理）　若函数 $y=f(x)$ 满足：

（1）在闭区间 $[a, b]$ 上连续；

（2）在开区间 (a, b) 内可导；

（3）两个端点的函数值相等，即 $f(a)=f(b)$，

则至少存在一点 $\xi\in(a, b)$，使得 $f'(\xi)=0$.

证明　由于 $f(x)$ 在闭区间 $[a, b]$上连续，则 $f(x)$ 在闭区间$[a, b]$上一定存在最大值 M 和最小值 m. 下面分两种情形讨论.

（1）若 $M=m$，则 $f(x)$ 在闭区间$[a, b]$上是常值函数，即 $f(x)=C$. 从而 $f'(x)=0$（$x\in(a, b)$），因此，任取 $\xi\in(a, b)$，都有 $f'(\xi)=0$.

（2）若 $M>m$，由于 $f(a)=f(b)$，则 M 和 m 至少有一个不等于 $f(a)=f(b)$. 不妨设 $M\neq f(a)$，则在 (a,b) 内至少存在一点 $\xi(a<\xi<b)$，使得 $f(\xi)=M$. 于是对任意 $x\in(a,b)$，有 $f(x)\leqslant f(\xi)=M$，即 $f(x)-f(\xi)\leqslant 0$，从而当 $a<x<\xi$ 时，有

$$\frac{f(x)-f(\xi)}{x-\xi}\geqslant 0.$$

当 $\xi<x<b$ 时，有

$$\frac{f(x)-f(\xi)}{x-\xi}\leqslant 0.$$

又 $f(x)$ 在 (a,b) 内可导，因此

$$f'(\xi)=f'_-(\xi)=\lim_{x\to\xi^-}\frac{f(x)-f(\xi)}{x-\xi}\geqslant 0,$$

$$f'(\xi) = f'_+(\xi) = \lim_{x \to \xi^+} \frac{f(x) - f(\xi)}{x - \xi} \leqslant 0 .$$

所以 $f'(\xi) = f'_-(\xi) = f'_+(\xi) = 0$.

一般情形下，罗尔定理只给出了导数为零点的存在性，通常这样的点是不易求出的.

值得注意的是定理中三个条件的作用，条件（1）保证了函数 $f(x)$ 在闭区间 $[a,b]$ 上的最值存在，条件（2）保证了函数 $f(x)$ 在区间 (a,b) 内的每一点处有导数，条件（3）保证了函数 $f(x)$ 的最值至少有一个在 (a,b) 内部取得. 三个条件如果缺少一个，定理结论则不成立. 因此，定理只是给出了导数为零的一个充分条件，读者不妨自己构造具体例子加以说明.

例 1　设函数 $f(x) = x(x-1)(x-2)(x-3)$ ，不求导数说明方程 $f'(x) = 0$ 有几个实根 ，并指出它们所在的区间.

解　因为 $f(x)$ 在 $[0,3]$ 上连续，在 $(0,3)$ 内可导， $f(0) = f(1) = f(2) = f(3) = 0$ ，故 $f'(x) = 0$ 分别在区间 $(0,1)$, $(1,2)$, $(2,3)$ 内至少存在一个根. 又因为 $f'(x)$ 为三次多项式，故 $f'(x) = 0$ 最多有三个实根，因此 $f'(x) = 0$ 有三个实根，且分别在区间 $(0,1)$, $(1,2)$, $(2,3)$ 内.

例 2　证明：方程 $x^5 - 5x + 1 = 0$ 有且仅有一个小于 1 的正实根.

证明　设 $f(x) = x^5 - 5x + 1$，则 $f(x)$在$[0, 1]$上连续，且 $f(0) = 1$，$f(1) = -3$. 由零点定理可得，至少存在一点 $x_0 \in (0, 1)$，使得 $f(x_0) = 0$，即 $x^5 - 5x + 1 = 0$ 至少有一个小于 1 的正实根 x_0.

如果 x_0 不是方程 $f(x) = 0$ 的唯一小于 1 的正实根，则不妨设存在 $x_1 \in (0,1)$ ，使得 $f(x_1) = 0$ ，又 $f(x)$ 在 $(0,1)$ 内可导，易知 $f(x)$ 在 x_0 与 x_1 构成的闭区间上满足罗尔定理的条件，故至少存在介于 x_0 与 x_1 的一点 ξ ，使得 $f'(\xi) = 0$. 这与 $f'(x) = 5(x^4 - 1) < 0$ ， $x \in (0, 1)$ 矛盾. 因此 x_0 是方程 $x^5 - 5x + 1 = 0$ 的唯一小于 1 的正实根.

二、拉格朗日（Lagrange）中值定理

罗尔定理中条件（3）非常特殊，限制了定理的应用. 下面取消此条件的限制，保留其他条件，观察图 3-2，可以发现有类似罗尔定理的几何事实，在此曲线弧段内至少有一点处的切线与弦 AB 平行，于是得到拉格朗日（Lagrange）中值定理.

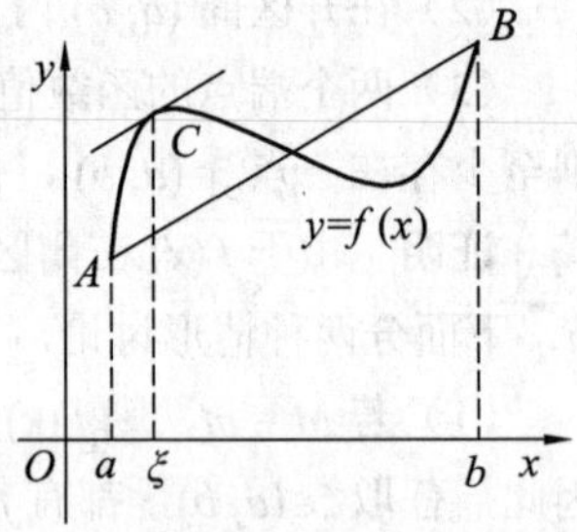

定理 3.2（拉格朗日中值定理）　如果函数 $y = f(x)$ 满足：

（1）在闭区间 $[a,b]$ 上连续；

（2）在开区间 (a,b) 内可导，

则至少存在一点 $\xi \in (a,b)$ ，使得

$$f'(\xi) = \frac{f(b) - f(a)}{b - a} . \tag{1}$$

图 3–2

在证明定理之前先观察所要得出的结论，它是一个包含函数在某一点导数值的等式，可以变形为

$$f'(\xi) - \frac{f(b) - f(a)}{b - a} = 0 .$$

如果能够构造一个函数 $F(x)$，使其满足

$$F'(x) = f'(x) - \frac{f(b) - f(a)}{b - a},$$

另外， $F(x)$ 在闭区间 $[a,b]$ 上满足罗尔定理的条件，从而拉格朗日中值定理的结论成立.

证明 引入辅助函数

$$F(x)=f(x)-\frac{f(b)-f(a)}{b-a}x,$$

则 $F(x)$ 在闭区间 $[a,b]$ 上连续，在开区间 (a,b) 内可导，且

$$F(a)=f(a)-\frac{f(b)-f(a)}{b-a}a=\frac{bf(a)-af(b)}{b-a},$$

$$F(b)=f(b)-\frac{f(b)-f(a)}{b-a}b=\frac{bf(a)-af(b)}{b-a},$$

从而 $F(a)=F(b)$，于是 $F(x)$ 在闭区间 $[a,b]$ 上满足罗尔定理的条件. 根据罗尔定理，至少存在一点 $\xi\in(a,b)$，使得 $F'(\xi)=0$. 又 $F'(x)=f'(x)-\frac{f(b)-f(a)}{b-a}$，因此

$$f'(\xi)-\frac{f(b)-f(a)}{b-a}=0,$$

即 $f'(\xi)=\frac{f(b)-f(a)}{b-a}$.

另外，也可以根据 $F(a)=F(b)$ 这种特殊要求来构造辅助函数 $F(x)$. 由于曲线 $y=f(x)$ 与弦 AB 在区间 $[a,b]$ 的端点 a,b 处相交，故可用曲线 $y=f(x)$ 与弦

$$AB: y=f(a)+\frac{f(b)-f(a)}{b-a}(x-a)$$

上点的纵坐标差构造辅助函数

$$F(x)=f(x)-\left[f(a)+\frac{f(b)-f(a)}{b-a}(x-a)\right].$$

公式（1）可以变形为

$$f(b)-f(a)=f'(\xi)(b-a). \tag{2}$$

公式（1）、（2）对 $b<a$ 也成立，公式（1）、（2）称为**拉格朗日中值公式**.

设 $x,x+\Delta x\in(a,b)$，在以 $x,x+\Delta x$ 为端点的区间上应用公式（2），则有

$$f(x+\Delta x)-f(x)=f'(x+\theta\Delta x)\Delta x \quad (0<\theta<1),$$

即

$$\Delta y=f'(x+\theta\Delta x)\Delta x \quad (0<\theta<1). \tag{3}$$

公式（3）又称为**有限增量公式**，它精确地表达了函数在一个区间上的增量与函数在区间内某一点导数之间的密切关系，是连接整体与局部的纽带.

另外，当拉格朗日中值定理中函数 $f(x)$ 满足 $f(b)=f(a)$ 时，拉格朗日定理就是罗尔定理. 因此拉格朗日中值定理是罗尔定理的更一般形式，其在微分学中占有重要地位，有时也称拉格朗日中值定理为**微分中值定理**.

例 3 验证函数 $f(x)=\ln x$ 在 $[1,\mathrm{e}]$ 上拉格朗日中值定理的正确性.

解 显然 $f(x)=\ln x$ 在 $[1,\mathrm{e}]$ 上连续，在 $(1,\mathrm{e})$ 内可导，且 $f'(x)=\frac{1}{x}$，因此函数 $f(x)=\ln x$ 在 $[1,\mathrm{e}]$ 上满足拉格朗日定理条件. 又由

$$f'(\xi)=\frac{f(\mathrm{e})-f(1)}{\mathrm{e}-1},$$

得
$$\frac{1}{\xi}=\frac{1-0}{\mathrm{e}-1}.$$
于是 $\xi=\mathrm{e}-1\in(1,\mathrm{e})$，因此函数 $f(x)=\ln x$ 在 $[1,\mathrm{e}]$ 上拉格朗日中值定理是正确的.

上一章中已经知道，常数函数的导数等于零．但反过来，导数为零的函数是否为常数呢？下面利用拉格朗日中值定理证明其结论的肯定性.

推论 1　若函数 $f(x)$ 在区间 I 上的导数恒为零，则 $f(x)$ 在区间 I 上是一个常数.

证明　在区间 I 上任取两点 x_1, $x_2(x_1<x_2)$，则 $f(x)$ 在区间 $[x_1,x_2]$ 上满足拉格朗日中值定理的条件．由公式（2）得，至少存在一点 $\xi\in(x_1,x_2)$，使得
$$f(x_2)-f(x_1)=f'(\xi)(x_2-x_1)=0,$$
即
$$f(x_1)=f(x_2),$$
由 x_1, x_2 的任意性可知，$f(x)$ 在区间 I 上任意一点处的函数值均相等，故 $f(x)$ 在区间 I 上是一个常数.

注：推论 1 表明，导数为零的函数就是常数函数．此结论将在积分学中用到．由推论 1 又可得到以下推论.

推论 2　若函数 $f(x)$ 与 $g(x)$ 在区间 I 上恒有 $f'(x)=g'(x)$，则在区间 I 上有
$$f(x)=g(x)+C\quad（C\text{ 为某个常数}）.$$

例 4　证明：当 $-1\leqslant x\leqslant 1$ 时，$\arcsin x+\arccos x=\frac{\pi}{2}$.

证明　设 $f(x)=\arcsin x+\arccos x$（$-1\leqslant x\leqslant 1$），则当 $-1<x<1$ 时，有
$$f'(x)=\frac{1}{\sqrt{1-x^2}}-\frac{1}{\sqrt{1-x^2}}=0,$$
因此
$$f(x)\equiv C\qquad(-1<x<1),$$
又因为 $f(0)=\arcsin 0+\arccos 0=0+\frac{\pi}{2}$，于是
$$f(x)=\frac{\pi}{2}\qquad(-1<x<1).$$
而
$$f(-1)=\arcsin(-1)+\arccos(-1)=-\frac{\pi}{2}+\pi=\frac{\pi}{2},$$
$$f(1)=\arcsin 1+\arccos 1=\frac{\pi}{2}+0=\frac{\pi}{2}.$$
故当 $-1\leqslant x\leqslant 1$ 时，$\arcsin x+\arccos x=\frac{\pi}{2}$.

例 5　证明：当 $x>0$ 时，$\frac{x}{1+x}<\ln(1+x)<x$.

证明　设 $f(t)=\ln(1+t)$，则 $f(t)$ 在 $[0,x]$ 上满足拉格朗日中值定理的条件，由公式（2），得
$$f(x)-f(0)=f'(\xi)(x-0)\qquad(0<\xi<x).$$
因为 $f(x)=\ln(1+x)$, $f(0)=0$，$f'(t)=\frac{1}{1+t}$，故
$$\ln(1+x)=\frac{x}{1+\xi}\quad(0<\xi<x).$$
由于 $0<\xi<x$，所以
$$\frac{x}{1+x}<\frac{x}{1+\xi}<x,$$

故当 $x>0$ 时，
$$\frac{x}{1+x}<\ln(1+x)<x .$$

三、柯西（Cauchy）中值定理

在拉格朗日中值定理中，如果函数是由参数方程
$$\begin{cases}x=g(t),\\ y=f(t).\end{cases}$$
确定的函数，观察图 3-3，以上几何事实仍然成立，即在此曲线弧段内至少有一点处的切线与 AB 弦平行．由于切线斜率
$$\left.\frac{\mathrm{d}y}{\mathrm{d}x}\right|_{t=\xi}=\frac{f'(\xi)}{g'(\xi)},$$
AB 弦的斜率为
$$\frac{f(b)-f(a)}{g(b)-g(a)},$$
因此几何事实可描述为

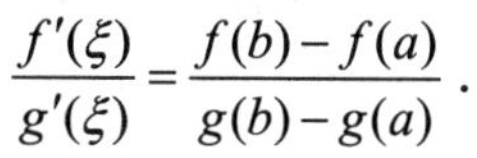

$$\frac{f'(\xi)}{g'(\xi)}=\frac{f(b)-f(a)}{g(b)-g(a)}.$$

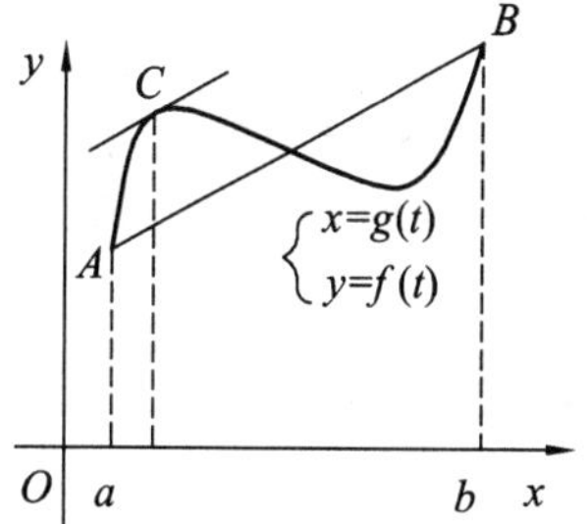

图 3–3

将 $f(t)$ 和 $g(t)$ 作为两个独立函数对待可得到柯西（Cauchy）中值定理．

定理 3.3（柯西中值定理）　若函数 $f(x)$，$g(x)$ 满足：

（1）在闭区间 $[a,b]$ 上连续；

（2）在开区间 (a,b) 内可导；

（3）对任一 $x\in(a,b)$，$g'(x)\neq 0$，

则至少存在一点 $\xi\in(a,b)$，使得
$$\frac{f'(\xi)}{g'(\xi)}=\frac{f(b)-f(a)}{g(b)-g(a)}. \tag{4}$$

证明　引入辅助函数
$$F(x)=f(x)-\frac{f(b)-f(a)}{g(b)-g(a)}g(x),$$
则 $F(x)$ 在闭区间 $[a,b]$ 上连续，在开区间 (a,b) 内可导，且
$$F(a)=f(a)-\frac{f(b)-f(a)}{g(b)-g(a)}g(a)=\frac{g(b)f(a)-g(a)f(b)}{g(b)-g(a)},$$
$$F(b)=f(b)-\frac{f(b)-f(a)}{g(b)-g(a)}g(b)=\frac{g(b)f(a)-g(a)f(b)}{g(b)-g(a)}.$$
从而 $F(a)=F(b)$，于是 $F(x)$ 在闭区间 $[a,b]$ 上满足罗尔定理的条件．根据罗尔定理，至少存在一点 $\xi\in(a,b)$，使得 $F'(\xi)=0$．又 $F'(x)=f'(x)-\dfrac{f(b)-f(a)}{g(b)-g(a)}g'(x)$，因此
$$f'(\xi)-\frac{f(b)-f(a)}{g(b)-g(a)}g'(\xi)=0.$$
由对任一 $x\in(a,b)$，$g'(x)\neq 0$，得
$$\frac{f'(\xi)}{g'(\xi)}=\frac{f(b)-f(a)}{g(b)-g(a)}.$$

若取 $g(x)=x$，则 $g'(x)=1$，$g(a)=a$，$g(b)=b$，于是公式（4）变为

$$f'(\xi)=\frac{f(b)-f(a)}{b-a}\quad \xi\in(a,b).$$

即为拉格朗日中值定理的结论，故柯西中值定理是拉格朗日中值定理的推广.

注：构造辅助函数是高等数学中证明数学命题的一种常见方法. 根据命题的特征引入辅助函数，技巧性较高，而且不唯一，读者只有仔细琢磨总结，规律才能掌握.

例 6　设函数 $f(x)$ 在 $[0,1]$ 上连续，在 $(0,1)$ 内可导，试证至少存在一点 $\xi\in(0,1)$，使得

$$f'(\xi)=2\xi[f(1)-f(0)].$$

证明　本题结论可变形为

$$\frac{f(1)-f(0)}{1-0}=\frac{f'(\xi)}{2\xi}.$$

故设 $g(x)=x^2$，则 $g(x), f(x)$ 在 $[0,1]$ 上满足柯西中值定理的条件. 因此至少存在一点 $\xi(\in(0,1)$，使得

$$\frac{f(1)-f(0)}{1-0}=\frac{f'(\xi)}{2\xi},$$

即

$$f'(\xi)=2\xi[f(1)-f(0)].$$

例 7　设 $f(x)$ 在 $[a,b]$ 上连续，在 (a,b) 内可导，且 $f(a)=f(b)=0$，证明：至少存在一点 $\xi\in(a,b)$，使得 $f(\xi)+f'(\xi)=0$.

证明　令 $F(x)=\mathrm{e}^x f(x)$，则 $F(x)$ 在 $[a,b]$ 上连续，在 (a,b) 内可导，且 $F(a)=F(b)=0$. 于是由罗尔定理，至少存在一点 $\xi\in(a,b)$，使得

$$F'(\xi)=0.$$

而 $F'(x)=\mathrm{e}^x f(x)+\mathrm{e}^x f'(x)$，于是

$$\mathrm{e}^\xi f(\xi)+\mathrm{e}^\xi f'(\xi)=0.$$

又 $\mathrm{e}^\xi\neq0$，故

$$f(\xi)+f'(\xi)=0.$$

习　题　3–1

1. 下列函数在给定区间上是否满足罗尔定理的条件？如果满足，求出相应的数值 ξ.

（1）$f(x)=x\sqrt{3-x}$，$x\in[0,3]$；　　（2）$f(x)=|x|$，$x\in[-2,2]$.

2. 设汽车行进时速度函数是可导函数，若上午 10 时速度为 30 km/h，到了 10 时 10 分其速度增至 50 km/h，试说明在此十分钟内的某一时刻汽车的加速度恰好为 120 km/h^2.

3. 证明：方程 $x^3-3x+c=0$ 在区间 $(0, 1)$ 内不可能有两个不同的实根（其中 c 是一个常数）.

4. 设 $f(x)$ 在 $\left[0,\frac{\pi}{2}\right]$ 上连续，在 $\left(0,\frac{\pi}{2}\right)$ 内可导，且 $f\left(\frac{\pi}{2}\right)=0$，证明：至少存在一点 $\xi\in\left(0,\frac{\pi}{2}\right)$，使 $f(\xi)+\tan\xi\cdot f'(\xi)=0$.

5. 设函数 $f(x)$ 在 $[a,b]$ 上二阶可导，且 $f(a)=f(b)=0$，若存在 $c\in(a,b)$，使得 $f(c)>0$，证明：至少存在一点 $\xi\in(a,b)$，使得 $f''(\xi)<0$.

6．设函数 $f(x)$ 在 $(-\infty,+\infty)$ 内满足 $f'(x)=f(x)$，且 $f(0)=1$，证明：$f(x)=\mathrm{e}^x$．

7．证明下列不等式．

（1）当 $a>b>0$，$n>1$ 时，有 $nb^{n-1}(a-b)<a^n-b^n<na^{n-1}(a-b)$；

（2）当 $a>b>0$ 时，有 $\dfrac{a-b}{a}<\ln\dfrac{a}{b}<\dfrac{a-b}{b}$．

第二节　洛必达法则

在第一章我们学习过无穷小量的比较．如果当 $x\to a$ 或 $x\to\infty$ 时，两个函数 $f(x)$ 与 $g(x)$ 都趋于零或都趋于无穷大，则极限 $\lim\limits_{\substack{x\to a\\(x\to\infty)}}\dfrac{f(x)}{g(x)}$ 可能存在，也可能不存在，通常称这种极限为**未定式**，并分别简记为 $\dfrac{0}{0}$ 或 $\dfrac{\infty}{\infty}$．本节将以导数为工具，给出计算上述未定式的一般方法，即洛必达（L’Hospital）法则．

一、$\dfrac{0}{0}$ 型未定式

定理 3.4　如果函数 $f(x)$ 与 $g(x)$ 满足：

（1）$\lim\limits_{x\to a}f(x)=\lim\limits_{x\to a}g(x)=0$；

（2）在 a 的某个去心邻域 $\mathring{U}(a)$ 内，$f(x)$ 与 $g(x)$ 均可导，且 $g'(x)\neq 0$；

（3）$\lim\limits_{x\to a}\dfrac{f'(x)}{g'(x)}$ 存在（或为无穷大），

则
$$\lim_{x\to a}\frac{f(x)}{g(x)}=\lim_{x\to a}\frac{f'(x)}{g'(x)}.$$

证明　因为 $\lim\limits_{x\to a}f(x)=\lim\limits_{x\to a}g(x)=0$，设

$$F(x)=\begin{cases}f(x), & x\neq a,\\ 0, & x=a;\end{cases}\qquad G(x)=\begin{cases}g(x), & x\neq a,\\ 0, & x=a,\end{cases}$$

则 $F(x)$ 与 $G(x)$ 在 a 的某个邻域 $U(a)$ 内连续．任取 $x\in\mathring{U}(a)$，则 $F(x)$ 与 $G(x)$ 在 a 与 x 构成的区间上满足柯西中值定理的条件，从而在 a 与 x 之间至少存在一点 ξ，使

$$\frac{F'(\xi)}{G'(\xi)}=\frac{F(x)-F(a)}{G(x)-G(a)}=\frac{F(x)}{G(x)}=\frac{f(x)}{g(x)},$$

且当 $x\to a$ 时，有 $\xi\to a$，所以

$$\lim_{x\to a}\frac{f(x)}{g(x)}=\lim_{x\to a}\frac{F'(\xi)}{G'(\xi)}=\lim_{x\to a}\frac{f'(\xi)}{g'(\xi)}=\lim_{\xi\to a}\frac{f'(\xi)}{g'(\xi)}=\lim_{x\to a}\frac{f'(x)}{g'(x)}\quad\text{（或为无穷大）}.$$

注：（1）将定理 3.4 的 $x\to a$ 换成 $x\to a^-$，$x\to a^+$，$x\to\infty$，$x\to+\infty$，$x\to-\infty$，只需相应地修改条件（2）中的邻域，结论同样成立．

（2）定理 3.4 给出的在一定条件下通过分子、分母分别求导再求极限来确定未定式值的方法称为**洛必达（L’Hospital）法则**．

（3）如果 $\lim\limits_{x\to a}\dfrac{f'(x)}{g'(x)}$ 仍是 $\dfrac{0}{0}$ 型未定式，只要 $f'(x)$ 与 $g'(x)$ 满足定理 3.4 的条件，则可以继续使用洛必达法则，即

$$\lim_{x\to a}\frac{f(x)}{g(x)}=\lim_{x\to a}\frac{f'(x)}{g'(x)}=\lim_{x\to a}\frac{f''(x)}{g''(x)}.$$

但每次使用洛必达法则都必须验证定理 3.4 的条件.

例 8　求 $\lim\limits_{x\to\pi}\dfrac{1+\cos x}{\tan^2 x}$.

解　容易验证 $f(x)=1+\cos x$ 与 $g(x)=\tan^2 x$ 在点 $x=\pi$ 的某个去心邻域内满足定理 3.4 的条件，是一个 $\dfrac{0}{0}$ 型未定式，且

$$\lim_{x\to\pi}\frac{f'(x)}{g'(x)}=\lim_{x\to\pi}\frac{-\sin x}{2\tan x\cdot\sec^2 x}=-\lim_{x\to\pi}\frac{\cos^3 x}{2}=\frac{1}{2}.$$

由洛必达法则，得

$$\lim_{x\to\pi}\frac{1+\cos x}{\tan^2 x}=\lim_{x\to\pi}\frac{f'(x)}{g'(x)}=\frac{1}{2}.$$

例 9　求 $\lim\limits_{x\to1}\dfrac{x^3-3x+2}{x^3-x^2-x+1}$.

解　容易验证 $f(x)=x^3-3x+2$ 与 $g(x)=x^3-x^2-x+1$ 在点 $x=1$ 的某个去心邻域内满足定理 3.4 的条件，是一个 $\dfrac{0}{0}$ 型未定式，且

$$\lim_{x\to1}\frac{f'(x)}{g'(x)}=\lim_{x\to1}\frac{3x^2-3}{3x^2-2x-1}.$$

上式中的 $\dfrac{3x^2-3}{3x^2-2x-1}$ 当 $x\to1$ 时仍是 $\dfrac{0}{0}$ 型，且

$$\lim_{x\to1}\frac{f''(x)}{g''(x)}=\lim_{x\to1}\frac{6x}{6x-2}=\frac{3}{2}.$$

则由洛必达法则，得

$$\lim_{x\to1}\frac{x^3-3x+2}{x^3-x^2-x+1}=\frac{3}{2}.$$

待方法熟练之后，可以简化解题过程.

例 10　求 $\lim\limits_{x\to0}\dfrac{e^x-e^{-x}-2x}{x-\sin x}$.

解　$$\lim_{x\to0}\frac{e^x-e^{-x}-2x}{x-\sin x}=\lim_{x\to0}\frac{e^x+e^{-x}-2}{1-\cos x}=\lim_{x\to0}\frac{e^x-e^{-x}}{\sin x}=\lim_{x\to0}\frac{e^x+e^{-x}}{\cos x}=2.$$

例 11　求 $\lim\limits_{x\to+\infty}\dfrac{\frac{\pi}{2}-\arctan x}{\frac{1}{x}}$.

解　$$\lim_{x\to+\infty}\frac{\frac{\pi}{2}-\arctan x}{\frac{1}{x}}=\lim_{x\to+\infty}\frac{-\frac{1}{1+x^2}}{-\frac{1}{x^2}}=\lim_{x\to+\infty}\frac{x^2}{x^2+1}=1.$$

二、$\dfrac{\infty}{\infty}$型未定式

定理 3.5　如果函数 $f(x)$ 与 $g(x)$ 满足

（1）$\lim\limits_{x\to a} f(x)=\infty$，$\lim\limits_{x\to a} g(x)=\infty$；

（2）在 a 的某个去心邻域 $\mathring{U}(a)$ 内，$f(x)$ 与 $g(x)$ 均可导，且 $g'(x)\neq 0$；

（3）$\lim\limits_{x\to a}\dfrac{f'(x)}{g'(x)}$ 存在（或为无穷大），

则
$$\lim_{x\to a}\frac{f(x)}{g(x)}=\lim_{x\to a}\frac{f'(x)}{g'(x)}.$$

证明　略.

注：若将定理 3.5 的 $x\to a$ 换成 $x\to a^-$，$x\to a^+$，$x\to\infty$，$x\to+\infty$，$x\to-\infty$，只要把定理的条件作相应的修改，定理结论仍然成立.

例 12　求 $\lim\limits_{x\to 0^+}\dfrac{\ln\cot x}{\ln x}$.

解　$\lim\limits_{x\to 0^+}\dfrac{\ln\cot x}{\ln x}=\lim\limits_{x\to 0^+}\dfrac{\dfrac{1}{\cot x}(-\csc^2 x)}{\dfrac{1}{x}}=-\lim\limits_{x\to 0^+}\dfrac{x}{\sin x\cdot\cos x}=-1$.

例 13　求 $\lim\limits_{x\to+\infty}\dfrac{\ln x}{x^n}$（$n$ 为正整数）.

解　$\lim\limits_{x\to+\infty}\dfrac{\ln x}{x^n}=\lim\limits_{x\to+\infty}\dfrac{\dfrac{1}{x}}{nx^{n-1}}=\lim\limits_{x\to+\infty}\dfrac{1}{nx^n}=0$.

例 14　$\lim\limits_{x\to+\infty}\dfrac{x^2+x}{e^x}$.

解　$\lim\limits_{x\to+\infty}\dfrac{x^2+x}{e^x}=\lim\limits_{x\to+\infty}\dfrac{2x+1}{e^x}=\lim\limits_{x\to+\infty}\dfrac{2}{e^x}=0$.

三、其他类型未定式

1．$0\cdot\infty$ 类型

将乘积化为商的形式，转化为$\dfrac{0}{0}$或$\dfrac{\infty}{\infty}$型未定式.

例 15　求 $\lim\limits_{x\to+\infty} x(e^{\frac{1}{x}}-1)$.

解　$\lim\limits_{x\to+\infty} x(e^{\frac{1}{x}}-1)$ 是 $0\cdot\infty$ 型，于是

$$\lim_{x\to+\infty} x(e^{\frac{1}{x}}-1)=\lim_{x\to+\infty}\frac{e^{\frac{1}{x}}-1}{\dfrac{1}{x}}=\lim_{x\to+\infty}\frac{e^{\frac{1}{x}}\cdot\left(-\dfrac{1}{x^2}\right)}{-\dfrac{1}{x^2}}=\lim_{x\to+\infty}e^{\frac{1}{x}}=1.$$

2．$\infty-\infty$ 类型

将差通过通分或有理化，转化为$\dfrac{0}{0}$型或$\dfrac{\infty}{\infty}$型未定式.

例 16　求 $\lim\limits_{x \to \frac{\pi}{2}} (\sec x - \tan x)$.

解　$\lim\limits_{x \to \frac{\pi}{2}} (\sec x - \tan x) = \lim\limits_{x \to \frac{\pi}{2}} \dfrac{1-\sin x}{\cos x} = \lim\limits_{x \to \frac{\pi}{2}} \dfrac{-\cos x}{-\sin x} = 0$.

例 17　求 $\lim\limits_{x \to \infty} \left[x - x^2 \ln\left(1+\dfrac{1}{x}\right) \right]$.

解　设 $t = \dfrac{1}{x}$，则当 $x \to \infty$ 时，有 $t \to 0$，于是

$$\lim_{x \to \infty} \left[x - x^2 \ln\left(1+\frac{1}{x}\right) \right] = \lim_{t \to 0} \left[\frac{1}{t} - \frac{1}{t^2} \ln(1+t) \right] = \lim_{t \to 0} \frac{t - \ln(1+t)}{t^2}$$

$$= \lim_{t \to 0} \frac{1 - \frac{1}{1+t}}{2t} = \lim_{t \to 0} \frac{1}{2(1+t)} = \frac{1}{2}.$$

3．0^0、1^∞、∞^0 类型

利用 $[f(x)]^{g(x)} = \mathrm{e}^{g(x)\ln f(x)}$ 及函数连续性，化为 $0 \cdot \infty$ 型未定式，进一步化为 $\dfrac{0}{0}$ 或 $\dfrac{\infty}{\infty}$ 型未定式.

例 18　求 $\lim\limits_{x \to 0^+} x^{\frac{k}{1+\ln x}}$.

解　因为 $\lim\limits_{x \to 0^+} x^{\frac{k}{1+\ln x}}$ 是 0^0 型，于是

$$\lim_{x \to 0^+} x^{\frac{k}{1+\ln x}} = \mathrm{e}^{\lim\limits_{x \to 0^+} \frac{k \ln x}{1+\ln x}} = \mathrm{e}^{\lim\limits_{x \to 0^+} \frac{\frac{k}{x}}{\frac{1}{x}}} = \mathrm{e}^k.$$

或设 $y = x^{\frac{k}{1+\ln x}}$，则 $\ln y = \dfrac{k}{1+\ln x} \ln x$．由于

$$\lim_{x \to 0^+} \frac{k}{1+\ln x} \ln x = \lim_{x \to 0^+} \frac{k \ln x}{1+\ln x} = \lim_{x \to 0^+} \frac{\frac{k}{x}}{\frac{1}{x}} = k,$$

即 $\lim\limits_{x \to 0^+} \ln y = k$．于是 $\lim\limits_{x \to 0^+} y = \mathrm{e}^k$，故 $\lim\limits_{x \to 0^+} x^{\frac{k}{1+\ln x}} = \mathrm{e}^k$.

例 19　求 $\lim\limits_{x \to 0} (\cos x)^{\frac{1}{x^2}}$.

解　因为 $\lim\limits_{x \to 0} (\cos x)^{\frac{1}{x^2}}$ 是 1^∞ 型，于是

$$\lim_{x \to 0} (\cos x)^{\frac{1}{x^2}} = \mathrm{e}^{\lim\limits_{x \to 0} \frac{\ln \cos x}{x^2}} = \mathrm{e}^{\lim\limits_{x \to 0} -\frac{\tan x}{2x}} = \mathrm{e}^{-\lim\limits_{x \to 0}\left(\frac{\sin x}{x} \cdot \frac{1}{2\cos x}\right)} = \mathrm{e}^{-\frac{1}{2}}.$$

例 20　求 $\lim\limits_{x \to 0^+} (\cot x)^{\frac{1}{\ln x}}$.

解　因为 $\lim\limits_{x\to0^+}(\cot x)^{\frac{1}{\ln x}}$ 是 ∞^0 型，于是

$$\lim_{x\to0^+}(\cot x)^{\frac{1}{\ln x}}=\mathrm{e}^{\lim\limits_{x\to0^+}\frac{\ln\cot x}{\ln x}}=\mathrm{e}^{\lim\limits_{x\to0^+}\frac{\frac{1}{\cot x}(-\csc^2 x)}{\frac{1}{x}}}=\mathrm{e}^{-\lim\limits_{x\to0^+}\frac{x}{\sin x\cdot\cos x}}=\mathrm{e}^{-1}.$$

洛必达法则是求未定式的一种有效方法，若能与其他求极限的方法，如化简、等价无穷小替代、重要极限结合一起使用，可使运算更简捷.

例 21　求 $\lim\limits_{x\to0}\dfrac{x-\sin x}{x^2\sin x}$.

解　$\lim\limits_{x\to0}\dfrac{x-\sin x}{x^2\sin x}=\lim\limits_{x\to0}\dfrac{x-\sin x}{x^3}=\lim\limits_{x\to0}\dfrac{1-\cos x}{3x^2}=\lim\limits_{x\to0}\dfrac{\sin x}{6x}=\dfrac{1}{6}$.

这里还要指出，本节给出的求未定式的方法有时会失效，需要寻找其他方法.

例 22　求 $\lim\limits_{x\to+\infty}\dfrac{\mathrm{e}^x+\mathrm{e}^{-x}}{\mathrm{e}^x-\mathrm{e}^{-x}}$.

解　$\lim\limits_{x\to+\infty}\dfrac{\mathrm{e}^x+\mathrm{e}^{-x}}{\mathrm{e}^x-\mathrm{e}^{-x}}$ 是 $\dfrac{\infty}{\infty}$ 型，如果使用洛必达法则，则有

$$\lim_{x\to+\infty}\frac{\mathrm{e}^x+\mathrm{e}^{-x}}{\mathrm{e}^x-\mathrm{e}^{-x}}=\lim_{x\to+\infty}\frac{\mathrm{e}^x-\mathrm{e}^{-x}}{\mathrm{e}^x+\mathrm{e}^{-x}}=\lim_{x\to+\infty}\frac{\mathrm{e}^x+\mathrm{e}^{-x}}{\mathrm{e}^x-\mathrm{e}^{-x}}.$$

上述解题过程产生了循环，因而洛必达法则无效，所以应采用其他方法求其极限. 事实上

$$\lim_{x\to+\infty}\frac{\mathrm{e}^x+\mathrm{e}^{-x}}{\mathrm{e}^x-\mathrm{e}^{-x}}=\lim_{x\to+\infty}\frac{1+\mathrm{e}^{-2x}}{1-\mathrm{e}^{-2x}}=1.$$

最后指出，本节定理给出的是求未定式的一种方法，每次使用时都必须验证条件，判别其类型. 洛必达法则的条件是充分条件，当三个条件都满足时，所求的极限才存在（或为无穷大）. 但定理条件不满足时，所求极限也可能存在.

例 23　求 $\lim\limits_{x\to\infty}\dfrac{x-\sin x}{x+\sin x}$.

解　$\lim\limits_{x\to\infty}\dfrac{x-\sin x}{x+\sin x}$ 是 $\dfrac{\infty}{\infty}$ 型，如果使用洛必达法则，则有

$$\lim_{x\to\infty}\frac{x-\sin x}{x+\sin x}=\lim_{x\to\infty}\frac{1-\cos x}{1+\cos x}.$$

而 $\lim\limits_{x\to\infty}\dfrac{1-\cos x}{1+\cos x}$ 不存在. 所以该极限不能使用洛必达法则求出. 事实上

$$\lim_{x\to\infty}\frac{x-\sin x}{x+\sin x}=\lim_{x\to\infty}\frac{1-\frac{\sin x}{x}}{1+\frac{\sin x}{x}}=\frac{1-0}{1+0}=1.$$

习　题　3-2

1. 用洛必达法则求下列极限.

（1）$\lim\limits_{x\to0}\dfrac{\mathrm{e}^x-\mathrm{e}^{-x}}{\sin x}$；　（2）$\lim\limits_{x\to0}\dfrac{\ln(1+x^2)}{\sec x-\cos x}$；　（3）$\lim\limits_{x\to\frac{\pi}{2}}\dfrac{\ln\sin x}{(\pi-2x)^2}$；

（4）$\lim\limits_{x\to 0}\dfrac{x-\arctan x}{\sin^3 x}$；　（5）$\lim\limits_{x\to +\infty}\dfrac{\ln\left(1+\dfrac{1}{x}\right)}{\operatorname{arccot} x}$；　（6）$\lim\limits_{x\to 0} x\cot 2x$；

（7）$\lim\limits_{x\to 0}\left(\dfrac{1}{x}-\dfrac{1}{e^x-1}\right)$；　（8）$\lim\limits_{x\to 0}\left(\dfrac{\sin x}{x}\right)^{\frac{1}{x^2}}$；　（9）$\lim\limits_{x\to 0}\dfrac{1}{x}\left(\dfrac{1}{\sin x}-\dfrac{1}{\tan x}\right)$；

（10）$\lim\limits_{x\to \frac{\pi}{2}}\dfrac{\tan x}{\tan 3x}$；　（11）$\lim\limits_{x\to 0^+}\left(\dfrac{1}{x}\right)^{\tan x}$；　（12）$\lim\limits_{x\to 0^+} x^{\sin x}$；

（13）$\lim\limits_{x\to 0}\dfrac{1-x^2-e^{-x^2}}{x\sin^3 x}$；　（14）$\lim\limits_{x\to +\infty}(x+\sqrt{1+x^2})^{\frac{1}{x}}$；　（15）$\lim\limits_{n\to\infty}\left(n\tan\dfrac{1}{n}\right)^{n^2}$.

2．验证下列极限存在，但不能用洛必达法则得出．

（1）$\lim\limits_{x\to\infty}\dfrac{x-\cos x}{x+\cos x}$；　（2）$\lim\limits_{x\to 0}\dfrac{\sin x+x^2\sin\dfrac{1}{x}}{\ln(1+2x)}$.

3．设函数 $f(x)$ 在 $x=a$ 处二阶导数 $f''(a)$ 存在，求极限 $\lim\limits_{h\to 0}\dfrac{f(a+h)+f(a-h)-2f(a)}{h^2}$.

4．讨论函数

$$f(x)=\begin{cases}\left[\dfrac{(1+x)^{\frac{1}{x}}}{e}\right]^{\frac{1}{x}}, & x>0,\\[2ex] e^{-\frac{1}{2}}, & x\leqslant 0\end{cases}$$

在点 $x=0$ 处的连续性．

第三节　函数的单调性

本节将以导数为工具，介绍判定函数单调性的一般方法，并利用单调性证明一些不等式．

若可导函数 $y=f(x)$ 在 $[a,b]$ 上单调增加（单调减少），则它的图形是一条沿 x 轴正向上升（下降）的曲线．这时曲线的各点处的切线斜率是非负的（是非正的），即 $y'=f'(x)\geqslant 0$（$y'=f'(x)\leqslant 0$）（见图 3-4）．由此可见，函数的单调性与导数的符号有着密切的联系．

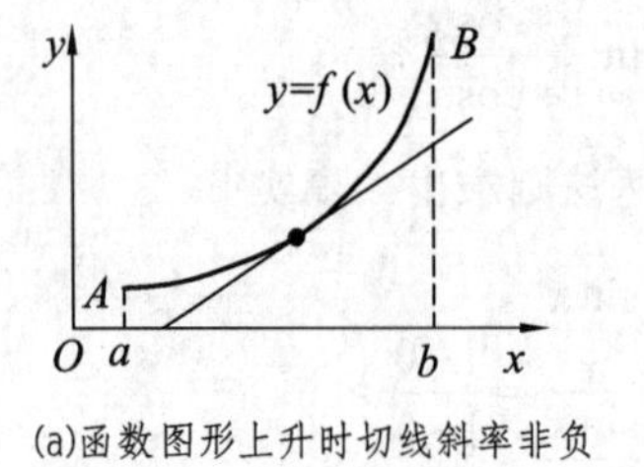

(a)函数图形上升时切线斜率非负　　(b)函数图形下降时切线斜率非正

图 3–4

反过来，能否用导数的符号来判定函数的单调性呢？答案是肯定的，下面利用拉格朗日中值定理进行讨论．

定理 3.6（函数单调性的判定法）设函数 $f(x)$ 在 $[a,b]$ 上连续，在 (a,b) 内可导．

（1）若在 (a,b) 内 $f'(x)>0$，则函数 $f(x)$ 在 $[a,b]$ 上单调增加；

（2）若在 (a,b) 内 $f'(x)<0$，则函数 $f(x)$ 在 $[a,b]$ 上单调减少.

证明　（1）在 $[a,b]$ 上任取两点 $x_1,x_2\ (x_1<x_2)$，应用拉格朗日中值定理，得

$$f(x_2)-f(x_1)=f'(\xi)(x_2-x_1)\quad (x_1<\xi<x_2).$$

由于在上式中，$x_2-x_1>0$，因此，若在 (a,b) 内 $f'(x)>0$，则

$$f(x_2)-f(x_1)=f'(\xi)(x_2-x_1)>0,$$

即

$$f(x_1)<f(x_2),$$

故函数 $f(x)$ 在 $[a,b]$ 上单调增加.

类似可证明情形（2）.

注：函数的单调性是一个区间上的整体性质，要用导数在这一区间上的符号来判定，而不能用一点处的导数符号来判别一个区间上的单调性.

例 24　判定函数 $y=x-\sin x$ 在 $[0,2\pi]$ 上的单调性.

解　显然 $y=x-\sin x$ 在 $[0,2\pi]$ 上连续，在 $(0,2\pi)$ 内可导，且

$$y'=1-\cos x>0,$$

因此函数 $y=x-\sin x$ 在 $[0,2\pi]$ 上单调增加.

例 25　讨论函数 $y=\mathrm{e}^x-x-1$ 的单调性.

解　函数的定义域为 $(-\infty,+\infty)$. 因为

$$y'=\mathrm{e}^x-1,$$

则在 $(-\infty,0)$ 内，有 $y'<0$，所以函数 $y=\mathrm{e}^x-x-1$ 在 $(-\infty,0]$ 上单调减少；在 $(0,+\infty)$ 内，有 $y'>0$，所以函数 $y=\mathrm{e}^x-x-1$ 在 $[0,+\infty)$ 上单调增加.

例 26　讨论函数 $y=\sqrt[3]{x^2}$ 的单调性.

解　函数的定义域为 $(-\infty,+\infty)$. 因为当 $x\neq 0$ 时，

$$y'=\frac{2}{3\sqrt[3]{x}};$$

当 $x=0$ 时，y' 不存在. 然而在 $(-\infty,0)$ 内，有 $y'<0$，所以函数 $y=\sqrt[3]{x^2}$ 在 $(-\infty,0]$ 上单调减少；在 $(0,+\infty)$ 内，有 $y'>0$，所以函数 $y=\sqrt[3]{x^2}$ 在 $[0,+\infty)$ 上单调增加.

如果函数在定义区间上连续，除去有限个导数不存在的点外导数存在且连续，则可用方程 $f'(x)=0$ 的根及导数不存在的点来划分函数 $f(x)$ 的定义区间；再根据 $f'(x)$ 在各个部分区间内的符号，就可以判定函数 $f(x)$ 在每个部分区间上的单调性. 另外，如果 $f'(x)$ 在某区间内的有限个点处为零，在其余各点处均为正（或负）时，$f(x)$ 在该区间上仍是单调增加（或单调减少）的. 例如，函数 $y=x^3$ 在定义域 $(-\infty,+\infty)$ 内单调增加，因为 $y'=3x^2>0(x\neq 0)$.

例 27　确定函数 $f(x)=2x^3-9x^2+12x-3$ 的单调区间.

解　函数的定义域为 $(-\infty,+\infty)$. 因为

$$f'(x)=6x^2-18x+12=6(x-1)(x-2)$$

令 $f'(x)=0$，得 $x_1=1,\ x_2=2$. 所以

当 $x<1$ 时，$f'(x)>0$，函数 $f(x)$ 在 $(-\infty, 1]$ 上单调增加；

当 $1<x<2$ 时，$f'(x)<0$，函数 $f(x)$ 在 $[1, 2]$ 上单调减少；

当 $x>2$ 时，$f'(x)>0$，函数 $f(x)$ 在 $[2, +\infty)$ 上单调增加.

所以函数 $f(x)$ 的单调增加区间为 $(-\infty,1]$，$[2, +\infty)$，单调减少区间为 $[1, 2]$.

下面举例说明如何利用函数单调性证明不等式.

例 28　证明：当 $x>0$ 时，$x>\ln(1+x)$.

证明　设 $f(x)=x-\ln(1+x)$，则

$$f'(x)=1-\frac{1}{1+x}.$$

于是当 $x>0$ 时，$f'(x)>0$，所以 $f(x)$ 在 $[0,+\infty)$ 上单调增加. 又 $f(0)=0$，故当 $x>0$ 时，

$$f(x)>f(0)=0,$$

即

$$x>\ln(1+x).$$

例 29　试证方程 $x^5+x+1=0$ 在区间 $(-1,0)$ 内只有一个实根.

证明　设 $f(x)=x^5+x+1$，则 $f(x)$在 $[-1,0]$ 上连续，且 $f(-1)=-1$，$f(0)=1$. 由零点定理可知，方程 $x^5+x+1=0$ 在区间 $(-1,0)$ 内至少有一个实根.

又 $f'(x)=5x^4+1>0$，所以 $f(x)=x^5+x+1$ 在区间 $(-\infty,+\infty)$ 内单调增加，故方程 $x^5+x+1=0$ 在区间 $(-1,0)$ 内只有一个实根.

习 题 3-3

1. 判定函数 $f(x)=\arctan x-x$ 的单调性.

2. 确定下列函数的单调区间.

（1）$y=2x^3-6x^2-18x-7$；　（2）$y=2x+\frac{8}{x}\ (x>0)$；　（3）$y=(x-1)(x+1)^3$；

（4）$y=x^n\mathrm{e}^{-x}\ (n>0, x\geqslant 0)$；　（5）$y=\sqrt[3]{(2x-a)(a-x)^2}\ (a>0)$.

3. 证明下列不等式.

（1）当 $x>0$ 时，$1+\frac{1}{2}x>\sqrt{1+x}$；　（2）当 $x>0$ 时，$1+x\ln(x+\sqrt{1+x^2})>\sqrt{1+x^2}$；

（3）当 $0<x<\frac{\pi}{2}$ 时，$\tan x>x+\frac{1}{3}x^3$.

4. 试确定方程 $\sin x=x$ 的实根个数.

第四节　函数的极值与最值

本节将以导数为工具，介绍函数的极值与最值的求法.

一、函数的极值及其求法

定义 3.1　设函数 $f(x)$ 在区间 (a,b) 内有定义，$x_0\in(a,b)$. 若在点 x_0 的某一去心邻域 $\mathring{U}(x_0)$ 内，有

$$f(x)<f(x_0)\quad (\text{或 } f(x)>f(x_0)),$$

则称 $f(x_0)$为函数 $f(x)$的一个**极大值**（或**极小值**），x_0 称为函数 $f(x)$的一个**极大值点**（或**极小值点**）.

函数的极大值与极小值统称为函数的**极值**，极大（小）值点统称为**极值点**，极值点一定是区间内的点.

注：函数的极值概念是局部性的，最值是整体概念. 如果 $f(x_0)$ 是函数 $f(x)$ 的一个极大（小）值，则在 x_0 附近的一个局部 $\mathring{U}(x_0)$ 范围内，$f(x_0)$ 是 $f(x)$ 的一个最大（小）值. 而对 $f(x)$ 的整个定义域来说，$f(x_0)$ 不一定是最大（小）值. 函数 $f(x)$ 在区间上的最大值不小于最小值，而函数 $f(x)$ 的极小值有可能大于极大值.

如图 3-5 所示，函数 $f(x)$ 有两个极大值：$f(x_2)$, $f(x_5)$，三个极小值 $f(x_1)$, $f(x_4)$, $f(x_6)$，其中极大值 $f(x_2)$ 比极小值 $f(x_6)$ 还小. 在闭区间 $[a,b]$ 上，极小值 $f(x_1)$ 为最小值，但没有一个极大值为最大值.

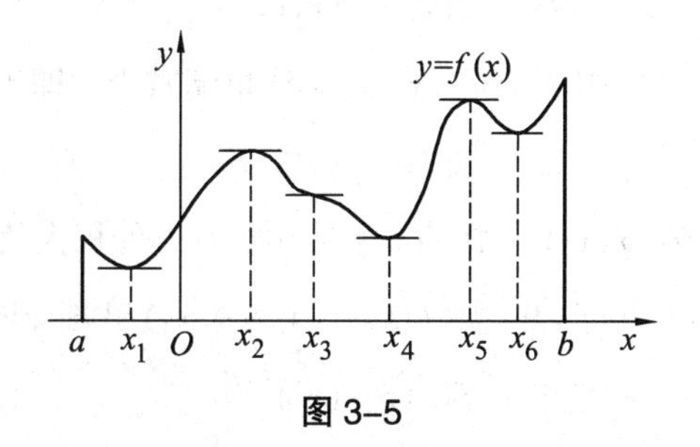

图 3-5

从图 3-5 中可看到，在函数取得极值处，曲线的切线是水平的，即函数的导数为 0. 但在曲线上有水平切线的地方，即导数为 0 的点，函数不一定取极值. 例如，图 3-5 中，在 $x=x_3$ 处，曲线有水平切线，但 $f(x_3)$ 不是极值. 下面给出函数 $f(x)$ 取极值的必要条件.

定理 3.7（必要条件）　设函数 $f(x)$ 在点 x_0 处取得极值且可导，则 $f'(x_0)=0$.

证明　不妨设 $f(x_0)$ 是极大值，根据极大值的定义，在点 x_0 的某个去心邻域 $\mathring{U}(x_0)$ 内，有 $f(x)<f(x_0)$. 于是

$$f'(x_0)=f'_-(x_0)=\lim_{x\to x_0^-}\frac{f(x)-f(x_0)}{x-x_0}\geqslant 0,$$

$$f'(x_0)=f'_+(x_0)=\lim_{x\to x_0^+}\frac{f(x)-f(x_0)}{x-x_0}\leqslant 0.$$

故 $f'(x_0)=0$.

定理 3.7 又称为**费马（Fermat）定理**.

定义 3.2　使导数为零的点，即方程 $f'(x)=0$ 的实根称为函数 $f(x)$ 的驻点.

定理 3.7 表明，可导函数 $f(x)$ 的极值点一定是函数的驻点. 但反过来，函数 $f(x)$ 的驻点却不一定是极值点. 例如，函数 $f(x)=x^3$ 在点 $x=0$ 处可导，且 $f'(0)=0$，即 $x=0$ 为其驻点，但 $x=0$ 却不是极值点. 因此，函数的驻点只是可能的极值点. 另外，函数在它的导数不存在的点处也可能取得极值. 例如，函数 $f(x)=x^{\frac{2}{3}}$ 在点 $x=0$ 处不可导，但该函数在 $x=0$ 处取极小值. 因为在点 $x=0$ 的任何一个去心邻域内，有 $f(x)>f(0)=0$.

如何判断函数在驻点或导数不存在的点处是否取得极值？若取极值，是极大值还是极小值？下面给出函数 $f(x)$ 取得极值的充分条件，即给出判断极值的方法.

定理 3.8（第一充分条件） 设函数$f(x)$在点x_0的邻域内连续，在点x_0的去心邻域$\mathring{U}(x_0)$内可导.

（1）如果当$x\in(x_0-\delta,x_0)$时，$f'(x)>0$；当$x\in(x_0,x_0+\delta)$时，$f'(x)<0$，则$f(x_0)$为函数$f(x)$的极大值；

（2）如果当$x\in(x_0-\delta,x_0)$时，$f'(x)<0$；当$x\in(x_0,x_0+\delta)$时，$f'(x)>0$，则$f(x_0)$为函数$f(x)$的极小值；

（3）如果在点x_0的去心邻域$\mathring{U}(x_0)$内，$f'(x)$不改变符号，则$f(x_0)$不是函数$f(x)$的极值.

证明　（1）当$x\in(x_0-\delta,x_0)$时，$f'(x)>0$，则$f(x)$在$(x_0-\delta,x_0)$单调增加，即当$x\in(x_0-\delta,x_0)$时，有

$$f(x)<f(x_0).$$

当$x\in(x_0,x_0+\delta)$时，$f'(x)<0$，则$f(x)$在$(x_0,x_0+\delta)$单调减少，即当$x\in(x_0,x_0+\delta)$时，有

$$f(x)<f(x_0).$$

从而当$x\in\mathring{U}(x_0)$时，有$f(x)<f(x_0)$，故$f(x_0)$为函数$f(x)$的极大值.

（2）当$x\in(x_0-\delta,x_0)$时，$f'(x)<0$，则$f(x)$在$(x_0-\delta,x_0)$单调减少，即当$x\in(x_0-\delta,x_0)$时，有

$$f(x)>f(x_0).$$

当$x\in(x_0,x_0+\delta)$时，$f'(x)>0$，则$f(x)$在$(x_0,x_0+\delta)$单调增加，即当$x\in(x_0,x_0+\delta)$时，有

$$f(x)>f(x_0).$$

从而当$x\in\mathring{U}(x_0)$时，有$f(x)>f(x_0)$，故$f(x_0)$为函数$f(x)$的极小值.

（3）如果在点x_0的去心邻域$\mathring{U}(x_0)$内，$f'(x)$不改变符号，则$f(x)$在$U(x_0)$内单调，故$f(x_0)$不是函数$f(x)$的极值.

定理 3.9（第二充分条件） 设函数$f(x)$在点x_0处二阶可导，且$f'(x_0)=0$，$f''(x_0)\neq 0$.

（1）如果$f''(x_0)<0$，则$f(x_0)$为函数$f(x)$的极大值；

（2）如果$f''(x_0)>0$，则$f(x_0)$为函数$f(x)$的极小值.

证明　（1）由导数定义及$f'(x_0)=0,\ f''(x_0)<0$，得

$$f''(x_0)=\lim_{x\to x_0}\frac{f'(x)-f'(x_0)}{x-x_0}=\lim_{x\to x_0}\frac{f'(x)}{x-x_0}<0.$$

根据函数极限的局部保号性，存在点x_0的某个去心邻域$\mathring{U}(x_0)$，使得

$$\frac{f'(x)}{x-x_0}<0.$$

于是当$x\in(x_0-\delta,x_0)$时，$f'(x)>0$；当$x\in(x_0,x_0+\delta)$时，$f'(x)<0$，故$f(x_0)$为函数$f(x)$的极大值.

类似可证明情形（2）.

注：如果$f''(x_0)=0$，则定理 3.9 不能用，即函数$f(x)$在点x_0处可能取极值，也可能不取极值. 例如，$f(x)=x^4$在点$x=0$处有$f'(0)=f''(0)=0$，显然$f(0)=0$是$f(x)=x^4$的极小值，而$g(x)=x^3$在点$x=0$处有$g'(0)=g''(0)=0$，但$g(0)=0$不是函数$g(x)=x^3$的极值.

根据取极值的第一充分条件，求函数 $f(x)$ 极值的一般步骤为：

（1）求 $f'(x)$；

（2）求函数 $f(x)$ 的所有驻点与不可导点　；

（3）利用极值的充分条件判别驻点与不可导点是否为极值点，确定极值点；

（4）求出各极值点的函数值，得函数 $f(x)$ 的全部极值.

例 30　求函数 $f(x)=(x-4)(x+1)^{\frac{2}{3}}$ 的极值.

解　因为

$$f'(x)=(x+1)^{\frac{2}{3}}+(x-4)\cdot\frac{2}{3}(x+1)^{-\frac{1}{3}}=\frac{5(x-1)}{3\sqrt[3]{x+1}},$$

于是令 $f'(x)=0$，得驻点 $x=1$； $f(x)$ 的不可导点为 $x=-1$．列表（见表 3-1）如下：

表 3–1

x	$(-\infty,-1)$	-1	$(-1,1)$	1	$(1,+\infty)$
$f'(x)$	+	不存在	−	0	+
$f(x)$	↗	0 极大值	↘	$-3\sqrt[3]{4}$ 极小值	↗

故 $f(x)$ 的极大值为 $f(-1)=0$，极小值为 $f(1)=-3\sqrt[3]{4}$.

例 31　求函数 $f(x)=x^3-3x+2$ 的极值.

解　因为 $f'(x)=3x^2-3$，于是令 $f'(x)=0$，得驻点 $x_1=-1$，$x_2=1$.

又 $f''(x)=6x$，所以 $f''(-1)=-6<0$， $f''(1)=6>0$．故 $f(x)$ 的极大值为 $f(-1)=4$，极小值为 $f(1)=0$.

二、函数的最大值与最小值

在实际问题中，常常会遇到最大值最小值问题，如在一定条件下，怎样使“产品最多”、“用料最省”、“成本最低”、“利润最大”等问题．这类问题在数学上可归结为求某一函数（通常称为**目标函数**）的最大值或最小值问题.

假定函数 $f(x)$ 在闭区间 $[a,b]$ 上连续，在 (a,b) 内除有限个点外可导，且至多存在有限个驻点，在这些条件下我们讨论函数 $f(x)$ 在 $[a,b]$ 上的最大值和最小值.

由闭区间 $[a,b]$ 上连续的性质：$f(x)$ 在闭区间 $[a,b]$ 上一定存在最大值和最小值，可以知道最大值和最小值有可能在区间的端点取得，也可能在开区间 (a,b) 内取得．由于在假定条件下区间 (a,b) 内函数的最值一定是函数的极值，因此函数在闭区间 $[a,b]$ 上的最大值一定是函数的所有极大值和函数在区间端点函数值中的最大者，函数在闭区间 $[a,b]$ 上的最小值一定是函数的所有极小值和函数在区间端点函数值中的最小者.

根据上述分析，可得求最大值和最小值的一般步骤：

（1）求出 $f(x)$ 在 (a,b) 内的驻点和不可导点，不妨设为 $x_1,x_2,\cdots,x_n$；

（2）计算 $f(x_1),f(x_2),\cdots,f(x_n),f(a),f(b)$；

（3）比较 $f(x_1),f(x_2),\cdots,f(x_n),f(a),f(b)$ 的大小，其中最大的便是函数 $f(x)$ 在 $[a,b]$ 上的最

大值，最小的便是函数 $f(x)$ 在 $[a,b]$ 上的最小值.

例 32　求函数 $f(x)=|x-2|\mathrm{e}^x$ 在闭区间 $[0,3]$ 上的最值.

解　函数
$$f(x)=\begin{cases}-(x-2)\mathrm{e}^x, & x\in[0,2],\\(x-2)\mathrm{e}^x, & x\in(2,3],\end{cases}$$

因为
$$f'(x)=\begin{cases}-(x-1)\mathrm{e}^x, & x\in(0,2),\\(x-1)\mathrm{e}^x, & x\in(2,3),\end{cases}$$

所以令 $f'(x)=0$，得函数 $f(x)$ 的驻点 $x=1$．而 $f(x)$ 的不可导点为 $x=2$．

又 $f(1)=\mathrm{e}$，$f(2)=0$，$f(0)=2$，$f(3)=\mathrm{e}^3$，故所求最大值为 $f(3)=\mathrm{e}^3$，最小值为 $f(2)=0$．

例 33　工厂铁路线上 AB 段的距离为 100 km．工厂 C 距 A 处为 20 km，AC 垂直于 AB（见图 3-6）．为了运输需要，要在 AB 线上选定一点 D 向工厂修筑一条公路．已知铁路每千米货运的运费与公路上每千米货运的运费之比为 3∶5．为了使货物从供应站 B 运到工厂 C 的运费最省，问 D 点应选在何处？

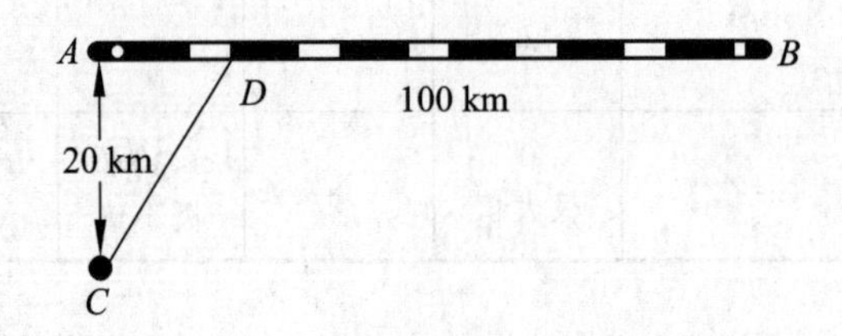

图 3–6

解　设 $AD=x$ km，则 $DB=(100-x)$ km，$CD=\sqrt{20^2+x^2}=\sqrt{400+x^2}$．又设铁路上每千米的运费为 $3k$，公路上每千米的运费为 $5k$（k 是某个正数），从 B 点到 C 点需要的总运费为 y，则
$$y=5k\cdot CD+3k\cdot DB,$$
即
$$y=5k\sqrt{400+x^2}+3k(100-x)\quad(0\leqslant x\leqslant 100).$$

现在，问题就归结为：在 $[0,100]$ 上 x 取何值时目标函数 y 的值最小．因为
$$y'=5k\frac{x}{\sqrt{400+x^2}}-3k=k\left(\frac{5x}{\sqrt{400+x^2}}-3\right),$$
令 $y'=0$，得驻点 $x=15$ (km).

由于 $y(0)=400k$，$y(15)=380k$，$y(100)=100\sqrt{26}k$，因此 $y(15)=380k$ 为最小值．故 D 点应选在距 A 点 15km 处，总运费最省．

应当指出，实际问题中，往往根据问题的性质可以断定函数 $f(x)$ 有最大值或最小值，而且一定在定义区间内部取得．这时如果 $f(x)$ 在定义区间内部只有一个驻点 x_0，就可以断定 $f(x_0)$ 是最大值或最小值．

例 34　某房地产公司有 50 套公寓要出租，当租金定为每月 180 元时，公寓能全部租出去．当租金每月增加 10 元时，就有一套公寓租不出去，而租出去的房子每月需花费 20 元的整修维护费．试问房租定为多少可获得最大利润？

解　设房租为每月 x 元，则租出去的房子有 $50-\left(\dfrac{x-180}{10}\right)$ 套，每月总利润为

$$L(x)=(x-20)\left(50-\frac{x-180}{10}\right).$$

所以
$$L'(x)=\left(68-\frac{x}{10}\right)+(x-20)\left(-\frac{1}{10}\right)=70-\frac{x}{5},$$

令 $L'(x)=0$，得唯一驻点 $x=350$.

由实际问题可知最大利润一定在区间内取得，故每月每套租金为 350 元时利润最大，且最大利润为

$$LR(350)=(350-20)\left(68-\frac{350}{10}\right)=10890\text{（元）}.$$

习　题　3-4

1．求下列函数的极值.

（1）$y=2x^3-6x^2-18x+7$；　（2）$y=x-\ln(1+x)$；　（3）$y=x+\sqrt{1-x}$；

（4）$y=x^2\mathrm{e}^{-x}$；　（5）$y=3-2(x+1)^{\frac{1}{3}}$；　（6）$y=\mathrm{e}^x\cos x$.

2．试问 a 为何值时，函数 $f(x)=a\sin x+\frac{1}{3}\sin 3x$ 在 $x=\frac{\pi}{3}$ 处取得极值？它是极大值还是极小值？并求此极值.

3．求下列函数在给定区间上的最值.

（1）$y=x^4-8x^2+2$，$x\in[-1,3]$；　（2）$y=x+\sqrt{1-x}$，$x\in[-5,1]$；

（3）$y=\sin x+\cos x$，$x\in[0,2\pi]$；　（4）$y=\ln(1+x^2)$，$x\in[-1,2]$.

4．求函数 $y=x^2-\frac{54}{x}(x<0)$ 的最小值.

5．求函数 $y=\frac{x}{x^2+1}(x\geqslant 0)$ 的最大值.

6．从一块边长为 a 的正方形铁皮的四角上截去同样大小的正方形小方块（见图 3-7），然后按虚线把四边折起来做成一个无盖的盒子，问要截去多大的小方块，才能使该盒子的容量最大？

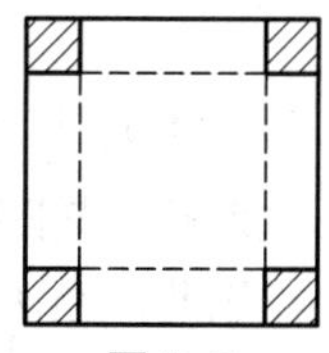

图 3-7

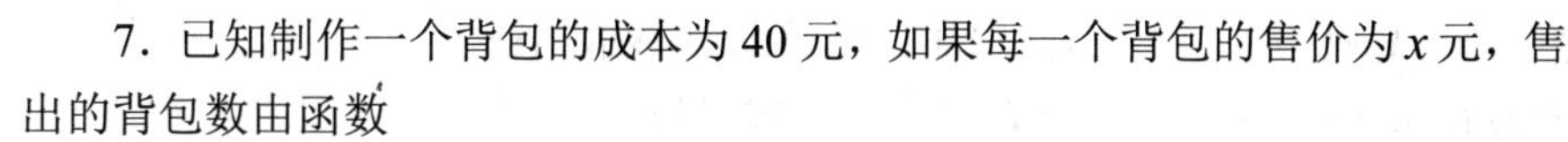

7．已知制作一个背包的成本为 40 元，如果每一个背包的售价为 x 元，售出的背包数由函数

$$n=\frac{a}{x-40}+b(80-x)$$

确定，其中 a,b 为正常数，问售价为多少时利润最大？

第五节　曲线的凹凸性与拐点

在第三节我们知道，通过导数解决了函数的单调性，而且在研究函数图形的状况变化时知道，它的上升和下降规律非常有用，但这还不能完全反映它的变化规律. 如图 3-8 所示，函数 $y=f(x)$ 的图形在区间 (a,b) 内虽然都是上升的，但却有不同的弯曲状况. 从左向右，曲线是向上弯曲，通过 P 点之后，扭转了弯曲方向，曲线是向下弯曲. 因此，研究函数图形时，仅有函数单调性还

不够，有必要进一步探讨其弯曲方向及扭转弯曲方向的点．这就是下面要讨论的凹凸性及拐点问题．从图 3-8 明显地可以看出，图形向上弯曲的弧段位于该弧段上任意一点的切线的上方；而图形向下弯曲的弧段位于该弧段上任意一点的切线的下方．据此，可以给出如下定义：

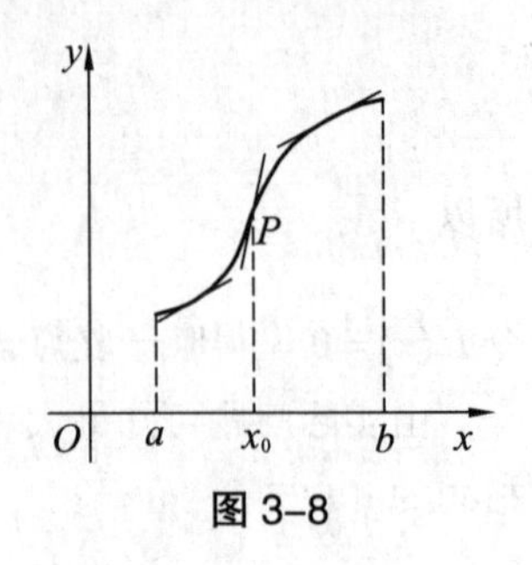

图 3–8

定义 3.3　若在区间 I 上，函数 $f(x)$ 的图形位于其上任意一点的切线的上方，则称 $f(x)$ 在 I 上的图形是**凹的**（**凹弧**），区间 I 称为 $f(x)$ 的**凹区间**．若在区间 I 上，函数 $f(x)$ 的图形位于其上任意一点的切线的下方，则称 $f(x)$ 在 I 上的图形是**凸的**（**凸弧**），区间 I 称为 $f(x)$ 的**凸区间**．

例如，图 3-9 中的曲线为凹的，图 3-10 中的曲线为凸的．

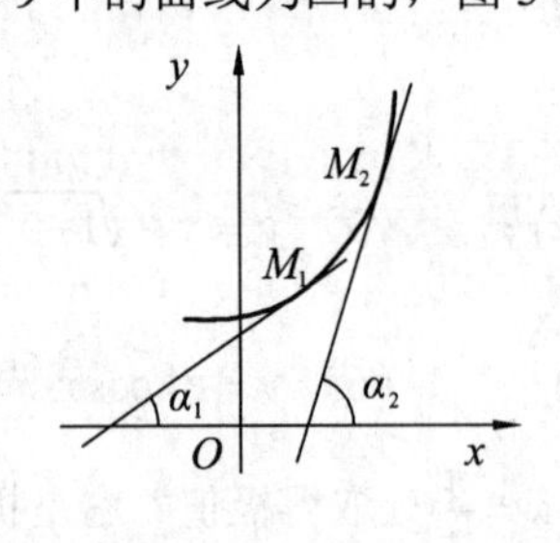

tanα由小变大

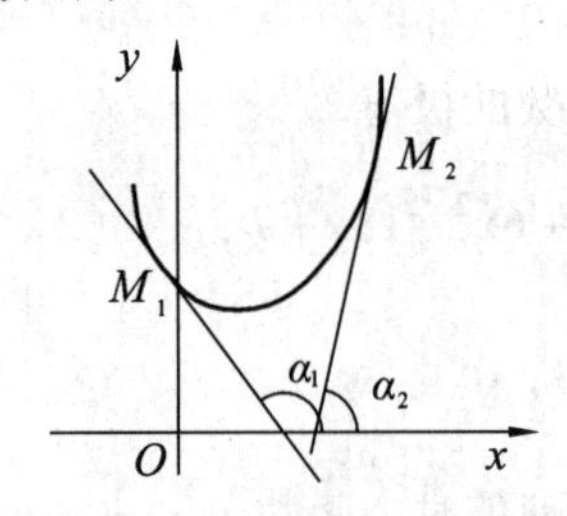

tanα由小变大(由负变正)

图 3–9

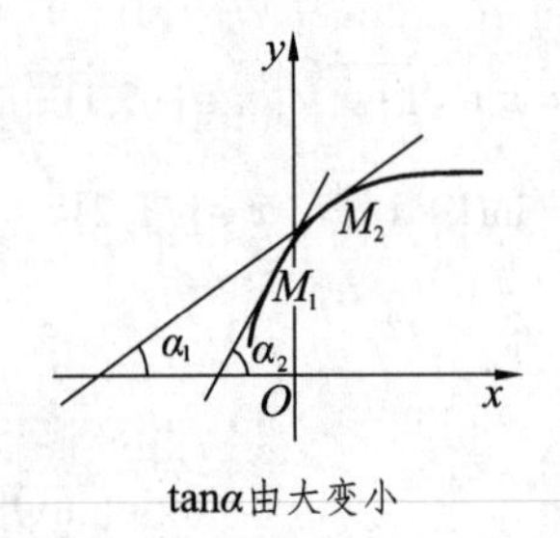

tanα由大变小

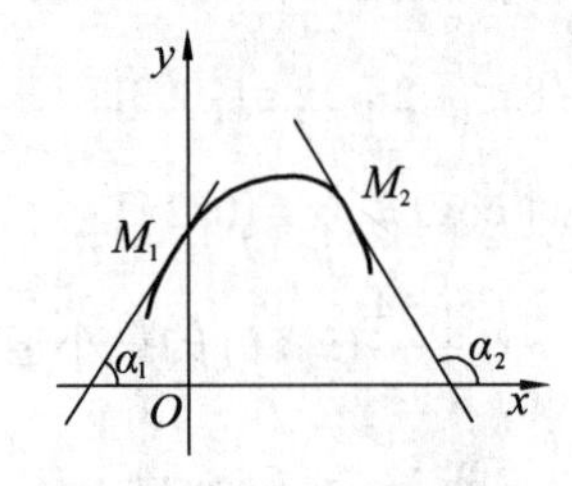

tanα由大变小(由正变负)

图 3–10

从图 3-9、图 3-10 还可以看出，曲线的凹、凸与切线的斜率变化有关：对于凹曲线上每一点处切线的斜率是随 x 的增加而逐步增加；对于凸曲线上每一点处切线的斜率是随 x 的增加而逐步减小．因此，当函数二阶可导时，可利用二阶导数的符号判断曲线的凹凸性．

定理 3.10　设 $f(x)$ 在 $[a,b]$ 上连续，在 (a,b) 内具有二阶导数，

（1）若在 (a,b) 内 $f''(x)>0$，则 $f(x)$ 在 $[a,b]$ 上的图形是凹的；

（2）若在 (a,b) 内 $f''(x)<0$，则 $f(x)$ 在 $[a,b]$ 上的图形是凸的．

证明略，下面只作几何解释．

因为当 $f''(x)>0$ 时，$f'(x)$ 单调增加，即 $\tan\alpha$ 由小变大，所以由图 3-9 可见曲线是凹的；当 $f''(x)<0$ 时，$f'(x)$ 单调减小，即 $\tan\alpha$ 由大变小，所以由图 3-10 可见曲线是凸的．

例 35　判断曲线 $y=x-\ln(1+x)$ 的凹凸性．

解　函数 $y=x-\ln(1+x)$ 的定义域为 $(-1,+\infty)$．因为

$$y'=\frac{x}{1+x},\quad y''=\frac{1}{(1+x)^2}>0.$$

所以曲线 $y = x - \ln(1+x)$ 是凹的．

例 36　判断曲线 $y = x^3$ 的凹凸性．

解　函数 $y = x^3$ 的定义域为 $(-\infty, +\infty)$．因为

$$y' = 3x^2,\quad y'' = 6x,$$

于是当 $x < 0$ 时，$y'' < 0$，曲线 $y = x^3$ 在 $(-\infty, 0]$ 上是凸的；当 $x > 0$ 时，$y'' > 0$，曲线 $y = x^3$ 在 $[0, +\infty)$ 上是凹的．

注意到，点 $(0,0)$ 是曲线 $y = x^3$ 上凸弧与凹弧的分界点，通常称之为拐点．

定义 3.4　连续曲线 $y = f(x)$ 上凹弧与凸弧的分界点称为曲线的**拐点**．

由定理 3.10 可知，由 $f''(x)$ 的符号可以判断曲线的凹凸性，因此，如果 $f''(x)$ 在 x_0 的左、右两侧附近异号，则点 $(x_0, f(x_0))$ 是曲线的一个拐点．于是要寻找拐点，只要找出 $f''(x)$ 符号发生变化的分界点即可．如果在区间 (a,b) 内具有二阶连续导数，则在这样的分界点处必有 $f''(x) = 0$；另外，$f(x)$ 的二阶导数不存在的点，也有可能是 $f''(x)$ 的符号发生变化的分界点．综上所述，我们可以得到求曲线的拐点（或凹凸性）的一般步骤：

（1）求 $f''(x)$；

（2）求方程 $f''(x) = 0$ 的所有根和 $f''(x)$ 不存在的点　；

（3）对于（2）中的每一个点 x_0，判断 $f''(x)$ 在点 x_0 左、右两侧附近的符号，即可确定曲线的拐点（凹凸性）．

例 37　求曲线 $y = 3x^4 - 4x^3 + 1$ 的凹凸区间及拐点．

解　$y = 3x^4 - 4x^3 + 1$ 的定义域为 $(-\infty, +\infty)$．因为

$$y' = 12x^3 - 12x^2,\quad y'' = 36x^2 - 24x = 36x\left(x - \frac{2}{3}\right),$$

于是令 $f''(x) = 0$，得 $x_1 = 0$，$x_2 = \dfrac{2}{3}$．列表 3-2 如下：

表 3–2

x	$(-\infty, 0)$	0	$\left(0, \frac{2}{3}\right)$	$\frac{2}{3}$	$\left(\frac{2}{3}, +\infty\right)$
$f''(x)$	+	0	−	0	+
$f(x)$	∪	1（拐点）	∩	$\frac{11}{27}$（拐点）	∪

故曲线的凹区间为 $(-\infty, 0]$ 和 $\left[\dfrac{2}{3}, +\infty\right)$，凸区间为 $\left[0, \dfrac{2}{3}\right]$．拐点为 $(0, 1)$、$\left(\dfrac{2}{3}, \dfrac{11}{27}\right)$．

例 38　求曲线 $y = x^{\frac{1}{3}}$ 的凹凸区间及拐点．

解　函数 $y = x^{\frac{1}{3}}$ 的定义域为 $(-\infty, +\infty)$．因为

$$y' = \frac{1}{3}x^{-\frac{2}{3}},\quad y'' = -\frac{2}{9}x^{-\frac{5}{3}}.$$

所以二阶导数 y'' 不存在的点为 $x = 0$．又当 $x < 0$ 时，$y'' > 0$；当 $x > 0$ 时，$y'' < 0$．故曲线的凹区

间为$(-\infty,0]$，凸区间为$[0,+\infty)$．拐点为$(0,0)$．

习　题　3–5

1．求下列函数图形的拐点及凹凸区间．

（1）$y=4x-2x^2$；　　　　（2）$y=\ln(1+x^2)$；

（3）$y=(x+1)^4+\mathrm{e}^x$；　　　　（4）$y=\mathrm{e}^{\arctan x}$．

2．求函数$y=x\mathrm{e}^{-x}$在其拐点处的切线方程和法线方程．

3．当a、b为何值时，点$(1,3)$为曲线$y=ax^3+bx^2$的拐点？

第六节　函数图形的描绘

在中学我们主要依赖描点作图画出一些简单函数的图形．一般来说，这样得到的图形比较粗糙，不能确切地反映函数的性态．本节将综合应用前几节讨论过的方法及函数的周期性、奇偶性，比较确切地作出函数的图形．

一、渐近线

从几何上进行直观的分析，如图 3-11 所示，直线$y=kx+b$是曲线$y=f(x)$的渐近线．下面用轨迹法给出定义．

定义 3.5　设曲线$y=f(x)$上一动点P沿着曲线无限远离原点时，若点到定直线L的距离趋于零，则称直线L为曲线$y=f(x)$的一条**渐近线**．

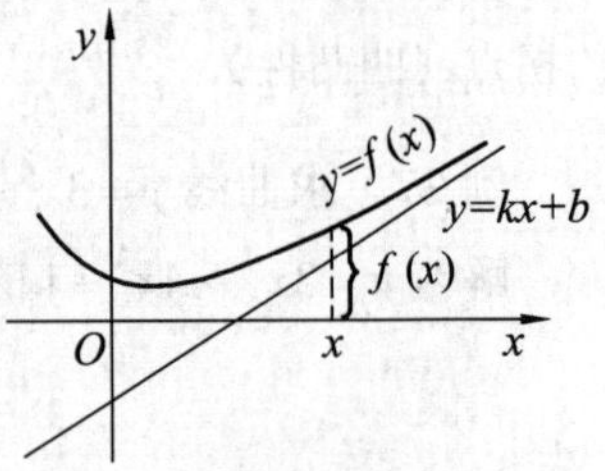

图 3–11

渐近线可分为水平渐近线、铅直渐近线和斜渐近线．

（1）水平渐近线．如果函数$y=f(x)$的定义域为无限区间，且有

$$\lim_{x\to+\infty}f(x)=b \quad \text{或} \quad \lim_{x\to-\infty}f(x)=b,$$

则称直线$y=b$为曲线$y=f(x)$的一条**水平渐近线**．

例如，曲线$y=\arctan x$，有两条水平渐近线$y=\dfrac{\pi}{2}$和$y=-\dfrac{\pi}{2}$（见图 3-12）．

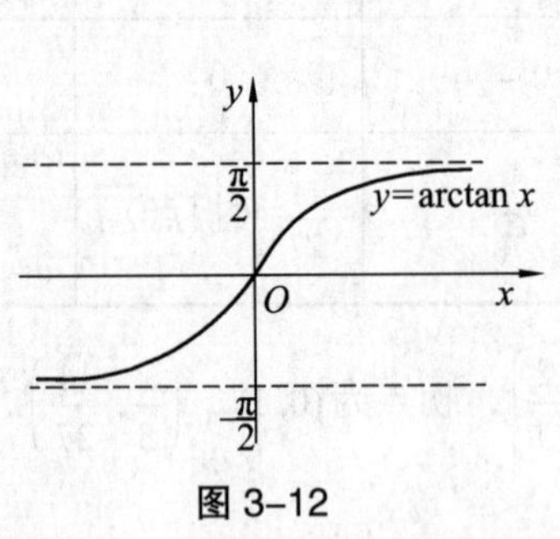

图 3–12

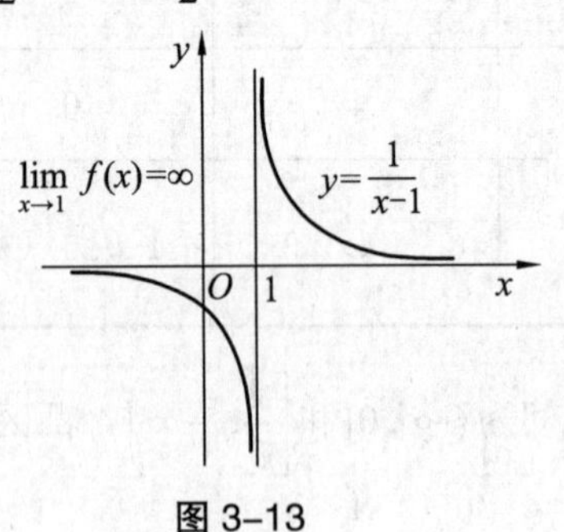

图 3–13

（2）铅直渐近线．如果函数$y=f(x)$在点x_0处间断，且有

$$\lim_{x\to x_0^-}f(x)=\infty \quad \text{或} \quad \lim_{x\to x_0^+}f(x)=\infty,$$

则称直线$x=x_0$为曲线$y=f(x)$的一条**铅直渐近线**．

例如，曲线$y=\dfrac{1}{x-1}$，有一条铅直渐近线$x=1$（见图 3-13）．

（3）斜渐近线．如果

$$\lim_{x\to\infty}[f(x)-(kx+b)]=0,$$

则称直线 $y=kx+b$ 是曲线 $y=f(x)$ 的**斜渐近线**，其中

$$k=\lim_{x\to\infty}\frac{f(x)}{x}\ (k\neq 0),\quad b=\lim_{x\to\infty}[f(x)-kx].$$

例 39　求曲线 $f(x)=\dfrac{2(x-2)(x+3)}{x-1}$ 的渐近线．

解　因为 $\lim\limits_{x\to 1}\dfrac{x-1}{2(x-2)(x+3)}=0$，所以 $\lim\limits_{x\to 1}f(x)=\infty$，故 $x=1$ 为曲线的铅直渐近线．

又

$$k=\lim_{x\to\infty}\frac{f(x)}{x}=\lim_{x\to\infty}\frac{2(x-2)(x+3)}{x(x-1)}=2,$$

$$b=\lim_{x\to\infty}[f(x)-kx]=\lim_{x\to\infty}\left[\frac{2(x-2)(x+3)}{(x-1)}-2x\right]=\lim_{x\to\infty}\frac{2(x-2)(x+3)-2x(x-1)}{x-1}=4,$$

故 $y=2x+4$ 为曲线的斜渐近线（见图 3-14）．

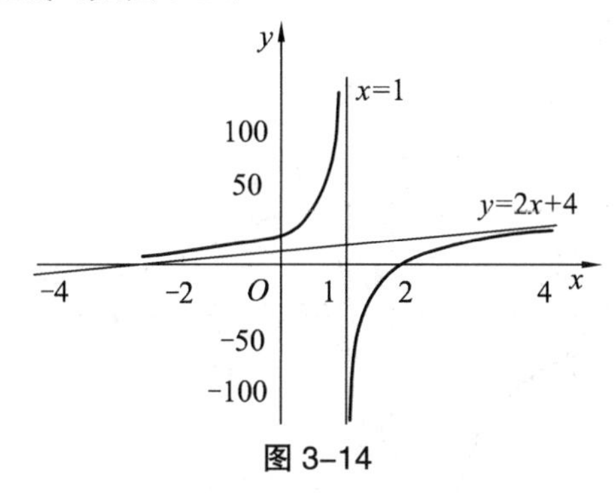

图 3–14

二、图形描绘的步骤

利用导数描绘函数图形的一般步骤为：

（1）确定函数的定义域及函数所具有的特性，如奇偶性、周期性；

（2）求 $f'(x)$ 和 $f''(x)$，并求它们的零点及不存在的点，用这些点把函数的定义域划分成若干个部分区间；

（3）列表讨论曲线的单调性、极值、凹凸性、拐点；

（4）确定函数图形的渐近线及其他变化趋势；

（5）求一些辅助点，如与坐标轴的交点；

（6）作图：先画渐近线，再描特殊点（与坐标轴的交点、极值对应的点、拐点等），最后按（3）中的函数性态作图．

例 40　作函数 $y=1+\dfrac{36x}{(x+3)^2}$ 的图形．

解　函数 $y=1+\dfrac{36x}{(x+3)^2}$ 的定义域为 $(-\infty,-3)\cup(-3,+\infty)$．

又

$$f'(x)=\frac{36(3-x)}{(x+3)^3},\quad f''(x)=\frac{72(x-6)}{(x+3)^4}.$$

令 $f'(x)=0$，得 $x=3$；令 $f''(x)=0$，得 $x=6$．列表表 3-3 如下：

表 3–3

x	$(-\infty,-3)$	$(-3,3)$	3	$(3,6)$	6	$(6,+\infty)$
$f'(x)$	−	+	0	−	−	−
$f''(x)$	−	−	−	−	0	+
$y=f(x)$	↘∩	↗∩	极大值	↘∩	拐点	↘∪

极大值为 $f(3)=4$，对应曲线上点 $M_1(3,4)$，拐点为 $M_2\left(6,\dfrac{11}{3}\right)$．

由于 $\lim\limits_{x\to\infty}f(x)=1$，所以 $y=1$ 为曲线的水平渐近线．

又 $\lim\limits_{x\to-3}f(x)=-\infty$，所以 $x=-3$ 为曲线的铅直渐近线．

找辅助点：$M_3(0,1)$，$M_4(-1,-8)$，$M_5(-9,-8)$，$M_6\left(-15,-\dfrac{11}{4}\right)$．

作图：图形如图 3-15 所示．

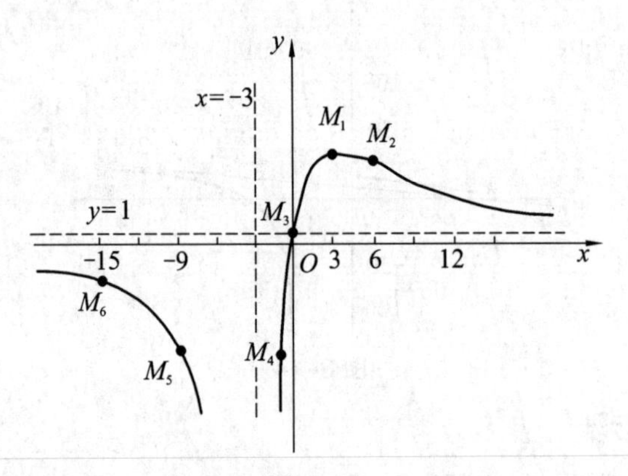

图 3–15

例 41　作函数 $f(x)=\dfrac{1}{\sqrt{2\pi}}e^{-\frac{1}{2}x^2}$ 的图形．

解　函数 $f(x)=\dfrac{1}{\sqrt{2\pi}}e^{-\frac{1}{2}x^2}$ 的定义域为 $(-\infty,+\infty)$，且为偶函数，其图形关于 y 轴对称．

又
$$f'(x)=-\frac{x}{\sqrt{2\pi}}e^{-\frac{1}{2}x^2}，\quad f''(x)=\frac{(x+1)(x-1)}{\sqrt{2\pi}}e^{-\frac{1}{2}x^2}，$$

令 $f'(x)=0$，得 $x_1=0$；令 $f''(x)=0$，得 $x_2=-1,x_3=1$．列表 3-4 如下：

表 3–4

x	$(-\infty,-1)$	−1	$(-1,0)$	0	$(0,1)$	1	$(1,+\infty)$
$f'(x)$	+		+	0	−		−
$f''(x)$	+	0	−		−	0	+
$y=f(x)$	↗∪	拐点	↗∩	极大值	↘∩	拐点	↘∪

极大值为 $f(0)=\dfrac{1}{\sqrt{2\pi}}$，对应曲线上点 $M_1\left(0,\ \dfrac{1}{\sqrt{2\pi}}\right)$，拐点为 $M_2\left(1,\ \dfrac{1}{\sqrt{2\pi e}}\right)$，$M_3\left(-1,\ \dfrac{1}{\sqrt{2\pi e}}\right)$.

由于 $\lim\limits_{x\to\infty}f(x)=0$，因此 $y=0$ 为曲线的水平渐近线.

找辅助点：$M_4\left(2,\ \dfrac{1}{\sqrt{2\pi e^2}}\right)$.

作图：图形如图 3-16 所示.

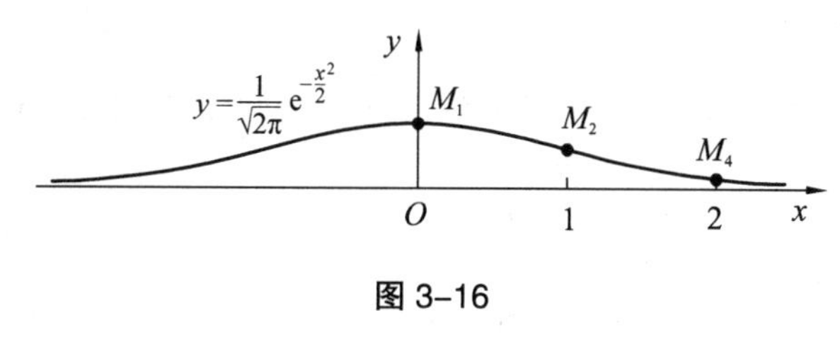

图 3–16

习　题　3–6

1．求下列函数的渐近线.

（1）$f(x)=e^{-\frac{1}{x}}$；　　　　（2）$f(x)=\dfrac{x^3}{x^2+2x-3}$.

2．作出下列函数的图形.

（1）$y=x^3-x^2-x+1$；　　　　（2）$y=x^2+\dfrac{1}{x}$；

（3）$y=e^{-(x-1)^2}$；　　　　（4）$y=\dfrac{x}{1+x^2}$.

第七节　边际分析与弹性分析

本节将介绍导数在经济学中的两个应用，即边际分析和弹性分析.

一、边际分析

在经济学中，习惯上用平均和边际这两个概念来描述一个经济变量 y 对另一个经济变量 x 的变化．平均概念表示 x 在某一范围内取值 y 的变化；边际概念表示当 x 的改变量 Δx 趋于 0 时，y 的相应改变量 Δy 与 Δx 比值的变化，即当 x 在某一给定值附近有微小变化时，y 的瞬时变化.

1．边际函数

定义 3.6　函数 $f(x)$ 的导数 $f'(x)$ 称为 $y=f(x)$ 的**边际函数**.

$f'(x_0)$ 表示 $f(x)$ 在点 $x=x_0$ 处的变化率，在经济学中，称其为 $f(x)$ 在点 $x=x_0$ 处的边际函数值．其经济意义为在 $x=x_0$ 时，当 x 改变一个单位值，y 近似改变 $f'(x_0)$ 个单位值．但在应用问题中解释边际函数值的具体意义时，通常略去“近似”二字.

例如，设函数 $y=x^3$，则 $y'=3x^2$，于是 $y=x^3$ 在点 $x=3$ 处的边际函数值为 $y'|_{x=3}=27$．它表示当 $x=3$ 时，x 改变一个单位，y（近似）改变 27 个单位.

2．成本函数

生产产品的全部费用总额称为**成本函数**，记为 C．C 一般是产量 x 的函数，即

$$C = C(x) \quad (x \geqslant 0).$$

成本由固定成本和可变成本组成．当产量 $x=0$ 时，对应值 $C(0)$称为**固定成本**.

成本函数 $C(x)$ 的导函数 $C'(x)$ 称为**边际成本**．每单位产品的成本称为**平均成本**，记为

$$\overline{C}(x) = \frac{C(x)}{x} \quad (x > 0).$$

由于 $\overline{C}'(x) = \dfrac{xC'(x) - C(x)}{x^2}$ 有唯一驻点 $x = \dfrac{C(x)}{C'(x)}$，即 $C'(x) = \dfrac{C(x)}{x} = \overline{C}(x)$，于是可认为当边际成本等于平均成本时，平均成本达到最小.

例 42　设产品的成本函数为 $C(x) = 0.000\,5x^3 - 10x + 1\,000$，求最低平均成本和相应产量的边际成本.

解　平均成本

$$\overline{C}(x) = 0.000\,5x^2 - 10 + \frac{1\,000}{x},$$

于是

$$\overline{C}'(x) = 0.001x - \frac{1\,000}{x^2}.$$

令 $\overline{C}'(x) = 0$，得唯一驻点 $x = 100$.

由实际问题可知最低平均成本在定义域内取得，故 $x = 100$ 是最低平均成本时的产量，此时平均成本 $\overline{C}(x) = 5$.

又边际成本函数 $C'(x) = 0.001\,5x^2 - 10$，故当 $x = 100$ 时，$C'(100) = 5$.

3．收益函数

销售产品的全部收入总额称为**收益函数**，记为 R．设产品的单位价格函数为 $P(x)$，则收益等于价格乘以销售量 x，即

$$R(x) = xP(x) \quad (x \geqslant 0).$$

收益函数 $R(x)$ 的导函数 $R'(x)$ 称为**边际收益**.

例 43　设某产品的收益函数为 $R(x) = 200x - 0.01x^2$，求其边际收益.

解　边际收益 $R'(x) = 200 - 0.02x$.

4．利润函数

收益 R 减去成本 C 称为**利润函数**，记为 L，即 $L(x) = R(x) - C(x)$.

利润函数的导函数 $L'(x)$ 称为**边际利润**.

当 $L(x) = R(x) - C(x) > 0$ 时，生产者盈利；当 $L(x) = R(x) - C(x) < 0$ 时，生产者亏损；当 $L(x) = R(x) - C(x) = 0$ 时，生产者盈亏平衡．使 $L(x) = 0$ 的点 x_0 称为**盈亏平衡点**（又称为**保本点**）.

又 $L'(x) = R'(x) - C'(x)$，$L''(x) = R''(x) - C''(x)$，根据函数取得极值的必要条件和充分条件可知：

（1）取得最大利润的必要条件为 $R'(x) = C'(x)$；

（2）取得最大利润的充分条件为 $R''(x) < C''(x)$.

例 44　设某厂生产某产品 x 单位的总费用为 $C(x) = 5x + 100$，获得的收益为 $R(x) = 10x - 0.01x^2$，求生产产量为多大时，其利润最大？求其最大利润.

解　利润函数为

$$L(x) = R(x) - C(x) = -0.01x^2 + 5x - 100,$$

于是

$$L'(x) = -0.02x + 5 .$$

令 $L' = 0$，得唯一驻点 $x = 250$.

又 $L''(250) = -0.02 < 0$，故当生产产量 $x = 250$，利润最大，且最大利润为 $L(250) = 525$.

二、弹性分析

1．需求函数

需求是指在某一特定时期内，市场上某种商品的各种可能的需求量．假定其他因素（如消费者的货币收入、偏好和相关商品的价格等）不变，则可以认为确定该商品需求量的因素是价格．此时，需求量 Q 可表示为价格 P 的函数，即

$$Q = f(P) ,$$

称为**需求函数**.

一般来说，商品价格低，需求大；商品价格高，需求小．因此，需求函数 $Q = f(P)$ 是单调减少函数.

因 $Q = f(P)$ 单调减少，所以有反函数 $P = f^{-1}(Q)$ ，称之为**价格函数**.

2．供给函数

供给是指在某一特定时期内，市场上某种商品的各种可能的供给量．假定其他因素（如消费者的货币收入、偏好和相关商品的价格等）不变，则可以认为确定该商品供给量的因素是价格．此时，供给量 Q 可表示为价格 P 的函数，即

$$Q = \varphi(P) ,$$

称为**供给函数**.

一般来说，商品价格低，生产者不愿生产，供给少；商品价格高，供给多，因此，供给函数 $Q = \varphi(P)$ 是单调增加函数.

3．弹　性

在边际分析中，所研究的是函数的绝对改变量与绝对变化率，而经济学中常需研究一个变量对另一个变量的相对变化情况，为此引入下面的定义.

定义 3.7　函数的相对改变量 $\dfrac{\Delta y}{y} = \dfrac{f(x+\Delta x) - f(x)}{f(x)}$ 与自变量的相对改变量 $\dfrac{\Delta x}{x}$ 之比 $\dfrac{\Delta y / y}{\Delta x / x}$ ，称为函数 $f(x)$ 从 x 到 $x+\Delta x$ **两点间的弹性**（或**相对变化率**）．而极限 $\lim\limits_{\Delta x \to 0} \dfrac{\Delta y / y_0}{\Delta x / x_0}$ 称为函数 $f(x)$ 在点 x_0 处的**弹性**（或**相对变化率**），记为 $\left.\dfrac{Ey}{Ex}\right|_{x=x_0}$ ，即

$$\left.\frac{Ey}{Ex}\right|_{x=x_0} = \lim_{\Delta x \to 0} \frac{\Delta y / y_0}{\Delta x / x_0} .$$

对一般的 x ，若函数 $y = f(x)$ 可导，则

$$\frac{Ey}{Ex} = \lim_{\Delta x \to 0} \frac{\Delta y / y}{\Delta x / x} = \lim_{\Delta x \to 0} \frac{\Delta y}{\Delta x} \cdot \frac{x}{y} = y' \frac{x}{y} .$$

特别地，

$$\left.\frac{Ey}{Ex}\right|_{x=x_0} = f'(x_0) \frac{x_0}{y_0} .$$

注：函数 $f(x)$ 在点 x 的弹性 $\frac{Ey}{Ex}$ 反映了随 x 的变化 $f(x)$ 变化幅度的大小，即 $f(x)$ 对 x 变化反应的强烈程度或灵敏度．数值上，$\frac{Ey}{Ex}$ 表示 $y=f(x)$ 在点 x 处，当 x 产生 1%的改变时，函数 $f(x)$ 近似地改变 $\frac{Ey}{Ex}$ %．但在应用问题中解释弹性的具体意义时，通常略去“近似”二字．

例 45　设 $y=3+2x+x^2$，求 $\left.\frac{Ey}{Ex}\right|_{x=2}$．

解　由于 $y'=2+2x$，当 $x=2$ 时，$y=11$，$y'=6$，于是

$$\left.\frac{Ey}{Ex}\right|_{x=2}=f'(x_0)\frac{x_0}{y_0}=\frac{6\times 2}{11}=\frac{12}{11}.$$

4．需求弹性

设需求函数 $Q=f(P)$，其中 P 表示产品的价格，则定义该产品在价格为 P_0 时的**需求弹性**如下：

$$\eta=\eta(P_0)=-f'(P_0)\cdot\frac{P_0}{f(P_0)}.$$

当 ΔP 很小时，有

$$\eta=-f'(P_0)\cdot\frac{P_0}{f(P_0)}\approx-\frac{P_0}{f(P_0)}\cdot\frac{\Delta Q}{\Delta P},$$

故需求弹性 η 近似地表示在价格为 P_0 时，价格变动 1%，需求量将变化 η%．

用需求弹性分析总收益的变化：总收益 R 是商品价格 P 与销售量 Q 的乘积，即

$$R=P\cdot Q=P\cdot f(P),$$

于是

$$R'=f(P)+Pf'(P)=f(P)\left(1+f'(P)\frac{P}{f(P)}\right)=f(P)(1-\eta).$$

（1）若 $\eta<1$，需求变动的幅度小于价格变动的幅度．此时，$R'>0$，R 递增．也就是说，价格上涨，总收益增加；价格下跌，总收益减少．

（2）若 $\eta>1$，需求变动的幅度大于价格变动的幅度．此时，$R'<0$，R 递减．也就是说，价格上涨，总收益减少；价格下跌，总收益增加．

（3）若 $\eta=1$，需求变动的幅度等于价格变动的幅度．此时，$R'=0$，R 取得最大值．

综上所述，总收益的变化受需求弹性的制约，随商品需求弹性的变化而变化．其关系示意图如图 3-17 所示．

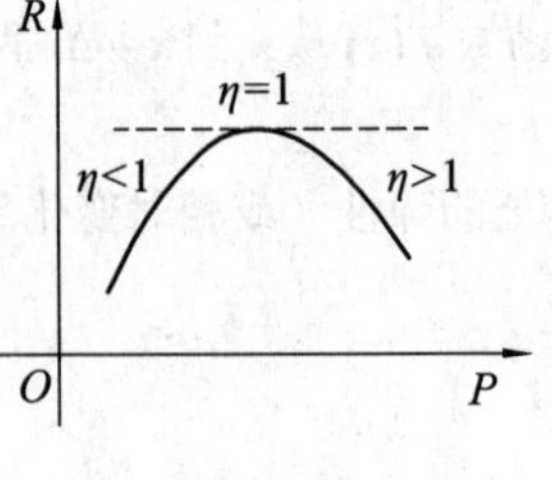

图 3–17

例 46　某商品的需求函数为 $Q=75-P^2$（Q 为需求量，P 为价格）．

（1）求 $P=4$ 时的边际需求，并说明其经济意义；

（2）求 $P=4$ 时的需求弹性，并说明其经济意义；

（3）当 $P=4$ 时，若价格 P 上涨 1%，总收益将变化百分之几？是增加还是减少？

（4）当 $P=6$ 时，若价格 P 上涨 1%，总收益将变化百分之几？是增加还是减少？

解　（1）因为 $Q'=-2P$，所以 $Q'(4)=-8$．

其经济意义为当产品价格 $P=4$ 时，价格上升 1 个单位，市场需求量将减少 8 个单位．

（2）需求弹性$\eta(4)=-Q'(4)\cdot\dfrac{4}{Q(4)}=8\cdot\dfrac{4}{75-16}=\dfrac{32}{59}\approx 0.5424$．

其经济意义为当产品价格$P=4$时，价格上涨 1%，需求量将减少 0.5424%；价格下跌 1%，需求量将增加 0.542 4％.

（3）求总收益变化百分比，即求总收益$R(P)$的弹性．由于总收益

$$R(P)=P\cdot Q(P)=75P-P^3.$$

从而

$$R'(P)=75-3P^2,$$

于是收益弹性

$$\left.\frac{\mathrm{E}R}{\mathrm{E}P}\right|_{p=4}=R'(4)\cdot\frac{4}{R(4)}=\frac{108}{236}\approx 0.4576,$$

故当$P=4$时，若价格P上涨 1%，总收益将增加 0.4576%.

（4）因为

$$\left.\frac{\mathrm{E}R}{\mathrm{E}P}\right|_{p=6}=R'(6)\cdot\frac{6}{R(6)}=\frac{-198}{234}\approx -0.8462,$$

故当$P=6$时，若价格P上涨 1%，总收益将减少 0.8462%.

5．供给弹性

设市场供给函数$Q=\varphi(P)$，其中 P 表示产品的价格，则定义该产品在价格为 P_0时的**供给弹性**如下：

$$\varepsilon=\varepsilon(P_0)=\varphi'(P_0)\cdot\frac{P_0}{\varphi(P_0)}.$$

当ΔP很小时，有

$$\varepsilon=\varphi'(P_0)\cdot\frac{P_0}{\varphi(P_0)}\approx\frac{P_0}{\varphi(P_0)}\cdot\frac{\Delta Q}{\Delta P},$$

故供给弹性ε近似地表示价格为P_0时，价格变动 1%，供给量将变化$\varepsilon\%$．

例 47　某商品的供给函数为$Q=3+2P$（Q为供给量，P为价格)，求当$P=4$时的供给弹性，并说明其经济意义.

解　因为$Q'=2$，所以

$$\varepsilon(4)=Q'(4)\cdot\frac{4}{Q(4)}=\frac{2\times 4}{3+2\times 4}=\frac{8}{11}\approx 0.7273.$$

其经济意义为当$P=4$时，若价格P上涨 1%，供给量将增加 0.7273%.

最后指出，当市场的需求量与供给量相等时，商品的价格P_0称为**均衡价格**，此时市场的需求量或供给量Q_0称为**均衡商品量**（见图 3-18).

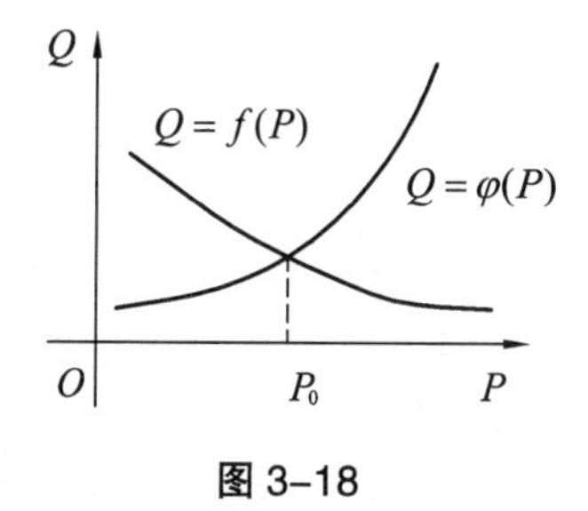

图 3–18

习　题　3–7

1．某产品生产x个单位的总成本函数$C(x)=1100+\dfrac{1}{1\,200}x^2$万元，求：

（1）生产 900 个单位时的总成本和平均单位成本；

（2）生产 900 到 1 000 个单位时的总成本的平均变化率；

（3）生产 900 个单位和 1 000 个单位时的边际成本，并说明其经济意义.

2．设某产品生产 x 个单位的总收益函数 $R(x)=200x-0.01x^2$，求生产 50 个单位产品时的总收益以及单位产品的平均收益和边际收益．

3．设某商品的价格 P 与需求量 Q 的关系为 $P=10-\dfrac{Q}{5}$，

（1）求需求量为 20 和 30 时的总收益、平均收益和边际收益；

（2）Q 为多大时，总收益最大？

4．某工厂生产某产品，日总成本为 C 元，其中固定成本为 20 元．每多生产一个单位的产品，成本增加 10 元．该商品的需函数为 $Q=50-2P$，求 Q 为多少时，工厂日总利润 L 最大？

5．设某商品的需求量 Q 是价格 P 的函数，即 $Q=150-2P^2$，

（1）求 $P=6$ 时的边际需求，并说明其经济意义；

（2）求 $P=6$ 时的需求弹性，并说明其经济意义；

（3）当 $P=6$ 时，若价格下降 2%，总收益是增加还是减少？它将变化百分之几？

复习题三

1．填空题．

（1）函数 $y=2x^2-x+1$ 在区间 $[-1,2]$ 上满足拉格朗日定理的 $\xi=$________；

（2）函数 $y=\ln(1+x^2)$的单调减区间为________；

（3）若商品需求函数 $Q=A\mathrm{e}^{-\frac{P}{3}}(A>0)$，则 $P=2$ 时，Q 对 P 的弹性 $\eta(2)=$______；

（4）曲线 $y=x\mathrm{e}^{-x}$ 的凸区间为________；

（5）函数 $y=x^3-3x+2$ 的极小值为________；

2．选择题．

（1）设 $f(x)=|x(1-x)|$，则下列结论正确的是（　　）．

A　$x=0$ 是 $f(x)$ 的极值点，但 $(0,0)$ 不是曲线 $y=f(x)$ 的拐点

B　$x=0$ 不是 $f(x)$ 的极值点，但 $(0,0)$ 是曲线 $y=f(x)$ 的拐点

C　$x=0$ 是 $f(x)$ 的极值点，但 $(0,0)$ 也是曲线 $y=f(x)$ 的拐点

D　$x=0$ 不是 $f(x)$ 的极值点，但 $(0,0)$ 也不是曲线 $y=f(x)$ 的拐点

（2）曲线 $y=\dfrac{1}{x}+\ln(1+\mathrm{e}^x)$，渐近线的条数为（　　）．

A　3　　　B　2　　　C　1　　　D　0

（3）设某商品的需求函数为 $Q=160-2P$，其中 Q,P 分别表示需求量和价格，如果该商品需求弹性的绝对值等于 1，则商品的价格是（　　）．

A　10　　　B　20　　　C　30　　　D　40

（4）下列各式中，当 $x>0$ 时成立的是（　　）．

A　$\mathrm{e}^x<1+x$　　　B　$x>\sin x$　　　C　$\mathrm{e}^x<\mathrm{e}x$　　　D　$\ln(1+x)>x$

（5）下列结论正确的是（　　）．

A　$f(x_0)$是$f(x)$的极值，则 $f'(x_0)=0$

B　$(x_0,f(x_0))$是曲线$f(x)$的拐点，则 $f''(x_0)=0$

C　若 $y=f(x)$在点 x_0 处可导，则 $y=f(x)$在点$(x_0,f(x_0))$处切线存在

D　若 $y=f(x)$在点$(x_0,f(x_0))$处切线存在，则 $y=f(x)$在点 x_0 处可导

3．解答题．

（1）求 $\lim\limits_{x\to 0}\left(\dfrac{1}{\sin_2 x}-\dfrac{\cos_2 x}{x_2}\right)$；　　（2）求 $\lim\limits_{x\to 0}\dfrac{1}{x^2}\ln\dfrac{\sin x}{x}$；

（3）求 $\lim\limits_{x\to\infty}\left(\dfrac{a_1^{\frac{1}{x}}+a_2^{\frac{1}{x}}+\cdots+a_n^{\frac{1}{x}}}{n}\right)$ $(a_i>0)$；

（4）设函数 $y=y(x)$ 由方程 $y\ln y-x+y=0$ 确定，试判断曲线 $y=y(x)$ 在点 $(1,1)$ 附近的凹凸性；

（5）设某商品的需求函数为 $Q=100-5P$，其中价格 $P\in(0,20)$，Q 为需求量，

① 求需求量对价格的弹性 E_d ($E_d>0$);

② 推导 $\dfrac{\mathrm{d}R}{\mathrm{d}P}=Q(1-E_d)$ (其中 R 为收益)，并用弹性 E_d 说明价格在何范围内变化时，降低价格反而使收益增加．

（6）求函数 $y=\dfrac{x}{1+x^2}$ 的单调区间与极值；

（7）求 $f(x)=x^{\frac{2}{3}}-(x^2-1)^{\frac{1}{3}}$ 在 $[-2,2]$ 上的最大值与最小值；

（8）设函数 $f(x)$ 满足 $3f(x)-f\left(\dfrac{1}{x}\right)=\dfrac{1}{x}$，求 $f(x)$ 的极值．

4．证明题．

设函数 $f(x)$ 在 $[0,+\infty)$ 上二阶可导，并且 $f(0)=0$，$f''(x)>0$．证明函数 $g(x)=\dfrac{f(x)}{x}$ 在 $(0,+\infty)$ 内单调增加．

第四章　不定积分

在第二章中，我们讨论了求一个函数的导数问题，但在科学、技术和经济的许多问题中，常常还需要解决相反问题，即要寻找一个可导函数，使它的导函数等于已知函数．这种由已知函数的导数去求原来函数的问题，是积分学的基本问题之一．本章将介绍不定积分的概念、性质及其计算方法．

第一节　不定积分的概念与性质

一、原函数的概念

1．原函数的定义

定义 4.1　若在区间 I 上可导函数 $F(x)$ 的导函数为 $f(x)$，即对任一 $x \in I$，都有

$$F'(x)=f(x) \quad \text{或} \quad \mathrm{d}F(x)=f(x)\mathrm{d}x,$$

则称函数 $F(x)$ 为 $f(x)$ 在区间 I 上的一个**原函数**．

例如，因为 $(\sin x)'=\cos x$，所以 $\sin x$ 是 $\cos x$ 的一个原函数．又如当 $x\in(0,+\infty)$ 时，$(\sqrt{x})'=\dfrac{1}{2\sqrt{x}}$，所以 $\sqrt{x}$ 是 $\dfrac{1}{2\sqrt{x}}$ 的一个原函数．

问题：（1）函数 $\cos x$ 和 $\dfrac{1}{2\sqrt{x}}$ 还有其他原函数吗？

（2）一个函数具备什么条件，能保证其原函数存在？

定理 4.1（原函数存在定理）　若函数 $f(x)$ 在区间 I 上连续　，则在区间 I 上存在可导函数 $F(x)$，使对任一 $x\in I$，都有

$$F'(x)=f(x),$$

即连续函数一定有原函数．

2．原函数的性质

性质 1　如果函数 $f(x)$ 在区间 I 上有原函数 $F(x)$，则 $f(x)$ 就有无数多个原函数，其中函数 $F(x)+C$ 都是 $f(x)$ 的原函数　，C 是任意常数．

性质 2　函数 $f(x)$ 在区间 I 上的任意两个原函数之间只差一个常数，即如果函数 $G(x)$ 和 $F(x)$ 都是 $f(x)$ 的原函数，则

$$G(x)-F(x)=C \quad （C\text{为某个常数}）.$$

性质 3　函数 $f(x)$ 在区间 I 上存在原函数 $F(x)$，则其原函数的全体为

$$\{F(x)+C \mid F'(x)=f(x),\forall C\in\mathbf{R}\}.$$

因此，一个函数的原函数全体可以视为一等价函数类，可以用一个具有代表性的元素来表示．还可以认为，在相差一个常数的情况下是"一个"函数，为此引入不定积分的概念．

二、不定积分的概念

定义 4.2　在区间 I 上函数 $f(x)$ 的带有任意常数的原函数 $F(x)+C(F'(x)=f(x))$，称为 $f(x)$

在区间 I 上的**不定积分**，记为 $\int f(x)\mathrm{d}x$ ，即

$$\int f(x)\mathrm{d}x = F(x)+C .$$

其中记号 $\int$ 称为**积分号**，$f(x)$ 称为**被积函数**，$f(x)\mathrm{d}x$ 称为**被积表达式**，x 称为**积分变量**，C 称为**积分常数**.

根据上述定义，不定积分 $\int f(x)\mathrm{d}x$ 可以表示 $f(x)$ 的任意一个原函数. 求一个函数的不定积分，可归结为求它的一个原函数，再加上任意常数 C .

例 1 求下列不定积分.

（1）$\int \cos x\mathrm{d}x$ ；（2）$\int \frac{1}{2\sqrt{x}}\mathrm{d}x$ ；（3）$\int \frac{1}{x}\mathrm{d}x$.

解 （1）因为 $\sin x$ 是 $\cos x$ 的原函数，所以 $\int \cos x\mathrm{d}x = \sin x + C$.

（2）因为 $\sqrt{x}$ 是 $\frac{1}{2\sqrt{x}}$ 的原函数，所以 $\int \frac{1}{2\sqrt{x}}\mathrm{d}x = \sqrt{x} + C$.

（3）当 $x>0$ 时，

$$(\ln x)' = \frac{1}{x} ,$$

因此 $\ln x$ 是 $\frac{1}{x}$ 在 $(0,+\infty)$ 内的一个原函数；当 $x<0$ 时，

$$[\ln(-x)]' = \frac{1}{-x}(-1) = \frac{1}{x} ,$$

因此 $\ln(-x)$ 是 $\frac{1}{x}$ 在 $(-\infty,0)$ 内的一个原函数. 综上所述，得

$$\int \frac{1}{x}\mathrm{d}x = \ln|x| + C \quad (x \neq 0).$$

例 2 一曲线通过点(1, 2)，且其上任一点处的切线斜率等于该点横坐标的两倍，求其方程.

解 设所求的曲线方程为 $y = f(x)$. 由题意，曲线上任一点 (x,y) 处的切线斜率为

$$y' = f'(x) = 2x ,$$

即 $y = f(x)$ 是 $2x$ 的一个原函数.

因为 $\int 2x\mathrm{d}x = x^2 + C$ ，于是

$$y = x^2 + C .$$

又曲线过点 (1, 2) ，从而 $2 = 1 + C$ ，即 $C = 1$. 故所求曲线方程为

$$y = x^2 + 1 .$$

函数 $f(x)$ 的原函数的图形称为 $f(x)$ 的**积分曲线**. 显然，函数 $f(x)$ 的积分曲线是由一条特殊的积分曲线沿 y 轴方向平行移动所得到的曲线族（见图 4-1）.

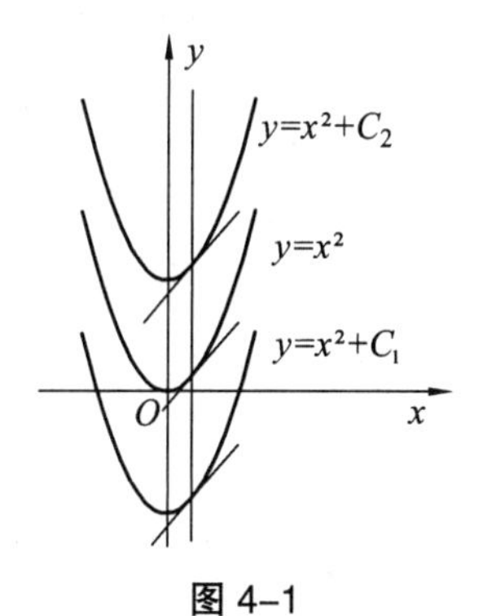

图 4–1

例 3 设某产品的边际成本为 $C'(x) = 3x^2 + 2$ ，固定成本 $C_0 = 4$ ，求此产品的成本函数.

解 按题意，所求产品的成本函数为

$$C(x) = \int C'(x)\mathrm{d}x = \int (3x^2+2)\mathrm{d}x ,$$

由于 $(x^3 + 2x)' = 3x^2 + 2$ ，故

$$C(x)=x^3+2x+C.$$

因为固定成本 $C_0=4$，所以 $C(0)=0+0+C=4$，得 $C=4$．因此成本函数为

$$C(x)=x^3+2x+4.$$

从不定积分的定义可知下述关系：

（1）$\frac{\mathrm{d}}{\mathrm{d}x}\left[\int f(x)\mathrm{d}x\right]=f(x)$ 或 $\mathrm{d}\left[\int f(x)\mathrm{d}x\right]=f(x)\mathrm{d}x$．

（2）$\int F'(x)\mathrm{d}x=F(x)+C$ 或 $\int \mathrm{d}F(x)=F(x)+C$．

由此可见，微分运算（以记号 d 表示）与求不定积分的运算（简称积分运算，以记号 $\int$ 表示）是互逆的．当记号 $\int$ 与 d 连在一起时，或者抵消，或者抵消后差一个常数．有了以上关系，可以很容易地由求导公式得出以下基本积分公式．

三、基本积分公式

（1）$\int k\mathrm{d}x=kx+C$（k 是常数）；　（2）$\int x^\mu\mathrm{d}x=\frac{1}{\mu+1}x^{\mu+1}+C$（$\mu\neq-1$）；

（3）$\int \frac{1}{x}\mathrm{d}x=\ln|x|+C$；　（4）$\int \mathrm{e}^x\mathrm{d}x=\mathrm{e}^x+C$；

（5）$\int a^x\mathrm{d}x=\frac{a^x}{\ln a}+C$；　（6）$\int \cos x\mathrm{d}x=\sin x+C$；

（7）$\int \sin x\mathrm{d}x=-\cos x+C$；　（8）$\int \sec^2 x\mathrm{d}x=\tan x+C$；

（9）$\int \csc^2 x\mathrm{d}x=-\cot x+C$；　（10）$\int \frac{1}{1+x^2}\mathrm{d}x=\arctan x+C$；

（11）$\int \frac{1}{\sqrt{1-x^2}}\mathrm{d}x=\arcsin x+C$；　（12）$\int \sec x\tan x\mathrm{d}x=\sec x+C$；

（13）$\int \csc x\cot \mathrm{d}x=-\csc x+C$．

例 4　求下列不定积分．

（1）$\int \frac{1}{x^3}\mathrm{d}x$；　（2）$\int x^2\sqrt{x}\mathrm{d}x$；　（3）$\int 2^x\mathrm{e}^x\mathrm{d}x$．

解　（1）$\int \frac{1}{x^3}\mathrm{d}x=\int x^{-3}\mathrm{d}x=\frac{1}{-3+1}x^{-3+1}+C=-\frac{1}{2x^2}+C$．

（2）$\int x^2\sqrt{x}\mathrm{d}x=\int x^{\frac{5}{2}}\mathrm{d}x=\frac{1}{\frac{5}{2}+1}x^{\frac{5}{2}+1}+C=\frac{2}{7}x^{\frac{7}{2}}+C$．

（3）$\int 2^x\mathrm{e}^x\mathrm{d}x=\int (2\mathrm{e})^x\mathrm{d}x=\frac{1}{\ln(2\mathrm{e})}(2\mathrm{e})^x+C=\frac{2^x\mathrm{e}^x}{1+\ln 2}+C$．

四、不定积分的性质

根据不定积分的定义可以得到不定积分的性质．

性质 4　若函数 $f(x)$ 和 $g(x)$ 的原函数存在，则

$$\int[f(x)\pm g(x)]\mathrm{d}x=\int f(x)\mathrm{d}x\pm\int g(x)\mathrm{d}x.$$

证明　因为

$$\left[\int f(x)\mathrm{d}x \pm \int g(x)\mathrm{d}x\right]' = \left[\int f(x)\mathrm{d}x\right]' \pm \left[\int g(x)\mathrm{d}x\right]' = f(x) \pm g(x),$$

所以
$$\int [f(x) \pm g(x)]\mathrm{d}x = \int f(x)\mathrm{d}x \pm \int g(x)\mathrm{d}x .$$

性质 4 对于有限个原函数存在的函数代数和同样成立.

性质 5　若函数 $f(x)$ 的原函数存在，k 为非零常数，则

$$\int kf(x)\mathrm{d}x = k\int f(x)\mathrm{d}x \quad （k \text{ 是常数，} k \neq 0）.$$

证明　因为

$$\left[k\int f(x)\mathrm{d}x\right]' = k\left[\int f(x)\mathrm{d}x\right]' = kf(x),$$

所以
$$\int kf(x)\mathrm{d}x = k\int f(x)\mathrm{d}x .$$

以上性质的证明过程也给出了验证不定积分结果正确性的方法.

例 5　求下列不定积分.

（1）$\int \sqrt{x}(x^2-5)\mathrm{d}x$；　　（2）$\int (\mathrm{e}^x - 3\cos x)\mathrm{d}x$；　　（3）$\int \frac{x^2}{1+x^2}\mathrm{d}x$.

解　（1）$\int \sqrt{x}(x^2-5)\mathrm{d}x = \int (x^{\frac{5}{2}} - 5x^{\frac{1}{2}})\mathrm{d}x = \int x^{\frac{5}{2}}\mathrm{d}x - \int 5x^{\frac{1}{2}}\mathrm{d}x = \frac{2}{7}x^{\frac{7}{2}} - \frac{10}{3}x^{\frac{3}{2}} + C$.

（2）$\int (\mathrm{e}^x - 3\cos x)\mathrm{d}x = \int \mathrm{e}^x\mathrm{d}x - 3\int \cos x\mathrm{d}x = \mathrm{e}^x - 3\sin x + C$.

（3）$\int \frac{x^2}{1+x^2}\mathrm{d}x = \int \left(1 - \frac{1}{1+x^2}\right)\mathrm{d}x = \int \mathrm{d}x - \int \frac{1}{1+x^2}\mathrm{d}x = x - \arctan x + C$.

例 6　求下列不定积分.

（1）$\int \tan^2 x\mathrm{d}x$；　　（2）$\int \sin^2\frac{x}{2}\mathrm{d}x$；　　（3）$\int \frac{1}{\sin^2 x\cos^2 x}\mathrm{d}x$.

解（1）$\int \tan^2 x\mathrm{d}x = \int (\sec^2 x - 1)\mathrm{d}x = \int \sec^2 x\mathrm{d}x - \int \mathrm{d}x = \tan x - x + C$.

（2）$\int \sin^2\frac{x}{2}\mathrm{d}x = \int \frac{1-\cos x}{2}\mathrm{d}x = \frac{1}{2}\left(\int \mathrm{d}x - \int \cos x\mathrm{d}x\right) = \frac{1}{2}(x - \sin x) + C$.

（3）$\int \frac{1}{\sin^2 x\cos^2 x}\mathrm{d}x = \int \frac{\sin^2 x + \cos^2 x}{\sin^2 x\cos^2 x}\mathrm{d}x = \int (\sec^2 x + \csc^2 x)\mathrm{d}x = \tan x - \cot x + C$.

例 7　求不定积分 $\int \left(\frac{3}{1+x^2} - \frac{2}{\sqrt{1-x^2}}\right)\mathrm{d}x$.

解　$\int \left(\frac{3}{1+x^2} - \frac{2}{\sqrt{1-x^2}}\right)\mathrm{d}x = 3\int \frac{1}{1+x^2}\mathrm{d}x - 2\int \frac{1}{\sqrt{1-x^2}}\mathrm{d}x = 3\arctan x - 2\arcsin x + C$.

以上例题是通过不定积分的基本积分公式以及性质直接求不定积分，此类积分又称为**直接积分法**.

习　题　4-1

1．求下列不定积分.

（1）$\int x\sqrt{x}\mathrm{d}x$；　　（2）$\int \frac{1}{x^2\sqrt{x}}\mathrm{d}x$；　　（3）$\int (x^2+1)^2\mathrm{d}x$；

（4）$\int(\sqrt{x}+1)(\sqrt{x^3}-1)\mathrm{d}x$；　（5）$\int\frac{1}{x^2(1+x^2)}\mathrm{d}x$；　（6）$\int\frac{3x^4+3x^2+1}{x^2+1}\mathrm{d}x$；

（7）$\int\left(2\mathrm{e}^x+\frac{3}{x}\right)\mathrm{d}x$；　（8）$\int\mathrm{e}^x\left(1-\frac{\mathrm{e}^{-x}}{\sqrt{x}}\right)\mathrm{d}x$；　（9）$\int\frac{1}{1+\cos 2x}\mathrm{d}x$；

（10）$\int\frac{\cos 2x}{\cos^2 x\sin^2 x}\mathrm{d}x$；　（11）$\int\cot^2 x\mathrm{d}x$；　（12）$\int\sec x(\sec x-\tan x)\mathrm{d}x$；

（13）$\int\frac{\cos 2x}{\cos x+\sin x}\mathrm{d}x$；　（14）$\int\cos^2\frac{x}{2}\mathrm{d}x$；　（15）$\int\frac{\mathrm{e}^{2x}-1}{\mathrm{e}^x-1}\mathrm{d}x$.

2．设生产某产品 x 单位的总成本为 $C(x)$，固定成本 $C_0=20$ 元，边际成本函数 $C'(x)=2x+10$（元 / 单位），求总成本函数 $C(x)$.

3．一曲线通过点$(\mathrm{e}^2,3)$，且在任一点处的切线的斜率等于该点横坐标的倒数，求该曲线的方程.

第二节　换元积分法

能用直接积分法计算的不定积分是十分有限的，由此，有必要进一步研究不定积分的求法．本节及下节将介绍求不定积分的两种基本方法．本节介绍的换元积分法，是将复合函数的求导法则反过来用于不定积分，即通过适当的变量替换（换元），把某些不定积分化为基本积分公式表中所列的形式，再计算出所求的不定积分．

一、第一换元积分法（凑微分法）

在上节的积分公式中，没有像 $\int\cos 2x\mathrm{d}x$ 这样的积分公式，但被积函数 $\cos 2x$ 可以分解为 $\cos 2x=\frac{1}{2}\cos 2x\cdot(2x)'$，因此作变换 $u=2x$，并注意到 $(2x)'\mathrm{d}x=\mathrm{d}(2x)$，可将关于 x 的积分变换为关于 u 的积分，于是有

$$\int\cos 2x\mathrm{d}x=\int\frac{1}{2}\cos 2x(2x)'\mathrm{d}x=\frac{1}{2}\int\cos 2x\mathrm{d}(2x)=\frac{1}{2}\int\cos u\mathrm{d}u.$$

而对于 $\int\cos u\mathrm{d}u$，再利用上节的积分公式，得

$$\int\cos u\mathrm{d}u=\sin u+C,$$

于是

$$\int\cos 2x\mathrm{d}x=\frac{1}{2}\int\cos u\mathrm{d}u=\frac{1}{2}\sin u+C=\frac{1}{2}\sin 2x+C.$$

一般地，我们有下述定理：

定理 4.2　设 $f(u)$ 具有原函数，$u=\varphi(x)$ 可导，则有换元公式

$$\int f[\varphi(x)]\varphi'(x)\mathrm{d}x=\left[\int f(u)\mathrm{d}u\right]_{u=\varphi(x)}.\tag{1}$$

证明　设 $\int f(u)\mathrm{d}u=F(u)+C$，则 $F'(u)=f(u)$．根据复合函数求导法则，有

$$\left\{\left[\int f(u)\mathrm{d}u\right]_{u=\varphi(x)}\right\}'=\{F[\varphi(x)]+C\}'=F'[\varphi(x)]\varphi'(x)=f[\varphi(x)]\varphi'(x),$$

所以

$$\int f[\varphi(x)]\varphi'(x)\mathrm{d}x=\left[\int f(u)\mathrm{d}u\right]_{u=\varphi(x)}.$$

注：利用公式（1）求不定积分 $\int g(x)\mathrm{d}x$ 时，首先将函数 $g(x)$ 化为 $f[\varphi(x)]\varphi'(x)$ 的形式，且 $\int f(u)\,\mathrm{d}u$ 可以积出. 则

$$\int g(x)\mathrm{d}x=\int f[\varphi(x)]\varphi'(x)\mathrm{d}x=\left[\int f(u)\mathrm{d}u\right]_{u=\varphi(x)}.$$

最后一个等式表示要将 $u=\varphi(x)$ 回代.

例 8　求下列不定积分.

（1）$\int 2\sin 2x\mathrm{d}x$；　（2）$\int 2x\mathrm{e}^{x^2}\mathrm{d}x$；　（3）$\int x\sqrt{1-x^2}\mathrm{d}x$；　（4）$\int \frac{1}{3+2x}\mathrm{d}x$.

解（1）因为被积函数 $\sin 2x$ 是由 $\sin u$, $u=2x$ 复合而成，因此作变换 $u=2x$，得

$$\int 2\sin 2x\mathrm{d}x=\int \sin 2x\cdot(2x)'\mathrm{d}x=\int \sin u\mathrm{d}u=-\cos u+C=-\cos 2x+C.$$

（2）
$$\int 2x\mathrm{e}^{x^2}\mathrm{d}x=\int \mathrm{e}^{x^2}(x^2)'\mathrm{d}x=\int \mathrm{e}^{x^2}\mathrm{d}x^2,$$

设 $u=x^2$，则有

$$\int 2x\mathrm{e}^{x^2}\mathrm{d}x=\int \mathrm{e}^{u}\mathrm{d}u=\mathrm{e}^{u}+C=\mathrm{e}^{x^2}+C.$$

（3）
$$\int x\sqrt{1-x^2}\mathrm{d}x=-\frac{1}{2}\int \sqrt{1-x^2}(1-x^2)'\mathrm{d}x=-\frac{1}{2}\int \sqrt{1-x^2}\mathrm{d}(1-x^2).$$

设 $u=1-x^2$，则有

$$\int x\sqrt{1-x^2}\mathrm{d}x=-\frac{1}{2}\int u^{\frac{1}{2}}\mathrm{d}u=-\frac{1}{3}u^{\frac{3}{2}}+C=-\frac{1}{3}(1-x^2)^{\frac{3}{2}}+C.$$

（4）令 $u=3+2x$，则 $\mathrm{d}u=2\mathrm{d}x$，于是

$$\int \frac{1}{3+2x}\mathrm{d}x=\int \frac{1}{u}\cdot\frac{1}{2}\mathrm{d}u=\frac{1}{2}\int \frac{1}{u}\mathrm{d}u=\frac{1}{2}\ln|u|+C=\frac{1}{2}\ln|3+2x|+C.$$

以上解题方法熟练之后，变量代换 $u=\varphi(x)$ 就可以不必再写了.

例 9　求下列不定积分（其中 $a>0$）.

（1）$\int \tan x\mathrm{d}x$；　（2）$\int \frac{1}{a^2+x^2}\mathrm{d}x$；　（3）$\int \frac{1}{\sqrt{a^2-x^2}}\mathrm{d}x$；　（4）$\int \frac{1}{x^2-a^2}\mathrm{d}x$.

解（1）$\int \tan x\mathrm{d}x=\int \frac{\sin x}{\cos x}\mathrm{d}x=-\int \frac{1}{\cos x}\mathrm{d}\cos x=-\ln|\cos x|+C$.

类似地，可得
$$\int \cot x\mathrm{d}x=\ln|\sin x|+C.$$

（2）
$$\int \frac{1}{a^2+x^2}\mathrm{d}x=\frac{1}{a^2}\int \frac{1}{1+\left(\frac{x}{a}\right)^2}\mathrm{d}x=\frac{1}{a}\int \frac{1}{1+\left(\frac{x}{a}\right)^2}\mathrm{d}\left(\frac{x}{a}\right)=\frac{1}{a}\arctan\frac{x}{a}+C.$$

（3）
$$\int \frac{1}{\sqrt{a^2-x^2}}\mathrm{d}x=\frac{1}{a}\int \frac{1}{\sqrt{1-\left(\frac{x}{a}\right)^2}}\mathrm{d}x=\int \frac{1}{\sqrt{1-\left(\frac{x}{a}\right)^2}}\mathrm{d}\left(\frac{x}{a}\right)=\arcsin\frac{x}{a}+C.$$

（4）
$$\int \frac{1}{x^2-a^2}\mathrm{d}x=\frac{1}{2a}\int\left(\frac{1}{x-a}-\frac{1}{x+a}\right)\mathrm{d}x=\frac{1}{2a}\left[\int \frac{1}{x-a}\mathrm{d}x-\int \frac{1}{x+a}\mathrm{d}x\right]$$

$$=\frac{1}{2a}\left[\int\frac{1}{x-a}\mathrm{d}(x-a)-\int\frac{1}{x+a}\mathrm{d}(x+a)\right]$$

$$=\frac{1}{2a}[\ln|x-a|-\ln|x+a|]+C=\frac{1}{2a}\ln\left|\frac{x-a}{x+a}\right|+C.$$

例 10　求下列不定积分.

（1）$\int\frac{1}{x(1+2\ln x)}\mathrm{d}x$；　（2）$\int\frac{\mathrm{e}^{3\sqrt{x}}}{\sqrt{x}}\mathrm{d}x$；　（3）$\int\mathrm{e}^{1+\sin^2 x}\sin 2x\mathrm{d}x$.

解（1）$\int\frac{1}{x(1+2\ln x)}\mathrm{d}x=\int\frac{1}{1+2\ln x}\mathrm{d}\ln x=\frac{1}{2}\int\frac{1}{1+2\ln x}\mathrm{d}(1+2\ln x)=\frac{1}{2}\ln|1+2\ln x|+C$.

（2）$\int\frac{\mathrm{e}^{3\sqrt{x}}}{\sqrt{x}}\mathrm{d}x=2\int\mathrm{e}^{3\sqrt{x}}\mathrm{d}\sqrt{x}=\frac{2}{3}\int\mathrm{e}^{3\sqrt{x}}\mathrm{d}(3\sqrt{x})=\frac{2}{3}\mathrm{e}^{3\sqrt{x}}+C$.

（3）$\int\mathrm{e}^{1+\sin^2 x}\sin 2x\mathrm{d}x=\int\mathrm{e}^{1+\sin^2 x}\mathrm{d}(1+\sin^2 x)=\mathrm{e}^{1+\sin^2 x}+C$.

以下介绍一些三角函数的积分.

例 11　求下列不定积分.

（1）$\int\sin^3 x\mathrm{d}x$；　（2）$\int\sin^2 x\cos^5 x\mathrm{d}x$；　（3）$\int\cos^2 x\mathrm{d}x$；　（4）$\int\cos 3x\cos 2x\mathrm{d}x$.

解（1）$\int\sin^3 x\mathrm{d}x=-\int(1-\cos^2 x)\mathrm{d}\cos x=-\int\mathrm{d}\cos x+\int\cos^2 x\mathrm{d}\cos x$

$$=-\cos x+\frac{1}{3}\cos^3 x+C.$$

（2）$\int\sin^2 x\cos^5 x\mathrm{d}x=\int\sin^2 x\cos^4 x\mathrm{d}\sin x=\int\sin^2 x(1-\sin^2 x)^2\,\mathrm{d}\sin x$

$$=\int(\sin^2 x-2\sin^4 x+\sin^6 x)\,\mathrm{d}\sin x$$

$$=\frac{1}{3}\sin^3 x-\frac{2}{5}\sin^5 x+\frac{1}{7}\sin^7 x+C.$$

（3）$\int\cos^2 x\mathrm{d}x=\int\frac{1+\cos 2x}{2}\mathrm{d}x=\frac{1}{2}\left(\int\mathrm{d}x+\int\cos 2x\mathrm{d}x\right)$

$$=\frac{1}{2}\int\mathrm{d}x+\frac{1}{4}\int\cos 2x\mathrm{d}(2x)=\frac{1}{2}x+\frac{1}{4}\sin 2x+C.$$

（4）$\int\cos 3x\cos 2x\mathrm{d}x=\frac{1}{2}\int(\cos 5x+\cos x)\mathrm{d}x=\frac{1}{10}\int\cos 5x\mathrm{d}(5x)+\frac{1}{2}\int\cos x\mathrm{d}x$

$$=\frac{1}{2}\sin x+\frac{1}{10}\sin 5x+C.$$

注：遇到同角正弦、余弦函数乘积的积分，一般拆开奇次项凑微分；只含偶次项乘积的积分，常用倍角公式降次幂；含不同角的正弦、余弦函数乘积的积分，常用积化和差公式化为正弦与余弦和的形式再积分.

例 12　求下列不定积分.

（1）$\int\csc x\mathrm{d}x$；　（2）$\int\sec x\mathrm{d}x$；　（3）$\int\sec x(\sec^3 x+1)\,\mathrm{d}x$.

解（1）$\int\csc x\mathrm{d}x=\int\frac{1}{\sin x}\mathrm{d}x=\int\frac{1}{2\sin\frac{x}{2}\cos\frac{x}{2}}\mathrm{d}x=\int\frac{\sec^2\frac{x}{2}}{2\tan\frac{x}{2}}\mathrm{d}x$

$$=\int\frac{1}{\tan\frac{x}{2}}\mathrm{d}\tan\frac{x}{2}=\ln\left|\tan\frac{x}{2}\right|+C=\ln\left|\csc x-\cot x\right|+C.$$

（2）$\int\sec x\mathrm{d}x=\int\csc\left(x+\frac{\pi}{2}\right)\mathrm{d}x=\ln\left|\csc\left(x+\frac{\pi}{2}\right)-\cot\left(x+\frac{\pi}{2}\right)\right|+C=\ln\left|\sec x+\tan x\right|+C$.

或　$\int\sec x\mathrm{d}x=\int\frac{\sec x(\sec x+\tan x)}{\sec x+\tan x}\mathrm{d}x=\int\frac{1}{\sec x+\tan x}\mathrm{d}(\sec x+\tan x)=\ln\left|\sec x+\tan x\right|+C$.

（3）$\int\sec x(\sec^3 x+1)\mathrm{d}x=\int(\sec^4 x+\sec x)\mathrm{d}x=\int\sec^2 x\cdot\sec^2 x\mathrm{d}x+\int\sec x\mathrm{d}x$

$$=\int(1+\tan^2 x)\,\mathrm{d}\tan x+\ln\left|\sec x+\tan x\right|$$

$$=\tan x+\frac{1}{3}\tan^3 x+\ln\left|\sec x+\tan x\right|+C.$$

二、第二类换元法

如果不定积分$\int f(x)\mathrm{d}x$用直接积分法或第一换元法不太容易求出，而作适当的变量代换$x=\varphi(t)$后，得到的不定积分$\int f[\varphi(t)]\varphi'(t)\,\mathrm{d}t$可以求出，则不定积分$\int f(x)\mathrm{d}x$就可解决了，这就是下面介绍的第二换元法.

定理 4.3　设$x=\varphi(t)$是单调的、可导的函数，并且$\varphi'(t)\neq 0$，若$f[\varphi(t)]\varphi'(t)$具有原函数，则有换元公式

$$\int f(x)\mathrm{d}x=\left[\int f[\varphi(t)]\varphi'(t)\,\mathrm{d}t\right]_{t=\varphi^{-1}(x)},\tag{2}$$

其中$t=\varphi^{-1}(x)$是$x=\varphi(t)$的反函数.

证明　设$\int f[\varphi(t)]\varphi'(t)\mathrm{d}t=F(t)+C$，则

$$F'(t)=f[\varphi(t)]\varphi'(t).$$

根据复合函数求导法则及反函数的导数，有

$$\left\{\left[\int f[\varphi(t)]\varphi'(t)\mathrm{d}t\right]_{t=\varphi^{-1}(x)}\right\}'=\left\{F[\varphi^{-1}(x)]+C\right\}'=F'(t)\frac{\mathrm{d}t}{\mathrm{d}x}$$

$$=f[\varphi(t)]\varphi'(t)\frac{1}{\varphi'(t)}=f[\varphi(t)]=f(x).$$

所以
$$\int f(x)\mathrm{d}x=\left[\int f[\varphi(t)]\varphi'(t)\mathrm{d}t\right]_{t=\varphi^{-1}(x)}.$$

注：利用公式（2）求不定积分时，最后一定要将$t=\varphi^{-1}(x)$回代. 不定积分的换元积分法实际上是复合函数的链式求导法反过来应用.

例 13　求下列不定积分（$a>0$）.

（1）$\int\sqrt{a^2-x^2}\mathrm{d}x$；　　（2）$\int\frac{1}{\sqrt{x^2+a^2}}\mathrm{d}x$；　　（3）$\int\frac{1}{\sqrt{x^2-a^2}}\mathrm{d}x$.

解（1）设$x=a\sin t\left(-\frac{\pi}{2}<t<\frac{\pi}{2}\right)$，则$\mathrm{d}x=a\cos t\mathrm{d}t$. 于是

$$\int\sqrt{a^2-x^2}\mathrm{d}x=\int a\cos t\cdot a\cos t\mathrm{d}t=a^2\int\cos^2 t\mathrm{d}t=a^2\int\frac{1+\cos 2t}{2}\mathrm{d}t$$

$$=a^2\left(\frac{1}{2}t+\frac{1}{4}\sin 2t\right)+C=\frac{a^2}{2}\arcsin\frac{x}{a}+\frac{1}{2}x\sqrt{a^2-x^2}+C.$$

（2）设 $x=a\tan t\left(-\frac{\pi}{2}<t<\frac{\pi}{2}\right)$，则 $\mathrm{d}x=a\sec^2 t\mathrm{d}t$．于是

$$\int\frac{1}{\sqrt{x^2+a^2}}\mathrm{d}x=\int\frac{1}{a\sec t}\cdot a\sec^2 t\,\mathrm{d}t=\int\sec t\,\mathrm{d}t=\ln\left|\sec t+\tan t\right|+C_1$$

$$=\ln\left|\frac{x}{a}+\frac{\sqrt{x^2+a^2}}{a}\right|+C_1=\ln\left|x+\sqrt{x^2+a^2}\right|+C\ (C=C_1-\ln a).$$

（3）设 $x=a\sec t\left(0<t<\frac{\pi}{2}\right)$，则 $\mathrm{d}x=a\sec t\tan t\mathrm{d}t$．于是

$$\int\frac{1}{\sqrt{x^2-a^2}}\mathrm{d}x=\int\frac{1}{a\tan t}\cdot a\sec t\tan t\,\mathrm{d}t=\int\sec t\,\mathrm{d}t=\ln\left|\sec t+\tan t\right|+C_1$$

$$=\ln\left|\frac{x}{a}+\frac{\sqrt{x^2-a^2}}{a}\right|+C_1=\ln\left|x+\sqrt{x^2-a^2}\right|+C\ (C=C_1-\ln a).$$

从例 13 的解题过程可以发现，当被积函数含有根式时，常利用三角代换化掉根式．去根号的方法为：当被积函数中含

（1）$\sqrt{a^2-x^2}$，可设 $x=a\sin t$；

（2）$\sqrt{x^2+a^2}$，可设 $x=a\tan t$；

（3）$\sqrt{x^2-a^2}$，可设 $x=a\sec t$．

下面再通过例题来介绍化去被积函数中根式的另外常用代换．

例 14　求下列不定积分．

（1）$\int\frac{1}{\sqrt{1+\mathrm{e}^x}}\mathrm{d}x$；　　（2）$\int\frac{1}{\sqrt{x}(1+\sqrt[3]{x})}\mathrm{d}x$；　　（3）$\int\frac{x^5}{\sqrt{1+x^2}}\mathrm{d}x$．

解（1）设 $t=\sqrt{1+\mathrm{e}^x}$，即 $x=\ln(t^2-1)$，则 $\mathrm{d}x=\frac{2t}{t^2-1}\mathrm{d}t$，于是

$$\int\frac{1}{\sqrt{1+\mathrm{e}^x}}\mathrm{d}x=\int\frac{1}{t}\cdot\frac{2t}{t^2-1}\mathrm{d}t=\int\left(\frac{1}{t-1}-\frac{1}{t+1}\right)\mathrm{d}t=\ln\left|\frac{t-1}{t+1}\right|+C=\ln\left|\frac{\sqrt{1+\mathrm{e}^x}-1}{\sqrt{1+\mathrm{e}^x}+1}\right|+C.$$

（2）设 $x=t^6$，则 $\mathrm{d}x=6t^5\mathrm{d}t$，于是

$$\int\frac{1}{\sqrt{x}(1+\sqrt[3]{x})}\mathrm{d}x=\int\frac{1}{t^3(1+t^2)}\cdot 6t^5\mathrm{d}t=\int\frac{6t^2}{1+t^2}\mathrm{d}t=6\int\left(1-\frac{1}{1+t^2}\right)\mathrm{d}t$$

$$=6(t-\arctan t)+C=6(\sqrt[6]{x}-\arctan\sqrt[6]{x})+C.$$

（3）设 $t=\sqrt{1+x^2}$，即 $x^2=t^2-1$，则 $x\mathrm{d}x=t\mathrm{d}t$，于是

$$\int\frac{x^5}{\sqrt{1+x^2}}\mathrm{d}x=\int\frac{(t^2-1)^2}{t}t\mathrm{d}t=\int(t^4-2t^2+1)\mathrm{d}t=\frac{1}{5}t^5-\frac{2}{3}t^3+t+C$$

$$=\frac{1}{5}(1+x^2)^{\frac{5}{2}}-\frac{2}{3}(1+x^2)^{\frac{3}{2}}+(1+x^2)^{\frac{1}{2}}+C.$$

当被积函数中分母的次数较高时，常利用倒数代换 $x=\frac{1}{t}$.

例 15　求 $\int\frac{1}{x(x^5+3)}\mathrm{d}x$.

解　设 $x=\frac{1}{t}$，则 $\mathrm{d}x=-\frac{1}{t^2}\mathrm{d}t$，于是

$$\int\frac{1}{x(x^5+3)}\mathrm{d}x=\int\frac{t}{\left(\frac{1}{t}\right)^5+3}\cdot\left(-\frac{1}{t^2}\right)\mathrm{d}t=-\int\frac{t^4}{1+3t^5}\mathrm{d}t=-\frac{1}{15}\int\frac{1}{1+3t^5}\mathrm{d}(1+3t^5)$$

$$=-\frac{1}{15}\ln\left|1+3t^5\right|+C=-\frac{1}{15}\ln\left|x^5+3\right|+\frac{1}{3}\ln|x|+C.$$

本节一些例题的结果以后经常遇到，它们通常被当作公式使用，于是在不定积分基本积分公式的基础上可补充以下公式.

（14）$\int\tan x\mathrm{d}x=-\ln\left|\cos x\right|+C$；　　（15）$\int\cot x\mathrm{d}x=\ln\left|\sin x\right|+C$；

（16）$\int\sec x\mathrm{d}x=\ln\left|\sec x+\tan x\right|+C$；　　（17）$\int\csc x\mathrm{d}x=\ln\left|\csc x-\cot x\right|+C$；

（18）$\int\frac{1}{a^2+x^2}\mathrm{d}x=\frac{1}{a}\arctan\frac{x}{a}+C$；　　（19）$\int\frac{1}{x^2-a^2}\mathrm{d}x=\frac{1}{2a}\ln\left|\frac{x-a}{x+a}\right|+C$；

（20）$\int\frac{1}{\sqrt{a^2-x^2}}\mathrm{d}x=\arcsin\frac{x}{a}+C$；　　（21）$\int\frac{1}{\sqrt{x^2+a^2}}\mathrm{d}x=\ln\left|x+\sqrt{x^2+a^2}\right|+C$；

（22）$\int\frac{1}{\sqrt{x^2-a^2}}\mathrm{d}x=\ln\left|x+\sqrt{x^2-a^2}\right|+C$.

习　题　4-2

1．在下列各式等号右端的横线上填入适当的系数，使等式成立.

（1）$\mathrm{d}x=$ __ $\mathrm{d}(5x-6)$；　（2）$x\mathrm{d}x=$ __ $\mathrm{d}(1-x^2)$；　（3）$x^3\mathrm{d}x=$ __ $\mathrm{d}(5x^4+4)$；

（4）$\mathrm{e}^{2x}\mathrm{d}x=$ __ $\mathrm{d}\mathrm{e}^{2x}$；　（5）$\frac{1}{x}\mathrm{d}x=$ __ $\mathrm{d}(1+2\ln x)$；　（6）$(\sin 2x)\mathrm{d}x=$ __ $\mathrm{d}(\cos 2x)$；

（7）$\frac{1}{1+4x^2}\mathrm{d}x=$ __ $\mathrm{d}(\arctan 2x)$；（8）$\frac{x}{\sqrt{1-x^2}}\mathrm{d}x=$ __ $\mathrm{d}\sqrt{1-x^2}$.

2．求下列不定积分.

（1）$\int\mathrm{e}^{5x}\mathrm{d}x$；　（2）$\int(3-2x)^3\mathrm{d}x$；　（3）$\int\frac{1}{\sqrt[3]{2-3x}}\mathrm{d}x$；

（4）$\int\frac{1}{1-2x}\mathrm{d}x$；　（5）$\int\frac{\sin\sqrt{x}}{\sqrt{x}}\mathrm{d}x$；　（6）$\int x\mathrm{e}^{-x^2}\mathrm{d}x$；

（7）$\int\frac{1}{\mathrm{e}^x+\mathrm{e}^{-x}}\mathrm{d}x$；　（8）$\int\frac{1}{x\ln x\ln\ln x}\mathrm{d}x$；　（9）$\int\tan\sqrt{1+x^2}\cdot\frac{x}{\sqrt{1+x^2}}\mathrm{d}x$；

（10）$\int\frac{1}{\sin x\cos x}\mathrm{d}x$；　（11）$\int x\cos x^2\mathrm{d}x$；　（12）$\int\frac{\sin x+\cos x}{\sqrt[3]{\sin x-\cos x}}\mathrm{d}x$；

（13）$\int\frac{\sin x}{\cos^3 x}\mathrm{d}x$；　（14）$\int\frac{1-x}{\sqrt{9-4x^2}}\mathrm{d}x$；　（15）$\int\frac{x^3}{9+x^2}\mathrm{d}x$；

(16) $\int \frac{1}{x(x^7+1)}dx$；　(17) $\int \cos^3 x dx$；　(18) $\int \sin 2x\cos 3x dx$；

(19) $\int \tan^3 x\sec x\, dx$；　(20) $\int \frac{10^{2\arccos x}}{\sqrt{1-x^2}}dx$；　(21) $\int \frac{1}{(x+1)(x-2)}dx$；

(22) $\int \frac{1+\ln x}{(x\ln x)^2}dx$；　(23) $\int \frac{1}{1-e^x}dx$；　(24) $\int \frac{\arctan\sqrt{x}}{\sqrt{x}(1+x)}dx$.

3．求下列不定积分.

(1) $\int \frac{1}{1+\sqrt{2x}}dx$；　(2) $\int \frac{\sqrt{x^2-9}}{x}dx$；　(3) $\int \frac{1}{1+\sqrt{1-x^2}}dx$；

(4) $\int \frac{1}{x\sqrt{x^2-1}}dx$；　(5) $\int \frac{1}{\sqrt{(1+x^2)^3}}dx$；　(6) $\int \sqrt{5-4x-x^2}dx$；

(7) $\int \frac{\sqrt{1-x^2}}{x^2}dx$；　(8) $\int \frac{1}{\sqrt{x}+\sqrt[3]{x}}dx$；　(9) $\int \frac{1}{x\sqrt{1+x^4}}dx$.

第三节　分部积分法

上一节我们在复合函数求导法则的基础上，得到了换元积分法，解决了许多积分问题．但对于$\int x\cos x dx$、$\int xe^x dx$等诸类两个函数乘积的不定积分，换元积分法无法解决．本节将利用两个函数乘积的求导法则，来推导另外一种求积分的基本方法 —— 分部积分法.

设函数$u=u(x)$和$v=v(x)$具有连续导数，由于

$$(uv)'=u'v+uv',$$

移项，得

$$uv'=(uv)'-u'v.$$

上式两边取不定积分，得

$$\int uv'dx=uv-\int u'vdx. \tag{3}$$

公式（3）称为**分部积分公式**．如果求$\int uv'dx$有困难，而求$\int u'vdx$比较容易时，就可以利用公式（3）求其积分.

为方便起见，公式（3）可写成如下形式：

$$\int u dv=uv-\int v du. \tag{4}$$

下面通过例子来说明如何运用公式（3）或公式（4）求不定积分.

例 16　求$\int x\cos x dx$.

解　设$u=x$, $v'=\cos x$，则$u'=1$, $v=\sin x$．利用公式（3），得

$$\int x\cos x dx=x\sin x-\int \sin x dx.$$

显然，$\int \sin x dx$比$\int x\cos x dx$容易积出，于是

$$\int x\cos x dx=x\sin x+\cos x+C.$$

在上述解题过程中，如果设$u=\cos x$, $v'=x$，则$u'=-\sin x$, $v=\frac{x^2}{2}$．利用公式（3），得

$$\int x\cos x\mathrm{d}x=\frac{x^2}{2}\cos x+\frac{1}{2}\int x^2\sin x\mathrm{d}x .$$

显然，$\int x^2\sin x\mathrm{d}x$ 比 $\int x\cos x\mathrm{d}x$ 更难积出.

由此可见，如果 u 和 v' 选取不当，积分就求不出. 因此，利用公式（3）或公式（4）求积分时，关键是如何选取 u 和 v'. 一般地，选取 u 和 v' 时，应遵循如下原则：

（1）v 要容易求得；

（2）$\int u'v\mathrm{d}x$ 要比 $\int uv'\mathrm{d}x$ 容易积出.

例 17　求 $\int x\mathrm{e}^x\mathrm{d}x$.

解　设 $u=x$，$v'=\mathrm{e}^x$，则 $u'=1$，$v=\mathrm{e}^x$. 利用公式（3），得

$$\int x\mathrm{e}^x\mathrm{d}x=x\mathrm{e}^x-\int \mathrm{e}^x\mathrm{d}x=x\mathrm{e}^x-\mathrm{e}^x+C=\mathrm{e}^x(x-1)+C .$$

上述解题过程如果熟练的话，就不必设出 u 和 v'，而采用公式（4）简化解题过程. 比如例 16，例 17 的解题过程可简化为

$$\int x\cos x\mathrm{d}x=\int x\mathrm{d}\sin x=x\sin x-\int \sin x\mathrm{d}x=x\sin x+\cos x+C .$$

$$\int x\mathrm{e}^x\mathrm{d}x=\int x\mathrm{d}\mathrm{e}^x=x\mathrm{e}^x-\int \mathrm{e}^x\mathrm{d}x=x\mathrm{e}^x-\mathrm{e}^x+C=\mathrm{e}^x(x-1)+C .$$

例 18　求 $\int x^2\mathrm{e}^{-x}\mathrm{d}x$.

解　
$$\begin{aligned}\int x^2\mathrm{e}^{-x}\mathrm{d}x&=-\int x^2\mathrm{d}\mathrm{e}^{-x}=-x^2\mathrm{e}^{-x}+\int \mathrm{e}^{-x}\mathrm{d}x^2=-x^2\mathrm{e}^{-x}+2\int x\mathrm{e}^{-x}\mathrm{d}x\\&=-x^2\mathrm{e}^{-x}-2\int x\mathrm{d}\mathrm{e}^{-x}=-x^2\mathrm{e}^{-x}-2x\mathrm{e}^{-x}+2\int \mathrm{e}^{-x}\mathrm{d}x\\&=-x^2\mathrm{e}^{-x}-2x\mathrm{e}^{-x}-2\mathrm{e}^{-x}+C=-(x^2+2x+2)\mathrm{e}^{-x}+C .\end{aligned}$$

通过总结上面三个例子可以知道，若被积函数是幂函数（指数为正整数）和三角函数的乘积或幂函数（指数为正整数）和指数函数的乘积，可考虑用分部积分法求其积分，并设幂函数为 u，三角函数或指数函数为 v'，这样使得应用一次分部积分公式后，幂函数的幂次降低一次. 当然，有些函数需要多次使用分部积分公式.

例 19　求 $\int \arccos x\mathrm{d}x$.

解　
$$\begin{aligned}\int \arccos x\mathrm{d}x&=x\arccos x-\int x\mathrm{d}\arccos x=x\arccos x+\int x\frac{1}{\sqrt{1-x^2}}\mathrm{d}x\\&=x\arccos x-\frac{1}{2}\int (1-x^2)^{-\frac{1}{2}}\mathrm{d}(1-x^2)=x\arccos x-\sqrt{1-x^2}+C .\end{aligned}$$

例 20　求 $\int x\arctan x\mathrm{d}x$.

解　
$$\begin{aligned}\int x\arctan x\mathrm{d}x&=\frac{1}{2}\int \arctan x\mathrm{d}x^2=\frac{1}{2}x^2\arctan x-\frac{1}{2}\int x^2\cdot\frac{1}{1+x^2}\mathrm{d}x\\&=\frac{1}{2}x^2\arctan x-\frac{1}{2}\int\left(1-\frac{1}{1+x^2}\right)\mathrm{d}x\\&=\frac{1}{2}x^2\arctan x-\frac{1}{2}x+\frac{1}{2}\arctan x+C .\end{aligned}$$

例 21　求 $\int x\ln x\mathrm{d}x$.

解　
$$\int x\ln x\mathrm{d}x=\frac{1}{2}\int \ln x\mathrm{d}x^2=\frac{1}{2}x^2\ln x-\frac{1}{2}\int x^2\mathrm{d}\ln x=\frac{1}{2}x^2\ln x-\frac{1}{2}\int x^2\cdot\frac{1}{x}\mathrm{d}x$$

$$=\frac{1}{2}x^2\ln x-\frac{1}{2}\int x\mathrm{d}x=\frac{1}{2}x^2\ln x-\frac{1}{4}x^2+C.$$

通过总结上面三个例子可以知道，若被积函数是幂函数和反三角函数的乘积或幂函数和对数函数的乘积，可考虑用分部积分法求其积分，并设反三角函数或对数函数为u，幂函数为v'．

例 22 求$\int \mathrm{e}^x\sin x\mathrm{d}x$．

解 因为

$$\begin{aligned}\int \mathrm{e}^x\sin x\mathrm{d}x&=\int \sin x\mathrm{d}\mathrm{e}^x=\mathrm{e}^x\sin x-\int \mathrm{e}^x\mathrm{d}\sin x=\mathrm{e}^x\sin x-\int \mathrm{e}^x\cos x\mathrm{d}x\\&=\mathrm{e}^x\sin x-\int\cos x\mathrm{d}\,\mathrm{e}^x=\mathrm{e}^x\sin x-\mathrm{e}^x\cos x+\int \mathrm{e}^x\mathrm{d}\cos x\\&=\mathrm{e}^x\sin x-\mathrm{e}^x\cos x-\int \mathrm{e}^x\sin x\mathrm{d}x,\end{aligned}$$

所以

$$\int \mathrm{e}^x\sin x\mathrm{d}x=\frac{1}{2}\mathrm{e}^x(\sin x-\cos x)+C.$$

由例 22 可以知道，若被积函数是指数函数与正（余）弦函数的乘积，可考虑用分部积分法求其积分，且u, v'可随意选取．但在两次分部积分中，u, v'的选取必须一样，以便经过两次分部积分后产生循环式，从而解出所求积分．灵活应用分部积分法，可以解决许多不定积分的计算问题．

例 23 求$\int \sec^3 x\mathrm{d}x$．

解 因为

$$\begin{aligned}\int \sec^3 x\mathrm{d}x&=\int \sec x\cdot\sec^2 x\mathrm{d}x=\int \sec x\mathrm{d}\tan x=\sec x\tan x-\int \sec x\tan^2 x\mathrm{d}x\\&=\sec x\tan x-\int \sec x(\sec^2 x-1)\mathrm{d}x=\sec x\tan x-\int \sec^3 x\mathrm{d}x+\int \sec x\mathrm{d}x\\&=\sec x\tan x+\ln|\sec x+\tan x|-\int \sec^3 x\mathrm{d}x,\end{aligned}$$

所以

$$\int \sec^3 x\mathrm{d}x=\frac{1}{2}(\sec x\tan x+\ln|\sec x+\tan x|)+C.$$

例 24 设$f(x)$的一个原函数是e^{-x^2}，求$\int xf'(x)\mathrm{d}x$．

解 由于$f(x)$的一个原函数是e^{-x^2}，因此

$$\int f(x)\mathrm{d}x=\mathrm{e}^{-x^2}+C,$$

且

$$f(x)=(\mathrm{e}^{-x^2})'=-2x\mathrm{e}^{-x^2}.$$

利用公式（4），得

$$\int xf'(x)\mathrm{d}x=\int x\mathrm{d}f(x)=xf(x)-\int f(x)\mathrm{d}x=-2x^2\mathrm{e}^{-x^2}-\mathrm{e}^{-x^2}+C.$$

例 25 求$\int \mathrm{e}^{\sqrt{x}}\mathrm{d}x$．

解 令$\sqrt{x}=t$，即$x=t^2$，则$\mathrm{d}x=2t\mathrm{d}t$．于是

$$\int \mathrm{e}^{\sqrt{x}}\mathrm{d}x=2\int t\mathrm{e}^t\mathrm{d}t=2\int t\mathrm{d}\mathrm{e}^t=2\left(t\mathrm{e}^t-\int \mathrm{e}^t\mathrm{d}t\right)=2\mathrm{e}^t(t-1)+C=2\mathrm{e}^{\sqrt{x}}(\sqrt{x}-1)+C.$$

例 26 求$I_n=\int\frac{1}{(x^2+a^2)^n}\mathrm{d}x$（$n$为正整数）．

解 $I_1=\int\frac{1}{x^2+a^2}\mathrm{d}x=\frac{1}{a}\arctan\frac{x}{a}+C$．

当 $n>1$ 时，利用分部积分法，有

$$\begin{aligned}\int\frac{1}{(x^2+a^2)^{n-1}}\mathrm{d}x&=\frac{x}{(x^2+a^2)^{n-1}}-\int x\mathrm{d}\frac{1}{(x^2+a^2)^{n-1}}\\&=\frac{x}{(x^2+a^2)^{n-1}}+2(n-1)\int\frac{x^2}{(x^2+a^2)^n}\mathrm{d}x\\&=\frac{x}{(x^2+a^2)^{n-1}}+2(n-1)\int\left[\frac{1}{(x^2+a^2)^{n-1}}-\frac{a^2}{(x^2+a^2)^n}\right]\mathrm{d}x,\end{aligned}$$

即
$$I_{n-1}=\frac{x}{(x^2+a^2)^{n-1}}+2(n-1)(I_{n-1}-a^2I_n),$$

于是
$$I_n=\frac{1}{2a^2(n-1)}\left[\frac{x}{(x^2+a^2)^{n-1}}+(2n-3)I_{n-1}\right].$$

以此作为递推公式，并由 $I_1=\dfrac{1}{a}\arctan\dfrac{x}{a}+C$，即可得 I_n.

注：第一换元法与分部积分法的共同点是第一步都是凑微分.

$$\int f[\varphi(x)]\varphi'(x)\mathrm{d}x=\int f[\varphi(x)]\mathrm{d}\varphi(x)\overset{令\varphi(x)=u}{=\!=\!=}\int f(u)\mathrm{d}u,$$

$$\int u(x)v'(x)\mathrm{d}x=\int u(x)\mathrm{d}v(x)=u(x)v(x)-\int v(x)\mathrm{d}u(x).$$

但在前者，$f[\varphi(x)]$ 是以 $\varphi(x)$ 为中间变量的复合函数，故用换元积分法；而在后者，$u(x)$ 不是以 $v(x)$ 为中间变量的复合函数，是独立的两个初等函数，故用分部积分法.

习　题　4-3

1．求下列不定积分.

（1）$\int x\sin x\mathrm{d}x$；　（2）$\int\ln(1+x^2)\mathrm{d}x$；　（3）$\int\arcsin x\mathrm{d}x$；

（4）$\int\ln^2x\mathrm{d}x$；　（5）$\int x\tan^2x\mathrm{d}x$；　（6）$\int x\sin x\cos x\mathrm{d}x$；

（7）$\int\mathrm{e}^{-x}\cos x\mathrm{d}x$；　（8）$\int x^2\arctan x\mathrm{d}x$；　（9）$\int x\mathrm{e}^{-2x}\mathrm{d}x$；

（10）$\int x^2\cos^2\dfrac{x}{2}\mathrm{d}x$；　（11）$\int\cos(\ln x)\mathrm{d}x$；　（12）$\int(\arcsin x)^2\mathrm{d}x$；

（13）$\int\mathrm{e}^x\sin^2x\mathrm{d}x$；　（14）$\int x\ln\dfrac{1+x}{1-x}\mathrm{d}x$；　（15）$\int\mathrm{e}^{\sqrt[3]{x}}\mathrm{d}x$.

2．设 $f(x)$ 的一个原函数为 $\dfrac{\sin x}{x}$，求 $\int xf'(x)\mathrm{d}x$.

3．已知 $f(x)=\dfrac{\mathrm{e}^x}{x}$，求 $\int xf''(x)\mathrm{d}x$.

4．设 $f'(\mathrm{e}^x)=1+x$，且 $f(1)=0$，求 $f(x)$.

第四节　有理函数的积分

本节将介绍一些比较简单的特殊类型函数的不定积分，包括有理函数和三角函数有理式的不定积分.

一、有理函数的不定积分

1．有理函数

有理函数是指由两个多项式的商所表示的函数，即具有如下形式的函数

$$\frac{P(x)}{Q(x)}=\frac{a_0x^n+a_1x^{n-1}+\cdots+a_{n-1}x+a_n}{b_0x^m+b_1x^{m-1}+\cdots+b_{m-1}x+b_m},$$

其中 m 和 n 都是非负整数，$a_0,a_1,\cdots,a_n$ 及 $b_0,b_1,\cdots,b_m$ 都是实数，且 $a_0\neq 0,b_0\neq 0$．当 $n<m$ 时，称其为**真分式**；当 $n\geqslant m$ 时，称其为**假分式**．

由多项式的除法，假分式总可以化成一个多项式与一个真分式之和的形式．例如

$$\frac{x^3+x+1}{x^2+1}=x+\frac{1}{x^2+1}.$$

由于多项式的积分已经解决，下面只介绍真分式函数的积分方法 —— 最简分式法.

2．最简分式的积分

下列四类分式称为**最简分式**，其中 n 为大于等于 2 的正整数，A、M、N、a、p、q 均为常数，且 $p^2-4q<0$．

（1）$\dfrac{A}{x-a}$；　（2）$\dfrac{A}{(x-a)^n}$；　（3）$\dfrac{Mx+N}{x^2+px+q}$；　（4）$\dfrac{Mx+N}{(x^2+px+q)^n}$．

对于（1)、(2）由基本积分公式可以直接得出.

对于（3），由于

$$x^2+px+q=\left(x+\frac{p}{2}\right)^2+q-\frac{p^2}{4},$$

设 $x+\dfrac{p}{2}=t$，$q-\dfrac{p^2}{4}=a^2$，$N-\dfrac{Mp}{2}=b$，$Mx+N=Mt+b$，则

$$\begin{aligned}\int\frac{Mx+N}{x^2+px+q}\mathrm{d}x&=\int\frac{Mt+b}{t^2+a^2}\mathrm{d}t=\int\frac{Mt}{t^2+a^2}\mathrm{d}t+\int\frac{b}{t^2+a^2}\mathrm{d}t\\&=\frac{M}{2}\ln\left|t^2+a^2\right|+\frac{b}{a}\arctan\frac{t}{a}+C\\&=\frac{M}{2}\ln\left|x^2+px+q\right|+\frac{b}{a}\arctan\frac{x+\frac{p}{2}}{a}+C.\end{aligned}$$

对于（4），有

$$\begin{aligned}\int\frac{Mx+N}{(x^2+px+q)^n}\mathrm{d}x&=\int\frac{Mt+b}{(t^2+a^2)^n}\mathrm{d}t=\int\frac{Mt}{(t^2+a^2)^n}\mathrm{d}t+\int\frac{b}{(t^2+a^2)^n}\mathrm{d}t\\&=\frac{M}{2(1-n)(t^2+a^2)^{n-1}}+b\int\frac{1}{(t^2+a^2)^n}\mathrm{d}t.\end{aligned}$$

上述最后一个不定积分可由上节例 26 得到.

综合上述，最简分式函数的不定积分都能求出，且原函数均为初等函数．根据代数基本定理，任意真分式都可以分解为以上四类最简分式的和，因此有理函数的原函数都是初等函数.

3．有理真分式化为最简分式之和

如何将有理真分式化为最简分式之和呢？

由于真分式$\frac{P(x)}{Q(x)}$的分母$Q(x)=b_0x^m+\cdots+b_{m-1}x+b_m$一定可分解成如下标准形式：

$$Q(x)=b_0(x-a_1)^{k_1}\cdots(x-a_s)^{k_s}(x^2+p_1x+q_1)^{l_1}\cdots(x^2+p_tx+q_t)^{l_t},$$

所以对分母中因式$(x-a_i)^{k_i}$，其分式$\frac{P(x)}{Q(x)}$分解后与最简分式和中相对应的部分为

$$\frac{A_1}{(x-a_i)^{k_i}}+\frac{A_2}{(x-a_i)^{k_i-1}}+\cdots+\frac{A_{k_i}}{x-a_i}.$$

对分母中因式$(x^2+p_jx+q_j)^{l_j}$，分式$\frac{P(x)}{Q(x)}$分解后与最简分式和中相对应的部分为

$$\frac{M_1x+N_1}{(x^2+p_jx+q_j)^{l_j}}+\frac{M_2x+N_2}{(x^2+p_jx+q_j)^{l_j-1}}+\cdots+\frac{M_{l_j}x+N_{l_j}}{x^2+p_jx+q_j}.$$

例 27　将下列函数化为最简分式和.

（1）$\frac{1}{x(x-1)^2}$；　　（2）$\frac{1}{(1+2x)(1+x^2)}$.

解　（1）设$\frac{1}{x(x-1)^2}=\frac{A}{x}+\frac{B}{x-1}+\frac{C}{(x-1)^2}$，则

$$1=A(x-1)^2+Bx(x-1)+Cx,$$

即

$$1=(A+B)x^2-(2A+B-C)x+A.$$

比较上式两端同次幂的系数，得

$$\begin{cases}A+B=0,\\-(2A+B-C)=0,\\A=1.\end{cases}$$

从而解得$A=1$，$B=-1$，$C=1$．故

$$\frac{1}{x(x-1)^2}=\frac{1}{x}-\frac{1}{x-1}+\frac{1}{(x-1)^2}.$$

（2）设$\frac{1}{(1+2x)(1+x^2)}=\frac{A}{1+2x}+\frac{Bx+C}{1+x^2}$，则

$$1=A(1+x^2)+(Bx+C)(1+2x),$$

即

$$1=(A+2B)x^2+(B+2C)x+C+A.$$

比较上式两端同次幂的系数，得

$$\begin{cases}A+2B=0,\\B+2C=0,\\C+A=1.\end{cases}$$

从而解得$A=\frac{4}{5}$，$B=-\frac{2}{5}$，$C=\frac{1}{5}$．故

$$\frac{1}{(1+2x)(1+x^2)}=\frac{\frac{4}{5}}{1+2x}+\frac{-\frac{2}{5}x+\frac{1}{5}}{1+x^2}.$$

4．有理分式的积分

在这种情况下，只需将有理分式化为多项式和真分式之和，再将真分式的分母标准化分解，

可将真分式化为最简分式之和，进而积分.

例 28 求不定积分.

（1）$\int \frac{1}{x(x-1)^2}\mathrm{d}x$；　　（2）$\int \frac{1}{(1+2x)(1+x^2)}\mathrm{d}x$.

解 （1）由例 27（1），得

$$\frac{1}{x(x-1)^2}=\frac{1}{x}-\frac{1}{x-1}+\frac{1}{(x-1)^2}.$$

所以

$$\int \frac{1}{x(x-1)^2}\mathrm{d}x=\int\left[\frac{1}{x}-\frac{1}{x-1}+\frac{1}{(x-1)^2}\right]\mathrm{d}x=\ln|x|-\ln|x-1|-\frac{1}{x-1}+C.$$

（2）由例 27（2），得

$$\frac{1}{(1+2x)(1+x^2)}=\frac{\frac{4}{5}}{1+2x}+\frac{-\frac{2}{5}x+\frac{1}{5}}{1+x^2}.$$

所以

$$\begin{aligned}\int \frac{1}{(1+2x)(1+x^2)}\mathrm{d}x&=\int\left[\frac{4}{5(1+2x)}+\frac{-2x+1}{5(1+x^2)}\right]\mathrm{d}x\\&=\frac{2}{5}\ln|1+2x|-\frac{1}{5}\int\frac{2x}{1+x^2}\mathrm{d}x+\frac{1}{5}\int\frac{1}{1+x^2}\mathrm{d}x\\&=\frac{2}{5}\ln|1+2x|-\frac{1}{5}\ln\left|1+x^2\right|+\frac{1}{5}\arctan x+C.\end{aligned}$$

二、三角函数有理式的积分

三角函数有理式是由 $\sin x$、$\cos x$ 和常数经过有限次四则运算所构成的函数，记为 $R(\sin x,\cos x)$. 其积分方法多，比较灵活，下面介绍一种通用的方法 —— 万能代换.

由三角函数理论可知，$\sin x$、$\cos x$ 均可表成 $\tan\frac{x}{2}$ 的函数. 作变换 $u=\tan\frac{x}{2}$，则

$$\sin x=\frac{2\tan\frac{x}{2}}{1+\tan^2\frac{x}{2}}=\frac{2u}{1+u^2},\quad \cos x=\frac{1-\tan^2\frac{x}{2}}{1+\tan^2\frac{x}{2}}=\frac{1-u^2}{1+u^2}.$$

又 $x=2\arctan u$，$\mathrm{d}x=\frac{2}{1+u^2}\mathrm{d}u$，则

$$\int R(\sin x,\cos x)\mathrm{d}x=\int R\left(\frac{2u}{1+u^2},\frac{1-u^2}{1+u^2}\right)\frac{2}{1+u^2}\mathrm{d}u.$$

这是一个有理分式函数的积分.

例 29 求 $\int\frac{1+\sin x}{\sin x(1+\cos x)}\mathrm{d}x$.

解 令 $u=\tan\frac{x}{2}$，即 $x=2\arctan u$，则 $\mathrm{d}x=\frac{2}{1+u^2}\mathrm{d}u$，于是

$$\int\frac{1+\sin x}{\sin x(1+\cos x)}\mathrm{d}x=\int\frac{1+\frac{2u}{1+u^2}}{\frac{2u}{1+u^2}\left(1+\frac{1-u^2}{1+u^2}\right)}\frac{2}{1+u^2}\mathrm{d}u=\frac{1}{2}\int\left(u+2+\frac{1}{u}\right)\mathrm{d}u$$

$$=\frac{1}{2}\left(\frac{u^2}{2}+2u+\ln|u|\right)+C=\frac{1}{4}\tan^2\frac{x}{2}+\tan\frac{x}{2}+\frac{1}{2}\ln\left|\tan\frac{x}{2}\right|+C.$$

若 $R(\sin x,\cos x)$ 只含 $\sin x$、$\cos x$ 的偶次幂，则可设 $u=\tan x$，且有

$$\sin x=\frac{u}{\sqrt{1+u^2}}，\quad \cos x=\frac{1}{\sqrt{1+u^2}}，\quad \mathrm{d}x=\frac{1}{1+u^2}\mathrm{d}u.$$

例 30　求 $\int\frac{1}{3+\sin^2 x}\mathrm{d}x$.

解　令 $u=\tan x$，即 $x=\arctan u$，则 $\mathrm{d}x=\frac{1}{1+u^2}\mathrm{d}u$，于是

$$\int\frac{1}{3+\sin^2 x}\mathrm{d}x=\int\frac{1}{3+\frac{u^2}{1+u^2}}\cdot\frac{1}{1+u^2}\mathrm{d}u=\int\frac{1}{4u^2+3}\mathrm{d}u=\frac{1}{4}\int\frac{1}{u^2+\left(\frac{\sqrt{3}}{2}\right)^2}\mathrm{d}u$$

$$=\frac{1}{2\sqrt{3}}\arctan\frac{2u}{\sqrt{3}}+C=\frac{1}{2\sqrt{3}}\arctan\frac{2\tan x}{\sqrt{3}}+C.$$

本章介绍了不定积分的概念和积分方法. 必须指出的是：初等函数在其定义区间内的不定积分一定存在，但其不定积分不一定能用初等函数表示. 例如，$\int\sin x^2\mathrm{d}x$，$\int\cos x^2\mathrm{d}x$，$\int\frac{\sin x}{x}\mathrm{d}x$，$\int \mathrm{e}^{x^2}\mathrm{d}x$，$\int\mathrm{e}^{-x^2}\mathrm{d}x$，$\int\frac{1}{\ln x}\mathrm{d}x$，$\int\frac{1}{\sqrt{1+x^4}}\mathrm{d}x$ 等不定积分是不能用初等函数表示的，即这些不定积分存在但求不出.

习　题　4-4

1．求下列不定积分.

（1）$\int\frac{x^3}{x+3}\mathrm{d}x$；　（2）$\int\frac{x^5+x^4-8}{x^3-x}\mathrm{d}x$；　（3）$\int\frac{1}{x(x^2+1)}\mathrm{d}x$；

（4）$\int\frac{x+1}{(x-1)^3}\mathrm{d}x$；　（5）$\int\frac{x}{(x+2)(x+3)^2}\mathrm{d}x$；　（6）$\int\frac{x^2+1}{(x+1)^2(x-1)}\mathrm{d}x$；

（7）$\int\frac{3}{x^3+1}\mathrm{d}x$；　（8）$\int\frac{1}{(x^2+1)(x^2+x)}\mathrm{d}x$；　（9）$\int\frac{x}{(x+1)(x+2)(x+3)}\mathrm{d}x$.

2．求下列不定积分.

（1）$\int\frac{1}{3+\cos x}\mathrm{d}x$；　（2）$\int\frac{1}{2+\sin x}\mathrm{d}x$；　（3）$\int\frac{1}{3+\cos^2 x}\mathrm{d}x$；　（4）$\int\frac{1}{1+\tan x}\mathrm{d}x$.

复习题四

1．填空题.

（1）$\int xf'(x^2)\mathrm{d}x=$________；

（2）设 $\int xf(x)\mathrm{d}x=\arcsin x+C$，则 $\int\frac{1}{f(x)}\mathrm{d}x=$____________；

（3）$\int[f(x)+xf'(x)]\mathrm{d}x=$____________；

（4）$\int\frac{\ln x-1}{x^2}\mathrm{d}x=$____________；

（5）设 $f'(\ln x)=1+x$，则 $f(x)=$ ______.

2．选择题.

（1）设 $\int f(x)\mathrm{d}x=x^2+C$，则 $\int xf(1-x^2)\mathrm{d}x=$（　　）.

A　$-2(1-x^2)^2+C$　　　　B　$2(1-x^2)^2+C$

C　$-\dfrac{1}{2}(1-x^2)^2+C$　　　　D　$\dfrac{1}{2}(1-x^2)^2+C$

（2）设函数 $f(x)$ 在 $(-\infty,+\infty)$ 内连续，则 $\mathrm{d}\int f(x)\mathrm{d}x$（　　）.

A　$f(x)$　　B　$f(x)\mathrm{d}x$　　C　$f(x)+C$　　D　$f'(x)\mathrm{d}x$

（3）若 $f(x)$ 的导函数是 $\sin x$，则 $f(x)$ 有一个原函数（　　）.

A　$1-\sin x$　　B　$1+\sin x$　　C　$1-\cos x$　　D　$1+\cos x$

（4）设 $f(x)=\sin x$，则 $\int \dfrac{1}{x^2}f'\left(\dfrac{1}{x}\right)\mathrm{d}x=$（　　）.

A　$\cos\dfrac{1}{x}+C$　　B　$-\cos\dfrac{1}{x}+C$　　C　$\sin\dfrac{1}{x}+C$　　D　$-\sin\dfrac{1}{x}+C$

（5）已知曲线上任意一点的二阶导数 $y''=6x$，且曲线上点 $(0,-2)$ 处的切线为 $2x-3y=6$，则该曲线方程为（　　）.

A　$y=x^3-2x-2$　　　　B　$y=\dfrac{1}{3}(3x^3+2x-6)$

C　$y=x^3$　　　　D　以上答案均不对

3．求下列不定积分.

（1）$\int \dfrac{xe^x}{\sqrt{e^x-1}}\mathrm{d}x$；　　　　（2）$\int \dfrac{\sin x}{1+\sin x}\mathrm{d}x$；

（3）$\int \dfrac{x^3}{\sqrt{1+x^2}}\mathrm{d}x$；　　　　（4）$\int \sqrt{x}\sin\sqrt{x}\mathrm{d}x$；

（5）$\int e^{\sin x}\dfrac{x\cos^3 x-\sin x}{\cos^2 x}\mathrm{d}x$；　　　　（6）$\int \dfrac{xe^x}{(1+e^x)^2}\mathrm{d}x$；

（7）$\int \dfrac{x^2}{1+x^2}\arctan x\mathrm{d}x$；　　　　（8）设 $f(x)$ 的一个原函数是 $\dfrac{\ln x}{x}$，求 $\int xf'(x)\mathrm{d}x$.

4．证明题.

证明：$\int e^{ax}\cos bx\mathrm{d}x=\dfrac{e^{ax}(b\sin bx+a\cos bx)}{a^2+b^2}+C$.

第五章　定积分

本章讨论积分学的另一个侧面 —— 定积分，它起源于求图形的面积和体积等实际问题．本章先从几何问题和力学问题引进定积分的定义，然后讨论其性质及其计算方法．

第一节　定积分的概念与性质

一、引　例

1．曲边梯形的面积

设 $y=f(x)$ 是区间 $[a,b]$ 上的非负连续函数，由直线 $x=a$，$x=b$，$y=0$ 及曲线 $y=f(x)$ 所围成的图形，称为**曲边梯形**，曲线 $y=f(x)$ 称为曲边（见图 5-1）．

如何求曲边梯形的面积呢？．

由于曲边梯形的高 $f(x)$ 在区间 $[a, b]$ 上是变动的，无法直接用已有的梯形面积公式去计算．但曲边梯形的高 $f(x)$ 在区间 $[a, b]$ 上是连续变化的，当区间很小时，高 $f(x)$ 的变化也很小，近似不变．因此，若把区间 $[a, b]$ 分成许多小区间，在每个小区间上用某一点处的高度来近似代替该区间上的小曲边梯形的高，则每个小曲边梯形就可近似看成小矩形，从而所有小矩形面积之和就可作为曲边梯形面积的近似值．如果将区间 $[a, b]$ 无限细分下去，即让每个小区间的长度都趋于零，这时所有小矩形面积之和的极限就是曲边梯形的面积．其具体做法如下：

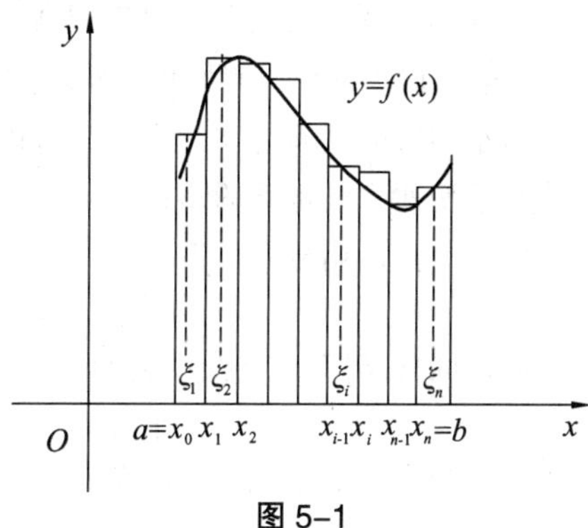

图 5–1

（1）分割．首先在区间 $[a, b]$ 内插入 $n-1$ 个分点

$$a=x_0<x_1<x_2<\cdots<x_{n-1}<x_n=b,$$

把区间 $[a,b]$ 分成 n 个小区间

$$[x_0, x_1],\quad [x_1, x_2],\ \cdots,[x_{i-1}, x_i],\cdots,[x_{n-1}, x_n],$$

各小区间 $[x_{i-1},x_i]$ 的长度依次记为

$$\Delta x_i=x_i-x_{i-1}\quad (i=1, 2,\cdots,n).$$

过各个分点作垂直于 x 轴的直线，将整个曲边梯形分成 n 个小曲边梯形，小曲边梯形的面积记作 $\Delta S_i\ (i=1, 2,\cdots,n)$．

（2）近似．在每个小区间 $[x_{i-1},x_i]$ 上任意取一点 ξ_i，用以 $f(\xi_i)$ 为高、Δx_i 为底的小矩形近似替代第 i 个小曲边梯形，则第 i 个小曲边梯形的面积近似值为 $f(\xi_i)\Delta x_i$，即

$$\Delta S_i\approx f(\xi_i)\Delta x_i\qquad (i=1,2,\cdots,n).$$

（3）求和．把 n 个小矩形的面积加起来，便得到整个曲边梯形面积 S 的近似值，即

$$S=\sum_{i=1}^{n}\Delta S_i\approx\sum_{i=1}^{n}f(\xi_i)\Delta x_i .$$

（4）取极限．为保证所有小区间的长度都趋于零，可以要求小区间长度的最大值趋于零．若记 $\lambda=\max\{\Delta x_1,\Delta x_2,\cdots,\Delta x_n\}$，则上述条件可表示为 $\lambda\to 0$．因此当 $\lambda\to 0$ 时，和式 $\sum_{i=1}^{n}f(\xi_i)\Delta x_i$ 的极限便是所求曲边梯形面积 S 的精确值，即

$$S=\lim_{\lambda\to 0}\sum_{i=1}^{n}f(\xi_i)\Delta x_i .$$

2．变速直线运动的路程

设物体作直线运动，速度 $v(t)$ 是时间 t 的连续函数，且 $v(t)\geqslant 0$．如何求物体在时间间隔 $[a,b]$ 内所经过的路程 s 呢？

由于速度 $v(t)$ 随时间的变化而变化，因此不能用匀速直线运动公式

路程 = 速度 × 时间

来计算物体作变速运动时经过的路程．但由于 $v(t)$ 连续，当 t 的变化很小时，速度的变化也非常小，因此在很小的一段时间内，变速运动可以近似看成匀速运动．又时间区间 $[a,b]$ 可以划分为若干个微小的时间区间之和，因此，可以与前述面积问题一样，采用分割、近似、求和、取极限的方法来求变速直线运动的路程．

（1）分割．用分点

$$a=t_0<t_1<t_2<\cdots<t_n=b$$

将时间区间 $[a,b]$ 分成 n 个小区间

$$[t_0,t_1],[t_1,t_2],\cdots,[t_{i-1},t_i],\cdots,[t_{n-1},t_n],$$

其中第 i 个时间段 $[t_{i-1},t_i]$ 的长度为

$$\Delta t_i=t_i-t_{i-1}\quad(i=1,2,\cdots,n),$$

物体在此时间段内经过的路程记为 Δs_i．

（2）近似．在 $[t_{i-1},t_i]$ 上任取一点 ξ_i，当 Δt_i 很小时，以 $v(\xi_i)$ 来替代 $[t_{i-1},t_i]$ 上各时刻的速度，则

$$\Delta s_i\approx v(\xi_i)\Delta t_i\quad(i=1,2,\cdots,n).$$

（3）求和．把 n 个小时间段的路程加起来，便得到变速直线运动路程 s 的近似值，即

$$s=\sum_{i=1}^{n}\Delta s_i\approx\sum_{i=1}^{n}v(\xi_i)\Delta t_i .$$

（4）取极限．令 $\lambda=\max\{\Delta t_1,\Delta t_2,\cdots,\Delta t_n\}$，则当 $\lambda\to 0$ 时，取上述和式的极限，即得变速直线运动的路程

$$s=\lim_{\lambda\to 0}\sum_{i=1}^{n}v(\xi_i)\Delta t_i .$$

上面两个例子的实际意义完全不同，但从抽象的数量关系来看，它们的实质是相同的，即可归结为计算特殊和式的极限，这种特殊的极限就是下面要讲的定积分．

二、定积分的概念

定义 5.1 设函数 $y=f(x)$ 在区间 $[a,b]$ 上有界，在 $[a,b]$ 上插入若干个分点

$$a=x_0<x_1<x_2<\cdots<x_{n-1}<x_n=b,$$

将区间 $[a,b]$ 分成 n 个小区间

$$[x_0,x_1],[x_1,x_2],\cdots,[x_{i-1},x_i],\cdots,[x_{n-1},x_n],$$

各小区间的长度依次记为

$$\Delta x_i = x_i - x_{i-1} \quad (i=1,2,\cdots,n),$$

在每个小区间$[x_{i-1}, x_i]$上任取一点ξ_i（$x_{i-1} \leqslant \xi_i \leqslant x_i$），作乘积$f(\xi_i)\Delta x_i$ $(i=1,2,\cdots,n)$，并作和式

$$\sum_{i=1}^{n} f(\xi_i)\Delta x_i .$$

记$\lambda = \max\{\Delta x_1, \Delta x_2, \cdots, \Delta x_n\}$，不论对区间$[a,b]$怎样划分，也不论在小区间$[x_{i-1}, x_i]$上点$\xi_i$怎样取法，只要当$\lambda \to 0$时，和式$\sum\limits_{i=1}^{n} f(\xi_i)\Delta x_i$总趋于确定的值$I$，则称$f(x)$在$[a,b]$上**可积**，称此极限值$I$为函数$f(x)$在$[a,b]$上的**定积分**，记作$\int_a^b f(x)\mathrm{d}x$，即

$$\int_a^b f(x)\mathrm{d}x = \lim_{\lambda \to 0}\sum_{i=1}^{n} f(\xi_i)\Delta x_i ,$$

其中$f(x)$称为**被积函数**，$f(x)\mathrm{d}x$称为**被积表达式**，x称为**积分变量**，a称为**积分下限**，b称为**积分上限**，$[a,b]$称为**积分区间**.

注：（1）定积分是一个依赖于被积函数$f(x)$及积分区间$[a,b]$的常量，与积分变量采用什么字母无关，即

$$\int_a^b f(x)\mathrm{d}x = \int_a^b f(t)\mathrm{d}t = \int_a^b f(u)\mathrm{d}u .$$

（2）定义中要求$a<b$，为方便起见，允许$b \leqslant a$，并规定

$$\int_a^b f(x)\mathrm{d}x = -\int_b^a f(x)\mathrm{d}x .$$

特别地，当$a=b$时，有$\int_a^a f(x)\mathrm{d}x = 0$.

关于积分还有一个重要的问题：函数$f(x)$在区间$[a,b]$上满足什么条件时，函数$f(x)$一定可积？关于这个问题我们不做深入的讨论，下面仅给出两个充分条件.

定理 5.1　若函数$f(x)$在区间$[a,b]$上连续，则函数$f(x)$在区间$[a,b]$上可积.

定理 5.2　若函数$f(x)$在区间$[a,b]$上有界，且只有有限个间断点，则$f(x)$在区间$[a,b]$上可积.

根据定积分的定义，本节的两个引例可表示为：

（1）由连续曲线$y=f(x)$（$f(x) \geqslant 0$）、直线$x=a$、$x=b$及x轴所围成的曲边梯形的面积S等于函数$f(x)$在区间$[a,b]$上的定积分，即

$$S = \int_a^b f(x)\mathrm{d}x .$$

（2）以变速$v=v(t)$（$v(t) \geqslant 0$）作直线运动的物体，从时刻$t=a$到时刻$t=b$所经过的路程s等于$v(t)$在时间间隔$[a,b]$上的定积分，即

$$s = \int_a^b v(t)\mathrm{d}t .$$

注：上述（1）正好说明了**定积分的几何意义**，即若在区间$[a,b]$上$f(x) \geqslant 0$时，定积分$\int_a^b f(x)\mathrm{d}x$表示由曲线$y=f(x)$，直线$x=a$、$x=b$及x轴所围成的曲边梯形的面积；如果在区间$[a,b]$上$f(x) \leqslant 0$时，由曲线$y=f(x)$，直线$x=a$、$x=b$及x轴所围成的曲边梯形位于x轴下方，此时定积分$\int_a^b f(x)\mathrm{d}x$在几何上表示上述曲边梯形面积的负值. 一般情况下，函数$f(x)$在区间$[a,b]$上既取得正值又取得负值，函数$y=f(x)$的图形有些在x轴上方，其余的在x轴下方，此时，定积分

$\int_a^b f(x)\mathrm{d}x$ 表示 x 轴上方图形的面积与 x 轴下方图形的面积之差（见图 5-2）.

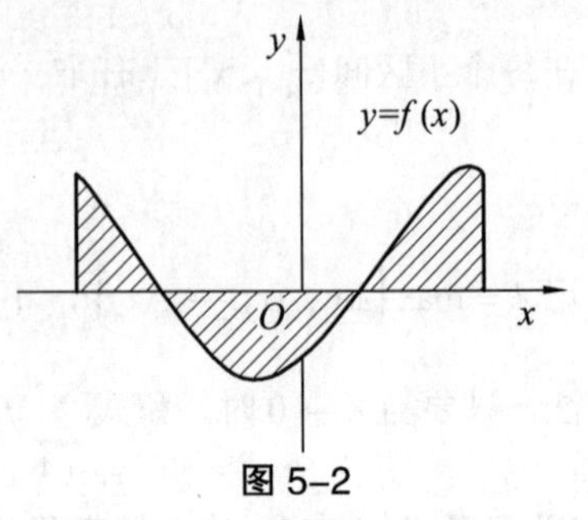

图 5–2

例 1 利用定义计算定积分 $\int_0^1 x^2\mathrm{d}x$.

解 因为被积函数 $f(x)=x^2$ 在积分区间 $[0,1]$ 上连续，而连续函数是可积的，所以定积分与区间 $[0,1]$ 的分法及点 ξ_i 的取法无关. 因此，为了便于计算，不妨把区间 $[0,1]$ 分成 n 等份，分点为 $x_i=\frac{i}{n}\ (i=1,2,\cdots,n)$. 这样每个小区间 $[x_{i-1},x_i]$ 的长度 $\Delta x_i=\frac{1}{n}\ (i=1,2,\cdots,n)$，取 $\xi_i=x_i=\frac{i}{n}\ (i=1,2,\cdots,n)$，得和式

$$\sum_{i=1}^{n} f(\xi_i)\Delta x_i=\sum_{i=1}^{n}\left(\frac{i}{n}\right)^2\frac{1}{n}=\frac{1}{n^3}\sum_{i=1}^{n} i^2=\frac{1}{n^3}(1^2+2^2+\cdots+n^2)$$

$$=\frac{1}{n^3}\frac{n(n+1)(2n+1)}{6}=\frac{1}{6}\left(1+\frac{1}{n}\right)\left(2+\frac{1}{n}\right).$$

当 $\lambda\to 0$ 时，有 $n\to\infty$，由定积分的定义，即得所求定积分为

$$\int_0^1 x^2\mathrm{d}x=\lim_{\lambda\to 0}\sum_{i=1}^{n} f(\xi_i)\Delta x_i=\lim_{n\to\infty}\frac{1}{6}\left(1+\frac{1}{n}\right)\left(2+\frac{1}{n}\right)=\frac{1}{3}.$$

三、定积分的性质

在下面的讨论中，我们都假定被积函数是可积的，并且积分上下限的大小如不特别指明，均不加限制.

性质 1 $\int_a^b kf(x)\mathrm{d}x=k\int_a^b f(x)\mathrm{d}x$ （k 为常数）.

证明 $\int_a^b kf(x)\mathrm{d}x=\lim_{\lambda\to 0}\sum_{i=1}^{n} kf(\xi_i)\Delta x_i=k\lim_{\lambda\to 0}\sum_{i=1}^{n} f(\xi_i)\Delta x_i=k\int_a^b f(x)\mathrm{d}x$.

性质 2 $\int_a^b [f(x)\pm g(x)]\mathrm{d}x=\int_a^b f(x)\mathrm{d}x\pm\int_a^b g(x)\mathrm{d}x$.

证明 $\int_a^b [f(x)\pm g(x)]\mathrm{d}x=\lim_{\lambda\to 0}\sum_{i=1}^{n}[f(\xi_i)\pm g(\xi_i)]\Delta x_i$

$$=\lim_{\lambda\to 0}\sum_{i=1}^{n} f(\xi_i)\Delta x_i\pm\lim_{\lambda\to 0}\sum_{i=1}^{n} g(\xi_i)\Delta x_i=\int_a^b f(x)\mathrm{d}x\pm\int_a^b g(x)\mathrm{d}x.$$

性质 2 对任意有限个函数都是成立的.

性质 3 $\int_a^b f(x)\mathrm{d}x=\int_a^c f(x)\mathrm{d}x+\int_c^b f(x)\mathrm{d}x$.

证明 当 $a<c<b$ 时，因为函数 $f(x)$ 在 $[a,b]$ 上可积，所以无论对 $[a,b]$ 怎样划分，和式的极限总是不变的. 因此在划分区间 $[a,b]$ 时，可以使 c 永远是一个分点，则 $[a,b]$ 上的积分和等于 $[a,c]$ 上的积分和加上 $[c,b]$ 上的积分和，即

$$\sum_{[a,b]} f(\xi_i)\Delta x_i=\sum_{[a,c]} f(\xi_i)\Delta x_i+\sum_{[c,b]} f(\xi_i)\Delta x_i .$$

令 $\lambda\to 0$，上式两端取极限，得

$$\int_a^b f(x)\mathrm{d}x = \int_a^c f(x)\mathrm{d}x + \int_c^b f(x)\mathrm{d}x .$$

当 $c<a<b$ 时，则有

$$\int_c^b f(x)\mathrm{d}x = \int_c^a f(x)\mathrm{d}x + \int_a^b f(x)\mathrm{d}x ,$$

从而

$$\int_a^b f(x)\mathrm{d}x = \int_c^b f(x)\mathrm{d}x - \int_c^a f(x)\mathrm{d}x = \int_a^c f(x)\mathrm{d}x + \int_c^b f(x)\mathrm{d}x .$$

其他情形可类似证明.

性质 3 称为定积分的**可加性**.

性质 4　若在闭区间 $[a, b]$ 上函数 $f(x)\equiv 1$，则

$$\int_a^b f(x)\mathrm{d}x = \int_a^b \mathrm{d}x = b-a .$$

这个性质请读者自己完成.

性质 5　若函数 $f(x)$ 与 $g(x)$ 在闭区间 $[a,b]$ 上，有 $f(x)\leqslant g(x)$，则

$$\int_a^b f(x)\mathrm{d}x \leqslant \int_a^b g(x)\mathrm{d}x \quad (a\leqslant b).$$

证明　由定积分的定义和性质可知，

$$\int_a^b g(x)\mathrm{d}x - \int_a^b f(x)\mathrm{d}x = \int_a^b [g(x)-f(x)]\mathrm{d}x = \lim_{\lambda\to 0}\sum_{i=1}^{n}[g(\xi_i)-f(\xi_i)]\Delta x_i ,$$

由已知条件，等号右端积分和的每一项均大于零，所以

$$\sum_{i=1}^{n}[g(\xi_i)-f(\xi_i)]\Delta x_i \geqslant 0.$$

因此，有

$$\int_a^b [g(x)-f(x)]\mathrm{d}x \geqslant 0,$$

即

$$\int_a^b f(x)\mathrm{d}x \leqslant \int_a^b g(x)\mathrm{d}x \quad (a\leqslant b).$$

推论 1　设在闭区间 $[a,b]$ 上，有 $f(x)\geqslant 0$，则

$$\int_a^b f(x)\mathrm{d}x \geqslant 0 \quad (a\leqslant b).$$

推论 2　$\left|\int_a^b f(x)\mathrm{d}x\right| \leqslant \int_a^b |f(x)|\mathrm{d}x \ (a\leqslant b)$.

以上两个推论的证明请读者自己完成.

例 2　比较积分值 $\int_0^1 x\mathrm{d}x$ 与 $\int_0^1 x^2\mathrm{d}x$ 的大小.

解　因为在闭区间 $[0,1]$ 上，有 $x>x^2$，所以 $\int_0^1 x\mathrm{d}x \geqslant \int_0^1 x^2\mathrm{d}x$.

性质 6　设 M 与 m 分别是函数 $f(x)$ 在闭区间 $[a, b]$ 上的最大值和最小值，则

$$m(b-a) \leqslant \int_a^b f(x)\mathrm{d}x \leqslant M(b-a) .$$

证明　因为 $m\leqslant f(x)\leqslant M$，由性质 5，得

$$\int_a^b m\mathrm{d}x \leqslant \int_a^b f(x)\mathrm{d}x \leqslant \int_a^b M\mathrm{d}x ,$$

再由性质 1 及性质 4，得

$$m(b-a) \leqslant \int_a^b f(x)\mathrm{d}x \leqslant M(b-a).$$

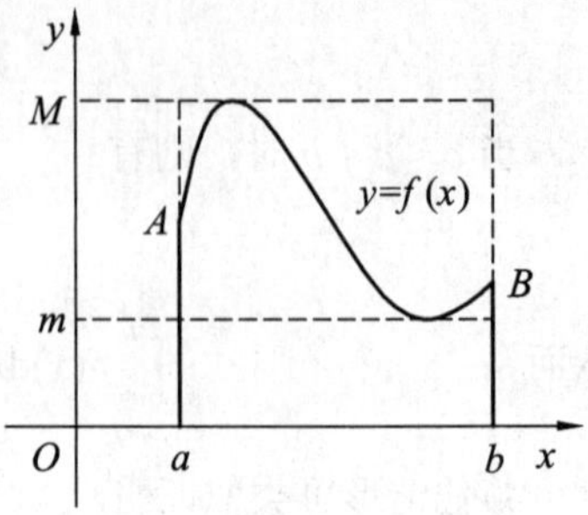

注：（1）当 $f(x) \geqslant 0$ 时，从定积分的几何意义来看，这个性质是非常显然的. 如图 5-3 所示，曲边梯形 $AabB$ 的面积介于分别以 m 和 M 为高、$(b-a)$ 为底的两个矩形的面积之间.

（2）这个性质说明，由被积函数在积分区间上的最大值和最小值，可以估计积分值的大致范围.

图 5-3

例 3　估计定积分 $\int_0^1 \mathrm{e}^x\mathrm{d}x$ 的取值范围.

解　因为被积函数 $f(x)=\mathrm{e}^x$ 在积分区间 $[0,1]$ 上是单调增加的，于是有最小值 $m=1$，最大值 $M=\mathrm{e}$. 由性质 6，得 $1 \leqslant \int_0^1 \mathrm{e}^x\mathrm{d}x \leqslant \mathrm{e}$.

性质 7（积分中值定理）　若函数 $f(x)$ 在闭区间 $[a, b]$ 上连续，则至少存在一点 $\xi \in [a, b]$，使得

$$\int_a^b f(x)\mathrm{d}x = f(\xi)(b-a) \qquad (a \leqslant \xi \leqslant b),$$

或

$$f(\xi) = \frac{1}{b-a}\int_a^b f(x)\mathrm{d}x.$$

证明　因为 $f(x)$ 在 $[a, b]$ 上连续，所以 $f(x)$ 在 $[a, b]$ 上一定有最小值 m 和最大值 M，由性质 6 得

$$m(b-a) \leqslant \int_a^b f(x)\mathrm{d}x \leqslant M(b-a),$$

即

$$m \leqslant \frac{1}{b-a}\int_a^b f(x)\mathrm{d}x \leqslant M.$$

根据闭区间上连续函数的介值定理，至少存在一点 $\xi \in [a, b]$，使得

$$f(\xi) = \frac{1}{b-a}\int_a^b f(x)\mathrm{d}x,$$

即

$$\int_a^b f(x)\mathrm{d}x = f(\xi)(b-a) \qquad (a \leqslant \xi \leqslant b).$$

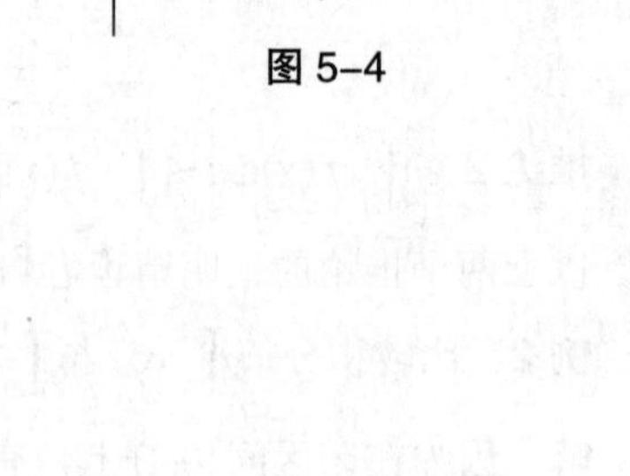

注：$f(\xi)$ 称为函数 $f(x)$ 在区间 $[a, b]$ 上的平均值. 当 $f(x) \geqslant 0$ 时，这个性质也有明显的几何意义：对由闭区间 $[a, b]$ 上的连续曲线 $y=f(x)$ 构成的曲边梯形 $AabB$，总存在一个以 $f(\xi)$ 为高、$(b-a)$ 为底的矩形，使得它们的面积相等（见图 5-4）.

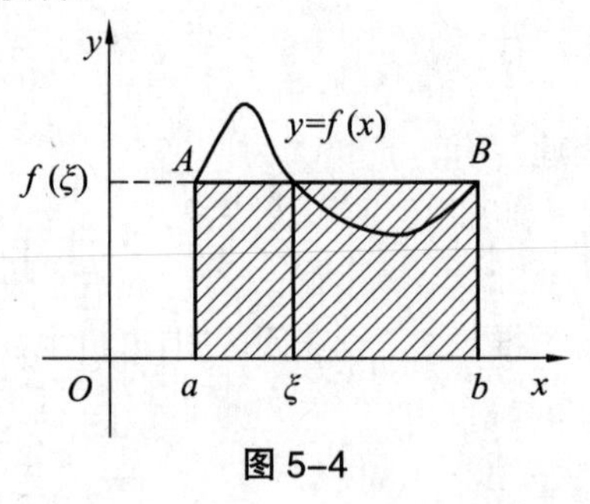

图 5-4

习　题　5-1

1．利用定积分定义计算下列定积分.

（1）$\int_a^b x\mathrm{d}x \ (a \leqslant b)$；　　（2）$\int_0^1 \mathrm{e}^x\mathrm{d}x$.

2．利用定积分的几何意义，证明下列等式.

（1）$\int_0^1 2x\mathrm{d}x = 1$；　　（2）$\int_0^1 \sqrt{1-x^2}\,\mathrm{d}x = \frac{\pi}{4}$.

3．估计下列各积分的值.

（1）$\int_1^4 (x^2+1)\mathrm{d}x$；　　（2）$\int_{\frac{\pi}{4}}^{\frac{5}{4}\pi} (1+\sin^2 x)\mathrm{d}x$；

（3）$\int_1^2 \frac{x}{1+x^2}\mathrm{d}x$；　　（4）$\int_2^0 \mathrm{e}^{x^2-x}\mathrm{d}x$.

4．不计算积分，比较下列各积分值的大小．

（1）$\int_0^{\frac{\pi}{2}} x\mathrm{d}x$ 与 $\int_0^{\frac{\pi}{2}} \sin x\mathrm{d}x$；　（2）$\int_0^1 x^2\mathrm{d}x$ 与 $\int_0^1 x^3\mathrm{d}x$；

（3）$\int_1^2 \ln x\mathrm{d}x$ 与 $\int_1^2 (\ln x)^2\mathrm{d}x$；　（4）$\int_0^1 \mathrm{e}^x\mathrm{d}x$ 与 $\int_0^1 (1+x)\,\mathrm{d}x$．

第二节　微积分基本公式

上一节我们利用定积分定义计算了 $f(x)=x^2$ 在区间 $[0,1]$ 上的积分，但从计算过程发现，直接按定义来计算它的定积分并不是一件容易的事，如果被积函数为更复杂的函数，其难度就更大了，甚至不可能．因此，必须寻找其他计算定积分的方法．

下面从变速直线运动中位置函数与速度函数之间的关系出发引出解决问题的线索和方法．

一、变速直线运动中位置函数与速度函数之间的关系

先从熟悉的变速直线运动谈起．由第一节知道，如果一物体作变速直线运动，其速度 $v=v(t)$，则它从时刻 $t=a$ 到时刻 $t=b$ 所经过的路程等于定积分

$$s=\int_a^b v(t)\mathrm{d}t\ .$$

另一方面，若已知该变速直线运动的位置函数 $s=s(t)$，则它从时刻 $t=a$ 到时刻 $t=b$ 所经过的路程为

$$s=s(b)-s(a)\ .$$

由此可见，位置函数 $s(x)$ 与速度函数 $v(t)$ 之间有如下关系：

$$\int_a^b v(t)\mathrm{d}t=s(b)-s(a)\ . \tag{1}$$

因为 $s'(t)=v(t)$，即位置函数 $s(t)$ 是速度函数 $v(t)$ 的原函数，所以关系式（1）表示，速度函数 $v(t)$ 在区间 $[a,b]$ 上的定积分等于 $v(t)$ 的原函数 $s(t)$ 在区间 $[a,b]$ 上的增量 $s(b)-s(a)$．

上述从变速直线运动的路程这个特殊问题中得出来的关系，在一定条件下具有普遍性，我们将在第三部分详细讨论．为此，下面先介绍积分上限函数及其导数．

二、积分上限函数及其导数

设 $f(x)$ 在 $[a,b]$ 上连续，x 为 $[a,b]$ 上任一点，现在考察 $f(x)$ 在区间 $[a,x]$ 上的定积分

$$\int_a^x f(x)\mathrm{d}x\ .$$

由于 $f(x)$ 在 $[a,x]$ 上连续，所以定积分 $\int_a^x f(x)\mathrm{d}x$ 一定存在．因为定积分与积分变量的记法无关，为了不容易混淆，我们把定积分 $\int_a^x f(x)\mathrm{d}x$ 改写成

$$\int_a^x f(t)\mathrm{d}t\ .$$

如果上限 x 在区间 $[a,b]$ 上任意变动，则对于每一个取定的 x 值，定积分有一个对应值，所以它在 $[a,b]$ 上定义了一个函数，记为 $\varPhi(x)$，即

$$\varPhi(x)=\int_a^x f(t)\mathrm{d}t\quad(a\leqslant x\leqslant b),$$

我们称函数 $\varPhi(x)=\int_a^x f(t)\mathrm{d}t$ 为**积分上限函数**．从几何上看，这个函数 $\varPhi(x)$ 表示区间 $[a,x]$ 上曲边梯

形的面积（见图 5-5）.

积分上限函数 $\Phi(x)$ 具有以下定理所指出的重要性质.

定理 5.3　如果函数 $f(x)$ 在 $[a, b]$ 上连续，则积分上限函数

$$\Phi(x)=\int_a^x f(t)\mathrm{d}t$$

在 $[a, b]$ 上可导，且

$$\Phi'(x)=\frac{\mathrm{d}}{\mathrm{d}x}\int_a^x f(t)\mathrm{d}t=f(x)\ (a\leqslant x\leqslant b).\qquad (2)$$

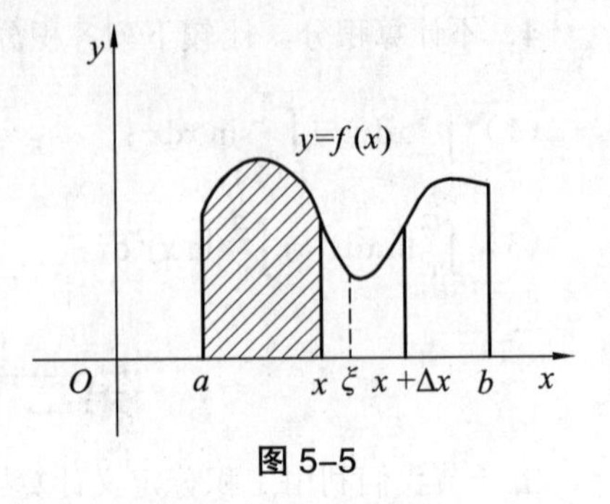

图 5–5

证明　设 $x\in[a, b]$，且给 x 以增量 Δx，使得 $x+\Delta x\in[a, b]$，则函数 $\Phi(x)$ 的相应增量为

$$\Delta\Phi=\Phi(x+\Delta x)-\Phi(x)=\int_a^{x+\Delta x} f(t)\mathrm{d}t-\int_a^x f(t)\mathrm{d}t$$

$$=\int_a^x f(t)\mathrm{d}t+\int_x^{x+\Delta x} f(t)\mathrm{d}t-\int_a^x f(t)\mathrm{d}t=\int_x^{x+\Delta x} f(t)\mathrm{d}t.$$

由定积分中值定理得

$$\Delta\Phi=f(\xi)\Delta x,$$

其中 ξ 在 x 与 $x+\Delta x$ 之间．用 Δx 除上式两端，得

$$\frac{\Delta\Phi}{\Delta x}=f(\xi).$$

由于 $f(x)$ 在 $[a, b]$ 上连续，则当 $\Delta x\to 0$ 时，有 $\xi\to x$．于是

$$\Phi'(x)=\lim_{\Delta x\to 0}\frac{\Delta\Phi}{\Delta x}=\lim_{\xi\to x} f(\xi)=f(x).$$

若 $x=a$，取 $\Delta x>0$，同理可证 $\Phi'_+(a)=f(a)$；若 $x=b$，取 $\Delta x<0$，同理可证 $\Phi'_-(b)=f(b)$.

注：此定理表明：如果函数 $f(x)$ 在 $[a, b]$ 上连续，则它的原函数必定存在，并且它的一个原函数可以用定积分的形式表达为

$$\Phi(x)=\int_a^x f(t)\mathrm{d}t.$$

例 4　设 $\Phi(x)=\int_0^x \sin t^2\mathrm{d}t$，求 $\Phi'(0)$, $\Phi'\left(\frac{\sqrt{\pi}}{2}\right)$.

解　因为 $\Phi'(x)=\sin x^2$，所以 $\Phi'(0)=0$，$\Phi'\left(\frac{\sqrt{\pi}}{2}\right)=\frac{\sqrt{2}}{2}$.

例 5　求 $\lim\limits_{x\to 0}\dfrac{\int_1^{\cos x}\mathrm{e}^{-t^2}\mathrm{d}t}{x^2}$.

解　该极限为 $\frac{0}{0}$ 型未定式，于是由洛必达法则，得

$$\lim_{x\to 0}\frac{\int_1^{\cos x}\mathrm{e}^{-t^2}\mathrm{d}t}{x^2}=\lim_{x\to 0}\frac{\mathrm{e}^{-\cos^2 x}(-\sin x)}{2x}=-\frac{1}{2\mathrm{e}}.$$

例 6　设 $f(x)$ 在 $(-\infty, +\infty)$ 上连续且 $f(x)>0$，证明函数 $F(x)=\dfrac{\int_0^x tf(t)\mathrm{d}t}{\int_0^x f(t)\mathrm{d}t}$ 在 $(0, +\infty)$ 单调增加.

证明　由公式（2）得

$$F'(x)=\frac{xf(x)\int_0^x f(t)\mathrm{d}t-f(x)\int_0^x tf(t)\mathrm{d}t}{\left(\int_0^x f(t)\mathrm{d}t\right)^2}=\frac{f(x)\int_0^x (x-t)f(t)\mathrm{d}t}{\left(\int_0^x f(t)\mathrm{d}t\right)^2},$$

从而当$0<t<x$时，有$f(t)>0$，$(x-t)f(t)>0$，利用积分中值定理，得

$$\int_0^x f(t)\mathrm{d}t>0，\int_0^x (x-t)f(t)\mathrm{d}t>0，$$

于是$F'(x)>0\ (x>0)$，故$F(x)$在$(0,+\infty)$上单调增加.

三、牛顿–莱布尼兹（Newton–Leibniz）公式

定理 5.4　若函数$F(x)$是连续函数$f(x)$在区间$[a,b]$上的一个原函数，则

$$\int_a^b f(x)\mathrm{d}x=F(b)-F(a).\tag{3}$$

证明　由定理 5.3 可知，$\Phi(x)=\int_a^x f(t)\mathrm{d}t$是$f(x)$的一个原函数，又$F(x)$是$f(x)$的一个原函数，所以

$$\int_a^x f(t)\mathrm{d}t=F(x)+C\quad(a\leqslant x\leqslant b).$$

在上式中，令$x=a$，得$0=F(a)+C$，即$C=-F(a)$. 代入上式，得

$$\int_a^x f(t)\mathrm{d}t=F(x)-F(a).$$

再令$x=b$，得

$$\int_a^b f(t)\mathrm{d}t=F(b)-F(a),$$

即

$$\int_a^b f(x)\mathrm{d}x=F(b)-F(a).$$

为方便起见，通常把$F(b)-F(a)$记为$F(x)\Big|_a^b$或$[F(x)]_a^b$，于是公式（3）又可写成

$$\int_a^b f(x)\mathrm{d}x=F(x)\Big|_a^b\quad 或\quad \int_a^b f(x)\mathrm{d}x=[F(x)]_a^b.$$

公式（3）揭示了定积分与被积函数的原函数或不定积分之间的联系，它表明一个连续函数在区间$[a,b]$上的定积分等于它的一个原函数在区间$[a,b]$上的增量. 这给定积分提供了一个有效而简便的计算方法，极大地简化了定积分的计算过程.

通常把公式（3）叫作**牛顿–莱布尼兹公式**，也称为**微积分基本公式**.

例 7　求$\int_0^1 x^2\mathrm{d}x$.

解　由于$\frac{x^3}{3}$是x^2的一个原函数，所以由公式（3）得

$$\int_0^1 x^2\mathrm{d}x=\frac{x^3}{3}\Big|_0^1=\frac{1^3}{3}-\frac{0^3}{3}=\frac{1}{3}.$$

例 8　求$\int_{-1}^1\frac{1}{1+x^2}\mathrm{d}x$.

解　由于$\arctan x$是$\frac{1}{1+x^2}$的一个原函数，所以由公式（3）得

$$\int_{-1}^1\frac{1}{1+x^2}\mathrm{d}x=\arctan x\Big|_{-1}^1=\frac{\pi}{4}-\left(-\frac{\pi}{4}\right)=\frac{\pi}{2}.$$

例 9 求$\int_0^{\frac{\pi}{4}}\tan^2 x\mathrm{d}x$.

解 $\int_0^{\frac{\pi}{4}}\tan^2 x\mathrm{d}x=\int_0^{\frac{\pi}{4}}(\sec^2 x-1)\mathrm{d}x=(\tan x-x)\Big|_0^{\frac{\pi}{4}}=1-\dfrac{\pi}{4}$.

例 10 求$\int_0^{\pi}\sqrt{1+\cos 2x}\mathrm{d}x$.

解
$$\begin{aligned}\int_0^{\pi}\sqrt{1+\cos 2x}\mathrm{d}x&=\int_0^{\pi}\sqrt{2\cos^2 x}\mathrm{d}x=\sqrt{2}\int_0^{\pi}|\cos x|\mathrm{d}x\\&=\sqrt{2}\int_0^{\frac{\pi}{2}}\cos x\mathrm{d}x+\sqrt{2}\int_{\frac{\pi}{2}}^{\pi}(-\cos x)\mathrm{d}x\\&=\sqrt{2}\sin x\Big|_0^{\frac{\pi}{2}}-\sqrt{2}\sin x\Big|_{\frac{\pi}{2}}^{\pi}=2\sqrt{2}.\end{aligned}$$

这种直接使用微积分基本公式和定积分的性质或经过恒等变形再使用公式的方法称为**直接积分法**.

例 11 设$f(x)=\begin{cases}x+1, & x\geqslant 1,\\ \dfrac{1}{2}x^2, & x<1,\end{cases}$ 求$\int_0^2 f(x)\,\mathrm{d}x$.

解 $\int_0^2 f(x)\mathrm{d}x=\int_0^1\dfrac{1}{2}x^2\mathrm{d}x+\int_1^2(x+1)\mathrm{d}x=\dfrac{1}{6}x^3\Big|_0^1+\left(\dfrac{1}{2}x^2+x\right)\Big|_1^2=\dfrac{8}{3}$.

习 题 5-2

1．设$y=\int_0^x\cos t\mathrm{d}t$，求$y'(0)$，$y'\left(\dfrac{\pi}{4}\right)$.

2．求下列函数的导数.

（1）$F(x)=\int_0^x\sqrt{1+t}\mathrm{d}t$；（2）$F(x)=3\int_0^{x^2}\sqrt{1+t^2}\mathrm{d}t$；

（3）$F(x)=\int_{\sin x}^{\cos x}\cos(\pi t^2)\mathrm{d}t$；（4）$F(x)=\int_{\sqrt{x}}^{x^2}\dfrac{\sin t}{t}\mathrm{d}t$.

3．求下列极限.

（1）$\lim\limits_{x\to 0}\dfrac{\int_0^x\arctan t\mathrm{d}t}{x^2}$；（2）$\lim\limits_{x\to 0}\dfrac{\int_0^x\cos t^2\mathrm{d}t}{x}$；（3）$\lim\limits_{x\to 0}\dfrac{\int_0^{x^2}\sqrt{1+t^2}\mathrm{d}t}{x^2}$.

4．计算下列定积分.

（1）$\int_1^2(x^2-1)\mathrm{d}x$；（2）$\int_1^{27}\dfrac{1}{\sqrt[3]{x}}\mathrm{d}x$；（3）$\int_4^9\sqrt{x}(1+\sqrt{x})\mathrm{d}x$；

（4）$\int_1^2\left(x^2+\dfrac{1}{x^4}\right)\mathrm{d}x$；（5）$\int_0^1\dfrac{x^2}{1+x^2}\mathrm{d}x$；（6）$\int_0^{\pi}\cos^2\dfrac{x}{2}\mathrm{d}x$；

（7）$\int_0^2|x-1|\mathrm{d}x$；（8）$\int_0^1\dfrac{1}{\sqrt{4-x^2}}\mathrm{d}x$；（9）$\int_0^{2\pi}|\sin x|\mathrm{d}x$.

5．讨论函数$F(x)=\int_0^x t(t-4)\mathrm{d}t$在$[-2, 6]$上的单调性与极值、凹向及拐点.

6．求$\lim\limits_{h\to 0^+}\dfrac{1}{h}\int_{x-h}^{x+h}\cos t^2\mathrm{d}t\ (h>0)$.

7．设$x=\int_0^t\sin u\mathrm{d}u$，$y=\int_0^t\cos u\mathrm{d}u$，求$\dfrac{\mathrm{d}y}{\mathrm{d}x}$.

8. 设 $f(x)$ 在 $[a,b]$ 上连续，在 (a,b) 内可导且 $f'(x)\leqslant 0$，$F(x)=\dfrac{1}{x-a}\int_a^x f(t)\mathrm{d}t$. 证明：在 (a,b) 内，有 $F'(x)\leqslant 0$.

9. 设 $f(x)=\begin{cases}\dfrac{1}{2}\sin x, & 0\leqslant x\leqslant \pi,\\ 0, & \text{其他},\end{cases}$ 求函数 $F(x)=\int_0^x f(t)\mathrm{d}t$ 在 $(-\infty,+\infty)$ 内的表达式.

第三节　定积分的换元积分法

由上节牛顿-莱布尼兹公式知道，求定积分 $\int_a^b f(x)\mathrm{d}x$ 的问题可以转化为求被积函数 $f(x)$ 的原函数在积分区间 $[a,b]$ 上的增量，而在第四章已介绍了求原函数的两种基本方法，即换元积分法和分部积分法，因此，在一定条件下，可以用换元积分法和分部积分法求定积分. 本节及下一节将介绍这两种基本方法.

为了说明如何用换元法求定积分，我们先证明如下定理.

定理 5.5　设函数 $f(x)$ 在 $[a,b]$ 上连续，函数 $x=\varphi(t)$ 满足条件：

(1) $\varphi(t)$ 在 $[\alpha,\beta]$ 或 $[\beta,\alpha]$ 上有连续导数 $\varphi'(t)$；

(2) 当 t 从 α 变到 β 时，$\varphi(t)$ 从 $\varphi(\alpha)=a$ 单调地变到 $\varphi(\beta)=b$，

则
$$\int_a^b f(x)\mathrm{d}x=\int_\alpha^\beta f[\varphi(t)]\varphi'(t)\mathrm{d}t.$$

证明　设 $F(x)$ 是 $f(x)$ 的一个原函数，则
$$\int f(x)\mathrm{d}x=F(x)+C\quad 且\quad \int_a^b f(x)\mathrm{d}x=F(b)-F(a).$$
又由不定积分换元公式得
$$\int f[\varphi(t)]\varphi'(t)\mathrm{d}t=F[\varphi(t)]+C,$$
从而
$$\int_\alpha^\beta f[\varphi(t)]\varphi'(t)\mathrm{d}t=F[\varphi(\beta)]-F[\varphi(\alpha)]=F(b)-F(a).$$
因此
$$\int_a^b f(x)\mathrm{d}x=\int_\alpha^\beta f[\varphi(t)]\varphi'(t)\mathrm{d}t.$$

利用换元积分公式时应注意以下两点.

(1) 用 $x=\varphi(t)$ 把原来变量 x 代换成新变量 t 时，积分限也要换成相应于新变量 t 的积分限，即“换元必换限”.

(2) 求出 $f[\varphi(t)]\varphi'(t)$ 的一个原函数 $F(t)$ 后，不必像计算不定积分那样再把 $F(t)$ 变换成原来变量 x 的函数，而只要把相应于新变量 t 的积分上、下限分别代入 $F(t)$，然后相减即可.

例 12　计算 $\int_0^a\sqrt{a^2-x^2}\,\mathrm{d}x$.

解　设 $x=a\sin t$，则 $\mathrm{d}x=a\cos t\mathrm{d}t$，且当 $x=0$ 时，$t=0$；$x=a$ 时，$t=\dfrac{\pi}{2}$. 于是
$$\int_0^a\sqrt{a^2-x^2}\,\mathrm{d}x=\int_0^{\frac{\pi}{2}}a\cos t\cdot a\cos t\mathrm{d}t=\frac{a^2}{2}\int_0^{\frac{\pi}{2}}(1+\cos 2t)\mathrm{d}t=\frac{a^2}{2}\left(t+\frac{1}{2}\sin 2t\right)\bigg|_0^{\frac{\pi}{2}}=\frac{\pi a^2}{4}.$$

例 13　计算 $\int_0^a\dfrac{1}{\sqrt{x^2+a^2}}\mathrm{d}x\ (a>0)$.

解　设 $x=a\tan t$，则 $\mathrm{d}x=a\sec^2 t\mathrm{d}t$，且当 $x=0$ 时，$t=0$；$x=a$ 时，$t=\dfrac{\pi}{4}$. 于是

$$\int_0^a \frac{1}{\sqrt{x^2+a^2}}\mathrm{d}x = \int_0^{\frac{\pi}{4}} \frac{1}{a\sec t}\cdot a\sec^2 t\mathrm{d}t = \int_0^{\frac{\pi}{4}} \sec t\mathrm{d}t$$

$$= \ln\left|\sec t + \tan t\right|\Big|_0^{\frac{\pi}{4}} = \ln(1+\sqrt{2}).$$

例 14 计算$\int_0^4 \frac{1}{1+\sqrt{x}}\mathrm{d}x$.

解 令$\sqrt{x}=t$，即$x=t^2$，则$\mathrm{d}x = 2t\mathrm{d}t$，且当$x=0$时，$t=0$；$x=4$时，$t=2$．于是

$$\int_0^4 \frac{1}{1+\sqrt{x}}\mathrm{d}x = \int_0^2 \frac{1}{1+t}\cdot 2t\mathrm{d}t = 2\int_0^2 \left(1-\frac{1}{1+t}\right)\mathrm{d}t$$

$$= 2[t-\ln(1+t)]\Big|_0^2 = 2(2-\ln 3).$$

例 15 计算$\int_0^{\ln 2} \sqrt{\mathrm{e}^x - 1}\mathrm{d}x$.

解 设$\sqrt{\mathrm{e}^x-1}=t$，即$x=\ln(t^2+1)$，则$\mathrm{d}x = \frac{2t}{1+t^2}\mathrm{d}t$，且当$x=0$时，$t=0$；$x=\ln 2$时，$t=1$．于是

$$\int_0^{\ln 2} \sqrt{\mathrm{e}^x-1}\mathrm{d}x = \int_0^1 t\cdot\frac{2t}{1+t^2}\mathrm{d}t = 2\int_0^1 \left(1-\frac{1}{t^2+1}\right)\mathrm{d}t$$

$$= 2(t-\arctan t)\Big|_0^1 = 2-\frac{\pi}{2}.$$

应用定积分的换元积分法时，可以不引进新变量而利用“凑微分”法积分，这时积分上、下限就不需要改变.

例 16 计算$\int_1^{\mathrm{e}} \frac{1}{x(1+3\ln x)}\mathrm{d}x$.

解 $\int_1^{\mathrm{e}} \frac{1}{x(1+3\ln x)}\mathrm{d}x = \frac{1}{3}\int_1^{\mathrm{e}} \frac{1}{1+3\ln x}\mathrm{d}(1+3\ln x) = \frac{1}{3}\ln\left|1+3\ln x\right|\Big|_1^{\mathrm{e}} = \frac{1}{3}\ln 4$.

例 17 设$f(x)$在$[-a,a]$上连续，证明：

（1）若$f(x)$是$[-a,a]$上的偶函数，则$\int_{-a}^a f(x)\mathrm{d}x = 2\int_0^a f(x)\mathrm{d}x$；

（2）若$f(x)$是$[-a,a]$上的奇函数，则$\int_{-a}^a f(x)\mathrm{d}x = 0$.

证明 因为

$$\int_{-a}^a f(x)\mathrm{d}x = \int_{-a}^0 f(x)\mathrm{d}x + \int_0^a f(x)\mathrm{d}x,$$

对积分$\int_{-a}^0 f(x)\mathrm{d}x$，令$x=-t$，则$\mathrm{d}x=-\mathrm{d}t$，且当$x=-a$时，$t=a$；$x=0$时，$t=0$．于是

$$\int_{-a}^0 f(x)\mathrm{d}x = \int_a^0 f(-t)(-\mathrm{d}t) = \int_0^a f(-t)\mathrm{d}t = \int_0^a f(-x)\mathrm{d}x.$$

从而

$$\int_{-a}^a f(x)\mathrm{d}x = \int_0^a f(-x)\mathrm{d}x + \int_0^a f(x)\mathrm{d}x = \int_0^a [f(-x)+f(x)]\mathrm{d}x.$$

（1）若$f(x)$为偶函数，即$f(-x)=f(x)$，则$f(x)+f(-x)=2f(x)$，所以

$$\int_{-a}^a f(x)\mathrm{d}x = 2\int_0^a f(x)\mathrm{d}x.$$

（2）若$f(x)$为奇函数，即$f(-x)=-f(x)$，则$f(x)+f(-x)=0$，所以

$$\int_{-a}^a f(x)\mathrm{d}x = 0.$$

利用例 17 的结论，常可简化计算奇函数、偶函数在关于原点对称的区间上的定积分．例如，

$$\int_{-3}^{3} x^5\cos x\mathrm{d}x = 0\,，\quad \int_{-2}^{2} x^2\mathrm{d}x = 2\int_0^2 x^2\mathrm{d}x = 2\cdot\left.\frac{x^3}{3}\right|_0^2 = \frac{16}{3}\,.$$

例 18　设 $f(x)$ 在 $[0,1]$ 上连续，证明：

（1）$\int_0^{\frac{\pi}{2}} f(\sin x)\mathrm{d}x = \int_0^{\frac{\pi}{2}} f(\cos x)\mathrm{d}x$；

（2）$\int_0^{\pi} xf(\sin x)\mathrm{d}x = \frac{\pi}{2}\int_0^{\pi} f(\sin x)\mathrm{d}x$，并计算 $\int_0^{\pi}\frac{x\sin x}{1+\cos^2 x}\mathrm{d}x$．

证明　（1）设 $x=\frac{\pi}{2}-t$，则 $\mathrm{d}x=-\mathrm{d}t$，且当 $x=0$ 时，$t=\frac{\pi}{2}$；$x=\frac{\pi}{2}$ 时，$t=0$．于是

$$\int_0^{\frac{\pi}{2}} f(\sin x)\mathrm{d}x = \int_{\frac{\pi}{2}}^{0} f(\cos t)(-\mathrm{d}t) = \int_0^{\frac{\pi}{2}} f(\cos t)\mathrm{d}t = \int_0^{\frac{\pi}{2}} f(\cos x)\mathrm{d}x\,.$$

（2）设 $x=\pi-t$，则 $\mathrm{d}x=-\mathrm{d}t$，且当 $x=0$ 时，$t=\pi$；$x=\pi$ 时，$t=0$．于是

$$\begin{aligned}\int_0^{\pi} xf(\sin x)\mathrm{d}x &= \int_{\pi}^{0}(\pi-t)f(\sin t)(-\mathrm{d}t) = \int_0^{\pi}(\pi-t)f(\sin t)\mathrm{d}t\\ &= \pi\int_0^{\pi} f(\sin t)\mathrm{d}t - \int_0^{\pi} tf(\sin t)\mathrm{d}t\\ &= \pi\int_0^{\pi} f(\sin x)\mathrm{d}x - \int_0^{\pi} xf(\sin x)\mathrm{d}x\,,\end{aligned}$$

所以

$$\int_0^{\pi} xf(\sin x)\mathrm{d}x = \frac{\pi}{2}\int_0^{\pi} f(\sin x)\mathrm{d}x\,.$$

利用上述结论，得

$$\int_0^{\pi}\frac{x\sin x}{1+\cos^2 x}\mathrm{d}x = \frac{\pi}{2}\int_0^{\pi}\frac{\sin x}{1+\cos^2 x}\mathrm{d}x = -\frac{\pi}{2}\int_0^{\pi}\frac{1}{1+\cos^2 x}\mathrm{d}\cos x = -\frac{\pi}{2}\arctan(\cos x)\Big|_0^{\pi} = \frac{\pi^2}{4}\,.$$

例 19　设 $f(x)=\begin{cases}\dfrac{1}{1+\mathrm{e}^x}, & x\leqslant 0,\\ \dfrac{1}{x+1}, & x>0,\end{cases}$ 求 $\int_0^2 f(x-1)\mathrm{d}x$．

解　设 $t=x-1$，即 $x=t+1$，则 $\mathrm{d}x=\mathrm{d}t$，且当 $x=0$ 时，$t=-1$；$x=2$ 时，$t=1$．于是

$$\begin{aligned}\int_0^2 f(x-1)\mathrm{d}x &= \int_{-1}^{1} f(t)\mathrm{d}t = \int_{-1}^{0}\frac{1}{1+\mathrm{e}^t}\mathrm{d}t + \int_0^1\frac{1}{t+1}\mathrm{d}t\\ &= \int_{-1}^{0}\left(1-\frac{\mathrm{e}^t}{1+\mathrm{e}^t}\right)\mathrm{d}t + \ln(t+1)\Big|_0^1 = \left(t-\ln\left|1+\mathrm{e}^t\right|\right)\Big|_{-1}^{0} + \ln 2 = \ln(1+\mathrm{e})\,.\end{aligned}$$

习　题　5–3

1．计算下列定积分．

（1）$\int_0^{\ln 2}\mathrm{e}^x(1+\mathrm{e}^x)^3\mathrm{d}x$；　（2）$\int_1^5\frac{\sqrt{u-1}}{u}\mathrm{d}u$；　（3）$\int_{-2}^{1}\frac{1}{(11+5x)^3}\mathrm{d}x$；

（4）$\int_0^{\pi}(1-\sin^3\theta)\mathrm{d}\theta$；　（5）$\int_0^{\ln 2}\sqrt{\mathrm{e}^x-1}\mathrm{d}x$；　（6）$\int_0^1\sqrt{4-x^2}\mathrm{d}x$；

（7）$\int_0^5\frac{2x^2+3x-5}{x+3}\mathrm{d}x$；　（8）$\int_1^2\frac{\sqrt{x^2-1}}{x}\mathrm{d}x$；　（9）$\int_1^3\frac{1}{(1+x)\sqrt{x}}\mathrm{d}x$；

（10）$\int_1^{\sqrt{3}}\frac{1}{x^2\sqrt{1+x^2}}\mathrm{d}x$；　（11）$\int_0^1 t\mathrm{e}^{-\frac{t^2}{2}}\mathrm{d}t$；　（12）$\int_{-\frac{\pi}{2}}^{\frac{\pi}{2}}\sin x\cos 2x\mathrm{d}x$；

（13）$\int_{-\frac{\pi}{2}}^{\frac{\pi}{2}}\sqrt{\cos x-\cos^3 x}\mathrm{d}x$；　　（14）$\int_{\frac{\sqrt{2}}{2}}^{1}\frac{\sqrt{1-x^2}}{x^2}\mathrm{d}x$．

2．利用奇偶性计算下列定积分．

（1）$\int_{-\pi}^{\pi}x^4\sin x\mathrm{d}x$；　　（2）$\int_{-\frac{\pi}{2}}^{\frac{\pi}{2}}4\cos^4\theta\mathrm{d}\theta$；

（3）$\int_{-5}^{5}\frac{x^3\sin^2 x}{x^4+2x^2+1}\mathrm{d}x$；　　（4）$\int_{-1}^{1}(2x+|x|+1)^2\mathrm{d}x$．

3．计算$\int_{-1}^{1}\sqrt{1-x^2}\,\mathrm{d}x$，并利用结果求下列积分．

（1）$\int_{-3}^{3}\sqrt{9-x^2}\mathrm{d}x$；　　（2）$\int_{-2}^{2}(x-3)\sqrt{4-x^2}\mathrm{d}x$．

4．设$f(x)$在$[a,b]$上连续，证明：$\int_a^b f(x)\mathrm{d}x=\int_a^b f(a+b-x)\mathrm{d}x$．

5．证明：$\int_x^1\frac{1}{1+t^2}\mathrm{d}t=\int_1^{\frac{1}{x}}\frac{1}{1+t^2}\mathrm{d}t$．

6．证明：$\int_0^1 x^m(1-x)^n\mathrm{d}x=\int_0^1 x^n(1-x)^m\mathrm{d}x$．

第四节　定积分的分部积分法

定理 5.6　如果$u=u(x)$，$v=v(x)$在$[a,b]$上具有连续导数，则

$$\int_a^b uv'\mathrm{d}x=(uv)\Big|_a^b-\int_a^b vu'\mathrm{d}x \quad 或 \quad \int_a^b u\mathrm{d}v=(uv)\Big|_a^b-\int_a^b v\mathrm{d}u .$$

证明　因为$(uv)'=u'v+uv'$，所以$uv'=(uv)'-u'v$．从而

$$\int_a^b uv'\mathrm{d}x=\int_a^b[(uv)'-vu']\mathrm{d}x=\int_a^b(uv)'\mathrm{d}x-\int_a^b vu'\mathrm{d}x=(uv)\Big|_a^b-\int_a^b vu'\mathrm{d}x .$$

例 20　计算$\int_0^{\pi}x\sin x\mathrm{d}x$．

解　$\int_0^{\pi}x\sin x\mathrm{d}x=-\int_0^{\pi}x\mathrm{d}\cos x=-(x\cos x)\Big|_0^{\pi}+\int_0^{\pi}\cos x\mathrm{d}x=\pi+\sin x\Big|_0^{\pi}=\pi$．

例 21　计算$\int_0^1\arctan x\mathrm{d}x$．

解　$\int_0^1\arctan x\mathrm{d}x=(x\arctan x)\Big|_0^1-\int_0^1 x\mathrm{d}\arctan x=\frac{\pi}{4}-\int_0^1 x\cdot\frac{1}{1+x^2}\mathrm{d}x$

$$=\frac{\pi}{4}-\frac{1}{2}\int_0^1\frac{1}{1+x^2}\mathrm{d}(1+x^2)=\frac{\pi}{4}-\frac{1}{2}\ln(1+x^2)\Big|_0^1=\frac{\pi}{4}-\frac{1}{2}\ln 2 .$$

例 22　计算$\int_1^{\mathrm{e}}x^2\ln x\mathrm{d}x$．

解　$\int_1^{\mathrm{e}}x^2\ln x\mathrm{d}x=\frac{1}{3}\int_1^{\mathrm{e}}\ln x\mathrm{d}x^3=\frac{1}{3}(x^3\ln x)\Big|_1^{\mathrm{e}}-\frac{1}{3}\int_1^{\mathrm{e}}x^3\mathrm{d}\ln x$

$$=\frac{\mathrm{e}^3}{3}-\frac{1}{3}\int_1^{\mathrm{e}}x^2\mathrm{d}x=\frac{\mathrm{e}^3}{3}-\frac{1}{9}x^3\Big|_1^{\mathrm{e}}=\frac{2\mathrm{e}^3+1}{9} .$$

例 23　计算$\int_0^1\mathrm{e}^{\sqrt{x}}\mathrm{d}x$．

解　令 $\sqrt{x}=t$，即 $x=t^2$，则 $dx=2tdt$，且当 $x=0$ 时，$t=0$；$x=1$时，$t=1$．于是

$$\int_0^1 e^{\sqrt{x}}dx = 2\int_0^1 te^t dt = 2\int_0^1 tde^t = 2(te^t)\Big|_0^1 - 2\int_0^1 e^t dt = 2e - 2e^t\Big|_0^1 = 2.$$

例 24　设 $f(x)=\int_1^{\sqrt{x}} e^{-u^2}du$，求 $\int_0^1 \sqrt{x}f(x)dx$．

解　因为 $f'(x)=e^{-x}\cdot\dfrac{1}{2\sqrt{x}}$，于是

$$\int_0^1 \sqrt{x}f(x)dx = \frac{2}{3}\int_0^1 f(x)dx^{\frac{3}{2}} = \frac{2}{3}[x^{\frac{3}{2}}f(x)]\Big|_0^1 - \frac{2}{3}\int_0^1 x^{\frac{3}{2}}\cdot e^{-x}\cdot\frac{1}{2\sqrt{x}}dx = -\frac{1}{3}\int_0^1 xe^{-x}dx$$

$$= \frac{1}{3}\int_0^1 xde^{-x} = \frac{1}{3}(xe^{-x})\Big|_0^1 - \frac{1}{3}\int_0^1 e^{-x}dx = \frac{1}{3}e^{-1} + \frac{1}{3}e^{-x}\Big|_0^1 = \frac{2e^{-1}-1}{3}.$$

根据定积分定义，定积分是一个和式的极限，而定积分我们已经会求了，因此，可以利用定积分求特殊和式的极限，即有

$$\lim_{n\to\infty}\sum_{i=1}^n f\left(\frac{i}{n}\right)\cdot\frac{1}{n} = \int_0^1 f(x)dx.$$

例 25　求 $\lim\limits_{n\to\infty}\dfrac{1^p+2^p+\cdots+n^p}{n^{1+p}}\ (p>0)$．

解　$$\lim_{n\to\infty}\frac{1^p+2^p+\cdots+n^p}{n^{1+p}} = \lim_{n\to\infty}\sum_{i=1}^n\left(\frac{i}{n}\right)^p\frac{1}{n} = \int_0^1 x^p dx = \frac{1}{1+p}x^{1+p}\Big|_0^1 = \frac{1}{1+p}.$$

习　题　5-4

1．计算下列定积分．

（1）$\int_0^1 xe^{-x}dx$；　（2）$\int_0^1 x\ln(1+x^2)dx$；　（3）$\int_0^1 x\arctan x dx$；

（4）$\int_1^e \sin(\ln x)dx$；　（5）$\int_0^{\frac{\pi}{2}} x\sin 2x dx$；　（6）$\int_0^{2\pi} x\cos^2 x dx$；

（7）$\int_1^2 x\log_2 x dx$；　（8）$\int_{\frac{1}{e}}^e |\ln x|dx$；　（9）$\int_0^{\frac{1}{\sqrt{2}}} \dfrac{\arcsin x}{(1-x^2)^{3/2}}dx$．

2．设 $I=\int_a^b xe^{-|x|}dx$，就下列三种情形求 I：（1）$0\leqslant a<b$；（2）$a<b\leqslant 0$；（3）$a<0,b>0$．

3．设 $f(x)=\int_1^{x^2}\dfrac{\sin t}{t}dt$，求 $\int_0^1 xf(x)dx$．

4．求 $\lim\limits_{n\to\infty}\left(\dfrac{n}{n^2+1^2}+\dfrac{n}{n^2+2^2}+\cdots+\dfrac{n}{n^2+n^2}\right)$．

第五节　广义积分与 Γ 函数

一、广义积分

在前面几节所学习的定积分中，我们都假定积分区间为有限区间且被积函数在积分区间上连续或有界且只有有限个间断点，但在许多实际问题中，常常会遇到积分区间为无穷区间，或者被积函数为无界函数的积分，因此，需要对定积分做如下两种推广，从而形成广义积分的概念．

1．无穷区间上的广义积分

定义 5.2 设函数 $f(x)$ 在 $[a,+\infty)$ 上连续，且对任意的 $b>a$，$f(x)$ 在 $[a,b]$ 上可积，若极限

$$\lim_{b\to+\infty}\int_a^b f(x)\mathrm{d}x \quad (b>a)$$

存在，则称该极限为 $f(x)$ 在无穷区间 $[a,+\infty)$ 上的**广义积分**，记为 $\int_a^{+\infty}f(x)\mathrm{d}x$，即

$$\int_a^{+\infty}f(x)\mathrm{d}x=\lim_{b\to+\infty}\int_a^b f(x)\mathrm{d}x. \tag{4}$$

这时也称此**广义积分存在或收敛**．若上述极限不存在，则称此**广义积分不存在或发散**．

类似地，若函数 $f(x)$ 在 $(-\infty,b]$ 上连续，极限

$$\lim_{a\to-\infty}\int_a^b f(x)\mathrm{d}x$$

存在，则定义

$$\int_{-\infty}^b f(x)\mathrm{d}x=\lim_{a\to-\infty}\int_a^b f(x)\mathrm{d}x. \tag{5}$$

若函数 $f(x)$ 在 $(-\infty,+\infty)$ 上连续，且广义积分

$$\int_{-\infty}^c f(x)\mathrm{d}x,\quad \int_c^{+\infty}f(x)\mathrm{d}x$$

都收敛，则定义

$$\int_{-\infty}^{+\infty}f(x)\mathrm{d}x=\int_{-\infty}^c f(x)\mathrm{d}x+\int_c^{+\infty}f(x)\mathrm{d}x=\lim_{a\to-\infty}\int_a^c f(x)\mathrm{d}x+\lim_{b\to+\infty}\int_c^b f(x)\mathrm{d}x, \tag{6}$$

其中 c 为任意常数，通常取 $c=0$．

若广义积分 $\int_{-\infty}^c f(x)\mathrm{d}x$、$\int_c^{+\infty}f(x)\mathrm{d}x$ 中有一个发散，则称广义积分 $\int_{-\infty}^{+\infty}f(x)\mathrm{d}x$ **发散**．

上述积分统称为**无穷区间上的广义积分**．

若 $F(x)$ 是 $f(x)$ 的一个原函数，记 $F(+\infty)=\lim\limits_{x\to+\infty}F(x)$，$F(-\infty)=\lim\limits_{x\to-\infty}F(x)$，则广义积分可以表示为（如果极限存在）

$$\int_a^{+\infty}f(x)\mathrm{d}x=F(x)\Big|_a^{+\infty}=F(+\infty)-F(a);$$

$$\int_{-\infty}^b f(x)\mathrm{d}x=F(x)\Big|_{-\infty}^b=F(b)-F(-\infty);$$

$$\int_{-\infty}^{+\infty}f(x)\mathrm{d}x=F(x)\Big|_{-\infty}^{+\infty}=F(+\infty)-F(-\infty).$$

例 26 计算广义积分 $\int_0^{+\infty}\mathrm{e}^{-t}\mathrm{d}t$．

解 $\int_0^{+\infty}\mathrm{e}^{-t}\mathrm{d}t=\lim\limits_{b\to+\infty}\int_0^b\mathrm{e}^{-t}\mathrm{d}t=\lim\limits_{b\to+\infty}(-\mathrm{e}^{-t})\Big|_0^b=\lim\limits_{b\to+\infty}(1-\mathrm{e}^{-b})=1-0=1.$

在理解广义积分的实质后，上述解题过程可简化为

$$\int_0^{+\infty}\mathrm{e}^{-t}\mathrm{d}t=(-\mathrm{e}^{-t})\Big|_0^{+\infty}=0-(-1)=1.$$

例 27 计算广义积分 $\int_0^{+\infty}t\mathrm{e}^{-t}\mathrm{d}t$．

解 $\int_0^{+\infty}t\mathrm{e}^{-t}\mathrm{d}t=-\int_0^{+\infty}t\mathrm{d}\mathrm{e}^{-t}=-(t\mathrm{e}^{-t})\Big|_0^{+\infty}+\int_0^{+\infty}\mathrm{e}^{-t}\mathrm{d}t=(-\mathrm{e}^{-t})\Big|_0^{+\infty}=1.$

例 28 计算广义积分 $\int_{-\infty}^{+\infty}\dfrac{1}{1+x^2}\mathrm{d}x$．

解 $\int_{-\infty}^{+\infty}\frac{1}{1+x^2}\mathrm{d}x=\int_{-\infty}^{0}\frac{1}{1+x^2}\mathrm{d}x+\int_{0}^{+\infty}\frac{1}{1+x^2}\mathrm{d}x=\lim\limits_{a\to-\infty}\int_{a}^{0}\frac{1}{1+x^2}\mathrm{d}x+\lim\limits_{b\to+\infty}\int_{0}^{b}\frac{1}{1+x^2}\mathrm{d}x$

$$=\lim_{a\to-\infty}\arctan x\Big|_a^0+\lim_{b\to+\infty}\arctan x\Big|_0^b=-\lim_{a\to-\infty}(\arctan a)+\lim_{b\to+\infty}(\arctan b)$$

$$=\frac{\pi}{2}+\frac{\pi}{2}=\pi\ .$$

例 28 的计算也可简写为

$$\int_{-\infty}^{+\infty}\frac{1}{1+x^2}\mathrm{d}x=\arctan x\Big|_{-\infty}^{+\infty}=\frac{\pi}{2}+\frac{\pi}{2}=\pi\ .$$

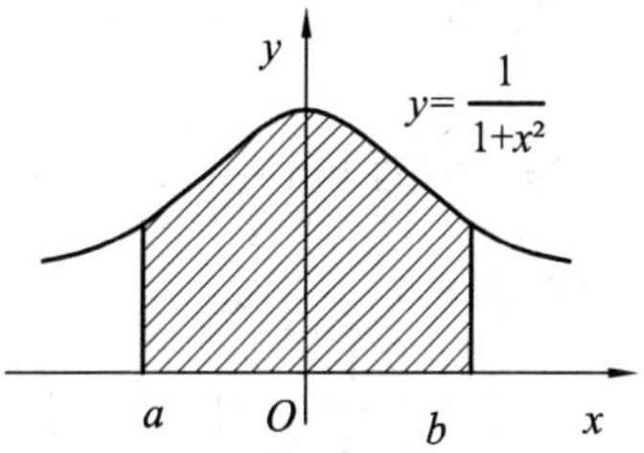

这个广义积分值的几何意义是：当 $a\to-\infty$、$b\to+\infty$ 时，虽然图 5-6 中阴影部分向左、右无限延伸，但其面积却有极限值 π，即位于曲线 $y=\frac{1}{1+x^2}$ 的下方、x 轴上方的图形面积为 π.

图 5-6

例 29 证明广义积分 $\int_a^{+\infty}\frac{1}{x^p}\mathrm{d}x$，当 $p>1$ 时收敛；当 $p\leqslant1$ 时发散.

证明 当 $p=1$ 时，

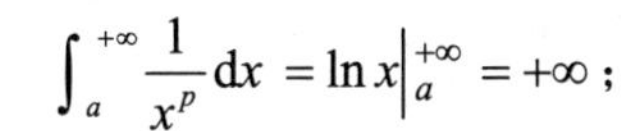

$$\int_a^{+\infty}\frac{1}{x^p}\mathrm{d}x=\ln x\Big|_a^{+\infty}=+\infty\ ;$$

当 $p\neq1$ 时，

$$\int_a^{+\infty}\frac{1}{x^p}\mathrm{d}x=\frac{x^{1-p}}{1-p}\Big|_a^{+\infty}=\begin{cases}+\infty, & p<1,\\ \dfrac{a^{1-p}}{p-1}, & p>1.\end{cases}$$

故当 $p>1$ 时，广义积分收敛，其值为 $\frac{a^{1-p}}{p-1}$；当 $p\leqslant1$ 时，广义积分发散.

2．被积函数有无穷间断点的广义积分

定义 5.3 设函数 $f(x)$ 在 $(a,b]$ 上连续，$\lim\limits_{x\to a^+}f(x)=\infty$，取 $\varepsilon>0$，若极限

$$\lim_{\varepsilon\to0^+}\int_{a+\varepsilon}^{b}f(x)\mathrm{d}x \tag{7}$$

存在，则称该极限为函数 $f(x)$ 在 $(a,b]$ 上的**广义积分**，记为 $\int_a^b f(x)\mathrm{d}x$，即

$$\int_a^b f(x)\mathrm{d}x=\lim_{\varepsilon\to0^+}\int_{a+\varepsilon}^{b}f(x)\mathrm{d}x\ . \tag{8}$$

这时也称**广义积分存在或收敛**．若 $\lim\limits_{\varepsilon\to0^+}\int_{a+\varepsilon}^{b}f(x)\mathrm{d}x$ 不存在，则称 $\int_a^b f(x)\mathrm{d}x$ **发散**.

类似地，设 $f(x)$ 在 $[a,b)$ 上连续，$\lim\limits_{x\to b^-}f(x)=\infty$，若

$$\lim_{\varepsilon\to0^+}\int_{a}^{b-\varepsilon}f(x)\mathrm{d}x$$

存在，则定义

$$\int_a^b f(x)\mathrm{d}x=\lim_{\varepsilon\to0^+}\int_{a}^{b-\varepsilon}f(x)\mathrm{d}x\ . \tag{9}$$

设 $f(x)$ 在 $[a,b]$ 上除 $c\ (a<c<b)$ 点外连续，$\lim\limits_{x\to c}f(x)=\infty$，若广义积分

$$\int_a^c f(x)\mathrm{d}x \quad 与 \quad \int_c^b f(x)\mathrm{d}x$$

都收敛，则定义

$$\int_a^b f(x)\mathrm{d}x=\int_a^c f(x)\mathrm{d}x+\int_c^b f(x)\mathrm{d}x=\lim_{\varepsilon_1\to0^+}\int_a^{c-\varepsilon_1}f(x)\mathrm{d}x+\lim_{\varepsilon_2\to0^+}\int_{c+\varepsilon_2}^b f(x)\mathrm{d}x\ . \tag{10}$$

否则，称**广义积分** $\int_c^b f(x)\mathrm{d}x$ **发散**.

被积函数的无穷间断点又叫**瑕点**，故无界函数的广义积分也称为**瑕积分**.

例 30　计算广义积分 $\int_0^a \frac{1}{\sqrt{a^2-x^2}}\mathrm{d}x\ (a>0)$.

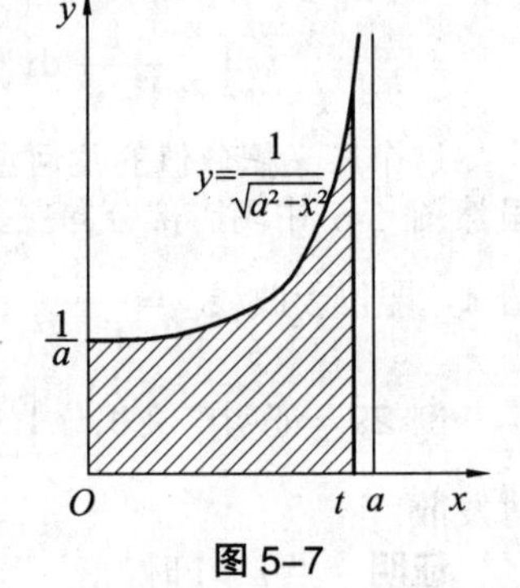

图 5–7

解　因为 $\lim\limits_{x\to a^-}\frac{1}{\sqrt{a^2-x^2}}=+\infty$，所以 $x=a$ 为被积函数的无穷间断点（见图 5-7）. 于是

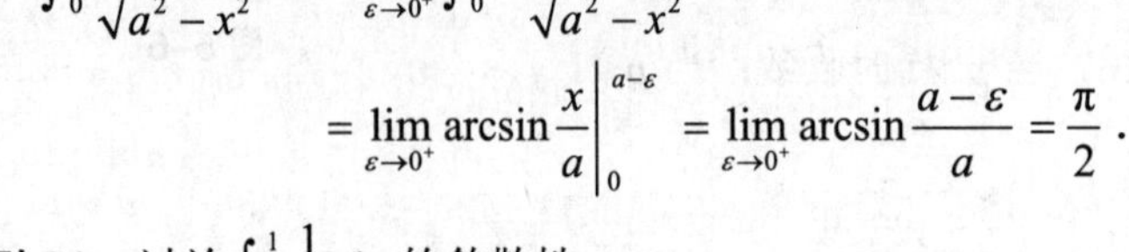

$$\int_0^a \frac{1}{\sqrt{a^2-x^2}}\mathrm{d}x=\lim_{\varepsilon\to0^+}\int_0^{a-\varepsilon}\frac{1}{\sqrt{a^2-x^2}}\mathrm{d}x$$
$$=\lim_{\varepsilon\to0^+}\arcsin\frac{x}{a}\bigg|_0^{a-\varepsilon}=\lim_{\varepsilon\to0^+}\arcsin\frac{a-\varepsilon}{a}=\frac{\pi}{2}\ .$$

例 31　讨论 $\int_0^1 \frac{1}{x^p}\mathrm{d}x$ 的敛散性.

解　$x=0$ 是被积函数的瑕点.

当 $p=1$ 时，

$$\int_0^1 \frac{1}{x}\mathrm{d}x=\lim_{\varepsilon\to0^+}\int_\varepsilon^1 \frac{1}{x}\mathrm{d}x=\lim_{\varepsilon\to0^+}\ln x\Big|_\varepsilon^1=\lim_{\varepsilon\to0^+}(-\ln\varepsilon)=+\infty\ ;$$

当 $p\neq1$ 时，

$$\int_0^1 \frac{1}{x^p}\mathrm{d}x=\lim_{\varepsilon\to0^+}\int_\varepsilon^1 \frac{1}{x^p}\mathrm{d}x=\lim_{\varepsilon\to0^+}\frac{1}{1-p}x^{1-p}\Big|_\varepsilon^1=\begin{cases}+\infty, & p>1,\\ \frac{1}{1-p}, & p<1.\end{cases}$$

故当 $p<1$ 时，广义积分 $\int_0^1 \frac{1}{x^p}\mathrm{d}x$ 收敛，其值为 $\frac{1}{1-p}$；当 $p\geqslant1$ 时，广义积分 $\int_0^1 \frac{1}{x^p}\mathrm{d}x$ 发散.

例 32　计算 $\int_{-1}^1 \frac{1}{x^2}\mathrm{d}x$.

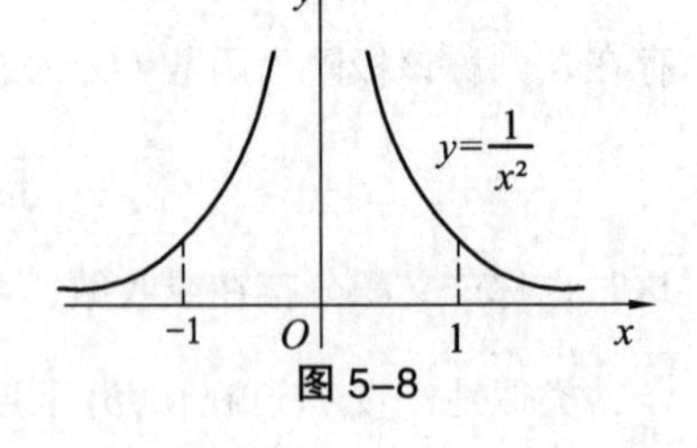

图 5–8

解　如图 5-8 所示，函数 $f(x)=\frac{1}{x^2}$ 在积分区间 $[-1,1]$ 上除 $x=0$ 外连续，且 $\lim\limits_{x\to0}\frac{1}{x^2}=\infty$，故 $x=0$ 是瑕点. 由公式（10）得

$$\int_{-1}^1 \frac{1}{x^2}\mathrm{d}x=\int_{-1}^0 \frac{1}{x^2}\mathrm{d}x+\int_0^1 \frac{1}{x^2}\mathrm{d}x\ .$$

而

$$\int_{-1}^0 \frac{1}{x^2}\mathrm{d}x=\lim_{\varepsilon\to0^+}\int_{-1}^{-\varepsilon}\frac{1}{x^2}\mathrm{d}x=-\lim_{\varepsilon\to0^+}\frac{1}{x}\bigg|_{-1}^{-\varepsilon}=-\lim_{\varepsilon\to0^+}\left(\frac{1}{-\varepsilon}-\frac{1}{-1}\right)=+\infty\ ,$$

故广义积分在区间 $[-1,1]$ 上是发散的.

注意：如果忽视了 $x=0$ 是被积函数的瑕点，就会得到以下错误结果.

$$\int_{-1}^1 \frac{1}{x^2}\mathrm{d}x=\left(-\frac{1}{x}\right)\bigg|_{-1}^1=-1-1=-2\ .$$

二、Γ 函数

下面讨论一个在概率论与数理统计要用到的积分区间为无限且含有参变量的广义积分.

定义 5.4　积分 $\Gamma(r)=\int_0^{+\infty}x^{r-1}\mathrm{e}^{-x}\mathrm{d}x\ (r>0)$ 是参变量 r 的函数，称为 Γ 函数.

可以证明这个积分是收敛的.

下面讨论 Γ 函数的几个重要性质.

性质 1　$\Gamma(r+1)=r\Gamma(r)$.　（11）

证明　利用分部积分公式得

$$\Gamma(r+1)=\int_0^{+\infty}x^r\mathrm{e}^{-x}\mathrm{d}x=-\int_0^{+\infty}x^r\mathrm{d}(\mathrm{e}^{-x})$$
$$=(-x^r\mathrm{e}^{-x})\Big|_0^{+\infty}+r\int_0^{+\infty}\mathrm{e}^{-x}x^{r-1}\mathrm{d}x=r\Gamma(r).$$

显然

$$\Gamma(1)=\int_0^{+\infty}\mathrm{e}^{-x}\mathrm{d}x=1.$$

反复运用上述递推公式，便有

$$\Gamma(2)=1\cdot\Gamma(1)=1,$$
$$\Gamma(3)=2\cdot\Gamma(2)=2!,$$
$$\Gamma(4)=3\cdot\Gamma(3)=3!,$$
$$\cdots\cdots$$

一般地，对任何正整数 n，有

$$\Gamma(n+1)=n\cdot\Gamma(n)=n!.$$

性质 2　当 $r\to0^+$ 时，$\Gamma(r)\to+\infty$.

证明　因为 $\Gamma(r)=\dfrac{\Gamma(r+1)}{r}$，$\Gamma(1)=1$，所以当 $r\to0^+$ 时，$\Gamma(r)\to+\infty$.

性质 3　$\Gamma(r)\Gamma(1-r)=\dfrac{\pi}{\sin\pi r}\ (0<r<1)$.

这个公式称为余元公式，在此不做证明.

特别地，当 $r=\dfrac{1}{2}$ 时，$\Gamma\left(\dfrac{1}{2}\right)=\sqrt{\pi}$.

性质 4　$\Gamma(r)=2\int_0^{+\infty}u^{2r-1}\mathrm{e}^{-u^2}\mathrm{d}u$.　（12）

这里只需在 Γ 函数中，作代换 $x=u^2$ 即得公式（12）.

在公式（12）中，再令 $2r-1=t$，有

$$\int_0^{+\infty}u^t\mathrm{e}^{-u^2}\mathrm{d}u=\frac{1}{2}\Gamma\left(\frac{1+t}{2}\right)\quad(t>-1),\tag{13}$$

上式左端是应用上常见的积分，它的值可通过上式用 Γ 函数计算出来.

在公式（12）中，令 $r=\dfrac{1}{2}$，有

$$2\int_0^{+\infty}\mathrm{e}^{-u^2}\mathrm{d}u=\Gamma\left(\frac{1}{2}\right)=\sqrt{\pi}.$$

故

$$\int_0^{+\infty}\mathrm{e}^{-u^2}\mathrm{d}u=\frac{\sqrt{\pi}}{2}.$$

例 33　计算下列各式的值.

（1）$\dfrac{\Gamma(8)}{7\Gamma(5)}$；　　（2）$\dfrac{\Gamma\left(\frac{7}{2}\right)}{\Gamma\left(\frac{1}{2}\right)}$.

解　（1）$\dfrac{\Gamma(8)}{7\Gamma(5)}=\dfrac{7!}{7\times4!}=\dfrac{7\times6\times5\times4\times3\times2}{7\times4\times3\times2}=30.$

（2）$\dfrac{\Gamma\left(\frac{7}{2}\right)}{\Gamma\left(\frac{1}{2}\right)}=\dfrac{\frac{5}{2}\Gamma\left(\frac{5}{2}\right)}{\Gamma\left(\frac{1}{2}\right)}=\dfrac{\frac{5}{2}\times\frac{3}{2}\Gamma\left(\frac{3}{2}\right)}{\Gamma\left(\frac{1}{2}\right)}=\dfrac{\frac{5}{2}\times\frac{3}{2}\times\frac{1}{2}\Gamma\left(\frac{1}{2}\right)}{\Gamma\left(\frac{1}{2}\right)}=\dfrac{15}{8}$.

例 34　计算下列积分.

（1）$\int_0^{+\infty}x^3\mathrm{e}^{-x}\mathrm{d}x$；　　（2）$\int_0^{+\infty}x^3\mathrm{e}^{-x^2}\mathrm{d}x$.

解　（1）$\int_0^{+\infty}x^3\mathrm{e}^{-x}\mathrm{d}x=\Gamma(4)=3!=6$.

（2）利用公式（13）得

$$\int_0^{+\infty}x^3\mathrm{e}^{-x^2}\mathrm{d}x=\frac{1}{2}\Gamma(2)=\frac{1}{2}.$$

或令 $x^2=t$，则 $2x\mathrm{d}x=\mathrm{d}t$，于是

$$\int_0^{+\infty}x^3\mathrm{e}^{-x^2}\mathrm{d}x=\frac{1}{2}\int_0^{+\infty}t\mathrm{e}^{-t}\mathrm{d}t=\frac{1}{2}\Gamma(2)=\frac{1}{2}.$$

习　题　5–5

1．判断下列广义积分的敛散性.

（1）$\int_0^{+\infty}\mathrm{e}^{-x}\mathrm{d}x$；　（2）$\int_1^{+\infty}\dfrac{1}{\sqrt{x}}\mathrm{d}x$；　（3）$\int_1^{+\infty}\dfrac{1}{x^4}\mathrm{d}x$；

（4）$\int_0^{+\infty}x\mathrm{e}^{-x}\mathrm{d}x$；　（5）$\int_{-\infty}^{+\infty}\dfrac{x}{\sqrt{1+x^2}}\mathrm{d}x$；　（6）$\int_0^1\dfrac{x}{\sqrt{1-x^2}}\mathrm{d}x$；

（7）$\int_0^1\dfrac{1}{\sqrt{1-x}}\mathrm{d}x$；　（8）$\int_{-1}^1\dfrac{1}{\sqrt{1-x^2}}\mathrm{d}x$；　（9）$\int_1^{\mathrm{e}}\dfrac{1}{x\sqrt{1-(\ln x)^2}}\mathrm{d}x$.

2．k 为何值时，广义积分 $\int_2^{+\infty}\dfrac{1}{x(\ln x)^k}\mathrm{d}x$ 收敛？又为何值时，发散？

3．判断广义积分 $\int_0^2\dfrac{1}{x^2-4x+3}\mathrm{d}x$ 的敛散性.

4．计算 $\int_{\mathrm{e}}^{+\infty}\dfrac{1}{x\ln^2x}\mathrm{d}x$.

5．计算下列各值.

（1）$\dfrac{\Gamma(7)}{2\Gamma(4)\Gamma(3)}$；　　（2）$\dfrac{\Gamma(3)\Gamma\left(\frac{3}{2}\right)}{\Gamma\left(\frac{9}{2}\right)}$；

（3）$\int_0^{+\infty}x^4\mathrm{e}^{-x}\mathrm{d}x$；　　（4）$\int_0^{+\infty}x^2\mathrm{e}^{-2x^2}\mathrm{d}x$.

复习题五

1．填空题．

（1）$F(x)=\int_1^x\left(2-\frac{1}{\sqrt{t}}\right)\mathrm{d}t\ (x>0)$ 的单调减区间为________；

（2）已知 $f(x)=\int_a^x 12t^2\mathrm{d}t$ 且 $\int_0^1 f(x)\mathrm{d}x=1$，则 $a=$________；

（3）$\int_1^2\frac{1}{x^3}\mathrm{e}^{\frac{1}{x}}\mathrm{d}x=$____________；

（4）$\frac{\mathrm{d}}{\mathrm{d}x}\int_a^x g(x)f(t)\mathrm{d}t=$__________；

（5）广义积分 $\int_0^{+\infty}\frac{x}{(1+x^2)^2}\mathrm{d}x=$________．

2．选择题．

（1）设函数 $f(x)$ 连续，$F(x)=\frac{1}{h}\int_{x-h}^{x+h}f(t)\mathrm{d}t\ (h>0)$，则 $F'(x)=$（　　）．

A　$\frac{1}{h}f(x+h)$　　　B　$-\frac{1}{h}f(x-h)$

C　$\frac{1}{h}[f(x+h)-f(x-h)]$　　　D　$\frac{1}{h}[f(x+h)+f(x-h)]$

（2）$\int_a^b f'(2x)\mathrm{d}x=$（　　）．

A　$f(b)-f(a)$　　　B　$f(2b)-f(2a)$

C　$2[f(2b)-f(2a)]$　　　D　$\frac{1}{2}[f(2b)-f(2a)]$

（3）设 $f(x)$ 在闭区间 $[-1,1]$ 上连续，则 $x=0$ 是 $g(x)=\frac{\int_0^x f(t)\mathrm{d}t}{x}$ 的（　　）．

A　跳跃间断点　B　可去间断点　C　无穷间断点　D　震荡间断点

（4）设 $M=\int_{-\frac{\pi}{2}}^{\frac{\pi}{2}}\frac{\sin x}{1+x^2}\cos^4 x\mathrm{d}x$，$N=\int_{-\frac{\pi}{2}}^{\frac{\pi}{2}}(\sin^3 x+\cos^4 x)\mathrm{d}x$，$P=\int_{-\frac{\pi}{2}}^{\frac{\pi}{2}}(x^2\sin^3 x-\cos^4 x)\mathrm{d}x$，则有（　　）．

A　$N<P<M$　B　$M<P<N$　C　$N<M<P$　D　$P<M<N$

（5）设 $f(x)=\int_0^{x^2}\ln(2+t)\mathrm{d}t$，$f'(x)$ 的零点个数（　　）．

A　0　B　1　C　2　D　3

3．解答题．

（1）求 $\int_0^{\frac{\pi}{2}}\sqrt{1-\sin 2x}\mathrm{d}x$；　　（2）求 $\int_0^{\sqrt{\ln 2}}x^3\mathrm{e}^{x^2}\mathrm{d}x$；

（3）求 $\int_0^1\sqrt{2x-x^2}\mathrm{d}x$；　　（4）求 $\int_0^{\frac{\pi}{4}}\frac{x}{1+\cos 2x}\mathrm{d}x$；

（5）设函数$f(x)$连续，且$f(0)\neq 0$，求$\lim\limits_{x\to 0}\dfrac{\int_0^x (x-t)f(t)\mathrm{d}t}{x\int_0^x f(x-t)\mathrm{d}t}$；

（6）设$\int_0^2 f(x)\mathrm{d}x=1$，且$f(2)=\dfrac{1}{2}$，$f'(2)=0$，求$\int_0^1 x^2 f''(2x)\mathrm{d}x$；

（7）设函数$f(x)=\dfrac{1}{1+x}+x^2\int_0^1 f(x)\mathrm{d}x$，求$\int_0^1 f(x)\mathrm{d}x$；

（8）设$f(x)=\begin{cases}\dfrac{\sqrt{x^2-1}}{x}, & x\geqslant 1,\\ (x^2-1)\sin 2x, & x<1,\end{cases}$ 求$\int_{-1}^2 f(x)\mathrm{d}x$.

4．证明题.

设$f(x)=\int_1^x \dfrac{\ln t}{1+t^2}\mathrm{d}t$，证明：$f\left(\dfrac{1}{x}\right)=f(x)$.

第六章　定积分的应用

定积分是用来求某种总量的一种方法，本章将应用定积分来解决一些几何、经济中的问题，在深刻领会定积分解决实际问题的基本思想和方法 —— 元素法的基础上，建立这些几何问题和经济问题的计算公式．

第一节　元素法

在利用定积分解决实际问题时，常采用所谓“**元素法**”．为了说明这种方法，下面先回顾一下第五章中用定积分求解曲边梯形面积的方法和步骤．

设 $f(x)$ 在区间 $[a, b]$ 上连续，且 $f(x) \geqslant 0$，求以曲线 $y=f(x)$ 为曲边、底为 $[a, b]$ 的曲边梯形的面积 S．把这个面积 S 表示为定积分

$$S=\int_a^b f(x)\mathrm{d}x$$

的思路是“分割、近似、求和、取极限”．其步骤为：

（1）将 $[a, b]$ 分成 n 个小区间，相应地，把曲边梯形分成 n 个小曲边梯形，第 i 个窄曲边梯形的面积记作 $\Delta S_i (i=1,2,\cdots,n)$，则

$$S=\sum_{i=1}^{n}\Delta S_i \text{ .}$$

（2）计算 ΔS_i 的近似值：

$$\Delta S_i \approx f(\xi_i)\Delta x_i \quad (x_{i-1} \leqslant \xi_i \leqslant x_i).$$

（3）求和，得 S 的近似值：

$$S \approx \sum_{i=1}^{n} f(\xi_i)\Delta x_i \text{ .}$$

（4）取极限得

$$S=\lim_{\lambda\to 0}\sum_{i=1}^{n} f(\xi_i)\Delta x_i=\int_a^b f(x)\mathrm{d}x \text{ .}$$

在上述问题中我们注意到，所求量（即面积 S）与区间 $[a, b]$ 有关．如果把区间 $[a, b]$ 分成许多部分区间，则所求量相应地分成许多部分量（ΔS_i），而所求量等于所有部分量之和（即 $S=\sum_{i=1}^{n}\Delta S_i$）．这一性质称为所求量对区间 $[a, b]$ 具有**可加性**．此外，以 $f(\xi_i)\Delta x_i$ 近似代替部分量 ΔS_i 时，其误差是一个比 Δx_i 更高阶的无穷小．这两点保证了求和、取极限后得到所求总量的精确值．

在上述计算曲边梯形的面积时，上述四步中最关键的是第二、第四两步，有了第二步中的 $\Delta S_i \approx f(\xi_i)\Delta x_i$，积分的主要形式就已经形成；而第四步则保证所求面积的精确值．

在实际应用上，为了方便起见，省略下标 i，用 ΔS 表示任一小区间 $[x, x+\mathrm{d}x]$ 上窄曲边梯形的面积，于是有

$$S=\sum \Delta S \text{ .}$$

取 $[x, x+\mathrm{d}x]$ 的左端点 x 为 ξ，以点 x 处的函数值 $f(x)$ 为高、$\mathrm{d}x$ 为底的矩形的面积 $f(x)\mathrm{d}x$ 为 ΔS 的近似值（见图 6-1 的阴影部分），即

$$\Delta S \approx f(x)\mathrm{d}x .$$

上式右端 $f(x)\mathrm{d}x$ 叫作面积元素，记为 $\mathrm{d}S = f(x)\mathrm{d}x$，于是

$$S \approx \sum f(x)\mathrm{d}x ,$$

因此

$$S = \lim \sum f(x)\mathrm{d}x = \int_a^b f(x)\mathrm{d}x .$$

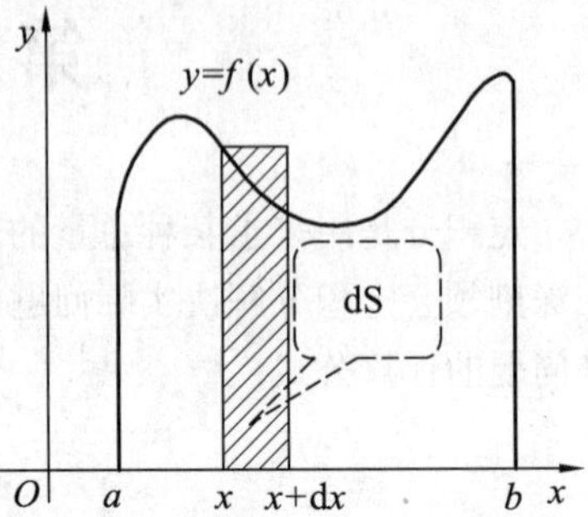

图 6–1

一般地，若某一实际问题中的所求量 U 符合如下条件：

（1）U 是与一个变量如 x 的变化区间 $[a, b]$ 有关的量；

（2）U 对区间 $[a, b]$ 具有可加性，即如果把 $[a, b]$ 分成许多部分区间，则 U 相应地分成许多部分量，且 U 等于所有部分量之和；

（3）部分量 ΔU_i 的近似值可表示为 $f(\xi_i)\Delta x_i$，

则可以考虑用定积分来表达该所求量 U.

通常用定积分来表达该所求量 U 的步骤为：

（1）根据问题的具体情况，选取一个变量，如 x 为积分变量，确定它的变化区间 $[a, b]$.

（2）在区间 $[a, b]$ 上任取一小区间 $[x, x+\mathrm{d}x]$，求出相应于这个小区间的部分量 ΔU 的近似值. 如果 ΔU 能近似地表示为 $f(x)$ 在 $[x, x+\mathrm{d}x]$ 左端点 x 处的值与 $\mathrm{d}x$ 的乘积 $f(x)\mathrm{d}x$，就把 $f(x)\mathrm{d}x$ 称为所求量 U 的**元素**，记作 $\mathrm{d}U$，即

$$\mathrm{d}U = f(x)\mathrm{d}x .$$

（3）以所求量 U 的元素 $\mathrm{d}U = f(x)\mathrm{d}x$ 为被积表达式，在 $[a, b]$ 上作定积分，得

$$U = \int_a^b f(x)\mathrm{d}x .$$

这就是所求量 U 的积分表达式.

上述方法称为“元素法”，下面将应用此方法来讨论几何、经济中的一些问题.

第二节　定积分在几何上的应用

一、平面图形的面积

根据定积分的几何意义，对于非负函数 $f(x)$，定积分 $\int_a^b f(x)\mathrm{d}x$ 表示由曲线 $y=f(x)$ 与直线 $x=a$，$x=b$ 以及 x 轴所围成的曲边梯形的面积，被积表达式 $f(x)\mathrm{d}x$ 就是面积元素 $\mathrm{d}S$，即

$$\mathrm{d}S = f(x)\mathrm{d}x ,$$

则

$$S = \int_a^b f(x)\mathrm{d}x .$$

若 $f(x)$ 不是非负的，则所围成的图形（见图 6-2）的面积应为

$$S = \int_a^b |f(x)|\mathrm{d}x = \int_a^{c_1} f(x)\mathrm{d}x - \int_{c_1}^{c_2} f(x)\mathrm{d}x + \int_{c_2}^b f(x)\mathrm{d}x .$$

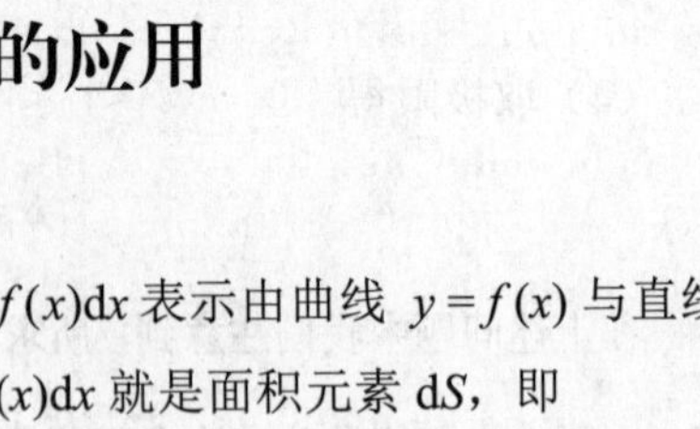

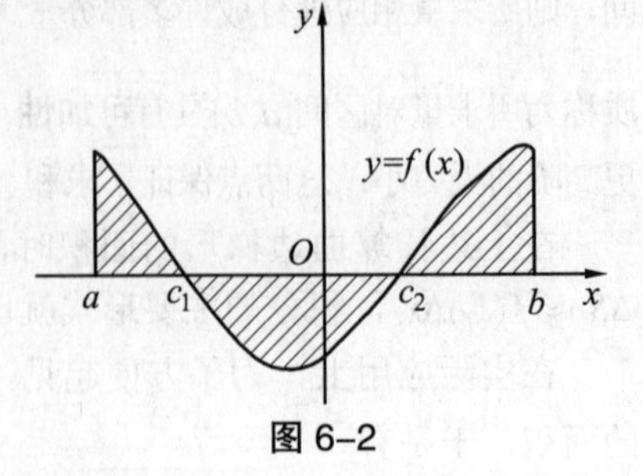

图 6–2

一般地，由两条曲线所围成的图形面积的计算方法如下：

（1）设平面图形由连续曲线 $y = f_1(x)$, $y = f_2(x)$ $(f_1(x) \geqslant f_2(x))$ 及直线 $x = a, x = b$ 所围成（见图

6-3），则该图形的面积为

$$S=\int_a^b[f_1(x)-f_2(x)]\mathrm{d}x\,. \qquad (1)$$

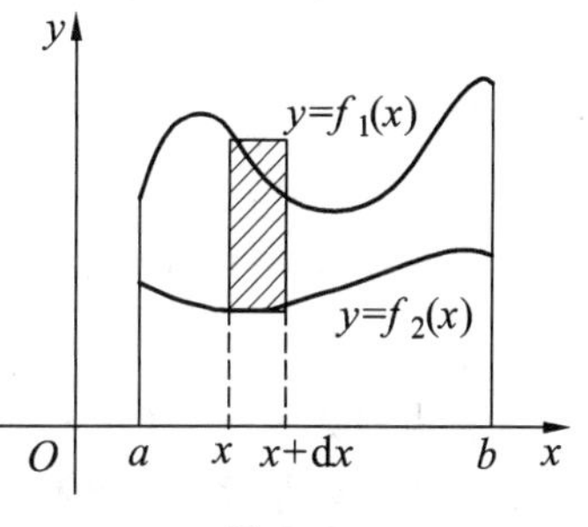

图 6–3

事实上，任取$[x,x+\mathrm{d}x]\subset[a,b]$，则该小区间上对应图形面积的近似值为$\Delta S\approx[f_1(x)-f_2(x)]\mathrm{d}x$，于是面积元素

$$\mathrm{d}S=[f_1(x)-f_2(x)]\mathrm{d}x\,,$$

故所求平面图形的面积为

$$S=\int_a^b[f_1(x)-f_2(x)]\mathrm{d}x\,.$$

（2）设平面图形由连续曲线$x=g_1(y)$，$x=g_2(y)\,(g_1(y)\geqslant g_2(y))$及直线$y=c,y=d$所围成（见图 6-4），则该图形的面积为

$$S=\int_c^d[g_1(y)-g_2(y)]\mathrm{d}y\,. \qquad (2)$$

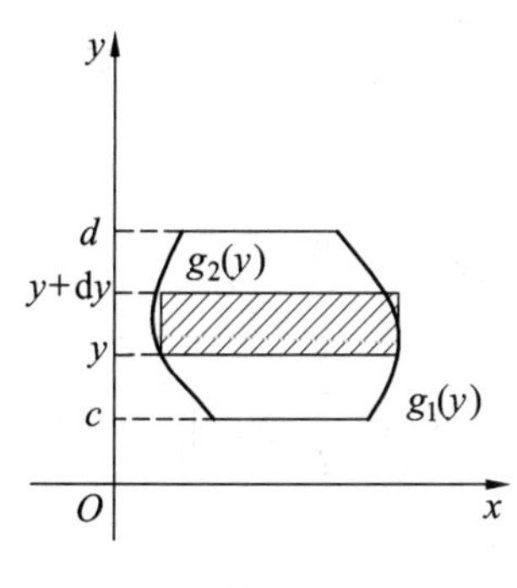

图 6–4

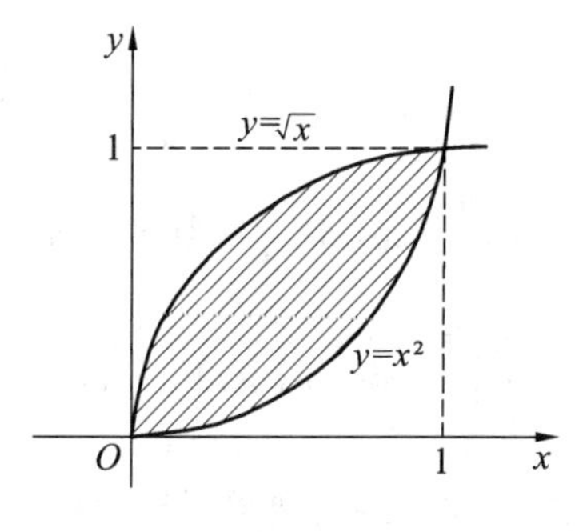

图 6–5

例 1 计算由两条抛物线$y^2=x$和$y=x^2$所围平面图形的面积（见图 6-5）.

解 解方程组$\begin{cases}y^2=x\\y=x^2\end{cases}$得交点(0, 0)和(1, 1). 利用公式（1），得所求面积

$$S=\int_0^1(\sqrt{x}-x^2)\mathrm{d}x=\left(\frac{2}{3}x^{\frac{3}{2}}-\frac{1}{3}x^3\right)\bigg|_0^1=\frac{1}{3},$$

或利用公式（2），得所求面积

$$S=\int_0^1(\sqrt{y}-y^2)\mathrm{d}y=\left(\frac{2}{3}y^{\frac{3}{2}}-\frac{1}{3}y^3\right)\bigg|_0^1=\frac{1}{3}\,.$$

例 2 计算抛物线$y^2=2x$与直线$x-y=4$所围平面图形的面积（见图 6-6）.

解 解方程组$\begin{cases}y^2=2x\\x-y=4\end{cases}$得交点(2, −2) 和(8, 4). 利用公式（2），得所求面积为

$$S=\int_{-2}^4\left(y+4-\frac{1}{2}y^2\right)\mathrm{d}y=\left(\frac{y^2}{2}+4y-\frac{y^3}{6}\right)\bigg|_{-2}^4=18,$$

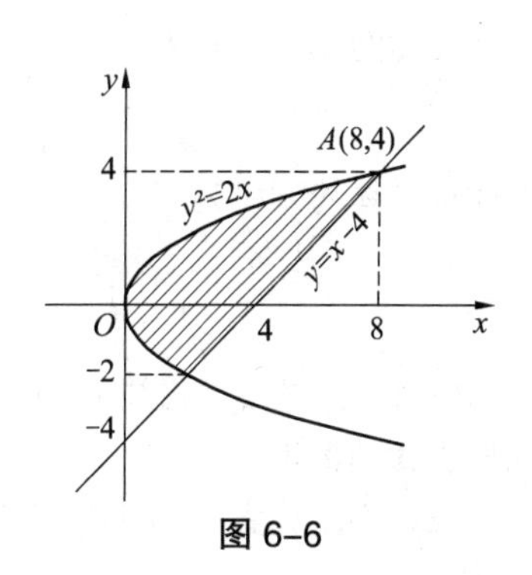

图 6–6

或利用公式（1），得所求图形的面积

$$S=\int_0^2[\sqrt{2x}-(-\sqrt{2x})]\mathrm{d}x+\int_2^8[\sqrt{2x}-(x-4)]\mathrm{d}x$$

$$=\frac{4\sqrt{2}}{3}x^{\frac{3}{2}}\Big|_0^2+\left(\frac{2\sqrt{2}}{3}x^{\frac{3}{2}}-\frac{1}{2}x^2+4x\right)\Big|_2^8=\frac{16}{3}+\frac{38}{3}=18.$$

注：由例 2 可知，对同一问题，有时可选取不同的积分变量进行计算，但计算的难易程度不同，因此实际计算时，应选取合适的积分变量，以使计算简化.

例 3　求椭圆 $\frac{x^2}{a^2}+\frac{y^2}{b^2}=1$ 所围成的面积.

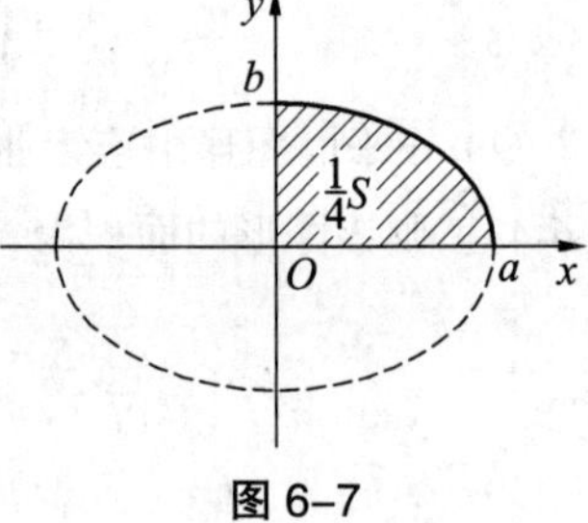

图 6–7

解　如图 6-7 所示，由于椭圆关于两坐标轴对称，所以整个椭圆面积 S 是第一象限内那部分面积的 4 倍，即有 $S=4\int_0^a y\mathrm{d}x$，其中 $y=\frac{b}{a}\sqrt{a^2-x^2}$. 所以

$$S=\frac{4b}{a}\int_0^a\sqrt{a^2-x^2}\,\mathrm{d}x.$$

令 $x=a\sin t$，则 $\mathrm{d}x=a\cos t\mathrm{d}t$，且当 $x=0$ 时，$t=0$；$x=a$ 时，$t=\frac{\pi}{2}$. 于是

$$S=\frac{4b}{a}\int_0^{\frac{\pi}{2}}a\cos t\cdot a\cos t\mathrm{d}t=2ab\int_0^{\frac{\pi}{2}}(1+\cos 2t)\mathrm{d}t=2ab\left(t+\frac{1}{2}\sin 2t\right)\Big|_0^{\frac{\pi}{2}}=\pi ab.$$

当 $a=b$ 时，就得到大家熟悉的圆面积公式：$S=\pi a^2$.

二、体　积

1. 旋转体的体积

由一个平面图形绕该平面内一条直线旋转一周所形成的立体称为**旋转体**，这条直线称为**旋转轴**.

我们主要考虑以 x 轴和以 y 轴为旋转轴的旋转体，下面利用元素法来推导求旋转体体积的公式.

设旋转体是由连续曲线 $y=f(x)$，直线 $x=a, x=b$ 及 x 轴围成的曲边梯形绕 x 轴旋转一周所形成的旋转体（见图 6-8）.

如图 6-8 所示，取 x 为积分变量，其变化区间为 $[a, b]$. 任取 $[x, x+\mathrm{d}x]\subset[a, b]$，则该小区间上对应体积的近似值为 $\Delta V\approx\pi[f(x)]^2\mathrm{d}x$，故旋转体的体积元素为

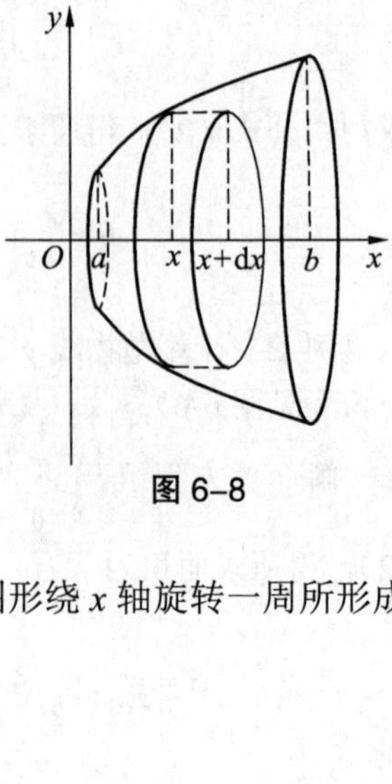

$$\mathrm{d}V=\pi[f(x)]^2\mathrm{d}x.$$

因此旋转体的体积为

$$V=\pi\int_a^b[f(x)]^2\mathrm{d}x. \qquad (3)$$

图 6–8

例 4　计算由抛物线 $y=x^2$，直线 $x=0$，$x=2$ 及 x 轴围成的平面图形绕 x 轴旋转一周所形成的旋转体的体积.

解　利用公式（3），得所求旋转体的体积

$$V=\pi\int_0^2 (x^2)^2\mathrm{d}x=\frac{\pi}{5}x^5\Big|_0^2=\frac{32\pi}{5}.$$

若平面图形是由连续曲线 $y=f_1(x)$, $y=f_2(x)$ （$f_1(x)\leqslant f_2(x)$）及 $x=a, x=b$ 所围成，则该平面图形绕 x 轴旋转一周所形成的旋转体的体积为

$$V=\pi\int_a^b [f_2(x)]^2\mathrm{d}x-\pi\int_a^b [f_1(x)]^2\mathrm{d}x. \tag{4}$$

例 5　求圆 $x^2+(y-b)^2=a^2\ (0<a<b)$ 围成的平面图形绕 x 轴旋转一周所形成的旋转体的体积.

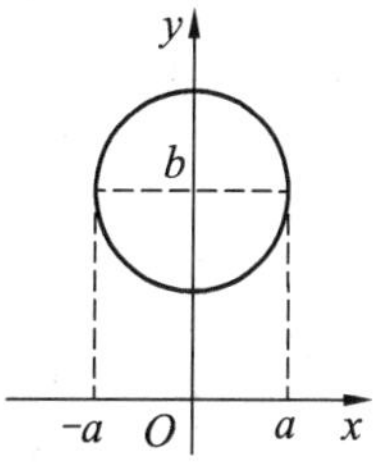

解　如图 6-9 所示，该旋转体是由 $y_1=b+\sqrt{a^2-x^2}$ ，$y_2=b-\sqrt{a^2-x^2}$ 以及 $x=a, x=-a$ 围成的平面图形绕 x 轴旋转所形成的立体．利用公式（4），得所求旋转体的体积

图 6–9

$$V=\pi\int_{-a}^{a}(b+\sqrt{a^2-x^2})^2\mathrm{d}x-\pi\int_{-a}^{a}(b-\sqrt{a^2-x^2})^2\mathrm{d}x$$

$$=4\pi b\int_{-a}^{a}\sqrt{a^2-x^2}\mathrm{d}x=8\pi b\int_0^a\sqrt{a^2-x^2}\mathrm{d}x.$$

令 $x=a\sin t$ ，则 $\mathrm{d}x=a\cos t\mathrm{d}t$ ，且当 $x=0$ 时，$t=0$；$x=a$ 时，$t=\frac{\pi}{2}$．于是

$$V=8\pi b\int_0^{\frac{\pi}{2}}a\cos t\cdot a\cos t\mathrm{d}t=4\pi a^2 b\int_0^{\frac{\pi}{2}}(1+\cos 2t)\mathrm{d}t$$

$$=4\pi a^2 b\left(t+\frac{\sin 2t}{2}\right)\Big|_0^{\frac{\pi}{2}}=2\pi^2 a^2 b.$$

类似地，由曲线 $x=\varphi(y)$，直线 $y=c,\ y=d$ 及 y 轴（见图 6-10）围成的平面图形绕 y 轴旋转一周所形成的旋转体的体积为

$$V=\pi\int_c^d[\varphi(y)]^2\mathrm{d}y. \tag{5}$$

由曲线 $x=g_1(y), x=g_2(y)\ (g_1(y)\leqslant g_2(y))$及直线 $y=c, y=d\,(c<d)$ 围成的平面图形绕 y 轴旋转一周所形成的旋转体的体积为

$$V=\pi\int_c^d[g_2(y)]^2\mathrm{d}y-\pi\int_c^d[g_1(y)]^2\mathrm{d}y. \tag{6}$$

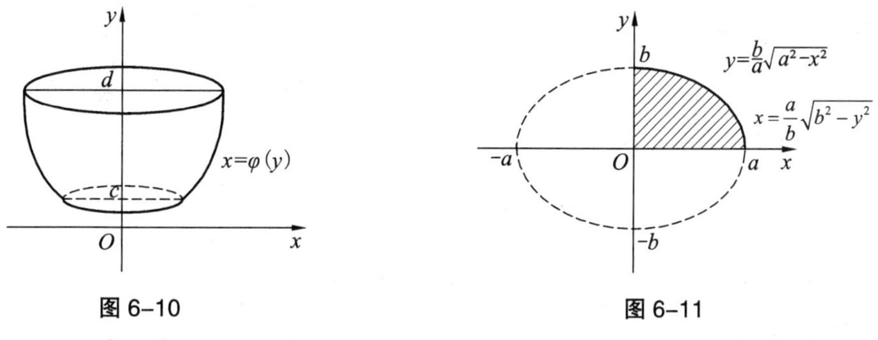

图 6–10　　　　图 6–11

例 6　求椭圆 $\frac{x^2}{a^2}+\frac{y^2}{b^2}=1$ 围成的平面图形分别绕 x 轴与 y 轴旋转一周所形成的旋转体的体积.

解　如图 6-11 所示，由于椭圆关于坐标轴对称，所以只需考虑第一象限内曲边梯形绕坐标轴

旋转所形成的旋转体的体积.

利用公式（3），得绕 x 轴旋转所形成的旋转体的体积

$$V_x = 2\pi\int_0^a \frac{b^2}{a^2}(a^2 - x^2)\mathrm{d}x = 2\pi\frac{b^2}{a^2}\left(a^2x - \frac{x^3}{3}\right)\Bigg|_0^a = \frac{4}{3}\pi ab^2 .$$

特别地，当 $a = b = R$ 时，可得半径为 R 的球体的体积

$$V = \frac{4}{3}\pi R^3 .$$

利用公式（5），得绕 y 轴旋转所形成的旋转体的体积

$$V_y = 2\pi\int_0^b \frac{a^2}{b^2}(b^2 - y^2)\mathrm{d}y = 2\pi\frac{a^2}{b^2}\left(b^2y - \frac{y^3}{3}\right)\Bigg|_0^b = \frac{4}{3}\pi a^2b .$$

2．平行截面面积已知的立体的体积

从计算旋转体体积的过程可以看出：若一个立体不是旋转体，但知道该立体上垂直于一定轴的各个截面的面积，则该立体的体积也可以用定积分来计算.

如图 6-12 所示，取上述定轴为 x 轴，并假设该立体在过点 $x = a$，$x = b$ 且垂直于 x 轴的两个平面之间．以 $S(x)$ 表示过点 x 且垂直于 x 轴的截面面积，设 $S(x)$ 为连续函数．取 x 为积分变量，则它的变化区间为$[a, b]$．任取$[x, x + \mathrm{d}x] \subset [a, b]$，则该小区间上对应体积的近似值为$\Delta V \approx S(x)\mathrm{d}x$，于是体积元素为

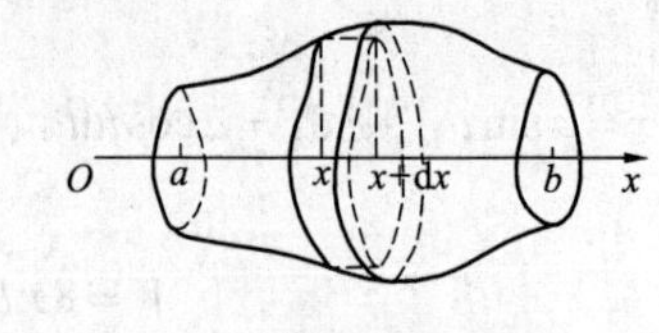

图 6-12

$$\mathrm{d}V = S(x)\mathrm{d}x .$$

故所求立体的体积为

$$V = \int_a^b S(x)\mathrm{d}x . \tag{7}$$

例 7　一平面经过半径为 R 的圆柱体的底圆中心，且与底面交成角α（见图 6-13），求该平面截圆柱体所得立体的体积.

解　如图 6-13 所示，取该平面与圆柱体的底面的交线为 x 轴，底面上过圆心且垂直于 x 轴的直线为 y 轴，则底圆的方程为$x^2 + y^2 = R^2$．立体中过点 x 且垂直于 x 轴的截面为一个直角三角形，它的两条直角边的边长分别为 y 及 $y\tan\alpha$，即 $\sqrt{R^2 - x^2}$ 及 $\sqrt{R^2 - x^2}\tan\alpha$，因而截面面积为

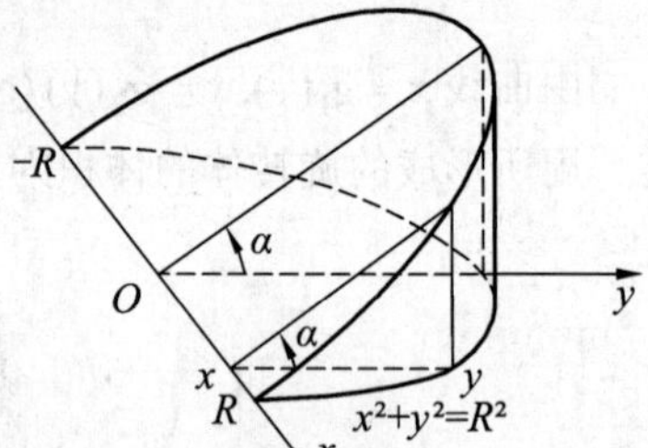

$$S(x) = \frac{1}{2}(R^2 - x^2)\tan\alpha .$$

图 6-13

利用公式（7），得所求立体的体积

$$V = \int_{-R}^R \frac{1}{2}(R^2 - x^2)\tan\alpha\mathrm{d}x = \frac{1}{2}\tan\alpha\left(R^2x - \frac{1}{3}x^3\right)\Bigg|_{-R}^R = \frac{2}{3}R^3\tan\alpha .$$

习　题　6-2

1．求下列平面图形的面积.

（1）曲线 $y = \sqrt{x}$ 与直线 $y = x$ 所围成的图形；

（2）曲线 $y = a - x^2$（$a > 0$）与 x 轴所围成的图形；

（3）曲线 $y=x^2$ 与曲线 $y=2-x^2$ 所围成的图形；

（4）曲线 $y=x^2$、$y=\dfrac{x^2}{4}$ 与直线 $y=1$ 所围成的图形；

（5）曲线 $y=\dfrac{1}{x}$ 与直线 $y=x$，$x=2$ 所围成的图形；

（6）曲线 $y=x^3$ 与 $y=\sqrt[3]{x}$ 所围成的图形面积；

（7）曲线 $y=\ln x$ 与直线 $y=\ln a, y=\ln b$ 及 y 轴所围成的图形（$b>a>0$）；

（8）曲线 $y=\sin x$，$y=\sin 2x\ (0\leqslant x\leqslant \pi)$ 围成的图形.

2．求 c（$c<0$）的值，使得两曲线 $y=x^2$，$y=cx^3$ 所围成的图形面积为 $\dfrac{2}{3}$.

3．过原点作曲线 $y=\ln x$ 的切线，求该切线与曲线 $y=\ln x$ 及 x 轴围成的平面图形的面积.

4．求下列图形分别绕 x 轴，y 轴旋转所形成的旋转体的体积.

（1）曲线 $y=x^3$ 与直线 $x=2$，$y=0$ 围成的平面图形；

（2）曲线 $y=\sqrt{x}$ 与直线 $x=1$，$x=4$，$y=0$ 围成的平面图形；

（3）曲线 $y=x^2$ 与 $x=y^2$ 围成的平面图形；

（4）曲线 $y=\sin x\left(0\leqslant x\leqslant\dfrac{\pi}{2}\right)$ 与直线 $x=\dfrac{\pi}{2}$, $y=0$ 围成的平面图形.

5．求 $x^2+(y-5)^2=16$ 围成的平面图形绕 x 轴旋转所形成的旋转体的体积.

6．计算底面是半径为 R 的圆，而垂直于底面上一条固定直径的所有截面都是等边三角形的立体体积（见图 6-14）.

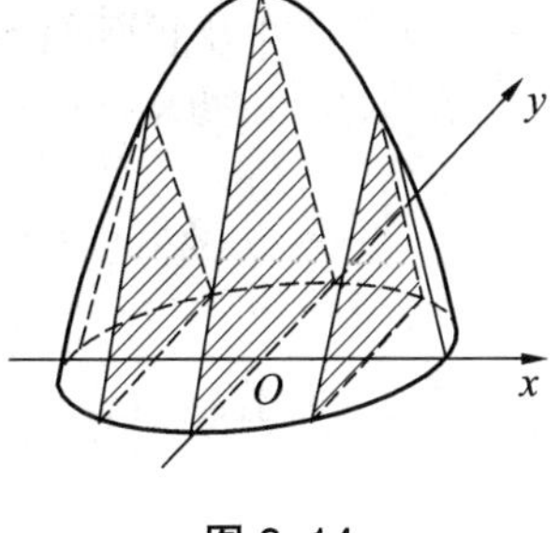

图 6–14

第三节　定积分在经济中的应用

在第三章学习了一些经济函数的边际分析，即已知一个经济函数通过求导来求出其边际函数. 反过来，如果已知某边际经济量，我们同样可以利用求导的逆运算，即定积分的方法来求出其相应的经济总量. 下面从读者容易理解的几个经济函数介绍定积分在经济上的应用.

（1）已知某产品总产量 $x(t)$ 的变化率为 $\dfrac{\mathrm{d}x(t)}{\mathrm{d}t}=f(t)$，则该产品在时间 $[a,b]$ 内的总产量为

$$x=\int_a^b f(t)\mathrm{d}t=x(t)\Big|_a^b=x(b)-x(a).$$

（2）已知某产品的总成本 $C(x)$ 的边际成本为 $C'(x)=\dfrac{\mathrm{d}C(x)}{\mathrm{d}x}$，则该产品从产量 $x=a$ 变化到产量 $x=b$ 所需增加的成本为

$$\Delta C(x)=\int_a^b C'(x)\mathrm{d}x=C(x)\Big|_a^b=C(b)-C(a).$$

而成本函数为

$$C(x)=\int_0^x C'(t)\,\mathrm{d}t+C_0,$$

其中 C_0 为固定成本.

（3）已知某产品的总收益 $R(x)$ 的边际收益为 $R'(x)=\dfrac{\mathrm{d}R(x)}{\mathrm{d}x}$，则该产品从销量 $x=a$ 变化到销

量 $x=b$ 所增加的收益为

$$\Delta R(x)=\int_a^b R'(x)\mathrm{d}x=R(x)\Big|_a^b=R(b)-R(a).$$

而总收益函数为
$$R(x)=\int_0^x R'(t)\mathrm{d}t.$$

（4）已知某产品的总利润 $L(x)$ 的边际利润为 $L'(x)=\dfrac{\mathrm{d}L(x)}{\mathrm{d}x}$，则该产品从销量 $x=a$ 变化到销量 $x=b$ 所增加的利润为

$$\Delta L(x)=\int_a^b L'(x)\mathrm{d}x=L(x)\Big|_a^b=L(b)-L(a).$$

例 8　设某产品在时刻 t 总产量的变化率为 $f(t)=40+12t-\dfrac{3}{2}t^2$（件/小时），求 $t=2$ 小时到 $t=10$ 小时生产产品的总量.

解　所求总产量为 $x=\displaystyle\int_2^{10}\left(40+12t-\frac{3}{2}t^2\right)\mathrm{d}t=\left(40t+6t^2-\frac{1}{2}t^3\right)\Big|_2^{10}=400$（件）.

例 9　设某产品的边际收益为 $R'(x)=75(20-\sqrt{x})$（元/单位），求

（1）该产品的生产从 225 个单位上升到 400 个单位时增加的收益；

（2）生产 x 单位时的总收益及平均单位收益 $\overline{R}(x)$.

解　（1）由题意，所求增加的收益为

$$\Delta R(x)=\int_{225}^{400}75(20-\sqrt{x})\mathrm{d}x=75\left(20x-\frac{2}{3}x^{\frac{3}{2}}\right)\Bigg|_{225}^{400}=31250\text{（元）}.$$

（2）总收益：$R(x)=\displaystyle\int_0^x 75(20-\sqrt{t})\mathrm{d}t=1500x-50x^{\frac{3}{2}}$（元）.

平均单位收益：$\overline{R}(x)=\dfrac{R(x)}{x}=1500-50x^{\frac{1}{2}}$（元/单位）.

例 10　设某产品的总成本为 $C(x)$（万元），边际成本为 $C'(x)=1$（万元/百台），固定成本为 1 万元，总收益 $R(x)$（单位：万元）的边际收益 $R'(x)=5-x$（万元/百台），其中 x 为产量，问：

（1）产量为多少时，总利润最大？

（2）从利润最大时再生产 1 百台，总利润会如何变化？

解　（1）由题意，总成本函数为

$$C(x)=\int_0^x \mathrm{d}t+1=x+1.$$

总收益函数为
$$R(x)=\int_0^x(5-t)\mathrm{d}t=5x-\frac{x^2}{2}.$$

总利润函数为
$$L(x)=R(x)-C(x)=4x-\frac{x^2}{2}-1.$$

令 $L'(x)=4-x=0$，得唯一驻点 $x=4$. 又 $L''(x)=-1<0$，故当产量 $x=4$ 百台时，总利润最大，且最大利润为

$$L(4)=4\times4-\frac{4^2}{2}-1=7\text{（万元）}.$$

（2）当 $x=4$ 百台变化为 $x=5$ 百台，总利润的增量为

$$\Delta L=\int_4^5 L'(x)\mathrm{d}x=\left(4x-\frac{x^2}{2}\right)\Bigg|_4^5=-0.5\text{（万元）}.$$

即从利润最大时再生产 1 百台，总利润会减少 0.5 万元.

习　题　6–3

1．设某产品在时刻 t 总产量的变化率为 $f(t)=2t+1$（万件/年），求在第一个 5 年和第二个 5 年的总产量各为多少？

2．已知生产某产品 x 单位时的边际收益为 $R'(x)=100-\dfrac{x}{100}$（元/单位），求

（1）生产该产品 50 个单位的总收益；

（2）生产 x 单位时的总收益及平均单位收益 $\overline{R}(x)$．

3．设某产品的总成本为 $C(x)$（万元），边际成本为 $C'(x)=0.8x+4$（万元/百台），固定成本为 2 万元，而该产品每百台的销售价格为 20 万元，且可全部售出.

（1）求总利润 $L(x)$；

（2）当产量为多少时，总利润最大？求其最大利润.

复习题六

1．填空题.

（1）曲线 $y=-x^3+x^2+2x$ 与 x 轴围成的平面图形的面积________；

（2）由曲线 $y=\sin x$ 与 $y=\cos x\,(0\leqslant x\leqslant\pi)$ 围成图形的面积________；

（3）由曲线 $y=\cos x\left(-\dfrac{\pi}{2}\leqslant x\leqslant\dfrac{\pi}{2}\right)$ 与 x 轴围成的平面图形绕 x 轴旋转所形成的旋转体的体积为 ________；

（4）由曲线 $y=\mathrm{e}^x$ 与直线 $y=\mathrm{e}$ 及 y 轴围成的平面图形的面积________；

（5）由抛物线 $y^2=4ax$ 和直线 $x=x_0$（$x_0>0$）所围成的图形绕 x 轴旋转而成的旋转体的体积________.

2．选择题.

（1）由曲线 $y=\mathrm{e}^x$，$y=\mathrm{e}^{-x}$ 与直线 $x=1$ 所围图形的面积（　　）.

A　$\mathrm{e}-\mathrm{e}^{-1}$　　B　$\mathrm{e}+\mathrm{e}^{-1}$　　C　$\mathrm{e}-\mathrm{e}^{-1}-2$　　D　$\mathrm{e}+\mathrm{e}^{-1}-2$

（2）由曲线 $y=x\mathrm{e}^x$ 与 $y=\mathrm{e}x$ 围成的平面图形的面积（　　）.

A　$\dfrac{\mathrm{e}}{2}-1$　　B　$\mathrm{e}+\mathrm{e}^{-1}$　　C　$2-(\mathrm{e}+\mathrm{e}^{-1})$　　D　$\mathrm{e}+\mathrm{e}^{-1}+2$

（3）由曲线 $x=\sqrt{y}$ 与直线 $y=1$ 及 y 轴围成的平面图形绕绕 y 轴旋转一周所形成的旋转体的体积为（　　）.

A　$\dfrac{\pi}{5}$　　B　$\dfrac{\pi}{2}$　　C　$\dfrac{1}{3}$　　D　$\dfrac{2}{3}$

（4）由曲线 $y=\sin^{\frac{3}{2}}x$（$0\leqslant x\leqslant\pi$）与 x 轴围成的平面图形绕 x 轴旋转所形成的旋转体的体积为（　　）.

A　$\dfrac{4}{3}$　　B　$\dfrac{4\pi}{3}$　　C　$\dfrac{2}{3}\pi^2$　　D　$\dfrac{2}{3}\pi$

5．设某产品的边际成本为 $5+2x$，固定成本为 2，则成本函数为（　　）.

A　$5+2x+2$　　B　$5x+x^2-2$　　C　$5x+x^2$　　D　$5x+x^2+2$

3．解答题.

（1）求由曲线 $y=2-x^2$, $x=\sqrt{y}$ 及直线 $y=-x$ 在上半平面围成图形的面积；

（2）求由曲线 $y=x^2$, $y=\dfrac{x^2}{2}$ 及直线 $y=2x$ 围成图形的面积；

（3）设曲线 $y=\sin x\left(0\leqslant x\leqslant\dfrac{\pi}{2}\right)$，问：$t$ 取何值时，图 6-15 中阴影部分的面积 S_1 与 S_2 之和 S 为最小和最大？

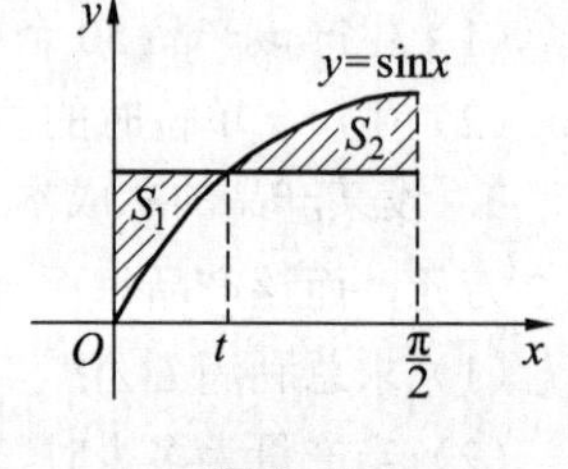

图 6-15

（4）求由曲线 $y=\ln x$ 与直线 $x=2$ 及 x 轴围成的平面图形绕 y 轴旋转一周所形成的旋转体的体积；

（5）过点 $P(1,0)$ 作抛物线 $y=\sqrt{x-2}$ 的切线，该切线与上述抛物线及 x 轴围成一平面图形，求此图形绕 x 轴旋转一周所形成的旋转体的体积；

（6）求圆域 $x^2+y^2\leqslant a^2$ 绕直线 $x=-b$（$b>a>0$）旋转一周所形成的旋转体的体积；

（7）求以半径为 R 的圆为底，平行且等于底圆直径的线段为顶、高为 h 的正劈锥体的体积（见图 6-16）.

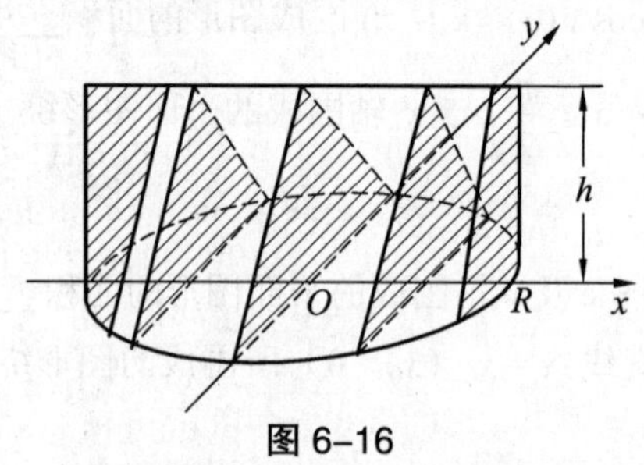

图 6-16

（8）已知生产某产品 x 单位（百台）的边际成本为 $C'(x)=3+\dfrac{x}{3}$（万元/百台），固定成本 $C_0=1$（万元），边际收益为 $R'(x)=7-x$（万元/百台）. 求利润函数及最大利润？

4．证明题.

证明：由平面图形 $0\leqslant a\leqslant x\leqslant b$，$0\leqslant y\leqslant f(x)$ 绕 y 轴旋转一周所形成的旋转体的体积为 $V=2\pi\int_a^b xf(x)\mathrm{d}x$.

第七章　多元函数微分学

前面各章研究的微积分仅限于一个自变量，称为一元函数微积分．但在研究许多实际问题时往往牵涉多方面的因素，反映到数学上，就是一个变量依赖于多个变量的情形，这就提出了多元函数微积分的问题．多元函数微积分以一元函数微积分为基础，是一元函数微积分的自然延伸和发展，虽然在处理问题的思路和方法上两者基本相同，但由于变量的增多，多元情形必然要复杂一些，而从二元函数向 n（$n>2$）元函数推广就无本质差别，因此我们的讨论以二元函数为主．由于空间解析几何的基本知识是学习多元函数微积分学所必备的知识，因此在研究多元函数微积分之前，先介绍一些空间解析几何的知识．

第一节　空间解析几何简介

一、空间直角坐标系

为了确定平面上一点的位置，我们建立了平面直角坐标系．同样，为了确定空间中一点的位置，相应地就要建立空间直角坐标系．

过空间一点 O，作三条互相垂直的数轴，它们都以 O 为原点，这三条轴分别叫作 x **轴**（**横轴**）、y **轴**（**纵轴**）和 z **轴**（**竖轴**），统称为**坐标轴**．通常把 x 轴和 y 轴配置在水平面上，而 z 轴则是铅垂线，坐标轴的正向通常按右手法则确定，即右手四指并拢，大拇指与四指的方向垂直，四指从 x 轴正方向指向 y 轴的正方向，这时大拇指的指向方向就是 z 轴的正方向．这样就确定了一个坐标系，称为**空间直角坐标系**．点 O 叫作**坐标原点**（见图 7-1）．

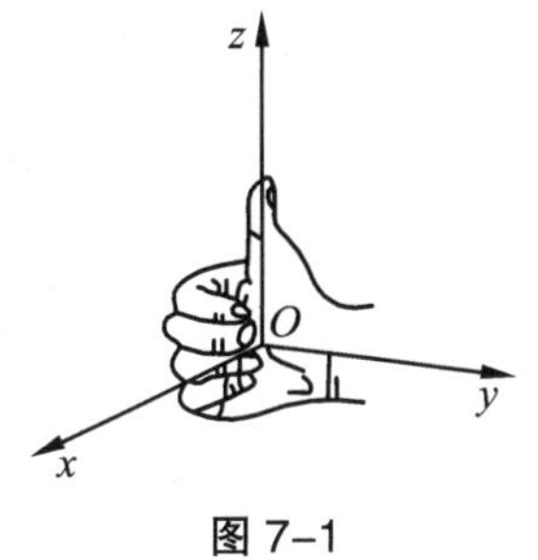

图 7–1

任意两个坐标轴确定一个平面，这样确定的三个平面叫作**坐标面**．由 x 轴和 y 轴所确定的坐标面叫作 xOy **面**，由 y 轴和 z 轴所确定的坐标面叫作 yOz **面**，由 z 轴和 x 轴所确定的坐标面叫作 zOx **面**．三个坐标面把空间分成八个部分，每一部分叫作一个**卦限**，在 xOy 面上方有四个卦限，其中含有 x 轴、y 轴、z 轴正向的那个卦限叫作**第一卦限**，其他三个卦限（第二、三、四卦限）按逆时针方向确定；在 xOy 面下方有四个卦限（第五、六、七、八卦限），第一卦限之下为第五卦限，其余三个卦限按逆时针方向确定．这八个卦限通常用字母Ⅰ，Ⅱ，Ⅲ，Ⅳ，Ⅴ，Ⅵ，Ⅶ，Ⅷ 表示（见图 7-2）．

对空间中的任意一点 M，过点 M 分别作垂直于三个坐标轴的平面，这三个平面与 x、y、z 轴分别交于 P、Q、R 三点．设点 P、Q、R 在各自数轴上的坐标分别为 x、y、z，则点 M 唯一确定了一个三元有序数组 (x,y,z)，在三个坐标轴上分别取坐标为 x、y、z 的点 P、Q、R，然后过这三个点分别作垂直于三个坐标轴的平面．这三个平面相交于一点 M，则点 M 就是由三元有序数组 (x,y,z) 所确定的空间中唯一的一个点（见图 7-3），于是空间一点 M 和一个三元有序数组 (x,y,z) 之间建立了一一对应关系．称三元有序数组 (x,y,z) 为点 M 的**坐标**，记为 $M(x,y,z)$，

其中 x 叫作**横坐标**，y 叫作**纵坐标**，z 叫作**竖坐标**.

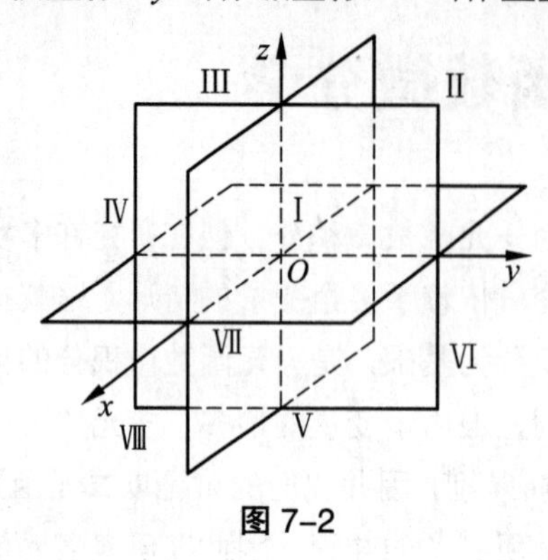

图 7-2

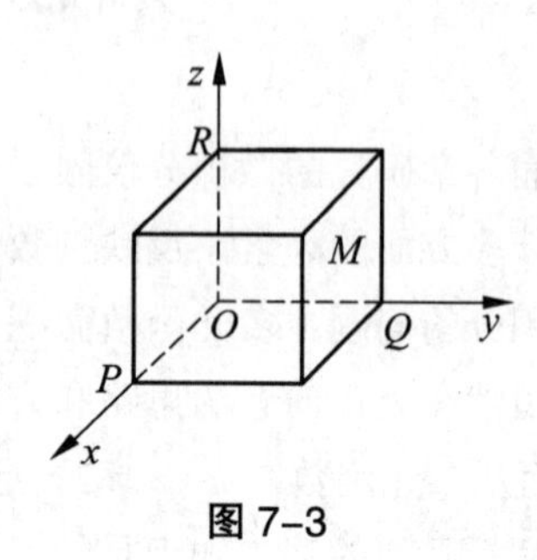

图 7-3

显然，原点 O 的坐标为 $(0, 0, 0)$，x 轴、y 轴、z 轴上的点的坐标分别 $(x, 0, 0)$，$(0, y, 0)$，$(0, 0, z)$.

二、空间任意两点间的距离

给定空间两点 $M_1(x_1, y_1, z_1)$，$M_2(x_2, y_2, z_2)$，过 M_1，M_2 各作三个平面分别垂直于三个坐标轴，这六个平面构成一个以线段 M_1M_2 为一条对角线的长方体（见图 7-4），故

$$|M_1M_2|^2 = |M_1S|^2 + |M_2S|^2 = |M_1N|^2 + |NS|^2 + |M_2S|^2$$

过 M_1，M_2 分别作垂直于 x 轴的平面，交 x 轴于 P_1，P_2，则 $OP_1 = x_1, OP_2 = x_2$. 因此

$$|M_1N| = |P_1P_2| = |x_2 - x_1|.$$

同理可得　$|NS| = |y_2 - y_1|$，　$|M_2S| = |z_2 - z_1|$.

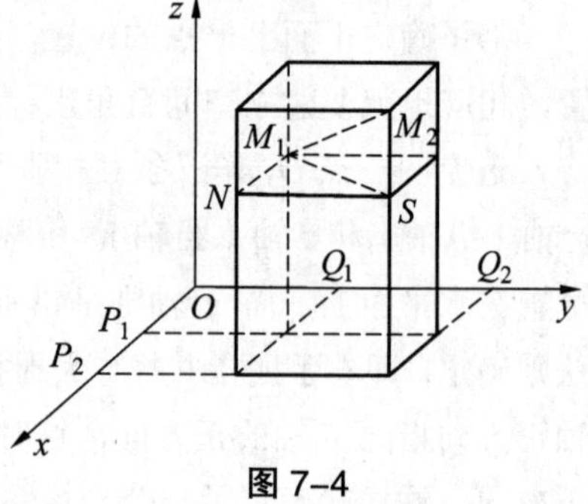

图 7-4

于是

$$|M_1M_2|^2 = |x_2 - x_1|^2 + |y_2 - y_1|^2 + |z_2 - z_1|^2 = (x_2 - x_1)^2 + (y_2 - y_1)^2 + (z_2 - z_1)^2.$$

故 $M_1(x_1, y_1, z_1)$，$M_2(x_2, y_2, z_2)$ 之间的距离公式为

$$|M_1M_2| = \sqrt{(x_2 - x_1)^2 + (y_2 - y_1)^2 + (z_2 - z_1)^2}. \tag{1}$$

由公式（1）可得，点 $M(x, y, z)$ 与坐标原点 O 的距离公式为

$$|OM| = \sqrt{x^2 + y^2 + z^2}.$$

例 1　试证以 $A(4, 1, 9)$，$B(10, -1, 6)$，$C(2, 4, 3)$ 为顶点的三角形是等腰直角三角形.

证明　因为

$$|AB|^2 = (10-4)^2 + (-1-1)^2 + (6-9)^2 = 49,$$

$$|BC|^2 = (2-10)^2 + (4+1)^2 + (3-6)^2 = 98,$$

$$|AC|^2 = (2-4)^2 + (4-1)^2 + (3-9)^2 = 49,$$

所以 $|BC|^2 = |AB|^2 + |AC|^2$，且 $|AB| = |AC|$，故 $\triangle ABC$ 是等腰三角形.

三、曲面及其方程

1．曲面方程的概念

在平面解析几何中，把平面曲线看作平面上动点的轨迹，同样在空间解析几何中，可把曲面看作空间中点的轨迹．在此意义上，有下列定义．

定义 7.1　如果曲面 S 与三元方程

$$F(x,y,z)=0 \tag{2}$$

有下述关系：

（1）曲面 S 上任一点的坐标 (x,y,z) 都满足方程（2）；

（2）不在曲面 S 上的点的坐标 (x,y,z) 都不满足方程（2），

则方程 $F(x,y,z)=0$ 称为曲面 S 的**方程**，而曲面 S 称为该方程的**图形**（见图 7-5）．

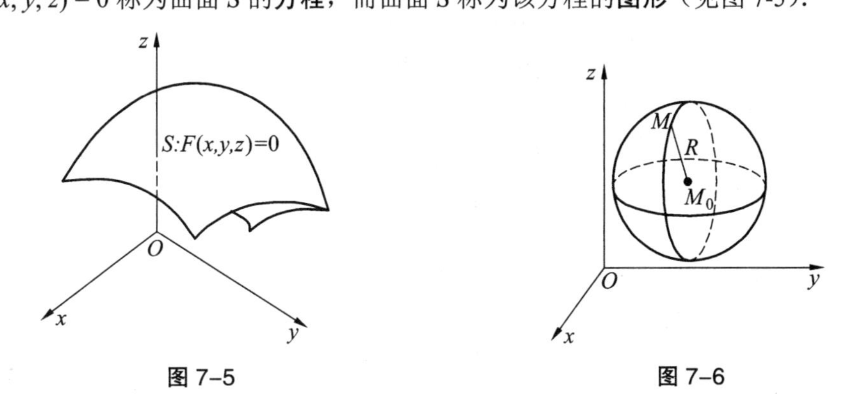

图 7–5　　图 7–6

2．空间曲面

下面介绍几种常见的空间曲面．

（1）球面．

例 2　建立球心在点 $M_0(x_0,y_0,z_0)$，半径为 R 的球面的方程．

解　设 $M(x,y,z)$ 是球面上任一点（见图 7-6），则

$$|M_0M|=R$$

由于 $|M_0M|=\sqrt{(x-x_0)^2+(y-y_0)^2+(z-z_0)^2}$ ，所以

$$\sqrt{(x-x_0)^2+(y-y_0)^2+(z-z_0)^2}=R\,,$$

即

$$(x-x_0)^2+(y-y_0)^2+(z-z_0)^2=R^2\,. \tag{3}$$

在球面上的点的坐标都满足方程（3），而不在球面上的点的坐标都不满足方程（3），所以方程（3）就是以 $M_0(x_0,y_0,z_0)$ 为球心、半径为 R 的球面方程．

特别地，若球心在原点 $O(0,0,0)$，则球面方程为

$$x^2+y^2+z^2=R^2\,.$$

（2）平面．

例 3　求到两定点 $M_1(1,2,3)$，$M_2(2,-1,4)$ 距离相等的点的轨迹方程．

解　设 $M(x,\ y,\ z)$ 为轨迹上任一点，则

$$|MM_1|=|MM_2|\,.$$

由两点间的距离公式，得

$$\sqrt{(x-1)^2+(y-2)^2+(z-3)^2}=\sqrt{(x-2)^2+(y+1)^2+(z-4)^2}\ .$$

化简整理后，得

$$2x-6y+2z-7=0\ .$$

由几何学知，动点的轨迹是线段 M_1M_2 的垂直平分面（见图 7-7）. 因此，上述方程就是这个平面的方程.

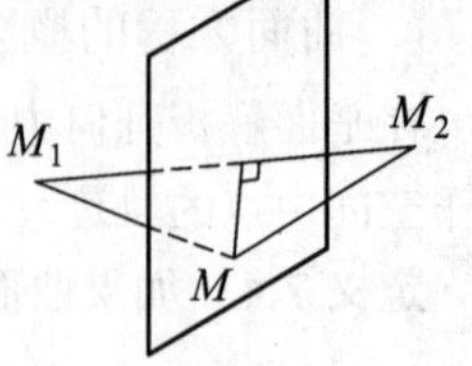

图 7–7

一般地，三元一次方程

$$Ax+By+Cz+D=0$$

表示空间一张平面，其中 A , B , C 不全为零. 这是**平面的一般式方程**.

下面介绍几个特殊的平面.

当 $D=0$ 时，方程成为

$$Ax+By+Cz=0\ .$$

显然原点 $O\,(0,0,0)$ 满足该方程，它表示平面通过原点.

当 $A=0$ 时，方程成为

$$By+Cz+D=0\ . \tag{4}$$

由于方程中不含 x，即只要点 $(0,y_0,z_0)$ 满足方程（4），则对于任意的 x，点 (x,y_0,z_0) 也满足方程（4），这表明平面平行于 x 轴.

同理，方程 $Ax+Cz+D=0$ ， $Ax+By+D=0$ 分别表示平面平行于 y 轴，z 轴.

当 $A=B=0$ 时，方程成为

$$Cz+D=0\ ,$$

即

$$z=h\left(h=-\frac{D}{C}\right).$$

这表明平面平行于 xOy 面. 该平面到 xOy 平面的距离为$|h|$. 当 $h=0$ 时，即方程 $z=0$ 表示 xOy 平面.

同理，方程 $Ax+D=0$ ， $By+D=0$ 分别表示平面平行于 yOz 面，zOx 面.

（3）柱面.

下面先讨论一个具体例子.

例 4　方程 $x^2+y^2=R^2$ 表示怎样的曲面?

解　方程 $x^2+y^2=R^2$ 在 xOy 坐标面上表示圆心在原点 O、半径为 R 的圆. 在空间直角坐标系中，该方程不含竖坐标 z，故在空间中一切与圆上的点 $M(x,y,0)$ 有相同横纵坐标的点 $M'(x,y,z)$ 的坐标均满足该方程，即经过圆上的任一点 M 而平行于 z 轴的直线上的一切点的坐标均满足方程 $x^2+y^2=R^2$. 显然，满足方程 $x^2+y^2=R^2$ 的点的全体构成一曲面，它是由平行于 z 轴的直线沿 xOy 平面上的圆移动所形成的，这种曲面称为**圆柱面**（见图 7-8). xOy 平面上的圆 $x^2+y^2=R^2$ 叫作圆柱面的**准线**，形成圆柱面的直线 l 叫作圆柱面的**母线**.

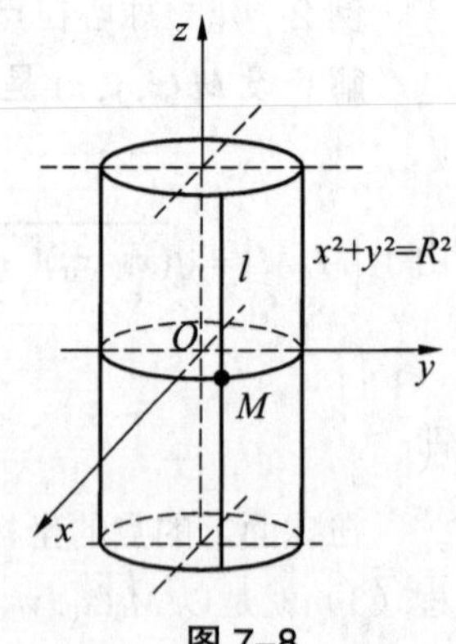

图 7–8

一般地，直线 l 与定直线平行，并沿定曲线 C 移动所生成的曲面称为**柱面**. 动直线 l 称为柱面的**母线**，定曲线 C 称为柱面的**准线**.

若定直线是 z 轴，准线是 xOy 平面上的曲线 $F(x,y)=0$ ，则动直线 l 生成的是母线平行于 z 轴的柱面（见图 7-9)，其方程是

$$F(x,y)=0\ .$$

该方程中不含 z，这表明，空间一点 $M(x,y,z)$，只要它的横纵坐标满足该方程，点 M 就在该柱面

上．例如，下列方程

$$x-y=0\text{，}\quad y^2=2px(p>0)\text{，}\quad \frac{x^2}{a^2}+\frac{y^2}{b^2}=1\text{，}\quad \frac{x^2}{a^2}-\frac{y^2}{b^2}=1\text{．}$$

分别表示母线过 z 轴的平面（见图 7-10）及母线平行于 z 轴的抛物柱面（见图 7-11），椭圆柱面（见图 7-12）和双曲柱面（见图 7-13）．

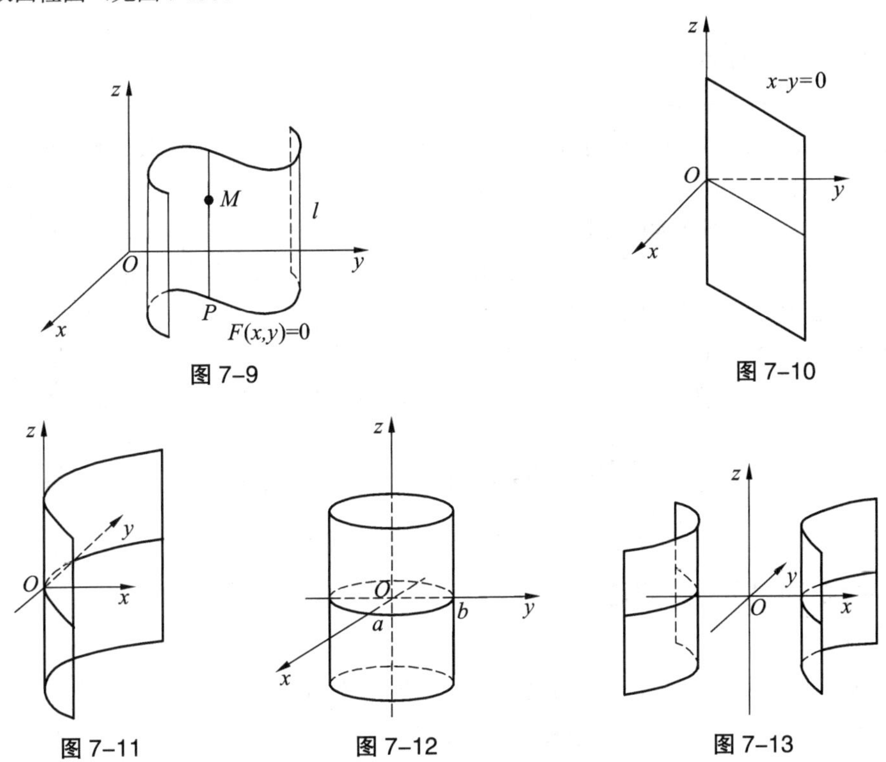

图 7–9　图 7–10

图 7–11　图 7–12　图 7–13

（4）旋转曲面．

一条平面曲线 C 绕其平面上一条定直线旋转一周所形成的曲面称为**旋转曲面**．定直线叫作该旋转面的**旋转轴**，简称为轴；平面曲线 C 叫作**旋转面的母线**．下面给出两种简单的旋转曲面．

① 旋转抛物面．

在 yOz 平面上有一条抛物线，它的方程为 $z=y^2$，该抛物线绕 z 轴在空间旋转一周所形成的曲面称为**旋转抛物面**（见图 7-14）．其方程为

$$z=x^2+y^2.$$

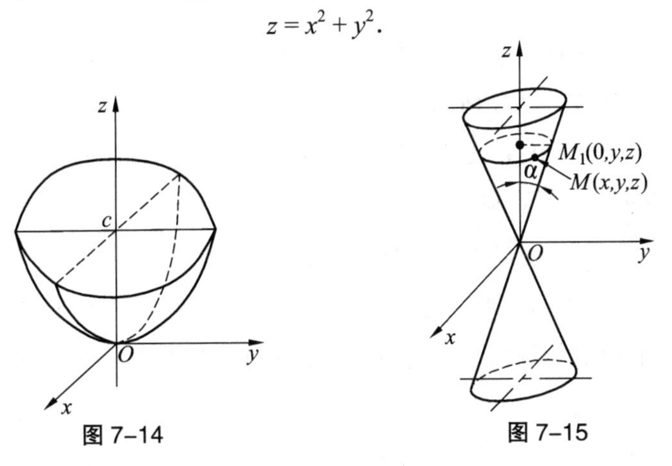

图 7–14　图 7–15

② 圆锥面.

在 yOz 平面上有一条直线，它的方程为 $z=y$，该直线绕 z 轴旋转一周所形成的曲面称为**圆锥面**（见图 7-15）. 其方程为

$$z^2=x^2+y^2.$$

习 题 7–1

1. 在空间直角坐标系中，指出下列各点在哪一个挂限.

$A(1,2,3)$，$B(2,-5,4)$，$C(-3,2,-7)$，$D(-4,-3,-5)$，$E(2,3,-4)$.

2. 确定点 $M(-3,2,-1)$ 关于坐标原点，x 轴、y 轴、z 轴三个坐标轴以及 xOy，yOz，zOx 三个坐标平面对称点的坐标.

3. 求点 $A(4,-3,5)$ 到坐标原点以及各坐标轴的距离.

4. 试证以 $A(4,1,9)$，$B(10,-1,6)$，$C(2,4,3)$ 为顶点的三角形是等腰直角三角形.

5. 求通过 z 轴和点 $M(2,-1.2)$ 的平面方程.

6. 建立以点$(1,3,-2)$为球心，且通过坐标原点的球面方程.

7. zOx 平面上的一条抛物线 $z=x^2$ 绕 z 轴在空间转动一周形成什么样的曲面？试写出其方程.

第二节 多元函数的基本概念

在学习多元函数之前，先介绍平面点集的一些基本知识.

一、平面点集的有关概念

1. 平面点集

坐标平面上具有某种属性 K 的点的集合，称为**平面点集**，记为

$$E=\{(x,y)\mid (x,y)\text{ 具有性质 }K\}.$$

例如，平面上以坐标原点 O 为中心、r 为半径的圆内所有点的集合是点集

$$C=\{(x,y)\mid x^2+y^2<r^2\}.$$

如果点 (x,y) 用 P 表示，$|OP|$ 表示点 P 到原点 O 的距离，即 $|OP|=\sqrt{x^2+y^2}$，则集合 C 也可以表示成

$$C=\{P\,\|OP|<r\}.$$

2. 邻 域

设 $P_0(x_0,y_0)$ 是 xOy 面上的一定点，δ 是某一正数，把到 $P_0(x_0,y_0)$ 的距离小于 δ 的点 $P(x,y)$ 的集合，称为点 P_0 的 δ **邻域**，记为 $U(P_0,\delta)$，即

$$U(P_0,\delta)=\{P\,\|P_0P|<\delta\},\quad \text{或}\quad U(P_0,\delta)=\{(x,y)\mid \sqrt{(x-x_0)^2+(y-y_0)^2}<\delta\}.$$

点 P_0 的去心 δ 邻域，记为 $\overset{\circ}{U}(P_0,\delta)$，即

$$\overset{\circ}{U}(P_0,\delta)=\{P\mid 0<|P_0P|<\delta\}.$$

在几何上，$U(P_0,\delta)$ 就是 xOy 面上圆 $(x-x_0)^2+(y-y_0)^2=\delta^2$ 内部点的集合.

如果不需要强调邻域的半径 δ，则用 $U(P_0)$ 和 $\overset{\circ}{U}(P_0)$ 分别表示点 P_0 的某个邻域和某个去心邻域.

3．区　域

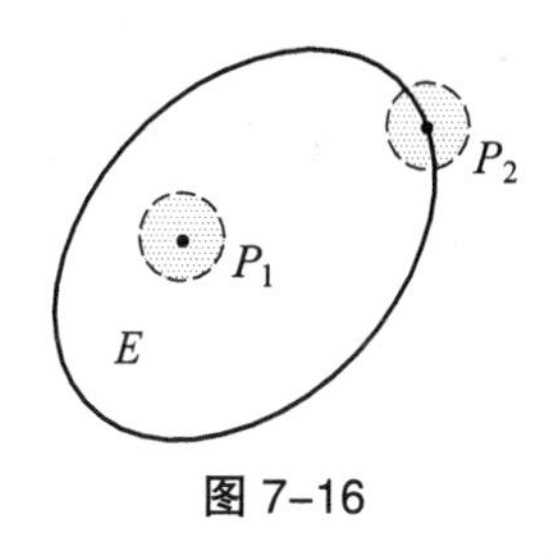

图 7-16

对于点集 E 中的一点 P，如果存在点 P 的某个邻域 $U(P)$，使得 $U(P) \subset E$，则称 P 为 E 的**内点**．例如，图 7-16 中的 P_1 为 E 的内点．

如果点 P 的任一邻域内既含有属于 E 的点，又含有不属于 E 的点，则称 P 为 E 的**边界点**．例如，图 7-16 中的 P_2 为 E 的边界点．

E 的边界点的全体称为 E 的**边界**．

E 的内点必属于 E，E 的边界点可能属于 E 也可能不属于 E．

例如，设平面点集

$$E = \{(x,y) \mid 1 < x^2 + y^2 \leqslant 4\},$$

满足 $1 < x^2 + y^2 < 4$ 的一切点 (x,y) 都是 E 的内点；满足 $x^2 + y^2 = 1$ 的一切点 (x,y) 都是 E 的边界点，它们不属于 E；满足 $x^2 + y^2 = 4$ 的点也是 E 的边界点，它们都属于 E．

如果点集 E 的点都是 E 的内点，则称 E 为**开集**．

如果点集 E 内的任意两点，都可用一条完全属于 E 的折线连接起来，则称 E 为**连通集**．

连通的开集称为**区域或开区域**，开区域连同它的边界一起称为**闭区域**．

对于平面点集 E，如果存在一正数 R，使得点集 E 完全落入以坐标原点 O 为中心，R 为半径的邻域内，即 $E \subset U(O, R)$，则称 E 为**有界点集**；否则，称 E 为**无界点集**．

例如，集合 $E = \{(x,y) \mid 1 < x^2 + y^2 < 4\}$ 是有界区域；集合 $E = \{(x,y) \mid 1 \leqslant x^2 + y^2 \leqslant 4\}$ 是有界闭区域（见图 7-17）；集合 $E = \{(x,y) \mid x + y > 0\}$ 为无界开区域（见图 7-18）；集合 $E = \{(x,y) \mid x^2 \leqslant y\}$ 为无界闭区域（见图 7-19）．

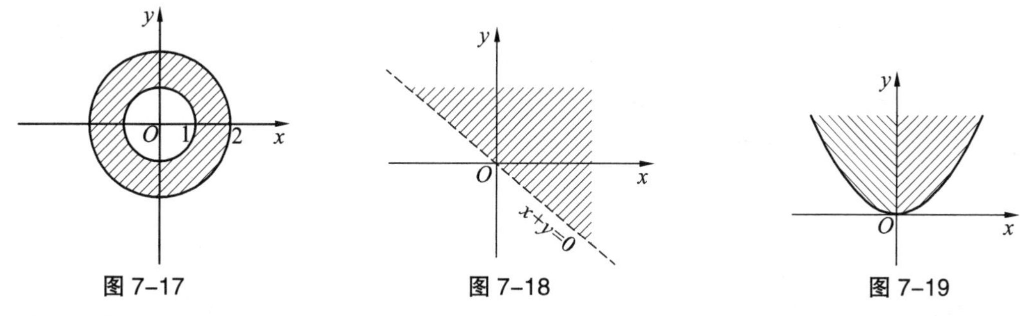

图 7-17　　图 7-18　　图 7-19

在以下叙述中，若不需要区分开区域、闭区域、有界区域、无界区域时，统称为**区域**，并以 D 表示．

二、多元函数的概念

在许多自然现象和实际问题中，往往是多个因素相互制约，若用函数反映它们之间的关系便表现为存在多个自变量．例如，某种商品的市场需求量 Q 不仅与该商品的价格 P 有关，而且与消费者人数 L 以及消费者的收入水平 R 有关，即 Q 是三个变量 P、L、R 的函数．这种依赖于多个变量的函数就是多元函数．

1．多元函数的定义

定义 7.2　设 D 是一个非空的二元有序数组的集合，若按照某一确定的对应法则 f，对 D 内每一数对 (x, y) 都有唯一确定的实数 z 与之对应，则称 f 是定义在 D 上的**二元函数**．记为

$$z = f(x,y),\ (x,y) \in D, \quad \text{或} \quad z = f(P),\ P(x,y) \in D,$$

其中 D 称为该函数 f 的**定义域**，变量 x, y 称为**自变量**，z 称为**因变量**．

二元函数 $z=f(x,y)$ 在点 (x_0,y_0) 处的值称**函数值**，记为 $z_0=f(x_0,y_0)$ 或 $z\big|_{\substack{x=x_0\\y=y_0}}=f(x_0,y_0)$．全体函数值组成的集合 $Z=\{z\mid z=f(x,y),(x,y)\in D\}$ 称为二元函数 $z=f(x,y)$ 的**值域**.

类似地，可定义三元函数

$$u=f(x,y,z)，(x,y,z)\in D， \quad 或 \quad u=f(P)，P(x,y,z)\in D．$$

一般地，可定义 n 元函数

$$u=f(x_1,x_2,\cdots,x_n)，(x_1,x_2,\cdots,x_n)\in D \quad 或 \quad u=f(P)，P(x_1,x_2,\cdots,x_n)\in D.$$

当 $n\geqslant 2$ 时，n 元函数统称为**多元函数**.

例 5　$z=x^2+y^2$ 是以 x, y 为自变量，z 为因变量的二元函数，其定义域为

$$D=\{(x,y)\mid -\infty<x<+\infty,\ -\infty<y<+\infty\}，$$

值域为

$$Z=\{z\mid 0\leqslant z<+\infty\}．$$

例 6　设有一圆柱体，它的高为 h，底圆半径为 r，则它的体积为 $V=\pi r^2h$.

显然，对于每一个有序数组 (h,r)（其中 $h>0,\ r>0$），总有唯一的数值 V 与它对应，使得 $V=\pi r^2h$．因此 $V=f(h,r)=\pi r^2h$ 是一个以 h, r 为自变量，V 为因变量的二元函数．其定义域为

$$D=\{(h,r)\mid h>0,r>0\}，$$

值域为

$$Z=\{V\mid V>0\}．$$

2．二元函数的定义域

关于多元函数的定义域，与一元函数相类似，可做如下约定.

（1）对有实际背景的函数，根据实际背景中变量的实际意义来确定函数的定义域.

（2）对抽象地用数学算式表达的函数，通常约定这种函数的定义域是使得算式有意义的一切实数组成的集合.

例 7 求函数 $z=\ln(x+y)$ 的定义域.

解　要使函数有意义，必须满足不等式

$$x+y>0，$$

即定义域为

$$D=\{(x,y)\mid x+y>0\}．$$

如图 7-20 所示，这是一个无界开区域.

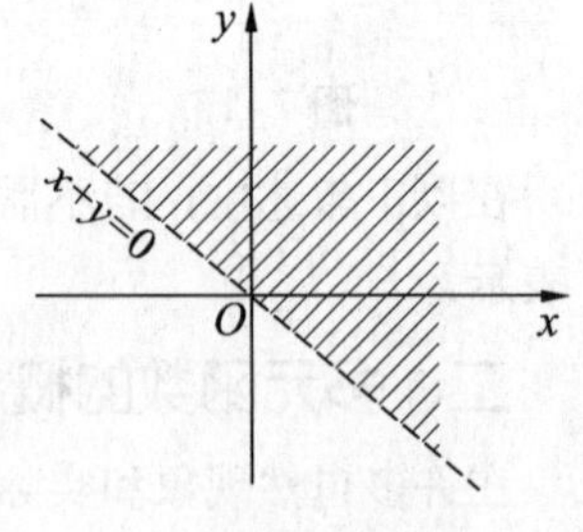

图 7–20

例 8　求函数 $z=\arcsin\dfrac{y}{x}+\sqrt{4-x^2}$ 的定义域.

解　要使函数有意义，就要使 $\arcsin\dfrac{y}{x}$ 满足

$$\left|\frac{y}{x}\right|\leqslant 1 \quad 且 \quad x\neq 0，$$

即

$$|y|\leqslant|x| \quad 且 \quad x\neq 0．$$

而对 $\sqrt{4-x^2}$，应满足

$$4-x^2\geqslant 0,$$

即

$$|x|\leqslant 2.$$

故所求函数的定义域为

$$D=\{(x,y)\,\big|\,|y|\leqslant|x|,\ 0<|x|\leqslant 2\}.$$

如图 7-21 所示，这是一个有界闭区域.

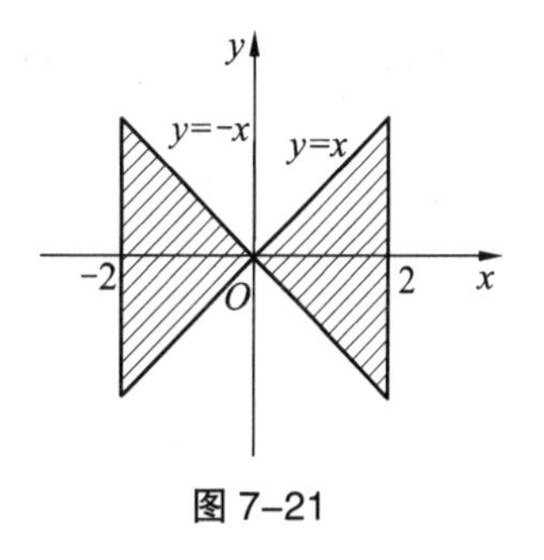

图 7–21

3．二元函数的图形

设 $z=f(x,y)$ 是定义在区域 D 上的二元函数，点集

$$S=\{(x,y,z)\mid z=f(x,y),(x,y)\in D\}$$

称为二元函数 $z=f(x,y)$ 的**图形**. 它通常为一张曲面，定义域 D 为该曲面在 xOy 平面上的投影（见图 7-22）.

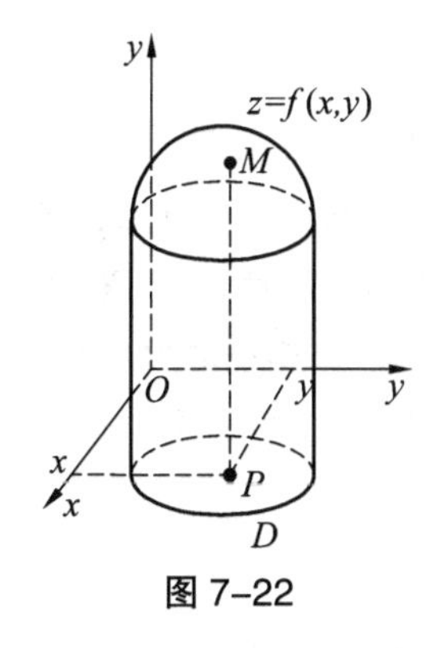

图 7–22

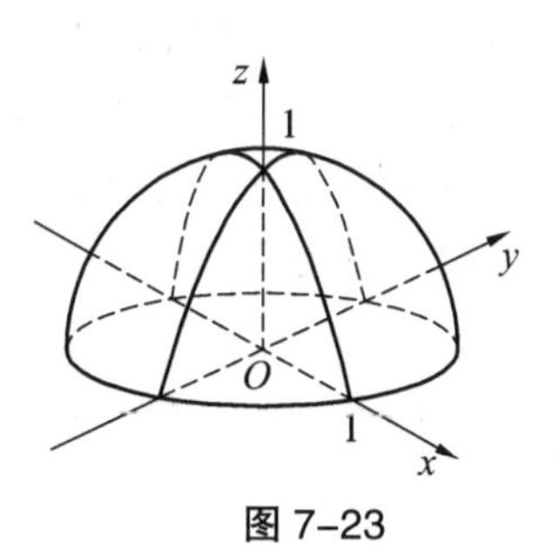

图 7–23

例如，函数 $z=\sqrt{1-x^2-y^2}$ 的图形是以原点 $O(0,0,0)$为中心、1 为半径的上半球面（见图 7-23），该球面在 xOy 平面上的投影就是函数的定义域 $D=\{(x,y)\mid x^2+y^2\leqslant 1\}$.

三、二元函数的极限

设点 $P(x,y)$ 与 $P_0(x_0,y_0)$ 是 xOy 平面上的两个相异点，当点 P 趋于 P_0（这里表示 P 以任意方式趋向于 P_0），可记作 $(x,y)\to(x_0,y_0)$，也可记作 $P\to P_0$，即点 P 与点 P_0 间的距离趋于零:

$$|PP_0|=\sqrt{(x-x_0)^2+(y-y_0)^2}\to 0.$$

与一元函数的极限概念相类似，如果在 $P(x,y)\to P_0(x_0,y_0)$ 的过程中，对应的函数值 $f(x,y)$ 无限接近于一个确定常数 A，就说 A 是函数 $f(x,y)$ 当 $P(x,y)\to P_0(x_0,y_0)$ 时的极限. 一般地，有如下定义:

定义 7.3　设二元函数 $z=f(x,y)$ 在点 $P_0(x_0,y_0)$ 的某一去心邻域有定义. 若对任意给定的正数 ε，总存在正数δ，使得对于适合不等式 $0<\sqrt{(x-x_0)^2+(y-y_0)^2}<\delta$ 的一切点 (x,y)，都有

$$|f(x,y)-A|<\varepsilon,$$

则称 A 为函数 $z=f(x,y)$ 当 $P(x,y)$ 趋于 $P_0(x_0,y_0)$ 时的**极限**，记为

$$\lim_{\substack{x\to x_0\\ y\to y_0}}f(x,y)=A \quad 或 \quad f(x,y)\to A\ ((x,y)\to(x_0,y_0)).$$

也可记为

$$\lim_{P\to P_0}f(x,y)=A \quad 或 \quad f(P)\to A\ (P\to P_0).$$

例 9　证明：$\lim\limits_{\substack{x\to 0\\ y\to 0}} xy\sin\dfrac{1}{x^2+y^2}=0$.

证明　$\forall \varepsilon>0$，要使

$$\left|xy\sin\frac{1}{x^2+y^2}-0\right|\leqslant |xy|\leqslant \frac{x^2+y^2}{2}<\varepsilon,$$

只要$\sqrt{(x-0)^2+(y-0)^2}<\sqrt{2\varepsilon}$，取$\delta=\sqrt{2\varepsilon}>0$，从而$\forall\varepsilon>0$，$\exists\delta=\sqrt{2\varepsilon}>0$，当

$$0<\sqrt{(x-0)^2+(y-0)^2}<\delta$$

时，有

$$\left|xy\sin\frac{1}{x^2+y^2}-0\right|<\varepsilon.$$

故$\lim\limits_{\substack{x\to 0\\ y\to 0}} xy\sin\dfrac{1}{x^2+y^2}=0$.

必须注意，对于一元函数而言，只要在点x_0的左右极限存在且相等，那么函数在点x_0处的极限就存在. 但二元函数的极限就没有这么简单了. 根据极限定义，二元函数的极限存在指的是$P(x,y)$以任意方式趋于$P(x_0,y_0)$时，$f(x,y)$都无限接近于A. 因此，若$P(x,y)$以某一种特殊方式趋于$P(x_0,y_0)$时，即使$f(x,y)$都无限接近于某一确定数值，也不能由此断定函数的极限存在. 但反过来，如果$P(x,y)$沿不同方式趋于$P(x_0,y_0)$时，$f(x,y)$的极限不存在或趋于不同的值，那么就可以断定这个函数的极限不存在.

例 10　设

$$f(x,y)=\begin{cases}\dfrac{xy}{x^2+y^2}, & (x,y)\neq(0,0),\\ 0, & (x,y)=(0,0),\end{cases}$$

证明$\lim\limits_{\substack{x\to 0\\ y\to 0}} f(x,y)$不存在.

解　如果点$P(x,y)$沿x轴趋近于原点O，即$y=0,\ x\to 0$，则

$$\lim_{\substack{x\to 0\\ y\to 0}} f(x,y)=\lim_{x\to 0}\frac{x\cdot 0}{x^2+0^2}=0.$$

同理，当点$P(x,y)$沿y轴趋近于原点O，即$x=0,\ y\to 0$时，则

$$\lim_{\substack{x\to 0\\ y\to 0}} f(x,y)=\lim_{y\to 0}\frac{0\cdot y}{0^2+y^2}=0.$$

显然，点$P(x,y)$沿上述两条特殊路径趋于原点O时，函数的极限存在且相等. 但当点$P(x,y)$沿直线$y=kx$趋近于原点O时，有

$$\lim_{\substack{x\to 0\\ y\to 0}} f(x,y)=\lim_{x\to 0}\frac{x\cdot kx}{x^2+(kx)^2}=\frac{k}{1+k^2}.$$

由此可见，当点$P(x,y)$以不同的方式趋近于原点O时，$f(x,y)$会无限趋近于不同的值，故$\lim\limits_{\substack{x\to 0\\ y\to 0}} f(x,y)$不存在.

这个例子表明，二元函数的极限比一元函数要复杂得多.

以上关于二元函数的极限概念，可相应的推广到 n 元函数 $u=f(x_1,x_2,\cdots,x_n)$ 上去.

由于多元函数极限定义与一元函数极限定义基本相同，所以一元函数极限的运算法则也适用于多元函数.

例 11　求 $\lim\limits_{\substack{x\to0\\y\to y_0}}\dfrac{\sin(xy)}{x}$.

解　$\lim\limits_{\substack{x\to0\\y\to y_0}}\dfrac{\sin(xy)}{x}=\lim\limits_{\substack{x\to0\\y\to y_0}}\left[\dfrac{\sin(xy)}{xy}\cdot y\right]=\lim\limits_{xy\to0}\dfrac{\sin(xy)}{xy}\cdot\lim\limits_{y\to y_0}y=1\cdot y_0=y_0$.

例 12　求 $\lim\limits_{\substack{x\to0\\y\to2}}\dfrac{x^2y^2}{x^2+y^2}$.

证明　因为

$$0\leqslant\frac{x^2y^2}{x^2+y^2}\leqslant\left|\frac{x^2y^2}{2xy}\right|=\frac{1}{2}|xy|,$$

又 $\lim\limits_{\substack{x\to0\\y\to2}}\dfrac{1}{2}|xy|=0$，所以根据夹逼准则有 $\lim\limits_{\substack{x\to0\\y\to2}}\dfrac{x^2y^2}{x^2+y^2}=0$.

四、二元函数的连续性

定义 7.4　设二元函数 $z=f(x,y)$ 的定义域为 D，点 $P_0(x_0,y_0)\in D$，若

$$\lim_{\substack{x\to x_0\\y\to y_0}}f(x,y)=f(x_0,y_0),$$

则称函数 $f(x,y)$ 在点 $P_0(x_0,y_0)$ **连续**.

从上述定义不难看出，二元函数 $z=f(x,y)$ 在点 $P_0(x_0,y_0)$ 连续，应满足三个条件：

（1）函数 $z=f(x,y)$ 在点 $P_0(x_0,y_0)$ 的某邻域内有定义；

（2）极限 $\lim\limits_{\substack{x\to x_0\\y\to y_0}}f(x,y)$ 存在；

（3）$\lim\limits_{\substack{x\to x_0\\y\to y_0}}f(x,y)=f(x_0,y_0)$.

如果这三个条件中有一个不成立，则称函数在该点**不连续**，这样的点称为函数 $z=f(x,y)$ 的**间断点**.

如果函数 $z=f(x,y)$ 在 D 上的每一点都连续，则称函数 $z=f(x,y)$ 在 D 上**连续**，或称函数 $z=f(x,y)$ 为 D 上的**连续函数**.

例 13　证明：函数

$$f(x,y)=\begin{cases}\dfrac{xy^2}{x^2+y^2}, & (x,y)\neq(0,0),\\ 0, & (x,y)=(0,0).\end{cases}$$

在点 $O(0,0)$ 是连续的.

证明　因为 $\left|\dfrac{y^2}{x^2+y^2}\right|\leqslant1$ 且 $\lim\limits_{\substack{x\to0\\y\to0}}x=0$，所以

$$\lim_{\substack{x\to 0\\ y\to 0}}\frac{xy^2}{x^2+y^2}=\lim_{\substack{x\to 0\\ y\to 0}}\left(x\frac{y^2}{x^2+y^2}\right)=0=f(0,0).$$

故 $f(x,y)$ 在点 $O(0,0)$ 是连续的.

例 14　函数

$$f(x,y)=\begin{cases}\dfrac{xy}{x^2+y^2}, & (x,y)\neq(0,0),\\ 0, & (x,y)=(0,0).\end{cases}$$

在点 $O(0,0)$ 是不连续的.

由例 10 可知，$\lim\limits_{\substack{x\to 0\\ y\to 0}}f(x,y)$ 不存在，从而 $f(x,y)$ 在点 $O(0,0)$ 是不连续的.

与一元函数类似，在闭区域上连续的二元函数具有以下性质.

性质 1（有界定理）　在有界闭区域 D 上连续的二元函数在 D 上一定有界.

性质 2（最值定理）　在有界闭区域 D 上连续的二元函数在 D 上一定取得最小值和最大值.

性质 3（介值定理）　在有界闭区域 D 上连续的二元函数，一定取得介于最小值和最大值之间的任何值.

二元函数的极限和二元函数的连续等概念可以推广到 $n(n>2)$ 元函数上去.

习　题　7-2

1．求下列函数的定义域，并画出定义域的图形.

（1）$z=\arccos\dfrac{y}{x}$；　　（2）$z=\ln(y-x)+\dfrac{\sqrt{x}}{\sqrt{1-x^2-y^2}}$；

（3）$z=\arcsin\dfrac{x^2+y^2}{4}+\dfrac{1}{\sqrt{y-x}}$；　　（4）$z=\arcsin(2x)+\dfrac{\sqrt{4x-y^2}}{\ln(1-x^2-y^2)}$.

2．由已知条件确定 $f(x,y)$.

（1）$f\left(y-x,\dfrac{y}{x}\right)=x^2-y^2$；　　（2）$f(x-y,\ln x)=\left(1-\dfrac{y}{x}\right)\cdot\dfrac{\mathrm{e}^x}{\mathrm{e}^y\ln x^x}$.

3．求下列极限.

（1）$\lim\limits_{\substack{x\to 0\\ y\to 0}}\dfrac{2-\sqrt{xy+4}}{xy}$；　　（2）$\lim\limits_{\substack{x\to 1\\ y\to 0}}\dfrac{\ln(x+\mathrm{e}^y)}{\sqrt{x^2+y^2}}$；　　（3）$\lim\limits_{\substack{x\to 0\\ y\to 0}}\dfrac{xy}{\sqrt{x^2+y^2}}$；

（4）$\lim\limits_{\substack{x\to\infty\\ y\to a}}\left(1+\dfrac{1}{x}\right)^{\frac{x^2}{x+y}}$；　　（5）$\lim\limits_{\substack{x\to 0\\ y\to 2}}\dfrac{\sin(xy)}{x}$；　　（6）$\lim\limits_{\substack{x\to 0\\ y\to 0}}\dfrac{xy}{\sqrt{2-\mathrm{e}^{xy}}-1}$.

4．证明下列极限不存在.

（1）$\lim\limits_{\substack{x\to 0\\ y\to 0}}\dfrac{x-y}{x+y}$；　　（2）$\lim\limits_{\substack{x\to 0\\ y\to 0}}\dfrac{x^2y^2}{x^2y^2+(x-y)^2}$.

第三节　偏导数

在一元函数微分学中，通过讨论函数的变化率问题，引出了一元函数的导数概念. 对于二元函数，虽然也有类似问题，但由于自变量个数的增加，使得函数关系变得非常复杂. 这是因为，

在 xOy 平面上，点 $P_0(x_0, y_0)$ 可以沿着不同方向变动，因而函数 $f(x, y)$ 就有沿各方向的变化率. 这里仅限于讨论，当点 $P_0(x_0, y_0)$ 沿平行于坐标轴方向变动时，函数 $f(x, y)$ 的变化率，即一个变量变化，另一个变量固定不变 （可看作常数）时的变化率. 这就是下面要讨论的偏导数问题.

一、偏导数的定义及其计算法

定义 7.5 设函数在点 (x_0, y_0) 的某一邻域内有定义，当 y 固定在 y_0 而 x 在 x_0 处有增量 Δx 时，相应地函数有增量

$$f(x_0+\Delta x, y_0)-f(x_0, y_0),$$

若

$$\lim_{\Delta x\to 0}\frac{f(x_0+\Delta x, y_0)-f(x_0, y_0)}{\Delta x}$$

存在，则称此极限为函数 $z=f(x,y)$ 在点 (x_0,y_0) 处对 x 的**偏导数**，记为

$$\left.\frac{\partial z}{\partial x}\right|_{\substack{x=x_0\\y=y_0}},\quad \left.\frac{\partial f}{\partial x}\right|_{\substack{x=x_0\\y=y_0}},\quad z'_x\Big|_{\substack{x=x_0\\y=y_0}}\quad 或\quad f'_x(x_0,y_0).$$

类似地，若

$$\lim_{\Delta y\to 0}\frac{f(x_0, y_0+\Delta y)-f(x_0, y_0)}{\Delta y}$$

存在，则称此极限为函数 $z=f(x,y)$ 在点 (x_0,y_0) 处对 y 的**偏导数**，记为

$$\left.\frac{\partial z}{\partial y}\right|_{\substack{x=x_0\\y=y_0}},\quad \left.\frac{\partial f}{\partial y}\right|_{\substack{x=x_0\\y=y_0}},\quad z'_y\Big|_{\substack{x=x_0\\y=y_0}}\quad 或\quad f'_y(x_0,y_0).$$

如果函数 $z=f(x, y)$ 在区域 D 内任一点 (x, y) 处对 x，y 的偏导数都存在，则这两个偏导数为 x, y 的函数，分别称之为函数 $z=f(x, y)$ 对 x, y 的**偏导函数**，简称**偏导数**，并分别记为

$$\frac{\partial z}{\partial x},\ \frac{\partial f}{\partial x},\ z'_x,\ f'_x(x,y);\qquad \frac{\partial z}{\partial y},\ \frac{\partial f}{\partial y},\ z'_y,\ f'_y(x,y).$$

从以上的讨论可以知道，函数 $f(x,y)$ 在点 (x_0,y_0) 处对 x 的偏导数 $f'_x(x_0,y_0)$ 就是偏导函数 $f'_x(x,y)$ 在点 (x_0,y_0) 处的函数值，对 y 的偏导数 $f'_y(x_0,y_0)$ 就是偏导函数 $f'_y(x,y)$ 在点 (x_0,y_0) 处的函数值.

类似地，可以定义 $n(n>2)$ 元函数的偏导数. 例如，三元函数 $u=f(x,y,z)$ 在点 (x,y,z) 处的偏导数：

$$f'_x(x,y,z)=\lim_{\Delta x\to 0}\frac{f(x+\Delta x,y,z)-f(x,y,z)}{\Delta x};$$

$$f'_y(x,y,z)=\lim_{\Delta y\to 0}\frac{f(x,y+\Delta y,z)-f(x,y,z)}{\Delta y};$$

$$f'_z(x,y,z)=\lim_{\Delta z\to 0}\frac{f(x,y,z+\Delta z)-f(x,y,z)}{\Delta z}.$$

由偏导数的定义可以知道，求多元函数对某个自变量的偏导数时，只需将其余自变量看作常数，利用一元函数的求导方法计算其偏导数.

例 15 求 $z=2x^2+y+3xy^2$ 的偏导数.

解 将 y 看作常数，对 x 求导，得

$$\frac{\partial z}{\partial x}=4x+3y^2.$$

将 x 看作常数对 y 求导，得

$$\frac{\partial z}{\partial y}=1+6xy.$$

例 16　设 $f(x,y)=xy+\dfrac{x}{x^2+y^2}\ ((x,y)\neq(0,0))$，求 $f_x'(0,1)$ 和 $f_y'(0,1)$.

解　因为

$$f_x'(x,y)=y+\frac{x^2+y^2-x\cdot 2x}{(x^2+y^2)^2}=y+\frac{y^2-x^2}{(x^2+y^2)^2},$$

$$f_y'(x,y)=x+\frac{-x\cdot 2y}{(x^2+y^2)^2}=x-\frac{2xy}{(x^2+y^2)^2}.$$

所以 $f_x'(0,1)=2$，$f_y'(0,1)=0$.

例 17　设 $z=\ln(\sqrt[n]{x}+\sqrt[n]{y})\ (n\geqslant 2)$，证明：$x\dfrac{\partial z}{\partial x}+y\dfrac{\partial z}{\partial y}=\dfrac{1}{n}$.

证明　因为

$$\frac{\partial z}{\partial x}=\frac{1}{\sqrt[n]{x}+\sqrt[n]{y}}\cdot\frac{1}{n}x^{\frac{1}{n}-1},\quad \frac{\partial z}{\partial y}=\frac{1}{\sqrt[n]{x}+\sqrt[n]{y}}\cdot\frac{1}{n}y^{\frac{1}{n}-1},$$

所以

$$x\frac{\partial z}{\partial x}+y\frac{\partial z}{\partial y}=\frac{1}{n}\cdot\frac{1}{\sqrt[n]{x}+\sqrt[n]{y}}\left(x\cdot x^{\frac{1}{n}-1}+y\cdot y^{\frac{1}{n}-1}\right)=\frac{1}{n}\cdot\frac{1}{\sqrt[n]{x}+\sqrt[n]{y}}\left(x^{\frac{1}{n}}+y^{\frac{1}{n}}\right)=\frac{1}{n}.$$

例 18　求 $r=\sqrt{x^2+y^2+z^2}$ 的偏导数.

解　将 y 和 z 看作常数对 x 求导，得

$$\frac{\partial r}{\partial x}=\frac{x}{\sqrt{x^2+y^2+z^2}}=\frac{x}{r}.$$

同理可得 $\dfrac{\partial r}{\partial y}=\dfrac{y}{r}$，$\dfrac{\partial r}{\partial z}=\dfrac{z}{r}$.

二、偏导数的几何意义

由于导数 $f'(x_0)$ 的几何意义为曲线 $y=f(x)$ 在点 (x_0,y_0) 处切线的斜率，而二元函数 $z=f(x,y)$ 在点 (x_0,y_0) 处的偏导数为

$$f_x'(x_0,y_0)=\left.\frac{\mathrm{d}f(x,y_0)}{\mathrm{d}x}\right|_{x=x_0},\quad f_y'(x_0,y_0)=\left.\frac{\mathrm{d}f(x_0,y)}{\mathrm{d}y}\right|_{y=y_0},$$

于是，$f_x'(x_0,y_0)$ 相当于曲面 $z=f(x,y)$ 被平面 $y=y_0$ 截得的空间曲线 $\begin{cases}z=f(x,y),\\ y=y_0\end{cases}$ 在点 $M_0(x_0,y_0,f(x_0,y_0))$ 处切线 M_0T_x 对 x 轴的斜率. $f_y'(x_0,y_0)$ 相当于曲面 $z=f(x,y)$ 被平面 $x=x_0$ 所截得的空间曲线 $\begin{cases}z=f(x,y),\\ x=x_0\end{cases}$ 在点 $M_0(x_0,y_0,f(x_0,y_0))$ 处切线 M_0T_y 对 y 轴的斜率（见图 7-24）.

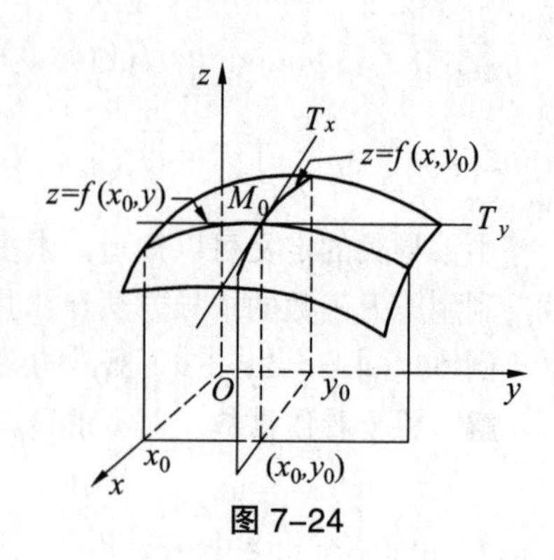

图 7-24

在一元函数微分学中，如果一元函数 $y=f(x)$ 在某点 x_0 处具有导数，则函数在该点一定连续，反之不一定成立. 但对多元函数而言，即使各偏导数在某点 P_0 处都存在，也不能保证函数在该点连续. 这是因为各偏导数存在只能保证点 P 沿着平行于坐标轴的方向趋于 P_0 时，函数 $f(P)$ 趋于 $f(P_0)$，但不能保证点 P 按任何方式趋于点 P_0 时，函数 $f(P)$ 趋于 $f(P_0)$. 当然，函数 $f(x,y)$ 在点(x_0,y_0)处连续也不能推出 $f'_x(x_0,y_0)$ 及 $f'_y(x_0,y_0)$ 存在. 例如，函数

$$f(x,y)=\begin{cases}\dfrac{xy}{x^2+y^2}, & (x,y)\neq(0,0),\\ 0, & (x,y)=(0,0).\end{cases}$$

在点 $(0,0)$ 对 x 的偏导数为

$$f'_x(0,0)=\lim_{\Delta x\to 0}\frac{f(0+\Delta x,0)-f(0,0)}{\Delta x}=\lim_{\Delta x\to 0}0=0\,.$$

对 y 的偏导数为

$$f'_y(0,0)=\lim_{\Delta y\to 0}\frac{f(0,0+\Delta y)-f(0,0)}{\Delta y}=\lim_{\Delta y\to 0}0=0\,.$$

但函数 $f(x,y)$ 在点 $(0,0)$ 处不连续.

例 19 验证函数 $f(x,y)=\sqrt{x^2+y^2}$ 在点 $(0,0)$ 处连续，但 $f'_x(0,0)$，$f'_y(0,0)$ 不存在.

证明 因为

$$\lim_{\substack{x\to 0\\ y\to 0}}f(x,y)=\lim_{\substack{x\to 0\\ y\to 0}}\sqrt{x^2+y^2}=0=f(0,0)\,,$$

所以函数 $f(x,y)$ 在点 $(0,0)$ 处连续.

又因为

$$f'_x(0,0)=\lim_{\Delta x\to 0}\frac{f(0+\Delta x,0)-f(0,0)}{\Delta x}=\lim_{\Delta x\to 0}\frac{\sqrt{(0+\Delta x)^2+0}-0}{\Delta x}=\lim_{\Delta x\to 0}\frac{|\Delta x|}{\Delta x}\,.$$

从而 $f'_x(0,0)$ 不存在.

同理可证 $f'_y(0,0)$ 也不存在.

三、高阶偏导数

一般来说，二元函数 $z=f(x,y)$ 的偏导数 $f'_x(x,y)$，$f'_y(x,y)$ 仍然是 x,y 的二元函数，如果这两个函数 $f'_x(x,y)$，$f'_y(x,y)$ 的偏导数也存在，则称这些偏导数为 $z=f(x,y)$ 的**二阶偏导数**，记为

$$\frac{\partial^2 z}{\partial x^2}=\frac{\partial}{\partial x}\left(\frac{\partial z}{\partial x}\right),\quad \frac{\partial^2 z}{\partial x\partial y}=\frac{\partial}{\partial y}\left(\frac{\partial z}{\partial x}\right),\quad \frac{\partial^2 z}{\partial y\partial x}=\frac{\partial}{\partial x}\left(\frac{\partial z}{\partial y}\right),\quad \frac{\partial^2 z}{\partial y^2}=\frac{\partial}{\partial y}\left(\frac{\partial z}{\partial y}\right),$$

或

$$z''_{xx}\,,\quad z''_{xy}\,,\quad z''_{yx}\,,\quad z''_{yy}\,.$$

其中第二、第三个二阶偏导数称为**混合偏导数**，求导顺序从左到右.

类似地，可定义三阶、四阶、……、n 阶偏导数. 二阶及二阶以上的偏导数称为**高阶偏导数**. 例如，$\dfrac{\partial^3 z}{\partial x^2\partial y}=\dfrac{\partial}{\partial y}\left(\dfrac{\partial^2 z}{\partial x^2}\right)$，$\dfrac{\partial^3 z}{\partial y^3}=\dfrac{\partial}{\partial y}\left(\dfrac{\partial^2 z}{\partial y^2}\right)$ 等.

例 20 求函数 $z=xy+\sin(2x-3y)$ 的二阶偏导数.

解 因为 $$\frac{\partial z}{\partial x}=y+2\cos(2x-3y)\,,\qquad \frac{\partial z}{\partial y}=x-3\cos(2x-3y)\,,$$

所以 $$\frac{\partial^2 z}{\partial x^2}=-4\sin(2x-3y)\,,\qquad \frac{\partial^2 z}{\partial x\partial y}=1+6\sin(2x-3y)\,,$$

$$\frac{\partial^2 z}{\partial y\partial x}=1+6\sin(2x-3y)\,,\qquad \frac{\partial^2 z}{\partial y^2}=-9\sin(2x-3y)\,.$$

由例 20 计算的结果可以看到，两个混合偏导数 $\frac{\partial^2 z}{\partial x\partial y}$ 和 $\frac{\partial^2 z}{\partial y\partial x}$ 是相等的，这并非偶然，下面的定理给出了两个混合偏导数相等的条件．

定理 7.1 如果函数 $z=f(x,y)$ 的两个二阶混合偏导数 $\frac{\partial^2 z}{\partial x\partial y}$ 及 $\frac{\partial^2 z}{\partial y\partial x}$ 在区域 D 内连续，则在该区域内有 $\frac{\partial^2 z}{\partial x\partial y}=\frac{\partial^2 z}{\partial y\partial x}$．

证明略．

由定理 7.1 可知，二阶混合偏导数在连续条件下与求导顺序无关．

例 21 验证函数 $u=\sqrt{x^2+y^2}$ 满足方程：$\frac{\partial^2 u}{\partial x^2}+\frac{\partial^2 u}{\partial y^2}=\frac{1}{u}$．

证明 因为 $$\frac{\partial u}{\partial x}=\frac{x}{\sqrt{x^2+y^2}}=\frac{x}{u}\,,\qquad \frac{\partial u}{\partial y}=\frac{y}{\sqrt{x^2+y^2}}=\frac{y}{u}\,.$$

所以

$$\frac{\partial^2 u}{\partial x^2}=\frac{u-x\cdot\frac{\partial u}{\partial x}}{u^2}=\frac{u^2-x^2}{u^3}=\frac{y^2}{u^3}\,,\qquad \frac{\partial^2 u}{\partial y^2}=\frac{u-y\cdot\frac{\partial u}{\partial y}}{u^2}=\frac{u^2-y^2}{u^3}=\frac{x^2}{u^3}\,.$$

因此 $$\frac{\partial^2 u}{\partial x^2}+\frac{\partial^2 u}{\partial y^2}=\frac{y^2}{u^3}+\frac{x^2}{u^3}=\frac{u^2}{u^3}=\frac{1}{u}\,.$$

习 题 7-3

1．求下列函数的偏导数．

（1）$z=x^2y^2$；　（2）$z=x^y$；　（3）$z=\ln\sin(x-2y)$；

（4）$u=x^{\frac{y}{z}}$；　（5）$u=\sqrt{x^2+y^2+z^2}$；　（6）$u=\arctan(x-y)^z$．

2．求下列函数在指定点的偏导数．

（1）$f(x,y)=\mathrm{e}^{-x}\sin(x+2y)$，求 $f'_x\left(0,\frac{\pi}{4}\right),f'_y\left(0,\frac{\pi}{4}\right)$；

（2）$f(x,y)=\ln(\sqrt{x}+\sqrt{y})$，求 $f'_x(1,1),f'_y(1,1)$；

（3）$f(x,y,z)=\ln(xy+z)$，求 $f'_x(2,1,0),f'_y(2,1,0),f'_z(2,1,0)$．

3．设 $z=xy+y\mathrm{e}^{\frac{x}{y}}$，证明：$x\frac{\partial z}{\partial x}+y\frac{\partial z}{\partial y}=xy+z$．

4．设 $f(t)$ 为连续函数，$u(x,y,z)=\int_{xz}^{yz} f(t)\mathrm{d}t$，试求 $\frac{\partial u}{\partial x},\frac{\partial u}{\partial y},\frac{\partial u}{\partial z}$.

5．设 $z=\arctan\frac{x+y}{1-xy}$，求 $z''_{xx},z''_{xy},z''_{yx},z''_{yy}$.

6．设 $z=y^x$，求 $\frac{\partial^2 z}{\partial x^2},\frac{\partial^2 z}{\partial y^2},\frac{\partial^2 z}{\partial x\partial y}$.

7．验证 $u=\sqrt{x^2+y^2+z^2}$ 满足 $\frac{\partial^2 u}{\partial x^2}+\frac{\partial^2 u}{\partial y^2}+\frac{\partial^2 u}{\partial z^2}=\frac{2}{u}$.

第四节　全微分

一、全微分的概念

在讨论二元函数 $z=f(x,y)$ 的偏导数概念时，曾用到函数的两个偏增量

$$f(x+\Delta x,y)-f(x,y)，\quad f(x,y+\Delta y)-f(x,y).$$

两者都属于在两个自变量中，固定其中的一个，让另外一个取得增量所得到的函数的增量．但在许多实际问题中，有时需要研究两个自变量都产生增量时因变量所获得的增量，即函数的全增量问题．

设二元函数 $z=f(x,y)$ 在点 (x,y) 的某邻域内有定义，若自变量 x,y 分别有改变量 $\Delta x,\Delta y$，则称改变量

$$\Delta z=f(x+\Delta x,y+\Delta y)-f(x,y) \tag{5}$$

为函数 $z=f(x,y)$ 在点 (x,y) 处的**全增量**．

一般地，计算全增量 Δz 比较复杂．仿照一元函数，为近似计算一元函数的改变量 $\Delta y=f(x+\Delta x)-f(x)$，我们引入了微分 $\mathrm{d}y=f'(x)\Delta x$．在 $|\Delta x|$ 较小时，用 $\mathrm{d}y$ 近似代替 Δy，计算简单且近似度较好．对于二元函数也有类似的问题，为此需要引入全微分定义．

定义 7.6　设函数 $z=f(x,y)$ 在点 (x,y) 的某邻域内有定义，如果函数 $z=f(x,y)$ 在点 (x,y) 处的全增量

$$\Delta z=f(x+\Delta x,y+\Delta y)-f(x,y)$$

可表示为

$$\Delta z=A\Delta x+B\Delta y+o(\rho), \tag{6}$$

其中 A,B 仅与 x，y 有关，而与改变量 $\Delta x,\Delta y$ 无关，$\rho=\sqrt{(\Delta x)^2+(\Delta y)^2}$，则称函数 $f(x,y)$ 在点 (x,y) 处**可微**．$A\Delta x+B\Delta y$ 称为函数 $f(x,y)$ 在点 (x,y) 处的**全微分**，记为 $\mathrm{d}z$，即

$$\mathrm{d}z=A\Delta x+B\Delta y.$$

若函数 $f(x,y)$ 在区域 D 内每一点处都可微，则称函数 $f(x,y)$ **在 D 内可微**．

由全微分的定义可以看出，函数 $f(x,y)$ 在点 (x,y) 处的全微分 $\mathrm{d}z$ 是 $\Delta x,\Delta y$ 的线性函数，且当 $\rho\to 0$ 时，差 $\Delta z-\mathrm{d}z$ 是比 ρ 高阶的无穷小．因此，全微分 $\mathrm{d}z$ 是全改变量 Δz 的线性主部．因此，在 $|\Delta x|$，$|\Delta y|$ 较小时，可以用函数的全微分 $\mathrm{d}z$ 近似代替函数的全增量 Δz.

若函数 $f(x,y)$ 在点 (x,y) 处可微，则它在该点必定连续．事实上，若函数 $f(x,y)$ 在点 (x,y) 处可微，由（5）式得，当 $\rho\to 0$ 时（相当于 $\Delta x\to 0,\Delta y\to 0$）时，有

$$\lim_{\rho\to 0}\Delta z=0,$$

即
$$\lim_{\substack{\Delta x\to 0\\ \Delta y\to 0}} f(x+\Delta x, y+\Delta y) = f(x,y),$$
故函数 $f(x,y)$ 在点 (x,y) 处连续.

二、可微的条件

定理 7.2（可微的必要条件） 若函数 $z=f(x,y)$ 在点 (x,y) 处可微，则该函数在点 (x,y) 处的偏导数 $f'_x(x,y), f'_y(x,y)$ 存在，且 $A=f'_x(x,y), B=f'_y(x,y)$，即全微分
$$\mathrm{d}z = f'_x(x,y)\Delta x + f'_y(x,y)\Delta y .$$

证明 由 $f(x,y)$ 在点 (x,y) 处可微，得
$$\Delta z = A\Delta x + B\Delta y + o(\rho).$$
在上式中令 $\Delta y = 0$，则
$$f(x+\Delta x, y) - f(x,y) = A\Delta x + o(|\Delta x|),$$
两边除以 Δx，并令 $\Delta x\to 0$，取极限，得
$$f'_x(x,y) = \lim_{\Delta x\to 0}\frac{f(x+\Delta x,y)-f(x,y)}{\Delta x} = \lim_{\Delta x\to 0}\left[A+\frac{o(|\Delta x|)}{\Delta x}\right] = A+0 = A.$$
从而 $f'_x(x,y)$ 存在，且等于 A.

同理可证 $f'_y(x,y)$ 存在，且等于 B.

由于自变量的改变量等于自变量的微分，即 $\Delta x=\mathrm{d}x, \Delta y=\mathrm{d}y$，所以函数 $f(x,y)$ 在点 (x,y) 处的全微分可写成
$$\mathrm{d}z = f'_x(x,y)\mathrm{d}x + f'_y(x,y)\mathrm{d}y .$$

定理 7.2 说明，偏导数存在是全微分存在的必要条件，但不是充分条件．例如，
$$f(x,y)=\begin{cases}\dfrac{xy}{\sqrt{x^2+y^2}}, & (x,y)\neq(0,0),\\ 0, & (x,y)=(0,0).\end{cases}$$
在点 $(0,0)$ 处的偏导数存在，即 $f'_x(0,0)=0$，$f'_y(0,0)=0$，而 $f(x,y)$ 在点 $(0,0)$ 处不可微．事实上
$$\Delta z - [f'_x(0,0)\Delta x + f'_y(0,0)\Delta y] = \frac{\Delta x\Delta y}{\sqrt{(\Delta x)^2+(\Delta y)^2}},$$
于是
$$\lim_{\rho\to 0}\frac{\Delta z-[f'_x(0,0)\Delta x+f'_y(0,0)\Delta y]}{\rho} = \lim_{\substack{\Delta x\to 0\\ \Delta y\to 0}}\frac{\Delta x\Delta y}{(\Delta x)^2+(\Delta y)^2} = \lim_{\substack{\Delta x\to 0\\ \Delta y=\Delta x}}\frac{\Delta x\Delta x}{(\Delta x)^2+(\Delta x)^2} = \frac{1}{2}\neq 0 .$$
即当 $\rho\to 0$ 时，$\Delta z-[f'_x(0,0)\Delta x+f'_y(0,0)\Delta y]$ 不是 ρ 的高阶无穷小，故函数 $f(x,y)$ 在点 $(0,0)$ 处不可微.

由此可见，对多元函数来说，偏导数存在不一定可微．但如果对偏导数增加一些条件，就可以保证函数可微．一般地，有：

定理 7.3（可微的充分条件） 若函数 $z=f(x,y)$ 的偏导数 $f'_x(x,y)$，$f'_y(x,y)$ 在点 (x,y) 处连续，则函数 $z=f(x,y)$ 在点 (x,y) 处可微.

证明略.

二元函数全微分的定义及上述相关的结论和定理均可推广到二元以上函数．例如，三元函数 $u=f(x,y,z)$ 的全微分为

$$du=u'_x dx+u'_y dy+u'_z dz .$$

例 22　求函数 $z=x^2y^2$ 的全微分.

解　因为 $\dfrac{\partial z}{\partial x}=2xy^2$，$\dfrac{\partial z}{\partial y}=2x^2y$，所以

$$dz=\frac{\partial z}{\partial x}dx+\frac{\partial z}{\partial y}dy=2xy(ydx+xdy) .$$

例 23　求函数 $u=x^{y^2z}$ 的全微分.

解　因为 $u'_x=y^2zx^{y^2z-1}$，$u'_y=x^{y^2z}\ln x\cdot 2yz$，$u'_z=x^{y^2z}\ln x\cdot y^2$，所以

$$du=u'_x dx+u'_y dy+u'_z dz=yx^{y^2z-1}(yzdx+2xz\ln xdy+xy\ln xdz) .$$

例 24　求函数 $z=(x+3y)e^{xy}$ 在点 $(1,-1)$ 处的全微分.

解　因为

$$\frac{\partial z}{\partial x}=e^{xy}+(x+3y)ye^{xy},\quad \frac{\partial z}{\partial y}=3e^{xy}+(x+3y)xe^{xy},$$

从而 $\left.\dfrac{\partial z}{\partial x}\right|_{(1,-1)}=3e^{-1}$，$\left.\dfrac{\partial z}{\partial y}\right|_{(1,-1)}=e^{-1}$，所以

$$dz=3e^{-1}dx+e^{-1}dy .$$

三、全微分在近似计算中的应用

若函数 $z=f(x,y)$ 在点 (x_0,y_0) 处可微，则当 $|\Delta x|$，$|\Delta y|$ 都较小时，有

$$\Delta z\approx f'_x(x_0,y_0)\Delta x+f'_y(x_0,y_0)\Delta y ,\tag{7}$$

即

$$f(x_0+\Delta x,y_0+\Delta y)\approx f(x_0,y_0)+f'_x(x_0,y_0)\Delta x+f'_y(x_0,y_0)\Delta y .\tag{8}$$

例 25　求 $1.08^{3.96}$ 的近似值.

解　令 $f(x,y)=x^y$，则

$$f'_x(x,y)=yx^{y-1},\quad f'_y(x,y)=x^y\ln x .$$

取 $x_0=1$，$y_0=4$；$\Delta x=0.08$，$\Delta y=-0.04$，则 $f'_x(1,4)=4,\ f'_y(1,4)=0$．所以

$$\begin{aligned}1.08^{3.96}&=f(1+0.08,4-0.04)\approx f(1,4)+f'_x(1,4)\cdot 0.08+f'_y(1,4)\cdot(-0.04)\\&=1+4\times 0.08+0\times(-0.04)=1.32 .\end{aligned}$$

习　题　7–4

1．求下列函数的全微分.

（1）$z=\sqrt{\dfrac{x}{y}}$；　　（2）$z=\ln\sqrt{x^2+y^2}$；　　（3）$z=\arctan(xy)$；　　（4）$u=x^{yz}$．

2．设 $f(x,y,z)=\left(\dfrac{x}{y}\right)^z$，求 $\mathrm{d}f(1,1,1)$．

3．求函数 $z=\dfrac{y}{x}$ 当 $x=2, y=1, \Delta x=0.1, \Delta y=-0.2$ 时的全增量和全微分．

4．求函数 $z=\mathrm{e}^{xy}$ 当 $x=1, y=1, \Delta x=0.15, \Delta y=0.1$ 时的全微分．

5．求函数 $u=\ln(x^2+y^2+z^2)$ 在 $M(1,1,1)$ 处，当 $\Delta x=\Delta y=\Delta z=0.1$ 的全微分．

6．计算下列各式的近似值．

（1）$\sqrt{1.02^3+1.97^3}$；　　（2）$1.97^{1.05}$（$\ln 2=0.693$）．

第五节　多元复合函数的求导法则

第二章我们介绍了一元复合函数的求导法则，这一法则在求导中起着非常重要的作用．对于多元函数也是如此．下面按照多元复合函数的不同层次结构介绍多元复合函数的求导法则．

一、复合函数的中间变量均为一元函数的情形

定理 7.4　如果函数 $u=\varphi(x)$ 及 $v=\psi(x)$ 都在点 x 处可导，函数 $z=f(u,v)$ 在对应点 (u,v) 处具有连续偏导数，则复合函数 $z=f[\varphi(x),\psi(x)]$ 在点 x 处可导，且

$$\frac{\mathrm{d}z}{\mathrm{d}x}=\frac{\partial z}{\partial u}\cdot\frac{\mathrm{d}u}{\mathrm{d}x}+\frac{\partial z}{\partial v}\cdot\frac{\mathrm{d}v}{\mathrm{d}x}.$$

证明　给 x 以增量 Δx，则函数 u，v 相应地得到增量

$$\Delta u=u(x+\Delta x)-u(x),\qquad \Delta v=v(x+\Delta x)-v(x).$$

由于函数 $z=f(u,v)$ 在点 (u,v) 处具有连续偏导数，所以函数 $z=f(u,v)$ 在点 (u,v) 处可微，于是有

$$\Delta z=\frac{\partial z}{\partial u}\cdot\Delta u+\frac{\partial z}{\partial v}\cdot\Delta v+o(\rho).$$

其中 $\rho=\sqrt{(\Delta u)^2+(\Delta v)^2}$．

在上式两端除以 Δx，得

$$\frac{\Delta z}{\Delta x}=\frac{\partial z}{\partial u}\cdot\frac{\Delta u}{\Delta x}+\frac{\partial z}{\partial v}\cdot\frac{\Delta v}{\Delta x}+\frac{o(\rho)}{\Delta x}.$$

由已知，函数 $u=\varphi(x)$ 及 $v=\psi(x)$ 都在点 x 处可导，故

$$\lim_{\Delta x\to 0}\frac{\Delta u}{\Delta x}=\frac{\mathrm{d}u}{\mathrm{d}x},\quad \lim_{\Delta x\to 0}\frac{\Delta v}{\Delta x}=\frac{\mathrm{d}v}{\mathrm{d}x}.$$

又 $\dfrac{o(\rho)}{\Delta x}=\dfrac{o(\rho)}{\rho}\cdot\dfrac{\rho}{\Delta x}$，而

$$\lim_{\Delta x\to 0}\frac{\rho}{|\Delta x|}=\lim_{\Delta x\to 0}\sqrt{\left(\frac{\Delta u}{\Delta x}\right)^2+\left(\frac{\Delta v}{\Delta x}\right)^2}=\sqrt{\left(\frac{\mathrm{d}u}{\mathrm{d}x}\right)^2+\left(\frac{\mathrm{d}v}{\mathrm{d}x}\right)^2},$$

故当 $\Delta x\to 0$ 时，$\dfrac{\rho}{|\Delta x|}$ 有界，即 $\dfrac{\rho}{\Delta x}$ 有界．

另一方面，当 $\Delta x\to 0$ 时，有 $\Delta u\to 0, \Delta v\to 0$，故 $\rho\to 0$，从而 $\lim\limits_{\rho\to 0}\dfrac{o(\rho)}{\rho}=0$．由无穷小的性质，有

$$\lim_{\Delta x\to 0}\frac{o(\rho)}{\Delta x}=\lim_{\Delta x\to 0}\left[\frac{o(\rho)}{\rho}\cdot\frac{\rho}{\Delta x}\right]=0 .$$

所以

$$\frac{\mathrm{d}z}{\mathrm{d}x}=\lim_{\Delta x\to 0}\frac{\Delta z}{\Delta x}=\frac{\partial z}{\partial u}\cdot\lim_{\Delta x\to 0}\frac{\Delta u}{\Delta x}+\frac{\partial z}{\partial v}\cdot\lim_{\Delta x\to 0}\frac{\Delta v}{\Delta x}+\lim_{\Delta x\to 0}\frac{o(\rho)}{\Delta x}=\frac{\partial z}{\partial u}\cdot\frac{\mathrm{d}u}{\mathrm{d}x}+\frac{\partial z}{\partial v}\cdot\frac{\mathrm{d}v}{\mathrm{d}x},$$

即

$$\frac{\mathrm{d}z}{\mathrm{d}x}=\frac{\partial z}{\partial u}\cdot\frac{\mathrm{d}u}{\mathrm{d}x}+\frac{\partial z}{\partial v}\cdot\frac{\mathrm{d}v}{\mathrm{d}x}. \tag{9}$$

用同样的方法，可把定理推广到复合函数的中间变量多于两个的情形. 例如，设 $z=f(u,v,\omega)$，而 $u=\varphi(x), v=\psi(x), \omega=\omega(x)$，则复合函数 $z=f[\varphi(x),\psi(x),\omega(x)]$ 的导数为

$$\frac{\mathrm{d}z}{\mathrm{d}x}=\frac{\partial z}{\partial u}\cdot\frac{\mathrm{d}u}{\mathrm{d}x}+\frac{\partial z}{\partial v}\cdot\frac{\mathrm{d}v}{\mathrm{d}x}+\frac{\partial z}{\partial \omega}\cdot\frac{\mathrm{d}\omega}{\mathrm{d}x}. \tag{10}$$

公式（9）及（10）通常称为**全导数**.

例 26　设 $z=\mathrm{e}^{u-2v}$， $u=\sin x,\ v=x^2$，求 $\frac{\mathrm{d}z}{\mathrm{d}x}$.

解　因为 $\frac{\partial z}{\partial u}=\mathrm{e}^{u-2v}$， $\frac{\partial z}{\partial v}=-2\mathrm{e}^{u-2v}$， $\frac{\mathrm{d}u}{\mathrm{d}x}=\cos x$， $\frac{\mathrm{d}v}{\mathrm{d}x}=2x$，所以

$$\frac{\mathrm{d}z}{\mathrm{d}x}=\frac{\partial z}{\partial u}\cdot\frac{\mathrm{d}u}{\mathrm{d}x}+\frac{\partial z}{\partial v}\cdot\frac{\mathrm{d}v}{\mathrm{d}x}=\mathrm{e}^{u-2v}\cos x-2\mathrm{e}^{u-2v}\cdot 2x=\mathrm{e}^{u-2v}(\cos x-4x).$$

例 27　设 $z=\mathrm{e}^{xy^2}, x=t\cos t,\ y=t\sin t$，求 $\left.\frac{\mathrm{d}z}{\mathrm{d}x}\right|_{t=\frac{\pi}{2}}$.

解　因为

$$\frac{\mathrm{d}z}{\mathrm{d}t}=\frac{\partial z}{\partial x}\cdot\frac{\mathrm{d}x}{\mathrm{d}t}+\frac{\partial z}{\partial y}\cdot\frac{\mathrm{d}y}{\mathrm{d}t}=y^2\mathrm{e}^{xy^2}(\cos t-t\sin t)+2xy\,\mathrm{e}^{xy^2}(\sin t+t\cos t),$$

又当 $t=\frac{\pi}{2}$ 时， $x=0, y=\frac{\pi}{2}$，所以

$$\left.\frac{\mathrm{d}z}{\mathrm{d}x}\right|_{t=\frac{\pi}{2}}=[y^2\mathrm{e}^{xy^2}(\cos t-t\sin t)+2xy\mathrm{e}^{xy^2}(\sin t+t\cos t)]\Big|_{t=\frac{\pi}{2}}=\frac{\pi^2}{4}\left(-\frac{\pi}{2}\right)+0\times 1=-\frac{\pi^3}{8}.$$

二、复合函数的中间变量为多元函数的情形

定理 7.5　如果函数 $u=\varphi(x,y)$ 及 $v=\psi(x,y)$ 都在点 (x,y) 处具有对 x 及对 y 的偏导数，函数 $z=f(u,v)$ 在对应点 (u,v) 处具有连续偏导数，则复合函数 $z=f[\varphi(x,y),\psi(x,y)]$ 在点 (x,y) 处的两个偏导数都存在，且

$$\frac{\partial z}{\partial x}=\frac{\partial z}{\partial u}\cdot\frac{\partial u}{\partial x}+\frac{\partial z}{\partial v}\cdot\frac{\partial v}{\partial x}, \tag{11}$$

$$\frac{\partial z}{\partial y}=\frac{\partial z}{\partial u}\cdot\frac{\partial u}{\partial y}+\frac{\partial z}{\partial v}\cdot\frac{\partial v}{\partial y}. \tag{12}$$

求 z 对 x 的偏导数时，把变量 y 看作常量，实质上就化为前面已讨论过的情形，不过需将导数记号做相应的改变，即在公式（9）中，$\frac{\mathrm{d}z}{\mathrm{d}x}$ 改为 $\frac{\partial z}{\partial x}$， $\frac{\mathrm{d}u}{\mathrm{d}x}$ 和 $\frac{\mathrm{d}v}{\mathrm{d}x}$ 分别改为 $\frac{\partial u}{\partial x}$ 和 $\frac{\partial v}{\partial x}$，便得到偏导数公式（11）. 同理可得公式（12）.

例 28 设 $z=\ln(3u+2v),\ u=x^2-y^2,\ v=\sin(x+y)$，求 $\dfrac{\partial z}{\partial x}$，$\dfrac{\partial z}{\partial y}$.

解 $$\frac{\partial z}{\partial x}=\frac{\partial z}{\partial u}\cdot\frac{\partial u}{\partial x}+\frac{\partial z}{\partial v}\cdot\frac{\partial v}{\partial x}=\frac{3}{3u+2v}\cdot 2x+\frac{2}{3u+2v}\cdot\cos(x+y)=\frac{6x+2\cos(x+y)}{3u+2v}.$$

$$\frac{\partial z}{\partial y}=\frac{\partial z}{\partial u}\cdot\frac{\partial u}{\partial y}+\frac{\partial z}{\partial v}\cdot\frac{\partial v}{\partial y}=\frac{3}{3u+2v}\cdot(-2y)+\frac{2}{3u+2v}\cdot\cos(x+y)=\frac{-6y+2\cos(x+y)}{3u+2v}.$$

例 29 设 $z=f(x^2-y^2,xy)$，其中 f 具有二阶连续偏导数，求 $\dfrac{\partial z}{\partial x}$，$\dfrac{\partial z}{\partial y}$，$\dfrac{\partial^2 z}{\partial x^2}$，$\dfrac{\partial^2 z}{\partial x\partial y}$.

解 令 $u=x^2-y^2,\ v=xy$，则 $z=f(u,v)$. 为了表达简便起见，引入以下记号.

$$f_1'(u,v)=f_u'(u,v),\qquad f_{12}''(u,v)=f_{uv}''(u,v).$$

这里下标 1 表示对第一个变量 u 求偏导，下标 2 表示对第二个变量 v 求偏导. 同理有 $f_2',\ f_{11}'',\ f_{22}''$. 故

$$\frac{\partial z}{\partial x}=\frac{\partial f}{\partial u}\frac{\partial u}{\partial x}+\frac{\partial f}{\partial v}\frac{\partial v}{\partial x}=2xf_1'+yf_2',\qquad \frac{\partial z}{\partial y}=\frac{\partial f}{\partial u}\frac{\partial u}{\partial y}+\frac{\partial f}{\partial v}\frac{\partial v}{\partial y}=-2yf_1'+xf_2'.$$

$$\frac{\partial^2 z}{\partial x^2}=2f_1'+2x\frac{\partial f_1'}{\partial x}+y\frac{\partial f_2'}{\partial x},\qquad \frac{\partial^2 z}{\partial x\partial y}=2x\frac{\partial f_1'}{\partial y}+f_2'+y\frac{\partial f_2'}{\partial y}.$$

由于 $f_1'(u,v)$ 及 $f_2'(u,v)$ 中 $u,\ v$ 是中间变量，所以在求 $\dfrac{\partial f_1'}{\partial x},\dfrac{\partial f_2'}{\partial x},\dfrac{\partial f_1'}{\partial y},\dfrac{\partial f_2'}{\partial y}$ 时应用复合函数求导法则，有

$$\frac{\partial f_1'}{\partial x}=2xf_{11}''+yf_{12}'',\qquad \frac{\partial f_2'}{\partial x}=2xf_{21}''+yf_{22}'';\quad \frac{\partial f_1'}{\partial y}=-2yf_{11}''+xf_{12}'',\qquad \frac{\partial f_2'}{\partial y}=-2yf_{21}''+xf_{22}''.$$

于是

$$\frac{\partial^2 z}{\partial x^2}=2f_1'+2x(2xf_{11}''+yf_{12}'')+y(2xf_{21}''+yf_{22}'')=2f_1'+4x^2f_{11}''+4xyf_{12}''+y^2f_{22}''.$$

$$\frac{\partial^2 z}{\partial x\partial y}=2x(-2yf_{11}''+xf_{12}'')+f_2'+y(-2yf_{21}''+xf_{22}'')=f_2'-4xyf_{11}''+2(x^2-y^2)f_{12}''+xyf_{22}''.$$

公式（11），（12）可以推广到任意有限个中间变量和自变量的情况. 例如，由三个中间变量、两个自变量复合而成的复合函数，即设 $z=f(u,v,\omega)$，而 $u=\varphi(x,y)$，$v=\psi(x.y)$，$\omega=\omega(x,y)$，则复合函数 $z=f[\varphi(x,y),\psi(x,y),\omega(x,y)]$ 的偏导数公式为

$$\frac{\partial z}{\partial x}=\frac{\partial z}{\partial u}\cdot\frac{\partial u}{\partial x}+\frac{\partial z}{\partial v}\cdot\frac{\partial v}{\partial x}+\frac{\partial z}{\partial \omega}\cdot\frac{\partial \omega}{\partial x},\tag{13}$$

$$\frac{\partial z}{\partial y}=\frac{\partial z}{\partial u}\cdot\frac{\partial u}{\partial y}+\frac{\partial z}{\partial v}\cdot\frac{\partial v}{\partial y}+\frac{\partial z}{\partial \omega}\cdot\frac{\partial \omega}{\partial y}.\tag{14}$$

三、复合函数的某些中间变量为自变量的情形

有些时候会遇到这样的情形，复合函数的某些中间变量本身就是复合函数的自变量. 例如，由函数 $z=f(u,x,y)$，$u=\varphi(x,y)$ 复合而成的复合函数 $z=f[\varphi(x,y),x,y]$. 在这种情况下，若 $z=f(u,x,y)$ 具有连续偏导数，而 $u=\varphi(x,y)$ 具有偏导数，则复合函数 $z=f[\varphi(x,y),x,y]$ 在点

(x,y) 处对自变量 x,y 的偏导数存在，且

$$\frac{\partial z}{\partial x}=\frac{\partial f}{\partial u}\cdot\frac{\partial u}{\partial x}+\frac{\partial f}{\partial x},\tag{15}$$

$$\frac{\partial z}{\partial y}=\frac{\partial f}{\partial u}\cdot\frac{\partial u}{\partial y}+\frac{\partial f}{\partial y}.\tag{16}$$

只需在公式（13）和（14）中令 $v=x,\omega=y$ 即可得公式（15）和（16）.

值得注意的是，公式（15）中的 $\frac{\partial z}{\partial x}$ 与 $\frac{\partial f}{\partial x}$ 是不同的，$\frac{\partial z}{\partial x}$ 是把复合函数 $z=f[\varphi(x,y),x,y]$ 中的 y 看作常数而对自变量 x 求偏导，$\frac{\partial f}{\partial x}$ 是把 $z=f(u,x,y)$ 中的 u,y 看作常数而对自变量 x 求偏导，同样 $\frac{\partial z}{\partial y}$ 与 $\frac{\partial f}{\partial y}$ 也有类似的区别.

求多元复合函数的偏导数时，不能死套公式. 由于多元函数的复合关系，可能出现各种情形，因此，分清复合函数的构造层次是求偏导的关键. 一般来说，函数有几个自变量，就有几个偏导公式；函数有几个中间变量，求导公式中就有几项；函数有几层复合，每项就有几个因子乘积.

例 30　设 $z=xe^{u}\sin v+e^{u}\cos v$，$u=xy$，$v=x+y$，求 $\frac{\partial z}{\partial x}$，$\frac{\partial z}{\partial y}$.

解

$$\begin{aligned}\frac{\partial z}{\partial x}&=\frac{\partial f}{\partial x}+\frac{\partial f}{\partial u}\cdot\frac{\partial u}{\partial x}+\frac{\partial f}{\partial v}\cdot\frac{\partial v}{\partial x}\\&=e^{u}\sin v+(xe^{u}\sin v+e^{u}\cos v)\cdot y+(xe^{u}\cos v-e^{u}\sin v)\cdot 1\\&=e^{xy}[xy\sin(x+y)+(x+y)\cos(x+y)].\end{aligned}$$

$$\begin{aligned}\frac{\partial z}{\partial y}&=\frac{\partial f}{\partial u}\cdot\frac{\partial u}{\partial y}+\frac{\partial f}{\partial v}\cdot\frac{\partial v}{\partial y}\\&=(xe^{u}\sin v+e^{u}\cos v)\cdot x+(xe^{u}\cos v-e^{u}\sin v)\cdot 1\\&=e^{xy}[(x^2-1)\sin(x+y)+2x\cos(x+y)].\end{aligned}$$

例 31　设 $z=f(u,x,y)$，$u=xe^{y}$，其中 f 具有二阶连续偏导数，求 $\frac{\partial^2 z}{\partial x\partial y}$.

解　因为

$$\frac{\partial z}{\partial x}=f'_u\cdot\frac{\partial u}{\partial x}+f'_x=e^{y}f'_u+f'_x,$$

所以

$$\frac{\partial^2 z}{\partial x\partial y}=e^{y}f'_u+e^{y}\frac{\partial f'_u}{\partial y}+\frac{\partial f'_x}{\partial y}=e^{y}f'_u+e^{y}(xe^{y}f''_{uu}+f''_{uy})+xe^{y}f''_{xu}+f''_{xy}.$$

四、全微分形式的不变性

与一元函数微分形式的不变性类似，多元函数的全微分也具有形式不变性，下面以二元函数来说明.

设函数 $z=f(u,v)$ 可微，当 u,v 为自变量时，函数的全微分为

$$dz=\frac{\partial z}{\partial u}du+\frac{\partial z}{\partial v}dv.$$

如果 u,v 又是 x,y 的函数 $u=\varphi(x,y)$，$v=\psi(x,y)$，且它们也可微，则复合函数 $z=f[\varphi(x,y),\psi(x,y)]$ 的全微分为

$$dz=\frac{\partial z}{\partial x}dx+\frac{\partial z}{\partial y}dy,$$

其中 $\frac{\partial z}{\partial x},\frac{\partial z}{\partial y}$ 分别由公式（11），（12）给出. 将 $\frac{\partial z}{\partial x},\frac{\partial z}{\partial y}$ 代入上式，得

$$dz=\left(\frac{\partial z}{\partial u}\cdot\frac{\partial u}{\partial x}+\frac{\partial z}{\partial v}\cdot\frac{\partial v}{\partial x}\right)dx+\left(\frac{\partial z}{\partial u}\cdot\frac{\partial u}{\partial y}+\frac{\partial z}{\partial v}\cdot\frac{\partial v}{\partial y}\right)dy$$

$$=\frac{\partial z}{\partial u}\left(\frac{\partial u}{\partial x}dx+\frac{\partial u}{\partial y}dy\right)+\frac{\partial z}{\partial v}\left(\frac{\partial v}{\partial x}dx+\frac{\partial v}{\partial y}dy\right)=\frac{\partial z}{\partial u}du+\frac{\partial z}{\partial v}dv.$$

由此可见，无论 z 是自变量 u,v 的函数还是中间变量 u,v 的函数，它的全微分形式是一样的，这个性质叫作**全微分形式的不变性**.

例 32　设 $z=f(xy,x^2+y^2)$，且 f 可微，求 dz，并求 $\frac{\partial z}{\partial x},\frac{\partial z}{\partial y}$.

解　令 $u=xy,\ v=x^2+y^2$，则

$$dz=\frac{\partial z}{\partial u}du+\frac{\partial z}{\partial v}dv=f_u'(ydx+xdy)+f_v'(2xdx+2ydy)$$

$$=(yf_u'+2xf_v')dx+(xf_u'+2yf_v')dy.$$

从而

$$\frac{\partial z}{\partial x}=yf_u'+2xf_v',\qquad \frac{\partial z}{\partial y}=xf_u'+2yf_v'.$$

习 题 7-5

1．求下列函数的全导数.

（1）$z=e^{x-2y}$，而 $x=\sin t,y=t^3$；　（2）$z=\arcsin(x-y)$，而 $x=3t,y=4t^3$；

（3）$z=uv$，而 $u=e^x,v=\sin x$；　（4）$u=x^2+y^2+z^2$，而 $x=3t,y=t^2,z=3t+5$；

（5）$u=\frac{e^{ax}(y-z)}{a^2+1}$，而 $y=a\sin x,\ z=\cos x$.

2．求下列函数的偏导数.

（1）$z=u^2v-uv^2$，而 $u=x\cos y,v=x\sin y$；　（2）$z=u^2\ln v$，而 $u=\frac{y}{x},v=x^2+y^2$；

（3）$z=e^u\sin v$，而 $u=xy,v=\sqrt{x}+\sqrt{y}$；　（4）$z=\sin u+xy$，而 $u=\frac{x}{y}$.

3．求下列函数的一阶偏导数（其中 f 具有一阶连续偏导数）.

（1）$z=f(x,xy,x-y)$；　（2）$u=f\left(\frac{x}{y},\frac{y}{z}\right)$.

4．求下列函数的 $\frac{\partial^2 z}{\partial x^2},\frac{\partial^2 z}{\partial x\partial y},\frac{\partial^2 z}{\partial y^2}$（其中 f 具有二阶连续偏导数）.

（1）$z=f\left(x,\dfrac{x}{y}\right)$；　　　　（2）$z=f(xy,x^2+y^2)$．

5．设 $z=xy+xF(u)$，而 $u=\dfrac{y}{x}$，$F(u)$为可导函数，证明：$x\dfrac{\partial z}{\partial x}+y\dfrac{\partial z}{\partial y}=z+xy$．

6．设 $z=\dfrac{y}{f(x^2-y^2)}$，其中 $f(u)$ 为可导函数，证明 $\dfrac{1}{x}\dfrac{\partial z}{\partial x}+\dfrac{1}{y}\dfrac{\partial z}{\partial y}=\dfrac{z}{y^2}$．

7．设 $z=\dfrac{1}{x}f(xy)+y\varphi(x+y)$，其中 f、φ 具有二阶连续导数，求 $\dfrac{\partial^2 z}{\partial x\partial y}$．

第六节　隐函数的求导公式

一、由方程 $F(x,y)=0$ 确定的隐函数的求导公式

在一元函数微分学中，我们已经提出了隐函数的概念，并给出了不经过显化直接由方程

$$F(x,y)=0$$

求它所确定的隐函数导数的方法，但当时并未指出 $F(x,y)=0$ 满足什么条件才能确定隐函数．下面给出隐函数存在定理，并通过多元复合函数的求导方法来导出隐函数的导数公式．

定理 7.6（隐函数存在定理 1）　设函数 $F(x,y)$在点 $P_0(x_0,y_0)$ 的某一邻域内具有连续偏导数，且 $F(x_0,y_0)=0$，$F'_y(x_0,y_0)\neq 0$，则方程 $F(x,y)=0$ 在点 $P_0(x_0,y_0)$ 的某一邻域内恒能唯一确定一个具有连续导数的函数 $y=f(x)$，它满足条件 $y_0=f(x_0)$，并有

$$\frac{\mathrm{d}y}{\mathrm{d}x}=-\frac{F'_x}{F'_y}. \tag{17}$$

对这个定理我们不做证明，只推导公式（17）．

将 $y=f(x)$ 代入方程 $F(x,y)=0$，得恒等式

$$F[x,f(x)]\equiv 0.$$

利用复合函数求导法则，将上式两边同时对 x 求导，得

$$F'_x+F'_y\frac{\mathrm{d}y}{\mathrm{d}x}=0.$$

由于 F'_y 连续，且 $F'_y(x_0,y_0)\neq 0$，所以存在 $P_0(x_0,y_0)$ 的一个邻域，在该邻域内 $F'_y\neq 0$，故

$$\frac{\mathrm{d}y}{\mathrm{d}x}=-\frac{F'_x}{F'_y}.$$

例 33　设方程 $x-y+\dfrac{1}{2}\cos y=0$ 确定隐函数 $y=f(x)$，求 $\dfrac{\mathrm{d}y}{\mathrm{d}x}$ 及 $\dfrac{\mathrm{d}^2y}{\mathrm{d}x^2}$．

解　设 $F(x,y)=x-y+\dfrac{1}{2}\cos y$，则 $F'_x=1$，$F'_y=-1-\dfrac{1}{2}\sin y$．应用公式（17），得

$$\frac{\mathrm{d}y}{\mathrm{d}x}=-\frac{F'_x}{F'_y}=-\frac{1}{-1-\frac{1}{2}\sin y}=\frac{2}{2+\sin y}.$$

$$\frac{\mathrm{d}^2y}{\mathrm{d}x^2}=\frac{\mathrm{d}}{\mathrm{d}x}\left(\frac{2}{2+\sin y}\right)=-\frac{2\cdot\cos y}{(2+\sin y)^2}\frac{\mathrm{d}y}{\mathrm{d}x}=-\frac{2\cos y}{(2+\sin y)^2}\cdot\frac{2}{2+\sin y}=-\frac{4\cos y}{(2+\sin y)^3}.$$

隐函数存在定理还可以推广到多元函数的情形.

二、由方程 $F(x,y,z)=0$ 确定的隐函数的求导公式

定理 7.7（隐函数存在定理 2） 设函数 $F(x,y,z)$ 在点 $P_0(x_0,y_0,z_0)$ 的某一邻域内具有连续偏导数，且 $F(x_0,y_0,z_0)=0$，$F_z'(x_0,y_0,z_0)\neq 0$，则方程 $F(x,y,z)=0$ 在点 $P_0(x_0,y_0,z_0)$ 的某一邻域内恒能唯一确定一个连续且具有连续偏导数的函数 $z=f(x,y)$，它满足条件 $z_0=f(x_0,y_0)$，并有

$$\frac{\partial z}{\partial x}=-\frac{F_x'}{F_z'},\qquad \frac{\partial z}{\partial y}=-\frac{F_y'}{F_z'}. \tag{18}$$

对这个定理我们不做证明，只推导公式（18）.

将方程 $F(x,y,z)=0$ 所确定的函数 $z=f(x,y)$ 代入原方程，得恒等式

$$F[x,y,f(x,y)]\equiv 0.$$

利用复合函数求导法则，将上式两边分别对 x,y 求偏导数，得

$$F_x'+F_z'\frac{\partial z}{\partial x}=0,\qquad F_y'+F_z'\frac{\partial z}{\partial y}=0.$$

由于 F_z' 连续，且 $F_z'(x_0,y_0,z_0)\neq 0$，所以存在点 $P_0(x_0,y_0,z_0)$ 的一个邻域，在该邻域内 $F_z'\neq 0$，故

$$\frac{\partial z}{\partial x}=-\frac{F_x'}{F_z'},\qquad \frac{\partial z}{\partial y}=-\frac{F_y'}{F_z'}.$$

例 34 设方程 $x+y^2-\mathrm{e}^z-z=0$ 确定隐函数 $z=f(x,y)$，求 $\frac{\partial z}{\partial x},\frac{\partial z}{\partial y}$ 及 $\frac{\partial^2 z}{\partial x\partial y}$.

解 设 $F(x,y,z)=x+y^2-\mathrm{e}^z-z$，则 $F_x'=1,\ F_y'=2y,\ F_z'=-\mathrm{e}^z-1$. 应用公式（18），得

$$\frac{\partial z}{\partial x}=-\frac{F_x'}{F_z'}=\frac{1}{\mathrm{e}^z+1},\qquad \frac{\partial z}{\partial y}=-\frac{F_y'}{F_z'}=\frac{2y}{\mathrm{e}^z+1}.$$

$$\frac{\partial^2 z}{\partial x\partial y}=\frac{\partial}{\partial y}\left(\frac{\partial z}{\partial x}\right)=\frac{\partial}{\partial y}\left(\frac{1}{\mathrm{e}^z+1}\right)=-\frac{\mathrm{e}^z}{(\mathrm{e}^z+1)^2}\frac{\partial z}{\partial y}=-\frac{\mathrm{e}^z}{(\mathrm{e}^z+1)^2}\cdot\frac{2y}{\mathrm{e}^z+1}=-\frac{2y\mathrm{e}^z}{(\mathrm{e}^z+1)^3}.$$

例 35 求方程 $f\left(\frac{y}{x},\frac{z}{x}\right)=0$ 确定的隐函数 $z=z(x,y)$ 的偏导数和全微分.

解 令 $u=\frac{y}{x},\ v=\frac{z}{x}$，$F(x,y,z)=f(u,v)$，则

$$F_x'=-\frac{y}{x^2}f_u'-\frac{z}{x^2}f_v',\quad F_y'=\frac{1}{x}f_u',\quad F_z'=\frac{1}{x}f_v'.$$

应用公式（18），得

$$\frac{\partial z}{\partial x}=-\frac{F_x'}{F_z'}=-\frac{-\frac{y}{x^2}f_u'-\frac{z}{x^2}f_v'}{\frac{1}{x}f_v'}=\frac{y}{x}\frac{f_u'}{f_v'}+\frac{z}{x},\quad \frac{\partial z}{\partial y}=-\frac{F_y'}{F_z'}=-\frac{\frac{1}{x}f_u'}{\frac{1}{x}f_v'}=-\frac{f_u'}{f_v'}.$$

从而

$$\mathrm{d}z=\frac{\partial z}{\partial x}\mathrm{d}x+\frac{\partial z}{\partial y}\mathrm{d}y=\frac{1}{x}\left(y\frac{f_u'}{f_v'}+z\right)\mathrm{d}x-\frac{f_u'}{f_v'}\mathrm{d}y.$$

习　题　7-6

1．设 $xy+\ln y+\ln x=0$，求 $\dfrac{dy}{dx}$．

2．设 $\arctan\dfrac{y}{x}=\ln\sqrt{x^2+y^2}$，求 $\dfrac{dy}{dx}$．

3．设 $xyz=e^z$，求 $\dfrac{\partial z}{\partial x},\dfrac{\partial z}{\partial y}$．

4．设 $\cos^2 x+\cos^2 y+\cos^2 z=1$，求 $\dfrac{\partial z}{\partial x},\dfrac{\partial z}{\partial y}$．

5．设 $xyz-\ln(yz)=-2$，求 $z'_x(0,1),\ z'_y(0,1)$．

6．求由方程 $x+y+z=e^{-(x+y+z)}$ 所确定的隐函数 $z=z(x,y)$ 的全微分．

7．设 $xy+yz+zx=1$，求 $\dfrac{\partial^2 z}{\partial x\partial y}$．

8．设 $x^2+z^2=y\varphi\left(\dfrac{z}{y}\right)$，$\varphi$ 可微，求 $\dfrac{\partial z}{\partial x},\ \dfrac{\partial z}{\partial y}$．

第七节　多元函数的极值

在许多实际问题中，常常会遇到求多元函数的最大值、最小值问题．与一元函数情形一样，多元函数的最值与极值有着密切的联系．下面先以二元函数为例，讨论多元函数的极值问题，并在此基础上进一步讨论多元函数的最值及条件极值．

一、多元函数的极值

定义 7.7　设函数 $z=f(x,y)$ 在点 $P_0(x_0,y_0)$ 的某一邻域内有定义，且在点 P_0 的去心邻域内的所有点 $P(x,y)$，都有

$$f(x,y)<f(x_0,y_0)$$

则称 $f(x_0,y_0)$ 为函数 $z=f(x,y)$ 的**极大值**，而点 $P_0(x_0,y_0)$ 称为函数 $z=f(x,y)$ 的**极大值点**；同样若有

$$f(x,y)>f(x_0,y_0)$$

则称 $f(x_0,y_0)$ 为函数 $z=f(x,y)$ 的**极小值**，而点 $P_0(x_0,y_0)$ 称为函数 $z=f(x,y)$ 的**极小值点**．极大值和极小值统称为**极值**；极大值点和极小值点统称为**极值点**．

例 36　函数 $f(x,y)=x^2+y^2$ 在点 $(0,0)$ 处有极小值 0．事实上，对于任意的 $(x,y)\neq(0,0)$，都有

$$z=f(x,y)=x^2+y^2>0=f(0,0).$$

例 37　函数 $f(x,y)=1-\sqrt{x^2+y^2}$ 在点(0, 0)处有极大值 1．事实上，对于任意的 $(x,y)\neq(0,0)$，都有

$$f(x,y)=1-\sqrt{x^2+y^2}<1=f(0,0).$$

例 38　函数 $f(x,y)=xy$ 在点 $O(0,0)$ 处的值为 0，而函数 $f(x,y)=xy$ 在点 $O(0,0)$ 的任一邻域内总能取到正值和负值，所以点 $O(0,0)$ 不是函数 $f(x,y)=xy$ 的极值点．

极值是函数的一种局部性质，它仅与函数在一个邻域内的性质有关．类似于一元函数情形，

二元函数极值的计算问题，一般也可以利用偏导数来解决.

定理 7.8（必要条件）　设函数 $z=f(x,y)$ 在点 (x_0,y_0) 处具有偏导数，且在点 (x_0,y_0) 处有极值，则

$$f'_x(x_0,y_0)=0\,,\quad f'_y(x_0,y_0)=0\,.$$

证明　仅证 $z=f(x,y)$ 在点 (x_0,y_0) 处取得极大值的情形（极小值的情形类似可证）. 根据极大值定义，在点 (x_0,y_0) 的某邻域内异于 (x_0,y_0) 的点 (x,y) 都满足不等式

$$f(x,y)<f(x_0,y_0)\,.$$

特别地，在该邻域内取 $y=y_0$ 而 $x\neq x_0$ 的点，也适合不等式

$$f(x,y_0)<f(x_0,y_0)\,.$$

这表明一元函数 $f(x,y_0)$ 在点 $x=x_0$ 处取得极大值，从而 $f'_x(x_0,y_0)=0$.

同样可证 $f'_y(x_0,y_0)=0$.

使 $f'_x(x,y)=0,\ f'_y(x,y)=0$ 同时成立的点 (x_0,y_0) 称为函数 $f(x,y)$ 的**驻点**.

由此可见，如果函数 $f(x,y)$ 在点 $P_0(x_0,y_0)$ 处偏导数存在，且取得极值，则点 $P_0(x_0,y_0)$ 必是 $f(x,y)$ 的驻点.

注意:（1）驻点不一定是极值点. 例如，函数 $z=xy$ 的驻点是点 $O(0,0)$，但点 $O(0,0)$ 不是它的极值点.（2）偏导数不存在的点也可能是极值点. 例如，函数 $z=\sqrt{x^2+y^2}$ 在点 $(0,0)$ 处取得极小值 $z=0$，但它在点 $(0,0)$ 处的偏导数不存在.

如何判断一个驻点是不是极值点呢？下面的定理回答了这个问题.

定理 7.9（充分条件）　设函数 $z=f(x,y)$ 在点 (x_0,y_0) 的某邻域内有一阶及二阶连续偏导数，且 $f'_x(x_0,y_0)=0$，$f'_y(x_0,y_0)=0$，令

$$f''_{xx}(x_0,y_0)=A\,,\quad f''_{xy}(x_0,y_0)=B\,,\quad f''_{yy}(x_0,y_0)=C\,,$$

则（1）当 $B^2-AC<0$ 时，函数 $f(x,y)$ 在点 (x_0,y_0) 处取得极值，且当 $A<0$ 时，有极大值 $f(x_0,y_0)$；当 $A>0$ 时，有极小值 $f(x_0,y_0)$；

（2）当 $B^2-AC>0$ 时，函数 $f(x,y)$ 在点 (x_0,y_0) 处没有极值；

（3）当 $B^2-AC=0$ 时，函数 $f(x,y)$ 在点 (x_0,y_0) 处可能有极值，也可能没有极值.

证明略.

由定理 7.9 可得，求具有二阶连续偏导数的函数 $z=f(x,y)$ 的极值的一般步骤：

（1）求 $f'_x(x,y),\ f'_y(x,y)$，并解方程组 $\begin{cases}f'_x(x,y)=0,\\ f'_y(x,y)=0,\end{cases}$ 得 $f(x,y)$ 的所有驻点；

（2）求函数 $f(x,y)$ 的二阶偏导数，并依次确定各驻点处 A，B，C 的值；

（3）根据 B^2-AC 的符号，判定驻点是否为极值点？是极大值点还是极小值点？最后求出函数 $f(x,y)$ 在极值点处的极值.

例 39　求函数 $f(x,y)=-x^4-y^4+4xy-1$ 的极值.

解　因为 $f'_x(x,y)=-4x^3+4y$，$f'_y(x,y)=-4y^3+4x$，故解方程组

$$\begin{cases} f'_x(x,y) = -4x^3 + 4y = 0, \\ f'_y(x,y) = -4y^3 + 4x = 0, \end{cases}$$

得驻点 (0, 0), (1, 1), (−1, −1).

又 $$f''_{xx}(x,y) = -12x^2，\ f''_{xy}(x,y) = 4，\ f''_{yy}(x,y) = -12y^2，$$

所以在点 (0, 0) 处，$B^2 - AC = 16 > 0$，故点 (0, 0) 不是极值点；

在点 (1, 1)处，$B^2 - AC = -128 < 0$，且 $A < 0$，故函数在点 (1, 1) 处有极大值 $f(1,1) = 1$；

在点 (−1, −1) 处，$B^2 - AC = -128 < 0$，且 $A < 0$，故函数在点 (−1, −1) 处有极大值 $f(-1,-1) = 1$.

二、多元函数的最值

最值问题是求函数在定义域内的某个范围的最大值和最小值．我们已知结论：在有界闭区域 D 上的连续函数，一定可以取得最大值和最小值，而且最值点可能在区域内部（此时必为极值点），也可能在边界上．因此，求函数的最值时，要求出它在区域内部的所有驻点的函数值以及边界上的最值，再加以比较，从中找出函数在整个区域 D 内的最值．

例 40　求函数 $f(x,y) = x^2y(4-x-y)$ 在由直线 $x=0, y=0$ 及 $x+y=6$ 所围成三角形闭区域 D 上的最大值与最小值．

解　首先求出三角形区域 D（见图 7-25）内部的驻点．

解方程组

$$\begin{cases} f'_x(x,y) = xy(8-3x-2y) = 0, \\ f_y(x,y) = x^2(4-x-2y) = 0. \end{cases}$$

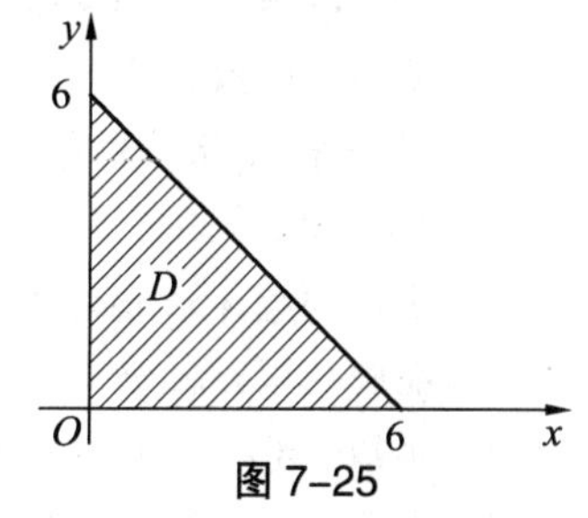

图 7–25

得 D 内唯一驻点 $(2,1)$，且 $f(2,1) = 4$.

其次，再求函数在 D 的边界上的最值．

（1）在线段 $x = 0\ (0 \leqslant y \leqslant 6)$上，有 $f(0,y) = 0$.

（2）在线段 $y = 0\ (0 \leqslant x \leqslant 6)$上，有 $f(x,0) = 0$.

（3）在线段 $x + y = 6\ (0 \leqslant x \leqslant 6)$上，函数可以转化为一元函数

$$\varphi(x) = f(x, 6-x) = x^2(6-x)(4-x-6+x) = 2x^3 - 12x^2 \quad (0 \leqslant x \leqslant 6).$$

因为 $\varphi'(x) = 6x^2 - 24x$，令 $\varphi'(x) = 0$，求得区间内部的驻点 $x = 4$．又 $\varphi(4) = -64$，$\varphi(0) = 0$，$\varphi(6) = 0$．于是 $\varphi(x)$ 在区间[0, 6]上的最大值为 0，最小值为−64．故所求最大值为 $M = 4$，最小值为 $m = -64$.

计算函数 $f(x,y)$ 在区域 D 的边界上的最值有时比较复杂．实际问题中，往往可以根据问题的性质判断．若函数 $f(x,y)$ 的最值在区域 D 的内部取得，且在 D 内有唯一驻点，则可以判定该驻点的函数值就是函数 $f(x,y)$ 在 D 上的最值．

例 41　假设某厂生产一种产品时要使用甲、乙两种原料，已知当用甲种原料 x 单位、乙种原料 y 单位时可生产 Q 单位的产品为

$$Q = Q(x,y) = 10xy + 20.25x + 30.37y - 10x^2 - 5y^2，$$

而甲、乙的价格依次为 25 元/单位、37 元/单位，产品的售价为 100 元/单位，生产的固定成本为 2000 元．问当 x, y 为何值时，工厂能获得最大利润？

解 总成本函数为

$$C(x, y) = 25x + 37y + 2000,$$

总收益函数为
$$R(x, y) = 100Q(x, y),$$

所以利润函数为

$$\begin{aligned} L = L(x, y) &= R(x, y) - C(x, y) \\ &= 100(10xy + 20.25x + 30.37y - 10x^2 - 5y^2) - (25x + 37y + 2000) \\ &= 1000xy + 2000x + 3000y - 1000x^2 - 500y^2 - 2000 \quad (x > 0, y > 0). \end{aligned}$$

从而 $L'_x = 1000y + 2000 - 2000x,\ L'_y = 1000x + 3000 - 1000y$.

解方程组$\begin{cases} L'_x = 0, \\ L'_y = 0, \end{cases}$ 即$\begin{cases} 2x - y = 2, \\ x - y = -3. \end{cases}$ 得唯一驻点 $(5, 8)$.

显然，$L(x, y)$ 在其定义域上没有最小值，从而 $L(5, 8) = 1500$ 元必是 $L(x, y)$ 的最大值. 所以当使用甲种原料 5 单位，乙种原料 8 单位时，工厂能获得最大利润.

三、条件极值 拉格朗日乘数法

上面讨论多元函数极值时，其自变量在函数的定义域内可以任意取值，没有附加任何条件限制，此时的极值称为**无条件极值**. 但在许多实际问题中经常需对函数的自变量附加一定条件 $\varphi(x, y) = 0$（也称约束条件或约束方程），这时所求的极值称为**条件极值**.

求条件极值问题，一般有两种方法：

（1）若能由约束方程 $\varphi(x, y) = 0$ 解出 $y = y(x)$ 或 $x = x(y)$，则将它代入函数 $z = f(x, y)$，就可化成求一元函数 $z = f[x, y(x)]$ 或 $z = f[x(y), y]$ 的极值. 但在很多情况下，将条件极值化为无条件极值，就如同要把隐函数化为显函数一样，往往是很困难的，甚至是不可能的，因而要寻求直接解决条件极值的方法. 这就是下面要介绍的拉格朗日乘数法.

（2）拉格朗日乘数法：求函数 $z = f(x, y)$ 在约束条件 $\varphi(x, y) = 0$ 下的极值的一般步骤：

① 构造辅助函数（拉格朗日函数）：

$$L(x, y) = f(x, y) + \lambda\varphi(x, y),$$

其中 λ 为待定常数，称为拉格朗日乘数.

② 求可能极值点. 解方程组

$$\begin{cases} L'_x = f'_x(x, y) + \lambda\varphi'_x(x, y) = 0, \\ L'_y = f'_y(x, y) + \lambda\varphi'_y(x, y) = 0, \\ \varphi(x, y) = 0. \end{cases}$$

若方程组有解 (x_0, y_0, λ_0)，则点 (x_0, y_0) 就是 $z = f(x, y)$ 在条件 $\varphi(x, y) = 0$ 下的可能极值点.

③ 判断求出的点 (x_0, y_0) 是否为极值点.

求出拉格朗日函数 $L(x, y)$ 的可能极值点后，一般由问题的实际意义来判定. 即求出了可能取的条件极值点 (x_0, y_0)，而实际问题也确实存在这种极值点，则 (x_0, y_0) 就是所求的条件极值点.

同样，求三元函数 $u = f(x, y, z)$ 在约束条件 $\varphi(x, y, z) = 0$，$\psi(x, y, z) = 0$（约束条件一般应少于未知量的个数）下的极值的方法为：

构造拉格朗日函数

$$L(x,\ y, z) = f(x, y, z) + \lambda\varphi(x, y, z) + \mu\psi(x, y, z),$$

其中λ, μ均为常数，然后解方程组

$$\begin{cases} L'_x = f'_x(x, y, z) + \lambda\varphi'_x(x, y, z) + \mu\psi'_x(x, y, z) = 0, \\ L'_y = f'_y(x, y, z) + \lambda\varphi'_y(x, y, z) + \mu\psi'_y(x, y, z) = 0, \\ L'_z = f'_z(x, y, z) + \lambda\varphi'_z(x, y, z) + \mu\psi'_z(x, y, z) = 0, \\ \varphi(x, y, z) = 0, \\ \psi(x, y, z) = 0. \end{cases}$$

从中解出可能的极值点(x_0, y_0, z_0)，最后对点(x_0, y_0, z_0)是否为条件极值点进行判定.

例 42 求函数$f(x, y, z) = \sqrt[3]{xyz}\ (x, y, z > 0)$在条件$x + y + z = 1$下的最大值.

解 令$L(x, y, z) = \sqrt[3]{xyz} + \lambda(x + y + z - 1)$，解方程组

$$\begin{cases} L'_x = \dfrac{1}{3}x^{-\frac{2}{3}}y^{\frac{1}{3}}z^{\frac{1}{3}} + \lambda = 0, \\ L'_y = \dfrac{1}{3}x^{\frac{1}{3}}y^{-\frac{2}{3}}z^{\frac{1}{3}} + \lambda = 0, \\ L'_z = \dfrac{1}{3}x^{\frac{1}{3}}y^{\frac{1}{3}}z^{-\frac{2}{3}} + \lambda = 0, \\ x + y + z - 1 = 0. \end{cases}$$

得唯一可能极值点$\left(\dfrac{1}{3}, \dfrac{1}{3}, \dfrac{1}{3}\right)$.

由问题的实际意义可知，该点就是所求的最大值点，故所求最大值为$f\left(\dfrac{1}{3}, \dfrac{1}{3}, \dfrac{1}{3}\right) = \dfrac{1}{3}$.

习 题 7–7

1．求函数$f(x, y) = x^3 + y^3 - 3xy$的极值.

2．求函数$f(x, y) = \sin x + \sin y + \sin(x + y)$（$0 \leqslant x \leqslant \dfrac{\pi}{2}$，$0 \leqslant y \leqslant \dfrac{\pi}{2}$）的极值.

3．求函数$f(x, y) = (x + y^2)e^{\frac{1}{2}x}$的极值.

4．求函数$z = xy$在适合附加条件$x + y = 2$下的极大值.

5．某厂家生产的两种产品A、B，A种产品的单位成本为 3 万元，B种产品的单位成本为 2 万元，D_1、D_2分别为产品A、B的需求量，而它们的需求函数为

$$D_1 = 8 - P_1 + 2P_2, \quad D_2 = 10 + 2P_1 - 5P_2.$$

总成本函数为$C_1 = 3D_1 + 2D_2$，其中P_1、P_2分别为产品A、B的价格. 问价格P_1、P_2取何值时可使利润最大?

6．求椭圆$\dfrac{x^2}{a^2} + \dfrac{y^2}{b^2} = 1$内接矩形的最大面积.

7．要做一容积为 V 的无盖长方体铁皮容器，问如何设计最省材料？

8．某公司通过电台及报纸做某产品的销售广告，据统计，销售收入 R（万元）与电台广告费 x_1（万元）及报纸广告费 x_2（万元）的函数关系为

$$R(x_1,x_2)=15+14x_1+32x_2-8x_1x_2-2x_1^2-10x_2^2,$$

求（1）在不限广告费时的最优广告策略；

（2）在仅用 1.5 万元做广告费时的最优广告策略.

复习题七

1．填空题.

（1）设 $z=xyf\left(\dfrac{y}{x}\right)$, $f(u)$ 可得，则 $xz'_x+yz'_y=$ ______；

（2）设 $z=\mathrm{e}^{\sin(xy)}$，则 $\mathrm{d}z=$ ______；

（3）设 $z=f\left(xy,\dfrac{x}{y}\right)+g\left(\dfrac{y}{x}\right)$，其中 f、g 均可微，则 $\dfrac{\partial z}{\partial x}=$ ______；

（4）设函数 $z=z(x,y)$ 由方程 $z=\mathrm{e}^{2x-3z}+2y$ 确定，则 $3\dfrac{\partial z}{\partial x}+\dfrac{\partial z}{\partial y}=$ ______；

（5）设 $z=\mathrm{e}^{-x}\sin\dfrac{x}{y}$，则 $\dfrac{\partial^2 z}{\partial x\partial y}$ 在点 $\left(2,\dfrac{1}{\pi}\right)$ 处的值为______.

2．选择题.

（1）设 $f(x+y,x-y)=x^2-y^2$，则 $\dfrac{\partial f(x,y)}{\partial x}+\dfrac{\partial f(x,y)}{\partial y}=$（　　）.

A　$2x-2y$　　B　$x+y$　　C　$2x+2y$　　D　$x-y$

（2）二元函数 $f(x,y)=x^3-y^3+3x^2+3y^2-9x$ 的极小值点是（　　）.

A　$(1,0)$　　B　$(1,2)$　　C　$(-3,0)$　　D　$(-3,2)$

（3）函数 $f(x,y)$ 在点 (x_0,y_0) 处两个偏导数 $f'_x(x_0,y_0)$, $f'_y(x_0,y_0)$ 存在是 $f(x,y)$ 在该点连续的（　　）.

A　充分条件而非必要条件　　B　必要条件而非充分条件

C　充分必要条件　　D　既非充分条件又非必要条件

（4）二元函数 $f(x,y)=\begin{cases}\dfrac{xy}{x^2+y^2}, & (x,y)\neq(0,0),\\ 0, & (x,y)=(0,0)\end{cases}$ 在点 $(0,0)$ 处有（　　）.

A　连续，偏导数存在　　B　连续，偏导数不存在

C　不连续，偏导数存在　　D　不连续，偏导数不存在

（5）设 $\phi(x-az,y-bz)=0$，则 $a\dfrac{\partial z}{\partial x}+b\dfrac{\partial z}{\partial y}=$（　　）.

A　a　　B　b　　C　-1　　D　1

3．解答题.

（1）设 $z=\arctan\dfrac{x+y}{x-y}$，求 $\mathrm{d}z$；

（2）设方程 $\frac{x}{z}=\ln\frac{z}{y}$ 确定隐函数 $z=z(x,y)$，求 $\frac{\partial z}{\partial x},\frac{\partial z}{\partial y}$；

（3）设 $z=u^v$，$u=1+xy$，$v=x$，求 $\frac{\partial z}{\partial x},\frac{\partial z}{\partial y}$；

（4）设 $f(u)$ 具有二阶连续导数，$g(x,y)=f\left(\frac{y}{x}\right)+xf\left(\frac{y}{x}\right)$，求 $x^2\frac{\partial^2 g}{\partial x^2}-y^2\frac{\partial^2 g}{\partial y^2}$；

（5）设 $z=z(x,y)$ 是由方程 $x^2+y^2-z=\varphi(x+y+z)$ 所确定的函数，其中 φ 具有二阶导数，且 $\varphi'\neq -1$，求 $\mathrm{d}z$；

（6）设 $z=f(u,x,y),\ u=y\mathrm{e}^x$，其中 f 具有二阶连续偏导数，求 $\frac{\partial^2 z}{\partial x\partial y}$；

（7）设 $u=f(x,y,z)$ 有连续的一阶偏导数，又 $y=y(x),\ z=z(x)$ 分别由方程 $\mathrm{e}^{xy}-xy=2$，$\mathrm{e}^x=\int_0^{x-z}\frac{\sin t}{t}\mathrm{d}t$ 确定，求 $\frac{\mathrm{d}u}{\mathrm{d}x}$；

（8）在平面 xOy 上求一点，使它到 $x=0,\ y=0$ 及 $x+y+1=0$ 三直线的距离平方之和为最小.

4．证明题.

证明方程 $F\left(x+\frac{z}{y},y+\frac{z}{x}\right)=0$ 所确定的隐函数 $z=z(x,y)$ 满足方程：$x\frac{\partial z}{\partial x}+y\frac{\partial z}{\partial y}=z-xy$.

第八章　二重积分

二重积分是多元函数积分学的重要内容之一，是一元函数定积分的推广，且与定积分一样都是一种和式的极限．所不同的是：定积分的被积函数是一元函数，积分范围是一个区间，而二重积分的被积函数是二元函数，积分范围是平面闭区域．本章主要介绍二重积分的概念与性质及其计算．

第一节　二重积分的概念与性质

一、二重积分的概念

1．曲顶柱体的体积

为了直观，我们通过几何问题引入二重积分的概念．设有一立体，它的底是 xOy 平面上的有界闭区域 D，其侧面是以 D 的边界曲线为准线，而母线平行于 z 轴的柱面，其顶是曲面 $z=f(x, y)$，这里 $f(x, y)\geqslant 0$ 且在 D 上连续（见图 8-1）．这种立体叫作**曲顶柱体**．现在讨论如何求这个曲顶柱体的体积．

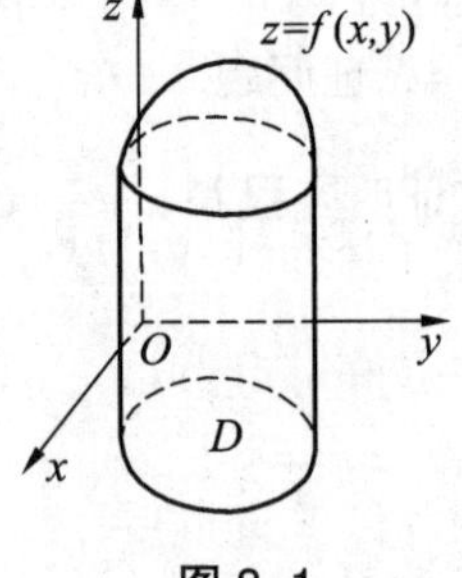

图 8-1

仿照曲边梯形面积的求法，将求曲顶柱体的体积的过程分成以下四步：

（1）分割．将曲顶柱体划分为 n 个小曲顶柱体．

将区域 D 任意分成 n 个小闭区域

$$\Delta\sigma_1,\ \Delta\sigma_2,\ \cdots,\ \Delta\sigma_n,$$

这里 $\Delta\sigma_i$ 既表示第 i 个小闭区域，同时也表示它们的面积（见图 8-2）．分别以这些小闭区域的边界曲线为准线，作母线平行于 z 轴的柱面，这些柱面把原来的曲顶柱体分成 n 个小曲顶柱体．以 ΔV_i 表示第 i 个小曲顶柱体的体积，以 V 表示区域 D 为底的曲顶柱体的体积，则有

$$V=\sum_{i=1}^{n}\Delta V_i\ .$$

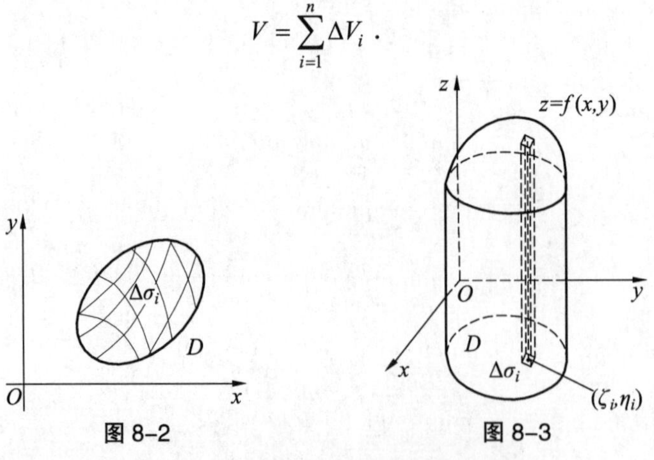

图 8-2　　图 8-3

（2）近似．用平顶柱体的体积近似计算每个小曲顶柱体的体积．

因为 $f(x, y)$ 是连续的，所以当小闭区域的直径（区域上任意两点间距离的最大值）很小时，$f(x, y)$ 的变化也很小，这时小曲顶柱体可以近似看作平顶柱体（见图 8-3）．在每个 $\Delta\sigma_i$ 中任取一点 (ξ_i,η_i)，则小曲顶柱体的体积可近似于以 $\Delta\sigma_i$ 为底、$f(\xi_i,\eta_i)$ 为高的直柱体的体积，即

$$\Delta V_i \approx f(\xi_i,\eta_i)\Delta\sigma_i \quad (i=1,2,\cdots,n).$$

（3）求和．用 n 个小平顶柱体的体积和可求出曲顶柱体体积的近似值．

$$V=\sum_{i=1}^{n}\Delta V_i \approx \sum_{i=1}^{n} f(\xi_i,\eta_i)\Delta\sigma_i .$$

（4）取极限．由近似值过渡到精确值．

当对区域 D 的分割越来越细时，小区域 $\Delta\sigma_i$ 也越来越小，当逐渐收缩于点时，用上述和式表示的曲顶柱体的体积的近似值也越来越接近于其精确值．令 n 个小闭区域直径的最大值（记作 λ）趋于零，若上述和式的极限存在，则其极限就是所求曲顶柱体的体积，即

$$V=\lim_{\lambda\to 0}\sum_{i=1}^{n} f(\xi_i,\eta_i)\Delta\sigma_i .$$

这种和式的极限在物理学、力学、几何、工程技术中都会出现，现在我们摒弃问题的具体内容，仅从数量关系上这一共性加以概括和抽象，便得出下面二重积分的定义．

2．二重积分的定义

定义 8.1　设函数 $f(x,y)$ 是有界闭区域 D 上的有界函数，将闭区域 D 任意分成 n 个小闭区域

$$\Delta\sigma_1,\quad \Delta\sigma_2,\quad \cdots,\quad \Delta\sigma_n .$$

其中 $\Delta\sigma_i$ 表示第 i 个小闭区域，同时也表示它的面积．在每个 $\Delta\sigma_i$ 上任取一点 (ξ_i,η_i)，作乘积 $f(\xi_i,\eta_i)\Delta\sigma_i$ $(i=1,2,\cdots,n)$，并作和 $\sum\limits_{i=1}^{n} f(\xi_i,\eta_i)\Delta\sigma_i$，若当各小闭区域的直径中的最大值 λ 趋近于零时，这和式的极限总存在，则称此极限为函数 $f(x,y)$ 在闭区域 D 上的**二重积分**，记为 $\iint\limits_D f(x,y)\mathrm{d}\sigma$，即

$$\iint\limits_D f(x,y)\mathrm{d}\sigma=\lim_{\lambda\to 0}\sum_{i=1}^{n} f(\xi_i,\eta_i)\Delta\sigma_i , \tag{1}$$

其中 $f(x,y)$ 称为**被积函数**，$f(x,y)\mathrm{d}\sigma$ 称为**被积表达式**，$\mathrm{d}\sigma$ 称为**面积元素**，x 与 y 称为**积分变量**，D 称为**积分区域**，$\sum\limits_{i=1}^{n} f(\xi_i,\eta_i)\Delta\sigma_i$ 称为**积分和**．

曲顶柱体的体积 V 就是曲面方程 $z=f(x,y)\geqslant 0$ 在区域 D 上的二重积分，即

$$V=\iint\limits_D f(x,y)\mathrm{d}\sigma .$$

关于二重积分定义，可以做以下几点说明．

（1）在二重积分的定义中，对闭区域 D 的划分是任意的．如果在直角坐标系中用平行于坐标轴的直线网来划分区域 D，那么除了包含边界点的一些小闭区域外（求和的极限时，这些小闭区域所对应项和的极限为零），其余的小闭区域都是矩形闭区域（见图 8-4）．设它们的边长分别为 $\Delta x_i, \Delta y_j$，则小闭区域的面积可以表示为 $\Delta\sigma_i=\Delta x_i\Delta y_j$．因此在直角坐标系中，面积元素 $\mathrm{d}\sigma$ 也可以写作 $\mathrm{d}x\mathrm{d}y$，而把二重积分记为

$$\iint\limits_D f(x,y)\mathrm{d}\sigma=\iint\limits_D f(x,y)\mathrm{d}x\mathrm{d}y ,$$

其中 $\mathrm{d}x\mathrm{d}y$ 叫作直角坐标系下的面积元素．

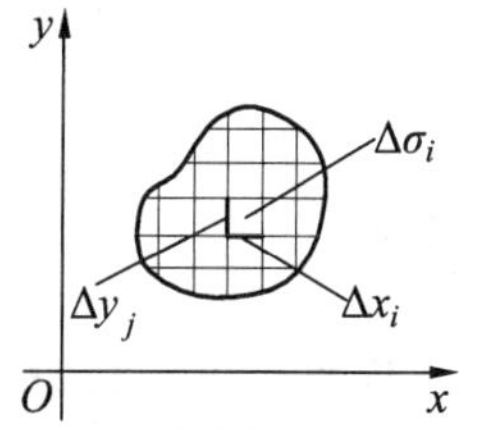

图 8-4

（2）当 $f(x,y)$ 在闭区域 D 上连续时，定义中和式的极限必存在，即二重积分必存在．以后，如果没有特别指明，总是假定 $f(x,y)$ 在闭区域 D 上连续，所以 $f(x,y)$ 在

闭区域 D 上的二重积分总是存在的.

（3）二重积分仅与被积函数 $f(x,y)$ 及积分区域 D 有关，与积分变量的符号无关，即

$$\iint_D f(x,y)\mathrm{d}\sigma = \iint_D f(u,v)\mathrm{d}\sigma .$$

3．二重积分的几何意义

根据二重积分的定义，以连续曲面 $z = f(x,y) \geqslant 0$ 为顶，以 xOy 平面上的区域 D 为底的曲顶柱体，其体积是作为曲顶的函数 $z = f(x,y)$ 在区域 D 上的二重积分

$$V = \iint_D f(x,y)\mathrm{d}\sigma .$$

特别地，若 $f(x,y) \equiv 1$，且 D 的面积为 σ，则

$$\iint_D \mathrm{d}\sigma = \sigma .$$

这时，二重积分可理解为以平面 $z=1$ 为顶、D 为底的平顶柱体的体积，该体积在数值上与 D 的面积相等.

若作为曲顶的连续函数 $z = f(x,y) \leqslant 0$，则以区域 D 为底的曲顶柱体倒挂在 xOy 平面的下方，此时，二重积分 $\iint\limits_D f(x,y)\mathrm{d}\sigma$ 为负值，且恰为曲顶柱体体积的相反数．如果被积函数 $f(x,y)$ 在 D 上有正有负，则可以把 xOy 面上方的柱体体积取为正，把 xOy 面下方的柱体体积取为负，函数 $f(x,y)$ 在 D 上的二重积分就等于这些柱体体积的代数和.

二、二重积分的性质

二重积分的定义与定积分类似，因此，二重积分也具有与定积分类似的性质，这里不做证明，仅叙述如下.

性质 1　$\iint\limits_D kf(x,y)\mathrm{d}\sigma = k\iint\limits_D f(x,y)\mathrm{d}\sigma$.

性质 2　$\iint\limits_D [f(x,y) \pm g(x,y)]\mathrm{d}\sigma = \iint\limits_D f(x,y)\mathrm{d}\sigma \pm \iint\limits_D g(x,y)\mathrm{d}\sigma$.

性质 3　如果将闭区域 D 用曲线化分成两个闭区域 D_1, D_2，则

$$\iint_D f(x,y)\mathrm{d}\sigma = \iint_{D_1} f(x,y)\mathrm{d}\sigma + \iint_{D_2} f(x,y)\mathrm{d}\sigma .$$

性质 3 表明二重积分对积分区域具有可加性.

性质 4　如果 $f(x,y) \equiv 1\ (\forall (x,y) \in D)$，$D$ 的面积为 σ，则

$$\iint_D \mathrm{d}\sigma = \sigma .$$

性质 5　如果在 D 上 $f(x,y) \leqslant g(x,y)$，则

$$\iint_D f(x,y)\mathrm{d}\sigma \leqslant \iint_D g(x,y)\mathrm{d}\sigma .$$

特别地，有

$$\left|\iint_D f(x,y)\mathrm{d}\sigma\right| \leqslant \iint_D |f(x,y)|\mathrm{d}\sigma .$$

性质 6　设对任意 $(x,y) \in D$，恒有 $m \leqslant f(x,y) \leqslant M$，则

$$m\sigma \leqslant \iint_D f(x,y)\mathrm{d}\sigma \leqslant M\sigma ,$$

其中 σ 为 D 的面积.

性质 7　设函数 $f(x,y)$ 在闭区域 D 上连续，σ 为 D 的面积，则在 D 上至少存在一点 (ξ,η)，使

$$\iint_D f(x,y)\mathrm{d}\sigma = f(\xi,\eta)\sigma .$$

这个性质称为**二重积分的中值定理**.

习　题　8–1

1．根据二重积分的几何意义，确定下列积分的值.

（1）$\iint_D (R-\sqrt{x^2+y^2})\mathrm{d}\sigma$，其中 $D: x^2+y^2 \leqslant R^2$；

（2）$\iint_D \sqrt{R^2-x^2-y^2}\mathrm{d}\sigma$，其中 $D: x^2+y^2 \leqslant R^2$.

2．利用二重积分的性质比较下列积分的大小.

（1）$\iint_D (x^2-y^2)\mathrm{d}\sigma$ 与 $\iint_D \sqrt{x^2-y^2}\mathrm{d}\sigma$，其中 D 为圆域：$(x-2)^2+y^2 \leqslant 1$；

（2）$\iint_D \ln(x+y)\mathrm{d}\sigma$ 与 $\iint_D [\ln(x+y)]^2\mathrm{d}\sigma$，其中 D 是以点 $(1,0)$, $(1,1)$, $(2,0)$ 为顶点的三角形区域.

3．利用二重积分的性质估计下列积分的值.

（1）$\iint_D (x+y+10)\mathrm{d}\sigma$，其中 D 为圆域：$(x-2)^2+(y-1)^2 \leqslant 2$；

（2）$\iint_D \sqrt{x^2+y^2}\mathrm{d}\sigma$，其中 D 为圆域：$(x-2)^2+(y-1)^2 \leqslant 1$.

第二节　利用直角坐标计算二重积分

二重积分是一个和式的极限，若要按定义来计算二重积分，有时是很困难的，甚至是不可能的. 本节和下一节要介绍的二重积分的计算方法，是把二重积分化为二次积分（或累次积分），即计算两次定积分.

由二重积分定义知道，二重积分只与被积函数 $f(x,y)$ 和积分区域 D 有关，而与分割区域 D 的分法无关. 这样在平面直角坐标系 xOy 中，可以用平行于坐标轴的直线将 D 分成小区域，这时每个小区域的面积 $\Delta\sigma = \Delta x\Delta y$（见图 8-5），于是在直角坐标系下，面积元素 $\mathrm{d}\sigma = \mathrm{d}x\mathrm{d}y$，从而

$$\iint_D f(x,y)\,\mathrm{d}\sigma = \iint_D f(x,y)\,\mathrm{d}x\mathrm{d}y .$$

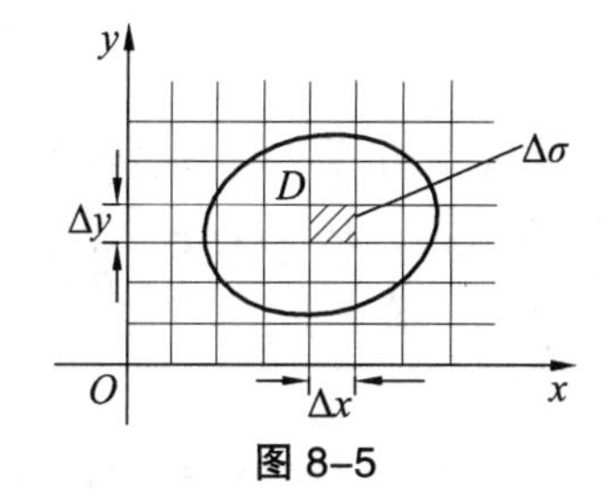

图 8–5

设函数 $f(x,y) \geqslant 0$，且积分区域 D 是由直线 $x=a, x=b$ 与连续曲线 $y=\varphi_1(x)$，$y=\varphi_2(x)$ 所围成的 (见图 8-6，图 8-7)，用不等式表示为

$$\varphi_1(x) \leqslant y \leqslant \varphi_2(x),\ a \leqslant x \leqslant b.$$

由二重积分的几何意义，二重积分 $\iint_D f(x,y)\,\mathrm{d}\sigma$ 的值等于以 D 为底、以曲面 $z=f(x,y)$ 为顶的曲顶柱体（见图 8-8）的体积. 另外，我们应用“平行截面为已知的立体的体积”的求法来计算这个曲顶柱体的体积.

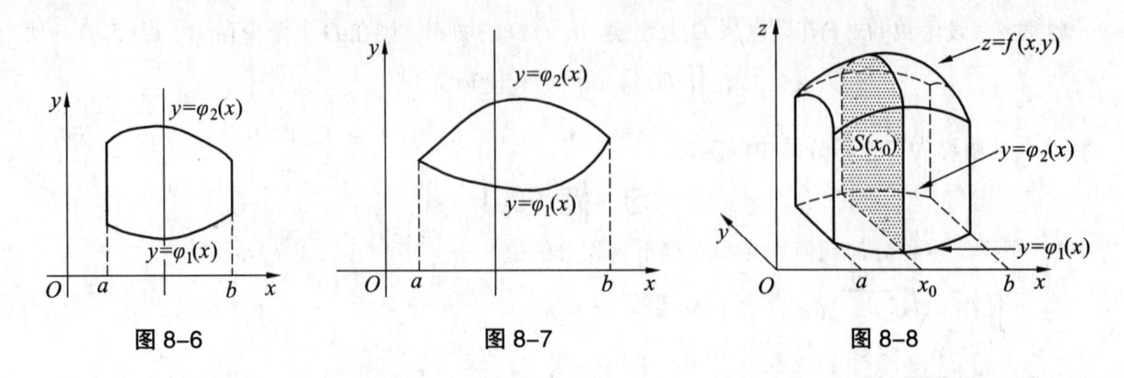

图 8–6　　图 8–7　　图 8–8

作平行于坐标面 yOz 的平面 $x=x_0$，它与曲顶柱体相交所得的截面是以区间 $[\varphi_1(x_0),\varphi_2(x_0)]$ 为底、$z=f(x_0,y)$ 为曲边的曲边梯形（见图 8-8 中的阴影部分）．显然，这一截面面积为

$$S(x_0)=\int_{\varphi_1(x_0)}^{\varphi_2(x_0)} f(x_0,y)\mathrm{d}y .$$

由 x_0 的任意性，任取 $x\in[a,b]$，过点 x 且平行于坐标面 yOz 的平面，与曲顶柱体相交所得的截面面积为

$$S(x)=\int_{\varphi_1(x)}^{\varphi_2(x)} f(x,y)\mathrm{d}y .$$

上式中，y 是积分变量，x 在积分时不变．所得截面的面积 $S(x)$ 一般应是 x 的函数．于是，曲顶柱体的体积为

$$V=\int_a^b S(x)\mathrm{d}x=\int_a^b\left[\int_{\varphi_1(x)}^{\varphi_2(x)} f(x,y)\mathrm{d}y\right]\mathrm{d}x .$$

由此可以得到二重积分的计算公式

$$\iint_D f(x,y)\mathrm{d}\sigma=\int_a^b\left[\int_{\varphi_1(x)}^{\varphi_2(x)} f(x,y)\mathrm{d}y\right]\mathrm{d}x ,$$

或简记为

$$\iint_D f(x,y)\mathrm{d}\sigma=\int_a^b \mathrm{d}x\int_{\varphi_1(x)}^{\varphi_2(x)} f(x,y)\mathrm{d}y . \tag{2}$$

公式（2）右端的积分称为**先对 y、后对 x 的二次积分**．也就是说，先把 x 看作常数，计算 y 的函数 $f(x,y)$ 从 $\varphi_1(x)$ 到 $\varphi_2(x)$ 的定积分，积分结果是 x 的函数，再对 x 在区间 $[a,b]$ 上计算定积分．

对由不等式

$$\varphi_1(x)\leqslant y\leqslant\varphi_2(x),\quad a\leqslant x\leqslant b$$

所确定的积分区域 D，通常称为 **X 型区域**．在 X 型区域 D 上，把二重积分化为二次积分时，要明确以下几点．

（1）积分次序．在被积函数 $f(x,y)$ 中视 x 为常量，y 为积分变量，先对 y 积分，积分结果是 x 的函数（有时是常数），然后再对 x 积分，便得到二重积分的值．

（2）积分上、下限．将二重积分化为二次积分，其关键是确定积分限．对 x 的积分限是：区域 D 的最左端端点的横坐标 a 为积分下限，最右端端点的横坐标 b 为积分上限．对 y 的积分限是：在区间 $[a,b]$ 范围内，由下向上作垂直于 x 轴的直线，先与曲线 $y=\varphi_1(x)$ 相交，则 $y=\varphi_1(x)$ 为积分下限，后与曲线 $y=\varphi_2(x)$ 相交，则 $y=\varphi_2(x)$ 为积分上限（二次积分的上限不小于下限）．

（3）作垂直于 x 轴的直线与 D 的边界至多交于两点．否则，需将 D 分成若干个小区域，如图 8-9 所示，D 需分成三个小区域，使得在每个小区域上可用公式（2）计算二重积分，然后用二重积分的可加性将所得结果求和，从而得到 D 上二重积分的值．

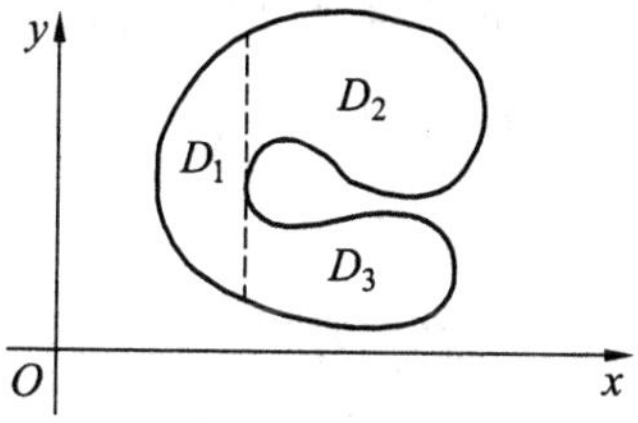

图 8-9

类似地，若积分区域 D 是由两条直线 $y=c$，$y=d$ 与两条连续曲线 $x=\phi_1(y)$, $x=\phi_2(y)$ 所围成的（见图 8-10），用不等式表示为

$$\phi_1(y)\leqslant x\leqslant\phi_2(y),\quad c\leqslant y\leqslant d.$$

这种积分区域 D 通常称为 Y **型区域**．类似于前面的讨论，在 Y 型区域 D 上把二重积分化为二次积分，得

$$\iint\limits_D f(x,y)\mathrm{d}\sigma=\int_c^d\left[\int_{\phi_1(y)}^{\phi_2(y)}f(x,y)\mathrm{d}x\right]\mathrm{d}y\,.$$

或简记为

$$\iint\limits_D f(x,y)\mathrm{d}\sigma=\int_c^d\mathrm{d}y\int_{\phi_1(y)}^{\phi_2(y)}f(x,y)\mathrm{d}x\,.\tag{3}$$

公式（3）右端的积分称为**先对 x、后对 y 的二次积分**．

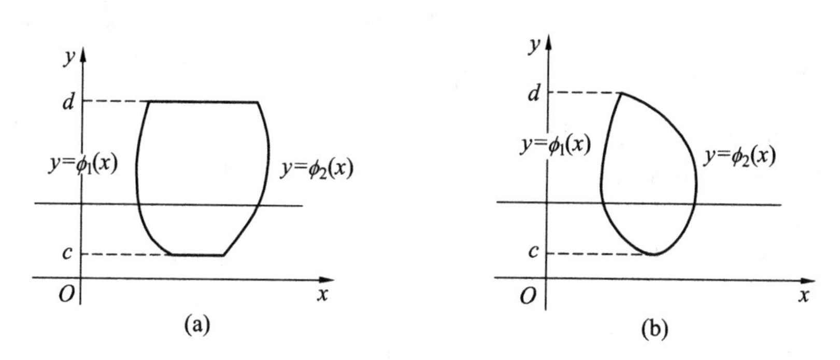

图 8-10

若函数 $f(x,y)$ 在 D 上连续，且积分区域 D 既是 X 型，并用不等式 $\varphi_1(x)\leqslant y\leqslant\varphi_2(x)$，$a\leqslant x\leqslant b$ 表示，又是 Y 型，并用不等式 $\phi_1(y)\leqslant x\leqslant\phi_2(y)$，$c\leqslant y\leqslant d$ 表示（见图 8-11），则

$$\iint\limits_D f(x,y)\mathrm{d}\sigma=\int_a^b\mathrm{d}x\int_{\varphi_1(x)}^{\varphi_2(x)}f(x,y)\mathrm{d}y=\int_c^d\mathrm{d}y\int_{\phi_1(y)}^{\phi_2(y)}f(x,y)\mathrm{d}x\,.$$

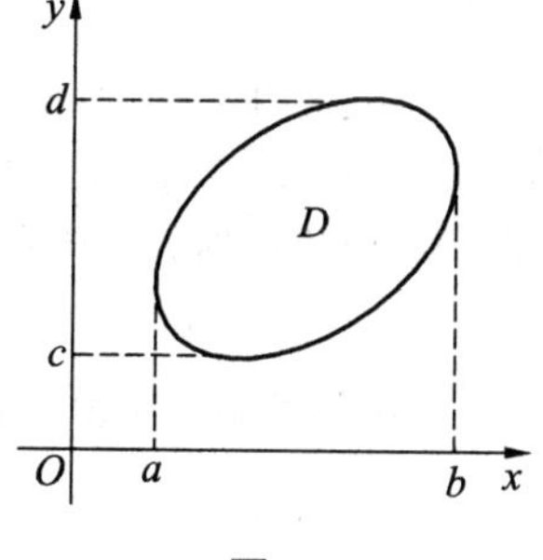

图 8-11

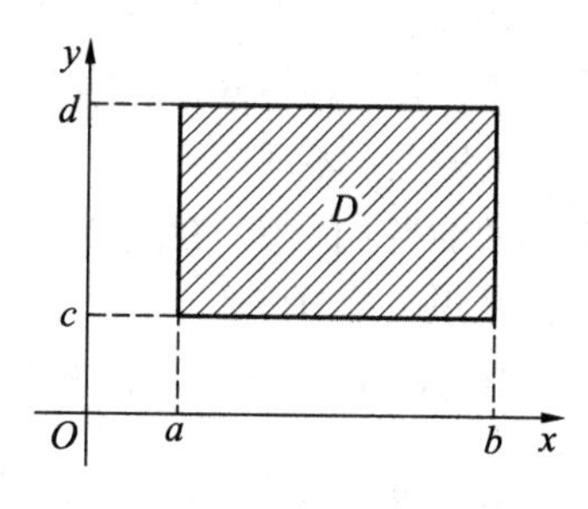

图 8-12

若积分区域 D 为矩形，并用不等式 $a \leqslant x \leqslant b$，$c \leqslant y \leqslant d$ 表示（见图 8-12），且被积函数 $f(x,y)=h(x)g(y)$，则

$$\iint_D f(x,y)\mathrm{d}\sigma=\int_a^b h(x)\mathrm{d}x\cdot\int_c^d g(y)\mathrm{d}y\,. \tag{4}$$

即可化成两个定积分的乘积.

例 1 计算 $\iint_D \mathrm{e}^{x+y}\mathrm{d}\sigma$，其中 D 由直线 $x=0, x=2, y=1, y=2$ 所围成.

解 因为 D 是矩形区域（见图 8-13），且 $\mathrm{e}^{x+y}=\mathrm{e}^x\mathrm{e}^y$，所以由公式（4），得

$$\iint_D \mathrm{e}^{x+y}\mathrm{d}\sigma=\int_0^2\mathrm{e}^x\mathrm{d}x\cdot\int_1^2\mathrm{e}^y\,\mathrm{d}y=\mathrm{e}^x\Big|_0^2\cdot\mathrm{e}^y\Big|_1^2=(\mathrm{e}^2-1)(\mathrm{e}^2-\mathrm{e})\,.$$

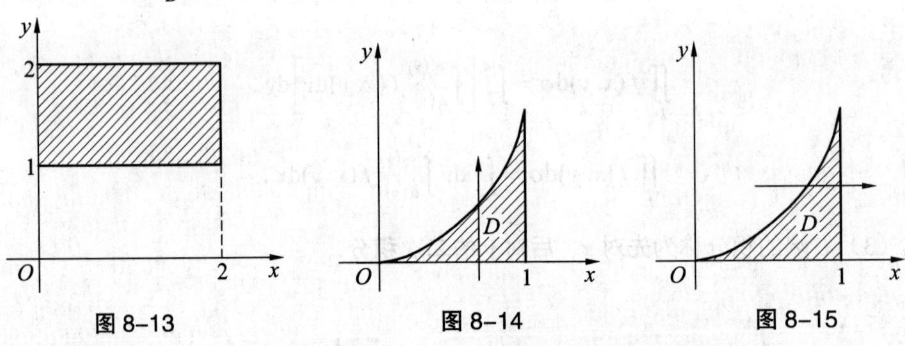

图 8–13　　图 8–14　　图 8–15

例 2 计算 $\iint_D (x^2+y^2)\mathrm{d}\sigma$，其中 D 由 $y=x^2$ 与直线 $y=0, x=1$ 所围成.

解 画出积分区域 D 的图形（见图 8-14），D 既是 X 型区域，又是 Y 型区域.

（1）若将 D 看成 X 型区域（见图 8-14），则利用公式（2），得

$$\iint_D (x^2+y^2)\mathrm{d}\sigma=\int_0^1\mathrm{d}x\int_0^{x^2}(x^2+y^2)\mathrm{d}y=\int_0^1\left(x^2y+\frac{1}{3}y^3\right)\Bigg|_0^{x^2}\mathrm{d}x$$

$$=\int_0^1\left(x^4+\frac{1}{3}x^6\right)\mathrm{d}x=\left(\frac{1}{5}x^5+\frac{1}{21}x^7\right)\Bigg|_0^1=\frac{26}{105}\,.$$

（2）若将 D 看成 Y 型区域（见图 8-15），则利用公式（3），得

$$\iint_D (x^2+y^2)\mathrm{d}\sigma=\int_0^1\mathrm{d}y\int_{\sqrt{y}}^1(x^2+y^2)\mathrm{d}x=\int_0^1\left(\frac{1}{3}x^3+xy^2\right)\Bigg|_{\sqrt{y}}^1\mathrm{d}y$$

$$=\int_0^1\left(\frac{1}{3}+y^2-\frac{1}{3}y^{\frac{3}{2}}-y^{\frac{5}{2}}\right)\mathrm{d}y=\left(\frac{1}{3}y+\frac{1}{3}y^3-\frac{2}{15}y^{\frac{5}{2}}-\frac{2}{7}y^{\frac{7}{2}}\right)\Bigg|_0^1=\frac{26}{105}\,.$$

在上述例子中，按两种不同积分次序计算，其繁简程度相差不大. 但有些问题，由于受积分区域及被积函数的影响，不同的积分次序，有时会对计算繁简的影响很大，有的甚至得不出完全用初等函数表达的结果. 因此，将二重积分化为二次积分在选择积分次序时，既要根据区域 D 的形状，又要注意被积函数的特点.

例 3 计算 $\iint_D xy\mathrm{d}\sigma$，其中 D 是由抛物线 $y^2=2x$ 及直线 $y=x-4$ 所围成的闭区域.

解 画出积分区域 D 的图形（见图 8-16）.

（1）若将 D 看成 Y 型区域（见图 8-16），则利用公式（3），得

$$\iint_D xy\mathrm{d}\sigma = \int_{-2}^{4}\mathrm{d}y\int_{\frac{y^2}{2}}^{y+4} xy\mathrm{d}x = \int_{-2}^{4}\left(y\cdot\frac{x^2}{2}\right)\Bigg|_{\frac{y^2}{2}}^{y+4}\mathrm{d}y$$

$$=\frac{1}{2}\int_{-2}^{4}\left(y^3+8y^2+16y-\frac{y^5}{4}\right)\mathrm{d}y = \frac{1}{2}\left(\frac{1}{4}y^4+\frac{8}{3}y^3+8y^2-\frac{1}{24}y^6\right)\Bigg|_{-2}^{4} = 90 .$$

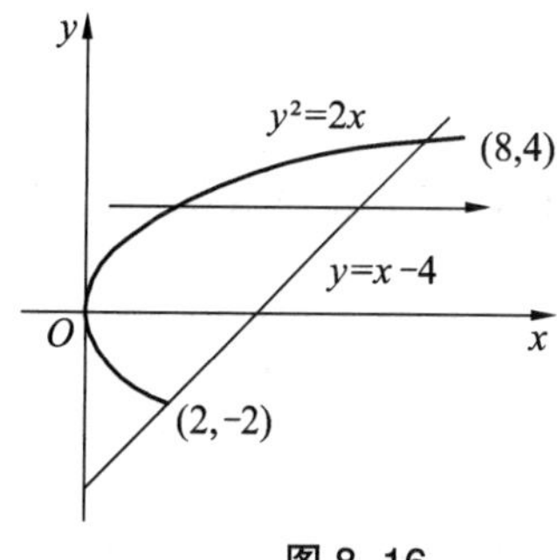

图 8–16

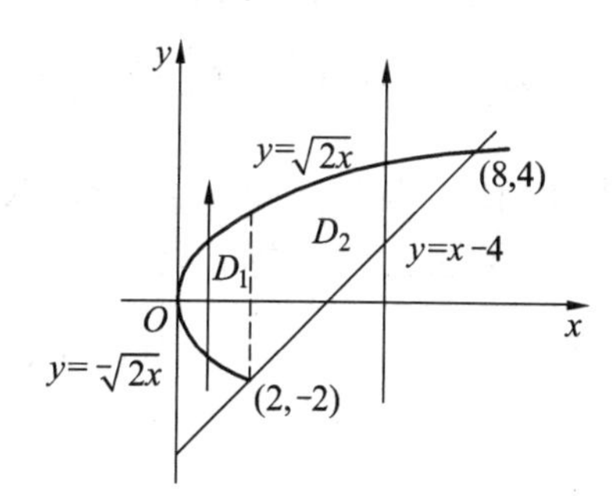

图 8–17

（2）若将 D 看成是 X 型区域（见图 8-17），它不是一个 X 型区域，故要将 D 划分成两个 X 型区域 D_1 和 D_2，其中

$$D_1=\left\{(x,y)\,|\,-\sqrt{2x}\leqslant y\leqslant\sqrt{2x}\,,\ 0\leqslant x\leqslant 2\right\},$$

$$D_2=\left\{(x,y)\,|\,x-4\leqslant y\leqslant\sqrt{2x}\,,\ 2\leqslant x\leqslant 8\right\}.$$

因此，由二重积分的性质 3 及公式（2），得

$$\iint_D xy\mathrm{d}\sigma = \iint_{D_1} xy\mathrm{d}\sigma + \iint_{D_2} xy\mathrm{d}\sigma = \int_0^2\mathrm{d}x\int_{-\sqrt{2x}}^{\sqrt{2x}} xy\mathrm{d}y + \int_2^8\mathrm{d}x\int_{x-4}^{\sqrt{2x}} xy\mathrm{d}y$$

$$=\int_0^2\left(x\cdot\frac{y^2}{2}\right)\Bigg|_{-\sqrt{2x}}^{\sqrt{2x}}\mathrm{d}x + \int_2^8\left(x\cdot\frac{y^2}{2}\right)\Bigg|_{x-4}^{\sqrt{2x}}\mathrm{d}x$$

$$=\int_0^2 0\,\mathrm{d}x + \frac{1}{2}\int_2^8(-x^3+10x^2-16x)\mathrm{d}x = \frac{1}{2}\left(-\frac{x^4}{4}+\frac{10}{3}x^3-8x^2\right)\Bigg|_2^8 = 90 .$$

由此可见，X 型比 Y 型计算要烦琐得多.

例 4 计算 $\iint_D \mathrm{e}^{y^2}\mathrm{d}x\mathrm{d}y$，其中 D 是由直线 $y=x$，$y=1$，$x=0$ 所围成的闭区域.

解 画出区域 D 的图形（见图 8-18），D 既是 X 型区域，又是 Y 型区域.

（1）若将 D 看成 Y 型区域，则利用公式（3），得

$$\iint_D \mathrm{e}^{y^2}\mathrm{d}x\mathrm{d}y = \int_0^1\mathrm{d}y\int_0^y \mathrm{e}^{y^2}\mathrm{d}x = \int_0^1(\mathrm{e}^{y^2}\cdot x)\Big|_0^y\mathrm{d}x = \int_0^1(\mathrm{e}^{y^2}\cdot y)\mathrm{d}y$$

$$=\frac{1}{2}\int_0^1\mathrm{e}^{y^2}\mathrm{d}y^2 = \frac{1}{2}\mathrm{e}^{y^2}\Big|_0^1 = \frac{1}{2}(\mathrm{e}-1) .$$

（2）若将 D 看成 X 型区域，则利用公式（2），得

$$\iint_D \mathrm{e}^{y^2}\mathrm{d}x\mathrm{d}y = \int_0^1\mathrm{d}x\int_x^1 \mathrm{e}^{y^2}\mathrm{d}y .$$

因为 e^{y^2} 的原函数不是初等函数，所以先对 y 变量积分不可能，只能采用第一种方法.

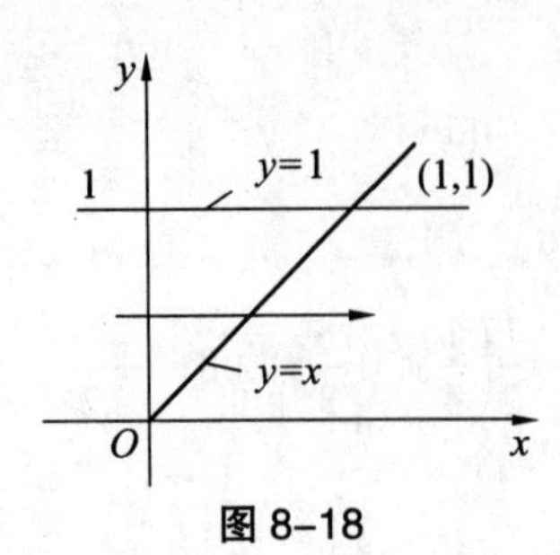

图 8-18

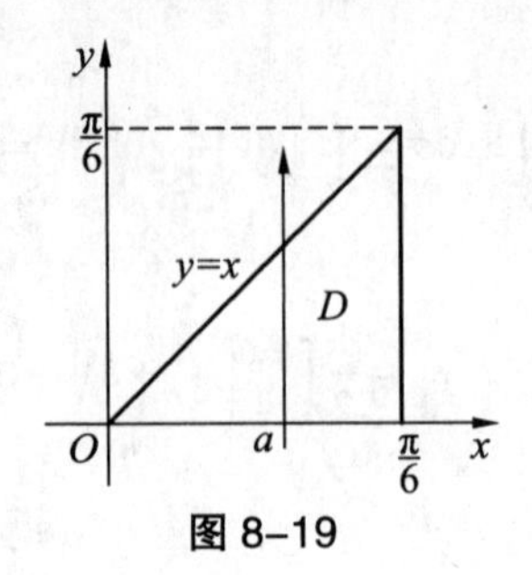

图 8-19

例 5　交换积分次序$\int_0^{\frac{\pi}{6}}\mathrm{d}y\int_y^{\frac{\pi}{6}}\frac{\cos x}{x}\mathrm{d}x$，并求其积分.

解　根据所给二次积分可画出积分区域 D，如图 8-19 所示，它为 Y 型区域，要交换积分次序就是把区域 D 转化为 X 型区域，得

$$D=\left\{(x,y)\,|\,0\leqslant y\leqslant x,\ 0\leqslant x\leqslant\frac{\pi}{6}\right\}.$$

于是

$$\int_0^{\frac{\pi}{6}}\mathrm{d}y\int_y^{\frac{\pi}{6}}\frac{\cos x}{x}\mathrm{d}x=\int_0^{\frac{\pi}{6}}\mathrm{d}x\int_0^{x}\frac{\cos x}{x}\mathrm{d}y=\int_0^{\frac{\pi}{6}}\left(\frac{\cos x}{x}\cdot y\right)\Bigg|_0^x\mathrm{d}x=\int_0^{\frac{\pi}{6}}\cos x\mathrm{d}x=\sin x\Big|_0^{\frac{\pi}{6}}=\frac{1}{2}.$$

例 6　交换积分次序$\int_0^1\mathrm{d}x\int_{x^2}^1\frac{xy}{\sqrt{1+y^3}}\mathrm{d}y$，并求其值.

解　根据所给二次积分可画出积分区域 D，如图 8-20 所示，它为 X 型区域，要交换积分次序就是把区域 D 转化为 Y 型区域，得

$$D=\left\{(x,y)\middle|0\leqslant x\leqslant\sqrt{y},0\leqslant y\leqslant 1\right\},$$

于是

$$\int_0^1\mathrm{d}x\int_{x^2}^1\frac{xy}{\sqrt{1+y^3}}\mathrm{d}y=\int_0^1\mathrm{d}y\int_0^{\sqrt{y}}\frac{xy}{\sqrt{1+y^3}}\mathrm{d}x=\frac{1}{2}\int_0^1\frac{y^2}{\sqrt{1+y^3}}\mathrm{d}y=\frac{1}{3}\sqrt{1+y^3}\Big|_0^1=\frac{1}{3}(\sqrt{2}-1).$$

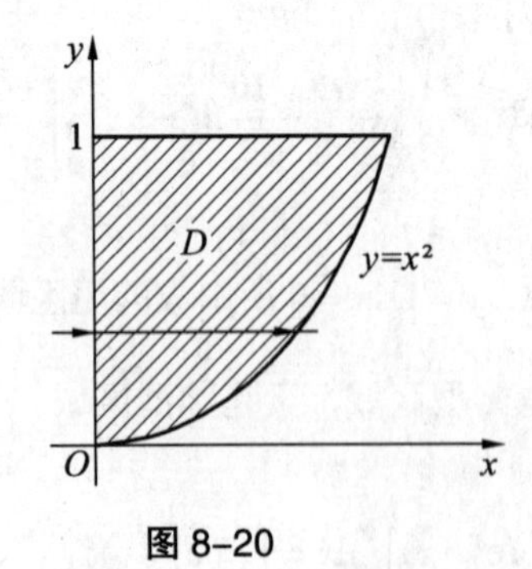

图 8-20

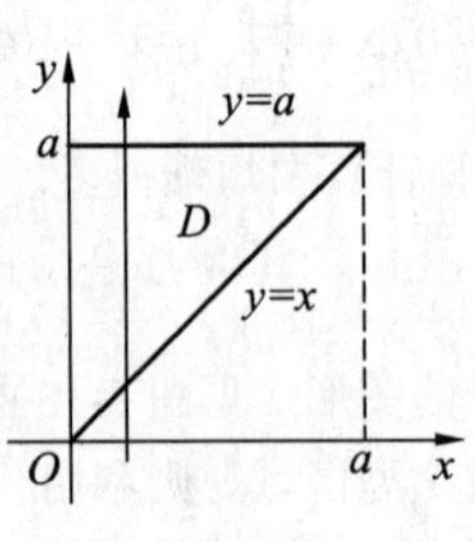

图 8-21

例 7　证明：$\int_0^a\mathrm{d}y\int_0^y\mathrm{e}^{b(x-a)}f(x)\mathrm{d}x=\int_0^a(a-x)\mathrm{e}^{b(x-a)}f(x)\mathrm{d}x$，其中 a,b 均为常数，且 $a>0$.

证明　如图 8-21 所示，得

$$\begin{aligned}\int_0^a\mathrm{d}y\int_0^y\mathrm{e}^{b(x-a)}f(x)\mathrm{d}x&=\int_0^a\mathrm{d}x\int_x^a\mathrm{e}^{b(x-a)}f(x)\mathrm{d}y\\&=\int_0^a\mathrm{e}^{b(x-a)}f(x)y\Big|_x^a\mathrm{d}x=\int_0^a(a-x)\mathrm{e}^{b(x-a)}f(x)\mathrm{d}x.\end{aligned}$$

例 8　有两个半径相等的圆柱 $x^2+y^2 \leqslant R^2$, $x^2+z^2 \leqslant R^2$ 相交成直角（见图 8-22），求这两个圆柱的公共部分的体积.

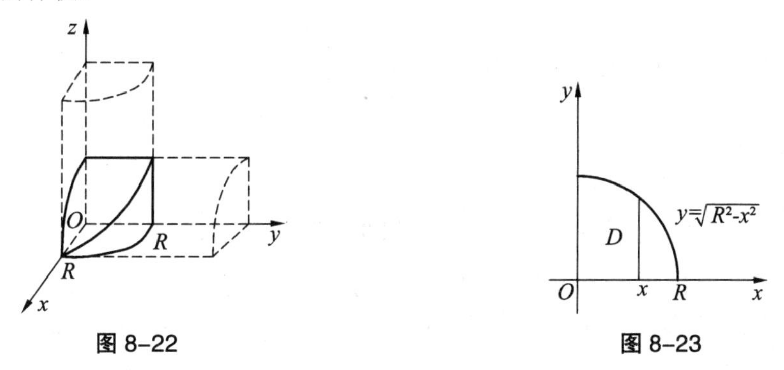

图 8–22　　**图 8–23**

解　如图 8-22 所示，由对称性知，所求立体的体积是位于第一挂限部分的体积的 8 倍. 而立体位于第一挂限的部分可以看成一曲顶柱体，它的底（见图 8-23）为

$$D:\ 0 \leqslant y \leqslant \sqrt{R^2-x^2},\quad 0 \leqslant x \leqslant R;$$

顶为柱面

$$z=\sqrt{R^2-x^2}.$$

故由二重积分的几何意义，得

$$V=8\iint_D \sqrt{R^2-x^2}\mathrm{d}x\mathrm{d}y=8\int_0^R \mathrm{d}x\int_0^{\sqrt{R^2-x^2}}\sqrt{R^2-x^2}\mathrm{d}y$$

$$=8\int_0^R (R^2-x^2)\mathrm{d}x=8\left(R^3x-\frac{1}{3}x^3\right)\Big|_0^R=\frac{16}{3}R^3.$$

习　题　8–2

1. 计算下列二重积分.

（1）$\iint_D (3x^2+4x^3y^3)\mathrm{d}\sigma$，其中 D 是由曲线 $y=x^3$, $y=-\sqrt{x}$ 及直线 $x=1$ 所围成的区域;

（2）$\iint_D \frac{y^2}{x^2}\mathrm{d}x\mathrm{d}y$，其中 D 是由直线 $y=x$, $x=2$ 与双曲线 $xy=1$ 所围成的区域;

（3）$\iint_D \mathrm{e}^{x^2}\mathrm{d}x\mathrm{d}y$，其中 D 是由直线 $y=x$ 和曲线 $y=x^3$ 所围成的区域;

（4）$\iint_D \sqrt{|y-x|}\mathrm{d}x\mathrm{d}y$，其中 D 是由直线 $x=\pm 1$, $y=\pm 1$ 所围成的区域;

（5）$\iint_D xy^2\mathrm{d}\sigma$，其中 D 是由圆 $x^2+y^2=4$ 及 y 轴围成的右半闭区域;

（6）$\iint_D x^2\mathrm{e}^{-y^2}\mathrm{d}\sigma$，其中 D 是以 $(0,0)$, $(1,1)$, $(0,1)$ 为顶点的三角形.

2. 交换下列二次积分的积分次序.

（1）$\int_0^1 \mathrm{d}y\int_0^y f(x,y)\mathrm{d}x$;　　（2）$\int_{-1}^1 \mathrm{d}x\int_{-\sqrt{1-x^2}}^{1-x^2} f(x,y)\mathrm{d}y$;

（3）$\int_0^1 \mathrm{d}y\int_y^{\sqrt{y}} f(x,y)\mathrm{d}x$;　　（4）$\int_0^2 \mathrm{d}x\int_x^{2x} f(x,y)\mathrm{d}y$.

3. 计算下列二次积分.

（1）$\int_1^2 \mathrm{d}x\int_x^{\sqrt{3}x} xy\mathrm{d}y$;　　（2）$\int_0^1 x^5\mathrm{d}x\int_{x^2}^1 \mathrm{e}^{-y^2}\mathrm{d}y$.

4. 利用二重积分计算下列曲线所围成的区域的面积.

（1） $y=x^2$ 与 $y=\sqrt{x}$；　　　　（2） $y=\sin x$ 与 $y=\cos x\left(\dfrac{\pi}{4}\leqslant x\leqslant\dfrac{5\pi}{4}\right)$.

5. 利用二重积分计算下列曲面所围成的立体的体积.

（1） $x+2y+3z=1,\ x=0,\ y=0,\ z=0$；

（2） $z=0,\ y=0,\ x=0,\ z=6,\ z=x+y$.

第三节　利用极坐标计算二重积分

有些二重积分，其积分区域 D 的边界曲线用极坐标方程来表示比较方便，且被积函数用极坐标变量 ρ,θ 来表达比较简单，这时，考虑利用极坐标计算二重积分 $\iint\limits_D f(x,y)\mathrm{d}\sigma$. 下面给出二重积分在极坐标下的表示形式. 有许多二重积分，当积分区域为圆域、环域、扇域等，或被积函数为 $f(x^2+y^2)$，$f\left(\dfrac{x}{y}\right)$ 等形式时，采用极坐标计算二重积分 $\iint\limits_D f(x,y)\mathrm{d}\sigma$ 要简单得多.

如图 8-24 所示，设从极点 O 出发且穿过闭区域 D 内部的射线与 D 的边界曲线相交不多于两个交点. 下面用以极点 O 为中心的一族同心圆：$\rho=$ 常数和以极点 O 为出发的一族射线：$\theta=$ 常数，将 D 分割成许多小区域，而介于半径为 ρ 和 $\rho+\Delta\rho$ 的圆、极角为 θ 和 $\theta+\Delta\theta$ 的射线之间的小区域的面积记作 $\Delta\sigma$，则

$$\Delta\sigma=\frac{1}{2}(\rho+\Delta\rho)^2\Delta\theta-\frac{1}{2}\rho^2\Delta\theta=\rho\Delta\rho\Delta\theta+\frac{1}{2}(\Delta\rho)^2\Delta\theta.$$

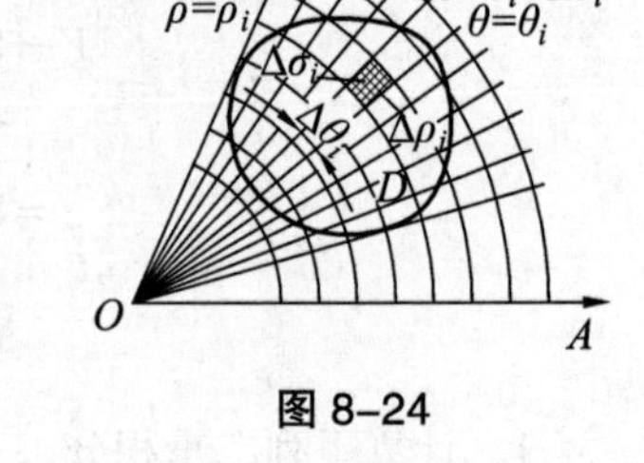

图 8-24

当 $\Delta\rho\to 0,\Delta\theta\to 0$ 时，$\dfrac{1}{2}(\Delta\rho)^2\Delta\theta$ 是比 $\rho\Delta\rho\Delta\theta$ 高阶的无穷小，所以

$$\Delta\sigma\approx\rho\Delta\rho\Delta\theta.$$

由此，根据元素法可得，极坐标系下的面积元素为

$$\mathrm{d}\sigma=\rho\mathrm{d}\rho\mathrm{d}\theta.$$

又极坐标与直角坐标之间有如下转换关系

$$\begin{cases}x=\rho\cos\theta,\\ y=\rho\sin\theta.\end{cases}$$

所以二重积分从直角坐标到极坐标的变换公式为

$$\iint\limits_D f(x,y)\mathrm{d}x\mathrm{d}y=\iint\limits_D f(\rho\cos\theta,\rho\sin\theta)\rho\mathrm{d}\rho\mathrm{d}\theta. \tag{5}$$

公式（5）的右端是关于 ρ,θ 的二重积分，类似于直角坐标系下二重积分的计算方法，极坐标系中的二重积分也可以化成关于 ρ,θ 的二次积分来计算，但通常是选择先对 ρ，后对 θ 积分的次序. 下面根据极点与积分区域 D 的位置关系分三种情况给出极坐标下的二次积分公式.

1. 极点在 D 的外部

设积分区域 D 是由极点出发的两条射线 $\theta=\alpha,\theta=\beta$ 和两条连续曲线 $\rho=\varphi_1(\theta),\ \rho=\varphi_2(\theta)$ 围成（见图 8-25），即

$$D=\{(\rho,\theta)|\varphi_1(\theta)\leqslant\rho\leqslant\varphi_2(\theta),\ \alpha\leqslant\theta\leqslant\beta\},$$

则
$$\iint\limits_D f(\rho\cos\theta,\rho\sin\theta)\rho\mathrm{d}\rho\mathrm{d}\theta=\int_\alpha^\beta\mathrm{d}\theta\int_{\varphi_1(\theta)}^{\varphi_2(\theta)}f(\rho\cos\theta,\rho\sin\theta)\rho\mathrm{d}\rho. \tag{6}$$

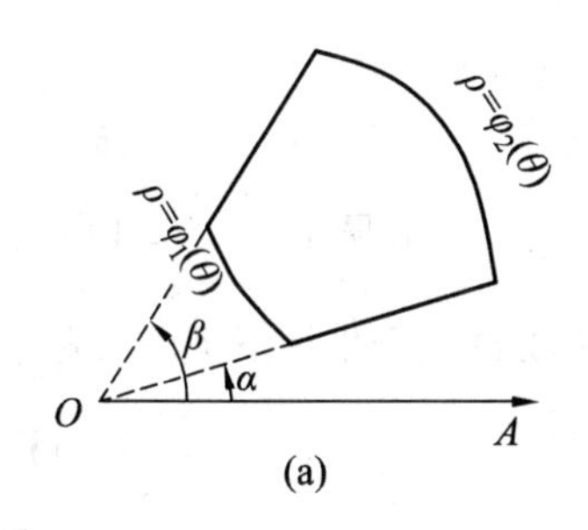

(a)

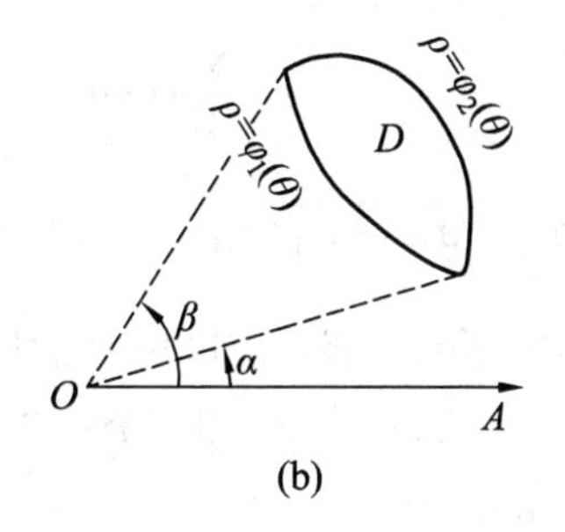

(b)

图 8-25

2．极点在 D 的边界上

设积分区域 D 由极点出发的两条射线 $\theta=\alpha,\theta=\beta$ 和连续曲线 $\rho=\varphi(\theta)$ 围成（见图 8-26），即

$$D=\{(\rho,\theta)|0\leqslant\rho\leqslant\varphi(\theta),\ \alpha\leqslant\theta\leqslant\beta\},$$

则
$$\iint\limits_D f(\rho\cos\theta,\rho\sin\theta)\rho\mathrm{d}\rho\mathrm{d}\theta=\int_\alpha^\beta\mathrm{d}\theta\int_0^{\varphi(\theta)}f(\rho\cos\theta,\rho\sin\theta)\rho\mathrm{d}\rho. \tag{7}$$

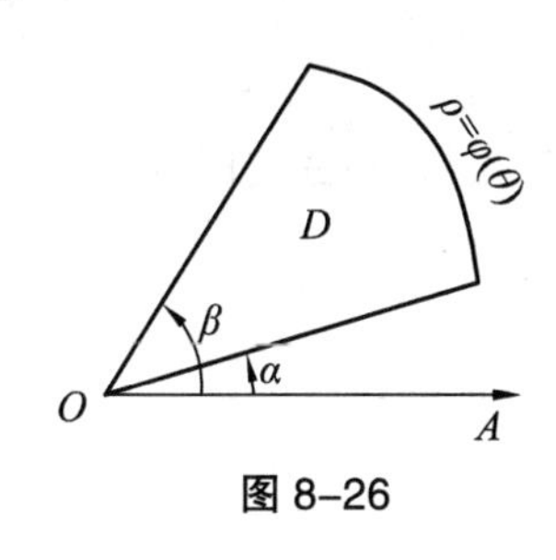

图 8-26

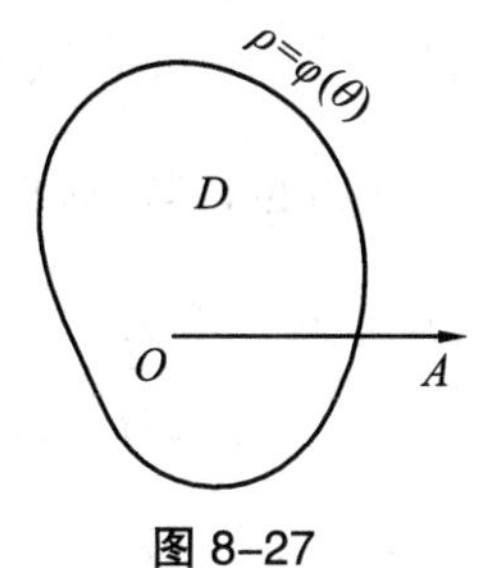

图 8-27

3．极点在 D 的内部

积分区域 D 由连续曲线 $\rho=\varphi(\theta)$ 围成（见图 8-27），即

$$D=\{(\rho,\theta)|0\leqslant\rho\leqslant\varphi(\theta),\ 0\leqslant\theta\leqslant 2\pi\},$$

则
$$\iint\limits_D f(\rho\cos\theta,\rho\sin\theta)\rho\mathrm{d}\rho\mathrm{d}\theta=\int_0^{2\pi}\mathrm{d}\theta\int_0^{\varphi(\theta)}f(\rho\cos\theta,\rho\sin\theta)\rho\mathrm{d}\rho. \tag{8}$$

下面通过具体例子来说明如何利用极坐标计算二重积分.

例 9 计算 $\iint\limits_D\sqrt{x^2+y^2}\mathrm{d}x\mathrm{d}y$，其中 D 是由圆 $x^2+y^2=2y$ 围成的区域.

解 如图 8-28 所示，极点在区域 D 的边界上，区域 D 在极坐标下可表示为

$$D=\{(\rho,\theta)|0\leqslant\rho\leqslant 2\sin\theta,\ 0\leqslant\theta\leqslant\pi\}.$$

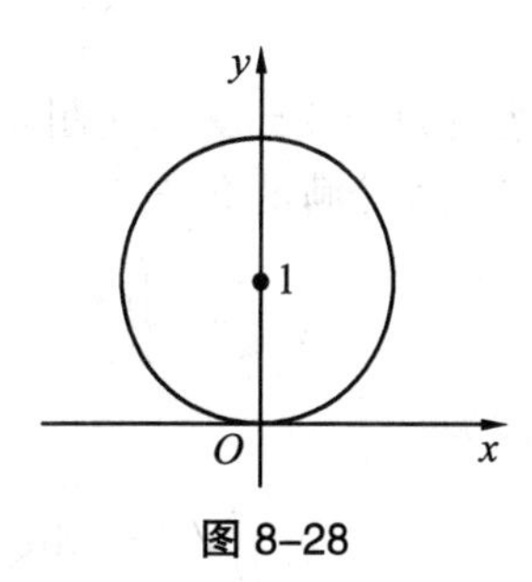

图 8-28

由公式（5）及（7），得

$$\iint\limits_D\sqrt{x^2+y^2}\mathrm{d}x\mathrm{d}y=\iint\limits_D\rho\rho\mathrm{d}\rho\mathrm{d}\theta=\int_0^\pi\mathrm{d}\theta\int_0^{2\sin\theta}\rho^2\mathrm{d}\rho$$

$$=\int_0^\pi\left(\frac{\rho^3}{3}\Big|_0^{2\sin\theta}\right)\mathrm{d}\theta=\frac{8}{3}\int_0^\pi\sin^3\theta\mathrm{d}\theta$$

$$=-\frac{8}{3}\int_0^\pi(1-\cos^2\theta)\mathrm{d}\cos\theta$$

$$=-\frac{8}{3}\left(\cos\theta-\frac{1}{3}\cos^3\theta\right)\Big|_0^{\pi}=\frac{32}{9}.$$

例 10　计算 $\iint\limits_D\sqrt{4-x^2-y^2}\,\mathrm{d}x\mathrm{d}y$，其中 D 是圆 $x^2+y^2=1$ 和圆 $x^2+y^2=4$ 所围成的区域.

解　如图 8-29 所示，极点在区域 D 的外部，且区域 D 在极坐标下可表示为

$$D=\{(\rho,\theta)|1\leqslant\rho\leqslant 2,\ 0\leqslant\theta\leqslant 2\pi\}.$$

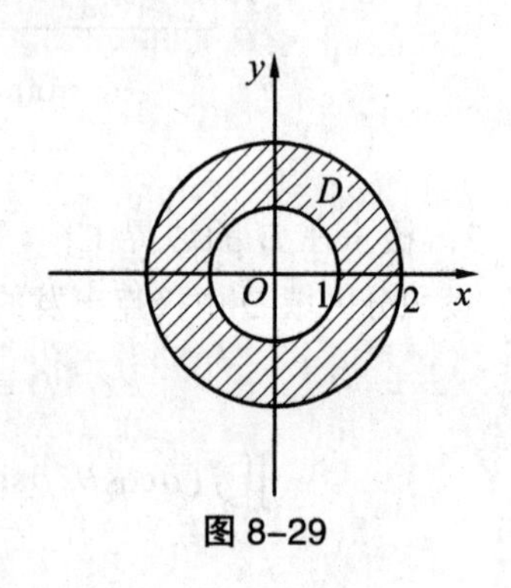

图 8-29

由公式（5）及（6），得

$$\begin{aligned}\iint\limits_D\sqrt{4-x^2-y^2}\,\mathrm{d}x\mathrm{d}y&=\iint\limits_D\sqrt{4-\rho^2}\,\rho\mathrm{d}\rho\mathrm{d}\theta\\&=\int_0^{2\pi}\mathrm{d}\theta\int_1^2\sqrt{4-\rho^2}\,\rho\mathrm{d}\rho\\&=\int_0^{2\pi}\left[-\frac{1}{3}(4-\rho^2)^{\frac{3}{2}}\right]_1^2\mathrm{d}\theta\\&=\int_0^{2\pi}\sqrt{3}\mathrm{d}\theta=2\sqrt{3}\,\pi.\end{aligned}$$

例 11　计算 $\iint\limits_D \mathrm{e}^{-x^2-y^2}\mathrm{d}x\mathrm{d}y$，其中 D 是由圆 $x^2+y^2=a^2$ 围成的闭区域.

解　区域 D 在极坐标系下可表示为

$$D=\{(\rho,\theta)|0\leqslant\rho\leqslant a,\ 0\leqslant\theta\leqslant 2\pi\}.$$

由公式（5）及（8），得

$$\begin{aligned}\iint\limits_D \mathrm{e}^{-x^2-y^2}\mathrm{d}x\mathrm{d}y&=\iint\limits_D \mathrm{e}^{-\rho^2}\rho\mathrm{d}\rho\mathrm{d}\theta=\int_0^{2\pi}\mathrm{d}\theta\int_0^a \mathrm{e}^{-\rho^2}\rho\mathrm{d}\rho=\int_0^{2\pi}\left(-\frac{1}{2}\mathrm{e}^{-\rho^2}\right)\Big|_0^a\mathrm{d}\theta\\&=\int_0^{2\pi}\frac{1}{2}(1-\mathrm{e}^{-a^2})\mathrm{d}\theta=\pi(1-\mathrm{e}^{-a^2}).\end{aligned}$$

本题如果利用直角坐标计算，积分 $\int \mathrm{e}^{-x^2}\mathrm{d}x$ 不能用初等函数表示，所以在直角坐标系下求不出其积分．下面利用上面结果来计算概率论与数理统计中用到的一个广义积分 $\int_0^{+\infty}\mathrm{e}^{-x^2}\mathrm{d}x$.

设

$$\begin{aligned}D_1&=\{(x,y)|x^2+y^2\leqslant R^2,\ x\geqslant 0,\ y\geqslant 0\},\\D_2&=\{(x,y)|x^2+y^2\leqslant 2R^2,\ x\geqslant 0,\ y\geqslant 0\},\\S&=\{(x,y)|0\leqslant x\leqslant R,\ 0\leqslant y\leqslant R\},\end{aligned}$$

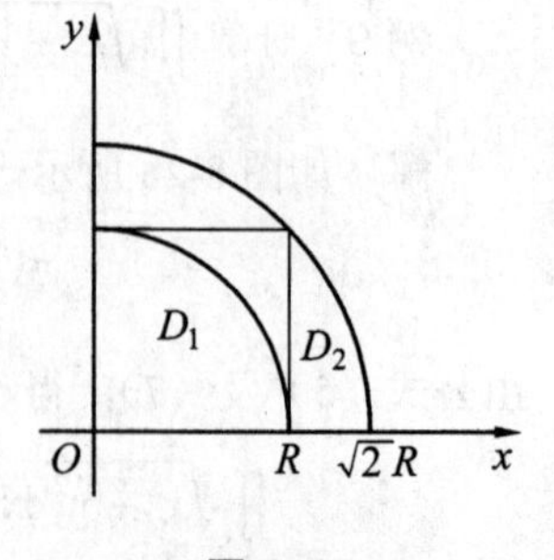

图 8-30

则有 $D_1\subset S\subset D_2$（见图 8-30）．由于 $\mathrm{e}^{-x^2-y^2}>0$，则在这些闭区域上的二重积分满足不等式

$$\iint\limits_{D_1}\mathrm{e}^{-x^2-y^2}\mathrm{d}x\mathrm{d}y\leqslant\iint\limits_S \mathrm{e}^{-x^2-y^2}\mathrm{d}x\mathrm{d}y\leqslant\iint\limits_{D_2}\mathrm{e}^{-x^2-y^2}\mathrm{d}x\mathrm{d}y.$$

因为

$$\iint\limits_S \mathrm{e}^{-x^2-y^2}\mathrm{d}x\mathrm{d}y=\int_0^R\mathrm{d}x\int_0^R \mathrm{e}^{-x^2-y^2}\mathrm{d}y=\int_0^R \mathrm{e}^{-x^2}\mathrm{d}x\cdot\int_0^R \mathrm{e}^{-y^2}\mathrm{d}y=\left(\int_0^R \mathrm{e}^{-x^2}\mathrm{d}x\right)^2,$$

又利用例 3 的结果，有

$$\iint\limits_{D_1} e^{-x^2-y^2}dxdy=\frac{\pi}{4}(1-e^{-R^2}),\quad \iint\limits_{D_2} e^{-x^2-y^2}dxdy=\frac{\pi}{4}(1-e^{-2R^2}).$$

于是上面不等式可写成

$$\frac{\pi}{4}(1-e^{-R^2})\leqslant\left(\int_0^R e^{-x^2}dx\right)^2\leqslant\frac{\pi}{4}(1-e^{-2R^2}).$$

令 $R\to+\infty$，上式两端都趋于 $\frac{\pi}{4}$，从而由夹逼准则，得 $\int_0^{+\infty}e^{-x^2}dx=\frac{\sqrt{\pi}}{2}$.

习　题　8–3

1．将积分 $\iint\limits_D f(x,y)dxdy$ 化为极坐标系下的二次积分.

（1）D 是由 $y=x,\ x=0,\ x^2+y^2=1$ 及 $x^2+y^2=4$ 在第一象限部分围成的区域；

（2）D 是由 $x=0,\ x=a,\ y=a$ 及 $y=0(a>0)$ 围成的区域.

2．利用极坐标计算下列二次积分.

（1）$\int_0^a dx\int_0^{\sqrt{a^2-x^2}}(x^2+y^2)dy$；　　（2）$\int_0^1 dy\int_y^{\sqrt{y}}\frac{1}{\sqrt{x^2+y^2}}dx$.

3．利用极坐标计算下列二重积分.

（1）$\iint\limits_D\frac{1}{1+x^2+y^2}dxdy$，其中 D 是圆 $x^2+y^2=1$ 所围成的区域；

（2）$\iint\limits_D\sin\sqrt{x^2+y^2}dxdy$，其中 $D=\{(x,y)|\pi^2\leqslant x^2+y^2\leqslant4\pi^2\}$；

（3）$\iint\limits_D\arctan\frac{y}{x}d\sigma$，其中 D 是由 $x^2+y^2\leqslant4$，$x\geqslant0$，$y\geqslant0$ 所确定的区域；

（4）$\iint\limits_D(x^2+y^2)d\sigma$，其中 D 是由 $0\leqslant y\leqslant x,\ x^2+y^2\leqslant2x$ 所确定的区域；

（5）$\iint\limits_D(x^2+y^2)dxdy$，其中 D 是由 $x^2+y^2\geqslant2x$，$x^2+y^2\leqslant4x$ 所确定的区域.

4．求曲面 $x^2+y^2=2ax$ 围成的柱体被球面与 $x^2+y^2+z^2=4a^2$ 所截得部分的体积.

复习题八

1．填空题.

（1）$\int_1^2 dx\int_0^1 x^y\ln x dy=$ ________；

（2）交换积分次序 $\int_0^{\frac{1}{4}}dy\int_y^{\sqrt{y}}f(x,y)dx+\int_{\frac{1}{4}}^{\frac{1}{2}}dy\int_y^{\frac{1}{2}}f(x,y)dx=$ ________；

（3）$\iint\limits_D dxdy=$ ________，其中 $D=\{(x,y)\,|\,4\leqslant x^2+y^2\leqslant9\}$；

（4）$\iint\limits_D(x^2-y)dxdy=$ ________，其中 $D=\{(x,y)\,|\,x^2+y^2\leqslant1\}$；

（5）$\int_0^2 dy\int_y^2 e^{-x^2}dx=$ ________.

2．选择题.

（1）设 D 为圆域 $x^2+y^2\leqslant1$，则 $\iint\limits_D\sqrt{x^2+y^2}d\sigma=$（　　）.

A $\frac{\pi}{4}$　　B $\frac{\pi}{2}$　　C $\frac{2\pi}{3}$　　D π

（2）设 $f(x,y)$ 连续，且 $f(x,y)=xy+\iint\limits_D f(u,v)\mathrm{d}u\mathrm{d}v$，其中 D 是由 $y=0,\ y=x,\ x=1$ 所围成的区域，则 $f(x,y)$ 等于（　　）.

A $xy+\frac{1}{4}$　　B $xy+1$　　C xy　　D $2xy$

（3）设函数 $f(x,y)$ 连续，则二次积分 $\int_{\frac{\pi}{2}}^{\pi}\mathrm{d}x\int_{\sin x}^{1}f(x,y)\mathrm{d}y=$（　　）.

A $\int_0^1\mathrm{d}y\int_{\pi+\arcsin y}^{\pi}f(x,y)\mathrm{d}x$　　B $\int_0^1\mathrm{d}y\int_{\pi-\arcsin y}^{\pi}f(x,y)\mathrm{d}x$

C $\int_0^1\mathrm{d}y\int_{\frac{\pi}{2}}^{\pi+\arcsin y}f(x,y)\mathrm{d}x$　　D $\int_0^1\mathrm{d}y\int_{\frac{\pi}{2}}^{\pi-\arcsin y}f(x,y)\mathrm{d}x$

（4）设 $f(x)$ 是连续函数，$F(t)=\int_1^t\mathrm{d}y\int_y^t f(x)\mathrm{d}x$，则 $F'(2)=$（　　）.

A $2f(2)$　　B $f(2)$　　C $-f(2)$　　D 0

（5）设 $f(x,y)$ 是连续函数，则 $\int_0^{\frac{\pi}{4}}\mathrm{d}\theta\int_0^1 f(\rho\cos\theta,\rho\sin\theta)\rho\mathrm{d}\rho=$（　　）.

A $\int_0^{\frac{\sqrt{2}}{2}}\mathrm{d}x\int_x^{\sqrt{1-x^2}}f(x,y)\mathrm{d}y$　　B $\int_0^{\frac{\sqrt{2}}{2}}\mathrm{d}x\int_0^{\sqrt{1-x^2}}f(x,y)\mathrm{d}y$

C $\int_0^{\frac{\sqrt{2}}{2}}\mathrm{d}y\int_0^{\sqrt{1-y^2}}f(x,y)\mathrm{d}x$　　D $\int_0^{\frac{\sqrt{2}}{2}}\mathrm{d}y\int_y^{\sqrt{1-y^2}}f(x,y)\mathrm{d}x$

3．解答题．

（1）求 $\iint\limits_D\sqrt{y^2-xy}\,\mathrm{d}x\mathrm{d}y$，其中 D 是由直线 $y=x, y=1, x=0$ 所围成的平面区域；

（2）求 $\iint\limits_D\frac{\sin x}{x}\mathrm{d}x\mathrm{d}y$，其中 D 是由直线 $y=x$ 及曲线 $y=x^2$ 所围成的区域；

（3）求 $\iint\limits_D \mathrm{e}^{\max\{x^2,y^2\}}\mathrm{d}x\mathrm{d}y$，其中 $D=\{(x,y)|0\leqslant x\leqslant 1, 0\leqslant y\leqslant 1\}$；

（4）求 $\iint\limits_D(x+6y)\mathrm{d}\sigma$，其中 D 是由直线 $y=x,\ y=5x,\ x=1$ 所围成的区域；

（5）应用二重积分，求由曲线 $y=x^2$ 与 $y=4x-x^2$ 所围成区域的面积；

（6）求 $\iint\limits_D\left(\frac{y}{x}\right)^2\mathrm{d}\sigma$，其中 D 是由 $y=\sqrt{1-x^2},\ y=x$ 及 $y=0$ 所围成的区域（$x\geqslant 0$）；

（7）求 $\iint\limits_D\sqrt{x^2+y^2}\,\mathrm{d}x\mathrm{d}y$，其中 $D=\{(x,y)|0\leqslant y\leqslant x, x^2+y^2\leqslant 2x\}$；

（8）计算 $\int_{\frac{1}{4}}^{\frac{1}{2}}\mathrm{d}y\int_{\frac{1}{2}}^{\sqrt{y}}\mathrm{e}^{\frac{y}{x}}\mathrm{d}x+\int_{\frac{1}{2}}^{1}\mathrm{d}y\int_y^{\sqrt{y}}\mathrm{e}^{\frac{y}{x}}\mathrm{d}x$．

4．证明题．

设 $f(x)$ 在 $[a,b]$ 上连续，证明：$2\int_0^a\mathrm{d}x\int_x^a f(x)f(y)\mathrm{d}y=\left[\int_0^a f(x)\mathrm{d}x\right]^2$．

第九章　无穷级数

无穷级数是微积分的重要组成部分，它是表示函数，研究函数性质以及进行数值计算的一种工具．无论在微积分理论研究还是实际应用中，无穷级数都发挥着重要作用，在很多领域有着广泛的应用．本章主要讨论常数项级数的基本概念和审敛法，幂级数的基本理论．

第一节　常数项级数的概念与性质

一、常数项级数的概念

若给定一个数列

$$u_1, u_2, \cdots, u_n, \cdots, \tag{1}$$

则表达式

$$u_1 + u_2 + \cdots + u_n + \cdots \tag{2}$$

称为（常数项）**无穷级数**，简称（常数项）**级数**，记为 $\sum\limits_{n=1}^{\infty} u_n$，即

$$\sum_{n=1}^{\infty} u_n = u_1 + u_2 + \cdots + u_n + \cdots,$$

其中第 n 项称为级数（2）的**通项**或**一般项**．

无穷级数的定义只是形式上表达了无穷多个数的和，那么我们该怎样理解其意义呢？由于任意有限个数的和是可以确定的，因此，可以通过考察无穷级数前 n 项和随 n 的变化趋势来认识级数．

设级数（2）的前 n 项和是 s_n，即

$$s_n = u_1 + u_2 + \cdots + u_n,$$

s_n 称为级数（2）的前 n 项的**部分和**，简称部分和．当 n 依次取 1, 2, 3, …时，它们构成一个部分和数列 $\{s_n\}$，即

$$s_1 = u_1, s_2 = u_1 + u_2, \cdots, s_n = u_1 + u_2 + \cdots + u_n, \cdots$$

根据这个数列的收敛与发散，不难得出级数（2）的收敛与发散概念．

定义 9.1　当 $n \to \infty$ 时，若部分和数列 $\{s_n\}$ 有极限 s，即

$$\lim_{n\to\infty} s_n = s,$$

则称常数项级数 $\sum\limits_{n=1}^{\infty} u_n$ **收敛**，且称 s 为级数 $\sum\limits_{n=1}^{\infty} u_n$ **的和**，并记为

$$s = u_1 + u_2 + \cdots + u_n + \cdots.$$

若数列 $\{s_n\}$ 没有极限，则称常数项级数 $\sum\limits_{n=1}^{\infty} u_n$ **发散**．

当级数收敛时，其部分和 s_n 可作为 s 的近似值．两者之差

$$r_n = s - s_n = u_{n+1} + u_{n+2} + \cdots$$

称为级数 $\sum\limits_{n=1}^{\infty} u_n$ 的**余项**．显然有 $\lim\limits_{n\to\infty} r_n = 0$，而 $|r_n|$ 是用 s_n 近似代替 s 所产生的**误差**．

根据上述定义，级数$\sum_{n=1}^{\infty}u_n$与数列$\{s_n\}$同时收敛或同时发散，且在收敛时，有$\sum_{n=1}^{\infty}u_n=\lim_{n\to\infty}s_n$，而发散的级数就没有“和”可言.

例 1　讨论几何级数（等比级数）

$$\sum_{n=1}^{\infty}aq^{n-1}=a+aq+aq^2+\cdots+aq^{n-1}+\cdots \quad (a\neq 0)$$

的敛散性.

解　考虑部分和

$$s_n=a+aq+aq^2+\cdots+aq^{n-1}.$$

当$q\neq 1$时，有
$$s_n=\frac{a(1-q^n)}{1-q}.$$

因此当$|q|<1$时，$\lim_{n\to\infty}s_n=\lim_{n\to\infty}\frac{a(1-q^n)}{1-q}=\frac{a}{1-q}$，故几何级数收敛，且和为$\frac{a}{1-q}$；当$|q|>1$时，$\lim_{n\to\infty}s_n=\lim_{n\to\infty}\frac{a(1-q^n)}{1-q}=\infty$，故几何级数发散；

当$q=1$时，$s_n=na\to\infty$（$n\to\infty$），故几何级数发散；当$q=-1$时，$s_n=[1-(-1)^{n-1}]a$，从而$\lim_{n\to\infty}s_n$不存在，几何级数发散.

综上所述，当$|q|<1$时，几何级数收敛，且其和为$\frac{a}{1-q}$；当$|q|\geqslant 1$时，几何级数发散.

例 2　证明级数

$$\frac{1}{1\cdot 3}+\frac{1}{2\cdot 4}+\frac{1}{3\cdot 5}+\cdots+\frac{1}{n(n+2)}+\cdots$$

是收敛的.

证明　因为$\frac{1}{n(n+2)}=\frac{1}{2}\left(\frac{1}{n}-\frac{1}{n+2}\right)$，所以

$$\begin{aligned}
s_n&=\frac{1}{1\cdot 3}+\frac{1}{2\cdot 4}+\frac{1}{3\cdot 5}+\cdots+\frac{1}{n(n+2)}\\
&=\frac{1}{2}\left(1-\frac{1}{3}\right)+\frac{1}{2}\left(\frac{1}{2}-\frac{1}{4}\right)+\frac{1}{2}\left(\frac{1}{3}-\frac{1}{5}\right)+\cdots+\frac{1}{2}\left(\frac{1}{n}-\frac{1}{n+2}\right)\\
&=\frac{1}{2}\left[\left(1+\frac{1}{2}+\frac{1}{3}+\cdots+\frac{1}{n}\right)-\left(\frac{1}{3}+\frac{1}{4}+\frac{1}{5}+\cdots+\frac{1}{n+2}\right)\right]\\
&=\frac{1}{2}\left(1+\frac{1}{2}-\frac{1}{n+1}-\frac{1}{n+2}\right).
\end{aligned}$$

从而$\lim_{n\to\infty}s_n=\frac{1}{2}\left(1+\frac{1}{2}\right)=\frac{3}{4}$，故原级数收敛，且和为$\frac{3}{4}$.

例 3　证明调和级数

$$\sum_{n=1}^{\infty}\frac{1}{n}=1+\frac{1}{2}+\frac{1}{3}+\cdots+\frac{1}{n}+\cdots$$

是发散的.

证明　因为

$$s_n = 1+\frac{1}{2}+\frac{1}{3}+\cdots+\frac{1}{n} = \int_1^2 \mathrm{d}x + \int_2^3 \frac{1}{2}\mathrm{d}x + \cdots + \int_n^{n+1}\frac{1}{n}\mathrm{d}x$$

$$\geqslant \int_1^2 \frac{1}{x}\mathrm{d}x + \int_2^3 \frac{1}{x}\mathrm{d}x + \cdots + \int_n^{n+1}\frac{1}{x}\mathrm{d}x = \int_1^{n+1}\frac{1}{x}\mathrm{d}x = \ln x\Big|_1^{n+1} = \ln(n+1),$$

于是当$n\to\infty$时，$s_n\to\infty$，即$\lim\limits_{n\to\infty} s_n$不存在，故原级数发散.

二、收敛级数的基本性质

根据无穷级数的收敛、发散以及和的概念，可以得到无穷收敛级数的几个基本性质.

性质 1 若级数$\sum\limits_{n=1}^{\infty}u_n$收敛且和为$s$，则级数$\sum\limits_{n=1}^{\infty}ku_n$也收敛，且其和为$ks$.

证明 设级数$\sum\limits_{n=1}^{\infty}u_n$与级数$\sum\limits_{n=1}^{\infty}ku_n$的部分和分别为$s_n$与$\sigma_n$，则

$$\sigma_n = ku_1 + ku_2 + \cdots + ku_n = ks_n,$$

于是

$$\lim_{n\to\infty}\sigma_n = \lim_{n\to\infty}ks_n = k\lim_{n\to\infty}s_n = ks.$$

故级数$\sum\limits_{n=1}^{\infty}ku_n$也收敛，且其和为$ks$.

由关系式$\sigma_n = ks_n$可知，若s_n没有极限且$k\neq 0$，则σ_n也不可能有极限，因此，级数各项均乘以同一非零常数，其敛散性不变.

性质 2 若级数$\sum\limits_{n=1}^{\infty}u_n$和$\sum\limits_{n=1}^{\infty}v_n$收敛且和分别为$s$和$\sigma$，则级数$\sum\limits_{n=1}^{\infty}(u_n\pm v_n)$也收敛，且其和为$s\pm\sigma$.

证明 设级数$\sum\limits_{n=1}^{\infty}u_n$，$\sum\limits_{n=1}^{\infty}v_n$与级数$\sum\limits_{n=1}^{\infty}(u_n\pm v_n)$的部分和分别为$s_n$, σ_n与τ_n，则

$$\tau_n = (u_1\pm v_1)+(u_2\pm v_2)+\cdots+(u_n\pm v_n) = (u_1+u_2+\cdots+u_n)\pm(v_1+v_2+\cdots+v_n) = s_n\pm\sigma_n,$$

于是

$$\lim_{n\to\infty}\tau_n = \lim_{n\to\infty}(s_n\pm\sigma_n) = s\pm\sigma.$$

故级数$\sum\limits_{n=1}^{\infty}(u_n\pm v_n)$收敛，且其和为$s\pm\sigma$.

性质 2 表明两个收敛级数可逐项相加或逐项相减.

性质 3 在级数中增加、去掉或改变有限项，不改变级数的敛散性. 但在收敛时，其和一般要改变.

证明 只证去掉有限项情形，其他情形可类似证明.

若将级数

$$u_1+u_2+\cdots+u_k+u_{k+1}+\cdots+u_{k+n}+\cdots \tag{3}$$

的前k项去掉，可得级数

$$u_{k+1}+u_{k+2}+\cdots+u_{k+n}+\cdots. \tag{4}$$

设级数（3）的部分和为s_n，级数（4）的部分和为σ_n，则有

$$\sigma_n = s_{k+n}-s_k.$$

由于s_k为常数，所以$\lim\limits_{n\to\infty}\sigma_n$与$\lim\limits_{n\to\infty}s_{k+n}$同时存在或同时不存在. 故级数（3）与级数（4）的敛散性相同.

从上面证明过程可以看出，当 $\lim\limits_{n\to\infty}\sigma_n$ 与 $\lim\limits_{n\to\infty}s_{k+n}$ 存在时，若 $s_k\neq 0$，则 $\lim\limits_{n\to\infty}\sigma_n\neq\lim\limits_{n\to\infty}s_{k+n}$，即级数（3）与级数（4）的和不相同.

性质 4 收敛级数加括号后（不改变各项顺序）所得到的级数仍收敛，且其和不变.

证明 设 $\sum\limits_{n=1}^{\infty}u_n$ 的部分和为 s_n，且和为 s. 又设级数 $\sum\limits_{n=1}^{\infty}u_n$ 按照某一规律加括号后所得级数为

$$(u_1+\cdots+u_{n_1})+(u_{n_1+1}+\cdots+u_{n_2})+\cdots+(u_{n_{k-1}+1}+\cdots+u_{n_k})+\cdots, \tag{5}$$

且级数（5）的前 k 项和为 σ_k，则

$$\sigma_k=s_{n_k}.$$

于是

$$\lim_{k\to\infty}\sigma_k=\lim_{n_k\to\infty}s_{n_k}=s.$$

故级数（5）收敛，且其和为 s.

由性质 4 可得：若级数在加括号后所得的级数发散，则原级数发散. 但若一级数在加括号后所得的级数收敛，则原级数未必收敛. 例如，级数

$$(1-1)+(1-1)+\cdots+(1-1)+\cdots$$

是收敛的，且和为 0，但级数

$$1-1+1-1+\cdots+1-1+\cdots$$

却是发散的.

性质 5（收敛的必要条件） 若 $\sum\limits_{n=1}^{\infty}u_n$ 收敛，则 $\lim\limits_{n\to\infty}u_n=0$.

证明 设 $\sum\limits_{n=1}^{\infty}u_n$ 的部分和为 s_n，且和为 s，则 $u_n=s_n-s_{n-1}$，且 $\lim\limits_{n\to\infty}s_n=s$. 从而

$$\lim_{n\to\infty}u_n=\lim_{n\to\infty}(s_n-s_{n-1})=\lim_{n\to\infty}s_n-\lim_{n\to\infty}s_{n-1}=s-s=0.$$

由性质 5 可知：若 $\lim\limits_{n\to\infty}u_n\neq 0$，则级数 $\sum\limits_{n=1}^{\infty}u_n$ 发散. 例如，级数 $\sum\limits_{n=1}^{\infty}\dfrac{n}{n+1}$ 是发散的，因为 $\lim\limits_{n\to\infty}u_n=\lim\limits_{n\to\infty}\dfrac{n}{n+1}=1\neq 0$.

注：级数的一般项趋于零并不是级数收敛的充分条件，即 $\lim\limits_{n\to\infty}u_n=0$，级数 $\sum\limits_{n=1}^{\infty}u_n$ 不一定收敛. 例如，调和级数 $\sum\limits_{n=1}^{\infty}\dfrac{1}{n}$ 是发散的，但 $\lim\limits_{n\to\infty}\dfrac{1}{n}=0$.

例 4 判别级数 $\sum\limits_{n=1}^{\infty}\left[\left(\dfrac{1}{3}\right)^n+\dfrac{1}{n(n+2)}\right]$ 的敛散性.

解 由例 1 可知，级数 $\sum\limits_{n=1}^{\infty}\left(\dfrac{1}{3}\right)^n$ 收敛；由例 2 可知，级数 $\sum\limits_{n=1}^{\infty}\dfrac{1}{n(n+2)}$ 收敛. 再由性质 2，得级数 $\sum\limits_{n=1}^{\infty}\left[\left(\dfrac{1}{3}\right)^n+\dfrac{1}{n(n+2)}\right]$ 收敛.

习　题　9-1

1. 写出下列级数的一般项.

（1）$1-\dfrac{1}{2}+\dfrac{1}{4}-\dfrac{1}{8}+\cdots$；　　　　（2）$\dfrac{1}{2}+\dfrac{4}{5}+\dfrac{9}{8}+\dfrac{16}{11}+\cdots$；

（3）$\frac{2}{1}-\frac{3}{2}+\frac{4}{3}-\frac{5}{4}+\cdots$；　　（4）$\frac{1}{1\cdot 4}+\frac{1}{4\cdot 7}+\frac{1}{7\cdot 10}+\frac{1}{10\cdot 13}+\cdots$.

2．判定下列级数的敛散性，若级数收敛，求其和．

（1）$\frac{1}{2}+\frac{3}{4}+\frac{5}{6}+\frac{7}{8}+\cdots$；　　（2）$\frac{1}{1\cdot 3}+\frac{1}{3\cdot 5}+\frac{1}{5\cdot 7}+\cdots$；

（3）$\left(\frac{1}{2}+\frac{1}{3}\right)+\left(\frac{1}{4}+\frac{1}{9}\right)+\left(\frac{1}{8}+\frac{1}{27}\right)+\cdots$；　　（4）$\sum_{n=1}^{\infty}(\sqrt{n+1}-\sqrt{n})$.

3．若 $\lim_{n\to\infty} a_n=0$，证明级数 $\sum_{n=1}^{\infty}(a_n-a_{n+1})$ 是收敛的．

第二节　正项级数的审敛法

前面所讲的常数项级数，其各项可以是正数，负数或零．本节将讨论各项都是正数或零的级数，这种级数称为正项级数．同理也有负项级数，即各项为负数或零的级数．对负项级数的每一项都乘以–1 后可化为正项级数，根据性质 1，它们的敛散性相同．因此正项级数在级数中占有很重要的地位，很多级数的敛散性讨论都可转为正项级数的敛散性．

设 $\sum_{n=1}^{\infty}u_n$ 为一正项级数，且部分和为 s_n，则部分和数列 $\{s_n\}$ 是一个单调增加数列．由第一章的极限存在准则 2，得

定理 9.1　正项级数 $\sum_{n=1}^{\infty}u_n$ 收敛的充分必要条件是它的部分和数列 $\{s_n\}$ 有界．

证明　设 $\sum_{n=1}^{\infty}u_n$ 收敛，则 $\{s_n\}$ 收敛，从而 $\{s_n\}$ 有界．

反之，若 $\{s_n\}$ 有界，又 $\{s_n\}$ 是单调增加数列，故 $\lim_{n\to\infty}s_n$ 存在，从而 $\sum_{n=1}^{\infty}u_n$ 收敛．

根据定理 9.1 可得正项级数的一个基本的审敛法．

定理 9.2（比较审敛法）　设 $\sum_{n=1}^{\infty}u_n$ 与 $\sum_{n=1}^{\infty}v_n$ 都是正项级数，且

$$u_n\leqslant v_n \quad (n=1,2,\cdots).$$

（1）若 $\sum_{n=1}^{\infty}v_n$ 收敛，则 $\sum_{n=1}^{\infty}u_n$ 收敛；

（2）若 $\sum_{n=1}^{\infty}u_n$ 发散，则 $\sum_{n=1}^{\infty}v_n$ 发散．

证明　设 $\sum_{n=1}^{\infty}u_n$ 和 $\sum_{n=1}^{\infty}v_n$ 的部分和分别为 s_n, σ_n，则由 $u_n\leqslant v_n$ 可得

$$s_n\leqslant \sigma_n.$$

（1）若 $\sum_{n=1}^{\infty}v_n$ 收敛，则 $\{\sigma_n\}$ 有界，从而 $\{s_n\}$ 有界，故 $\sum_{n=1}^{\infty}u_n$ 收敛．

（2）若 $\sum_{n=1}^{\infty}u_n$ 发散，则 $\{s_n\}$ 无界，从而 $\{\sigma_n\}$ 无界，故 $\sum_{n=1}^{\infty}v_n$ 发散．

利用级数的性质及定理 9.2 的证明方法可得如下推论．

推论 1　设 $\sum_{n=1}^{\infty}u_n$ 与 $\sum_{n=1}^{\infty}v_n$ 都是正项级数，且存在正整数 N，当 $n\geqslant N$ 时，有

$$u_n \leqslant kv_n \quad (k>0).$$

（1）若 $\sum_{n=1}^{\infty} v_n$ 收敛，则 $\sum_{n=1}^{\infty} u_n$ 收敛；

（2）若 $\sum_{n=1}^{\infty} u_n$ 发散，则 $\sum_{n=1}^{\infty} v_n$ 发散.

例 5　讨论 p- 级数

$$1+\frac{1}{2^p}+\frac{1}{3^p}+\cdots+\frac{1}{n^p}+\cdots=\sum_{n=1}^{\infty}\frac{1}{n^p}$$

的敛散性，其中常数 $p>0$.

解　（1）当 $p \leqslant 1$ 时，因为 $\frac{1}{n^p} \geqslant \frac{1}{n}$，而 $\sum_{n=1}^{\infty}\frac{1}{n}$ 发散，所以 p- 级数 $\sum_{n=1}^{\infty}\frac{1}{n^p}$ 发散.

（2）当 $p>1$ 时，对于任意实数 $x \in [1,+\infty)$，总存在自然数 k，使得

$$k-1 \leqslant x < k \quad (k=2,3,\cdots),$$

因此

$$\frac{1}{k^p}<\frac{1}{x^p},$$

从而

$$\frac{1}{k^p}=\int_{k-1}^{k}\frac{1}{k^p}\mathrm{d}x \leqslant \int_{k-1}^{k}\frac{1}{x^p}\mathrm{d}x \quad (k=2,3,\cdots).$$

于是 p- 级数 $\sum_{n=1}^{\infty}\frac{1}{n^p}$ 的部分和

$$s_n=1+\frac{1}{2^p}+\frac{1}{3^p}+\cdots+\frac{1}{n^p} \leqslant 1+\int_{1}^{2}\frac{1}{x^p}\mathrm{d}x+\int_{2}^{3}\frac{1}{x^p}\mathrm{d}x+\cdots+\int_{n-1}^{n}\frac{1}{x^p}\mathrm{d}x$$

$$=1+\int_{1}^{n}\frac{1}{x^p}\mathrm{d}x=1+\frac{1}{p-1}\left(1-\frac{1}{n^{p-1}}\right)<1+\frac{1}{p-1}.$$

即部分和数列 $\{s_n\}$ 有上界. 又 $\{s_n\}$ 单调增加，所以 $\lim\limits_{n\to\infty}s_n$ 收敛，故 p- 级数 $\sum_{n=1}^{\infty}\frac{1}{n^p}$ 收敛.

综上所述，当 $0<p \leqslant 1$ 时，p- 级数 $\sum_{n=1}^{\infty}\frac{1}{n^p}$ 发散；当 $p>1$ 时，p- 级数 $\sum_{n=1}^{\infty}\frac{1}{n^p}$ 收敛.

例 6　判断下列级数的敛散性.

（1）$\sum_{n=2}^{\infty}\frac{1}{\sqrt[3]{n^2-1}}$；　　　　（2）$\sum_{n=1}^{\infty}\frac{1}{\sqrt{n(n^2+1)}}$.

解（1）因为 $\frac{1}{\sqrt[3]{n^2-1}}>\frac{1}{n^{\frac{2}{3}}}$，而级数 $\sum_{n=2}^{\infty}\frac{1}{n^{\frac{2}{3}}}$ 发散，所以级数 $\sum_{n=2}^{\infty}\frac{1}{\sqrt[3]{n^2-1}}$ 发散.

（2）因为 $\frac{1}{\sqrt{n(n^2+1)}}<\frac{1}{n^{\frac{3}{2}}}$，而级数 $\sum_{n=1}^{\infty}\frac{1}{n^{\frac{3}{2}}}$ 收敛，所以级数 $\sum_{n=1}^{\infty}\frac{1}{\sqrt{n(n^2+1)}}$ 收敛.

例 7　设正项级数 $\sum_{n=1}^{\infty}a_n$ 收敛，证明：

（1）$\sum_{n=1}^{\infty}\frac{a_n}{1+a_n}$ 收敛；　　　　（2）$\sum_{n=1}^{\infty}\frac{\sqrt{a_n}}{n}$ 收敛.

证明（1）因为 $\frac{a_n}{1+a_n} \leqslant \frac{a_n}{1+0}=a_n$，而正项级数 $\sum_{n=1}^{\infty}a_n$ 收敛，所以 $\sum_{n=1}^{\infty}\frac{a_n}{1+a_n}$ 收敛.

（2）因为$\dfrac{\sqrt{a_n}}{n}\leqslant\dfrac{1}{2}\left[(\sqrt{a_n})^2+\dfrac{1}{n^2}\right]=\dfrac{1}{2}\left(a_n+\dfrac{1}{n^2}\right)$，而$\sum\limits_{n=1}^{\infty}a_n$收敛，$\sum\limits_{n=1}^{\infty}\dfrac{1}{n^2}$收敛，故$\sum\limits_{n=1}^{\infty}\dfrac{\sqrt{a_n}}{n}$收敛.

利用比较审敛法判断级数的敛散性，必须找到一个已知级数与其比较，建立两个级数一般项的不等式．但有时很难建立这样的不等式，为应用上的方便，下面给出比较审敛法的极限形式.

定理 9.3　设$\sum\limits_{n=1}^{\infty}u_n$与$\sum\limits_{n=1}^{\infty}v_n$都是正项级数，且

$$\lim_{n\to\infty}\frac{u_n}{v_n}=l.$$

（1）当$0<l<+\infty$时，则级数$\sum\limits_{n=1}^{\infty}u_n$与$\sum\limits_{n=1}^{\infty}v_n$有相同的敛散性；

（2）当$l=0$时，如果$\sum\limits_{n=1}^{\infty}v_n$收敛，则级数$\sum\limits_{n=1}^{\infty}u_n$必收敛；

（3）当$l=+\infty$时，如果$\sum\limits_{n=1}^{\infty}v_n$发散，则$\sum\limits_{n=1}^{\infty}u_n$必发散.

证明　（1）当$0<l<+\infty$时，根据极限定义，则对于$\varepsilon=\dfrac{l}{2}>0$，存在正整数$N$，当$n>N$时，有

$$\left|\frac{u_n}{v_n}-l\right|<\frac{l}{2},$$

即
$$\frac{l}{2}=l-\frac{l}{2}<\frac{u_n}{v_n}<l+\frac{l}{2}=\frac{3}{2}l,$$

从而
$$\frac{l}{2}v_n<u_n<\frac{3l}{2}v_n,$$

故由比较审敛法的推论可知，级数$\sum\limits_{n=1}^{\infty}u_n$与$\sum\limits_{n=1}^{\infty}v_n$有相同的敛散性.

（2）当$l=0$时，即$\lim\limits_{n\to\infty}\dfrac{u_n}{v_n}=0$，根据极限定义，则对$\varepsilon=1$，存在正整数$N$，当$n>N$时，有

$$\left|\frac{u_n}{v_n}-0\right|<1，即\quad\frac{u_n}{v_n}<1,$$

从而
$$u_n<v_n.$$

又级数$\sum\limits_{n=1}^{\infty}v_n$收敛，故由比较审敛法可知，级数$\sum\limits_{n=1}^{\infty}u_n$收敛.

（3）当$l=+\infty$时，即$\lim\limits_{n\to\infty}\dfrac{u_n}{v_n}=+\infty$，则对$M=1$，存在正整数$N$，当$n>N$时，有

$$\left|\frac{u_n}{v_n}\right|>1，即\quad\frac{u_n}{v_n}>1,$$

从而
$$u_n>v_n.$$

又级数$\sum\limits_{n=1}^{\infty}v_n$发散，故由比较审敛法可知，级数$\sum\limits_{n=1}^{\infty}u_n$必发散.

例 8 判断下列级数的敛散性.

（1）$\sum_{n=1}^{\infty}\sin\frac{1}{n}$； （2）$\sum_{n=1}^{\infty}\frac{1}{2^n-n}$.

解（1）因为

$$\lim_{n\to\infty}\frac{\sin\frac{1}{n}}{\frac{1}{n}}=1>0,$$

而 $\sum_{n=1}^{\infty}\frac{1}{n}$ 发散，所以 $\sum_{n=1}^{\infty}\sin\frac{1}{n}$ 发散.

（2）因为

$$\lim_{n\to\infty}\frac{\frac{1}{2^n-n}}{\frac{1}{2^n}}=\lim_{n\to\infty}\frac{1}{1-\frac{n}{2^n}}=1>0,$$

而 $\sum_{n=1}^{\infty}\frac{1}{2^n}$ 收敛，所以 $\sum_{n=1}^{\infty}\frac{1}{2^n-n}$ 收敛.

使用比较审敛法或极限形式判断级数的敛散性，需要适当地选取其敛散性已知的级数作为比较的基准，一般选用几何级数和 p- 级数作为基准级数. 但有时找这种基准级数比较难，下面介绍的判别法是利用级数自身的特点来判断其敛散性.

定理 9.4（比值审敛法或达朗贝尔判别法） 设 $\sum_{n=1}^{\infty}u_n$ 为正项级数，且

$$\lim_{n\to\infty}\frac{u_{n+1}}{u_n}=\rho,$$

则（1）当 $\rho<1$ 时，级数 $\sum_{n=1}^{\infty}u_n$ 收敛；

（2）当 $\rho>1$ 或 $\lim_{n\to\infty}\frac{u_{n+1}}{u_n}=+\infty$ 时，级数 $\sum_{n=1}^{\infty}u_n$ 发散；

（3）当 $\rho=1$ 时，级数 $\sum_{n=1}^{\infty}u_n$ 可能收敛也可能发散.

证明 （1）当 $\rho<1$ 时，取适当小的正数 ε，使 $\rho+\varepsilon=r<1$，则存在正整数 N，当 $n>N$ 时，有

$$\left|\frac{u_{n+1}}{u_n}-\rho\right|<\varepsilon,$$

即
$$\frac{u_{n+1}}{u_n}<\rho+\varepsilon=r \quad (n>N),$$

从而
$$u_{n+1}<ru_n \quad (n>N).$$

因此
$$u_{N+2}<ru_{N+1},\ u_{N+3}<ru_{N+2}<r^2u_{N+1},\cdots,\ u_{N+k}<r^{k-1}u_{N+1}=u_{N+1}\,r^{k-1}\cdots.$$

而级数 $\sum_{k=1}^{\infty}u_{N+1}r^{k-1}$ 收敛，于是级数 $\sum_{k=1}^{\infty}u_{N+k}$ 收敛，所以级数 $\sum_{n=1}^{\infty}u_n$ 收敛.

（2）当 $\rho>1$ 时，取适当小的正数 ε，使 $\rho-\varepsilon>1$，则存在正整数 N，当 $n>N$ 时，有

$$\left|\frac{u_{n+1}}{u_n}-\rho\right|<\varepsilon\text{，即}\quad \frac{u_{n+1}}{u_n}>\rho-\varepsilon>1 .$$

从而

$$u_{n+1}>u_n .$$

因此当 $n>N$ 时，级数的一般项 u_n 是逐渐增大的，从而 $\lim\limits_{n\to\infty}u_n\neq 0$．所以级数 $\sum\limits_{n=1}^{\infty}u_n$ 发散.

类似地，可以证明当 $\lim\limits_{n\to\infty}\frac{u_{n+1}}{u_n}=+\infty$ 时，级数 $\sum\limits_{n=1}^{\infty}u_n$ 发散.

（3）当 $\rho=1$ 时，级数可能收敛也可能发散．例如，p-级数 $\sum\limits_{n=1}^{\infty}\frac{1}{n^p}$，不论 p 为何值都有 $\lim\limits_{n\to\infty}\frac{u_{n+1}}{u_n}=1$．但当 $0<p\leqslant 1$ 时，p-级数 $\sum\limits_{n=1}^{\infty}\frac{1}{n^p}$ 发散；当 $p>1$ 时，p-级数 $\sum\limits_{n=1}^{\infty}\frac{1}{n^p}$ 收敛．因此根据 $\rho=1$ 不能判定级数的敛散性.

例 9　判断下列级数的敛散性.

（1）$\sum\limits_{n=1}^{\infty}\frac{n}{3^n}$；　（2）$\sum\limits_{n=1}^{\infty}\frac{n!}{5^n}$；　（3）$\sum\limits_{n=1}^{\infty}\frac{2\cdot5\cdot8\cdots[2+3(n-1)]}{1\cdot5\cdot9\cdots[1+4(n-1)]}$.

解（1）因为

$$\lim_{n\to\infty}\frac{u_{n+1}}{u_n}=\lim_{n\to\infty}\frac{\frac{n+1}{3^{n+1}}}{\frac{n}{3^n}}=\lim_{n\to\infty}\frac{n+1}{3n}=\frac{1}{3}<1,$$

所以级数 $\sum\limits_{n=1}^{\infty}\frac{n}{3^n}$ 收敛.

（2）因为

$$\lim_{n\to\infty}\frac{u_{n+1}}{u_n}=\lim_{n\to\infty}\frac{\frac{(n+1)!}{5^{n+1}}}{\frac{n!}{5^n}}=\lim_{n\to\infty}\frac{n+1}{5}=+\infty,$$

所以级数 $\sum\limits_{n=1}^{\infty}\frac{n!}{5^n}$ 发散.

（3）因为

$$\lim_{n\to\infty}\frac{u_{n+1}}{u_n}=\lim_{n\to\infty}\frac{2+3n}{1+4n}=\frac{3}{4}<1,$$

所以级数 $\sum\limits_{n=1}^{\infty}\frac{2\cdot5\cdot8\cdots[2+3(n-1)]}{1\cdot5\cdot9\cdots[1+4(n-1)]}$ 收敛.

例 10　讨论 $\sum\limits_{n=1}^{\infty}nx^n\ (x>0)$ 的敛散性.

解　因为

$$\lim_{n\to\infty}\frac{u_{n+1}}{u_n}=\lim_{n\to\infty}\frac{(n+1)x^{n+1}}{nx^n}=\lim_{n\to\infty}\frac{n+1}{n}x=x,$$

所以当 $0<x<1$ 时，级数 $\sum\limits_{n=1}^{\infty}nx^n$ 收敛；当 $x>1$ 时，级数 $\sum\limits_{n=1}^{\infty}nx^n$ 发散；当 $x=1$ 时，判别法失效．但

此时级数$\sum_{n=1}^{\infty} nx^n = \sum_{n=1}^{\infty} n$发散.

综上所述，当$0 < x < 1$时，级数$\sum_{n=1}^{\infty} nx^n$收敛；当$x \geqslant 1$时，级数$\sum_{n=1}^{\infty} nx^n$发散.

定理 9.5（根值审敛法或柯西判别法） 设$\sum_{n=1}^{\infty} u_n$为正项级数，且

$$\lim_{n\to\infty} \sqrt[n]{u_n} = \rho,$$

则（1）当$\rho < 1$时，级数$\sum_{n=1}^{\infty} u_n$收敛；

（2）当$\rho > 1$或$\lim_{n\to\infty} \sqrt[n]{u_n} = +\infty$时，级数$\sum_{n=1}^{\infty} u_n$发散；

（3）当$\rho = 1$时，级数$\sum_{n=1}^{\infty} u_n$可能收敛也可能发散.

证明方法类似定理 9.4，略.

注：当$u_n = [f(n)]^n$时，采用根值判别法更简单.

例 11 判断级数$\sum_{n=1}^{\infty} \left(\frac{n}{2n+1}\right)^n$的敛散性.

解 因为

$$\lim_{n\to\infty} \sqrt[n]{u_n} = \lim_{n\to\infty} \frac{n}{2n+1} = \frac{1}{2} < 1,$$

所以级数$\sum_{n=1}^{\infty} \left(\frac{n}{2n+1}\right)^n$收敛.

习 题 9-2

1．用比较审敛法（或其极限形式）判定下列级数的敛散性.

（1）$\ln\left(1+\frac{1}{1^2}\right)+\ln\left(1+\frac{1}{2^2}\right)+\ln\left(1+\frac{1}{3^2}\right)+\cdots$；（2）$1+\frac{1}{3}+\frac{1}{5}+\frac{1}{7}+\cdots$；

（3）$\frac{2}{1\cdot 3}+\frac{2^2}{3\cdot 3^2}+\frac{2^3}{5\cdot 3^3}+\frac{2^4}{7\cdot 3^4}+\cdots$；（4）$\sum_{n=1}^{\infty} \frac{1}{1+a^n}$ $(a > 0)$.

2．用比值审敛法判定下列级数的敛散性.

（1）$\sum_{n=1}^{\infty} \frac{3^n}{n\cdot 2^n}$；（2）$\sum_{n=1}^{\infty} \frac{n^2}{3^n}$；

（3）$\sum_{n=1}^{\infty} n^2 \sin\frac{2^n}{3^n}$；（4）$\sum_{n=1}^{\infty} \frac{1\cdot 3\cdot 5\cdot\cdots\cdot(2n-1)}{3^n\cdot n!}$.

3．用根值审敛法判定下列级数的敛散性.

（1）$\sum_{n=1}^{\infty} \left(\frac{n}{3n+1}\right)^n$；（2）$\sum_{n=1}^{\infty} \frac{n}{[\ln(n+1)]^n}$；

（3）$\sum_{n=1}^{\infty} \left(\frac{n}{3n-1}\right)^{2n-1}$；（4）$\sum_{n=1}^{\infty} \left(\frac{4n+3}{3n-2}\right)^n$.

4．设正项级数$\sum_{n=1}^{\infty}u_n$和$\sum_{n=1}^{\infty}v_n$均收敛，证明：$\sum_{n=1}^{\infty}\sqrt{u_n v_n}$收敛.

第三节　任意项级数的审敛法

上一节讨论了正项级数敛散性的判别法，本节进一步讨论一般常数项级数敛散性的判别法.

一、交错级数及其审敛法

定义 9.2　设$u_n>0(n=1,2,\cdots)$，则称级数$\sum_{n=1}^{\infty}(-1)^{n-1}u_n$或$\sum_{n=1}^{\infty}(-1)^n u_n$为**交错级数**. 即交错级数的项是正负或负正交错的. 对交错级数，有下面的判别法.

定理 9.6（莱布尼兹判别法）　若交错级数$\sum_{n=1}^{\infty}(-1)^{n-1}u_n$满足条件：

（1）$u_n \geqslant u_{n+1}(n=1,2,\cdots)$；

（2）$\lim\limits_{n\to\infty}u_n=0$，

则级数$\sum_{n=1}^{\infty}(-1)^{n-1}u_n$收敛，且其和$s\leqslant u_1$；余项$r_n$的绝对值$|r_n|\leqslant u_{n+1}$.

证明　设级数$\sum_{n=1}^{\infty}(-1)^{n-1}u_n$的部分和为$s_n$，则

$$s_{2n}=(u_1-u_2)+(u_3-u_4)+\cdots+(u_{2n-1}-u_{2n}),$$

由条件（1）可知，数列$\{s_{2n}\}$是单调增加的. 又由条件（1）有

$$s_{2n}=u_1-(u_2-u_3)-\cdots-(u_{2n-2}-u_{2n-1})-u_{2n}<u_1,$$

从而数列$\{s_{2n}\}$有界，故数列$\{s_{2n}\}$收敛，且设$\lim\limits_{n\to\infty}s_{2n}=s$.

由条件（2），有

$$\lim_{n\to\infty}s_{2n+1}=\lim_{n\to\infty}(s_{2n}+u_{2n+1})=\lim_{n\to\infty}s_{2n}+\lim_{n\to\infty}u_{2n+1}=s+0=s.$$

于是$\lim\limits_{n\to\infty}s_n=s$，故交错级数$\sum_{n=1}^{\infty}(-1)^{n-1}u_n$收敛，且其和$s\leqslant u_1$.

由于余项r_n的绝对值为

$$|r_n|=u_{n+1}-u_{n+2}+u_{n+3}-u_{n+4}+\cdots,$$

显然上式右端也是一个交错级数，它也满足收敛的两个条件，所以

$$|r_n|\leqslant u_{n+1}.$$

例 12　判断级数$\sum_{n=1}^{\infty}\frac{(-1)^{n-1}}{n}$的敛散性.

解　因为

$$u_n=\frac{1}{n}>\frac{1}{n+1}=u_{n+1}\quad 且\quad \lim_{n\to\infty}u_n=\lim_{n\to\infty}\frac{1}{n}=0,$$

所以级数$\sum_{n=1}^{\infty}\frac{(-1)^{n-1}}{n}$收敛，且其和$s\leqslant 1$.

同理，级数$\sum_{n=1}^{\infty}\frac{(-1)^n}{n}$收敛.

二、绝对收敛与条件收敛

定义 9.3 设$\sum_{n=1}^{\infty}u_n$为常数项级数，若级数$\sum_{n=1}^{\infty}|u_n|$收敛，则称$\sum_{n=1}^{\infty}u_n$为**绝对收敛**；若级数$\sum_{n=1}^{\infty}u_n$收敛，但级数$\sum_{n=1}^{\infty}|u_n|$不收敛，则称$\sum_{n=1}^{\infty}u_n$为**条件收敛**.

定理 9.7 若级数$\sum_{n=1}^{\infty}u_n$绝对收敛，则级数$\sum_{n=1}^{\infty}u_n$收敛.

证明 令$v_n=\frac{1}{2}(u_n+|u_n|)$，则

$$v_n\geqslant 0 \text{ 且 } v_n\leqslant |u_n|.$$

因为$\sum_{n=1}^{\infty}|u_n|$收敛，所以$\sum_{n=1}^{\infty}v_n$收敛，从而$\sum_{n=1}^{\infty}2v_n$收敛．又$u_n=2v_n-|u_n|$，所以由收敛级数的性质可知，级数$\sum_{n=1}^{\infty}u_n$收敛.

例 13 判断下列级数的敛散性，如果是收敛的，判断是绝对收敛还是条件收敛？

（1）$\sum_{n=1}^{\infty}\frac{\sin n}{n^2}$；（2）$\sum_{n=1}^{\infty}\frac{(-1)^{n-1}}{\ln(n+1)}$.

解（1）因为$\left|\frac{\sin n}{n^2}\right|\leqslant\frac{1}{n^2}$，而$\sum_{n=1}^{\infty}\frac{1}{n^2}$收敛，所以$\sum_{n=1}^{\infty}\left|\frac{\sin n}{n^2}\right|$收敛，从而$\sum_{n=1}^{\infty}\frac{\sin n}{n^2}$收敛，且为绝对收敛.

（2）因为$\frac{1}{\ln(n+1)}>\frac{1}{\ln(n+2)}$且$\lim_{n\to\infty}\frac{1}{\ln(n+1)}=0$，所以$\sum_{n=1}^{\infty}\frac{(-1)^{n-1}}{\ln(n+1)}$收敛.

又因为$\frac{1}{\ln(n+1)}>\frac{1}{n+1}$，而级数$\sum_{n=1}^{\infty}\frac{1}{n+1}$发散，所以$\sum_{n=1}^{\infty}\frac{1}{\ln(n+1)}$发散，因此$\sum_{n=1}^{\infty}\frac{(-1)^{n-1}}{\ln(n+1)}$为条件收敛.

习 题 9-3

1．判定下列交错级数的敛散性.

（1）$1-\frac{1}{2!}+\frac{1}{3!}-\frac{1}{4!}+\cdots$；（2）$\sum_{n=1}^{\infty}(-1)^{n-1}\frac{n}{100n+1}$；（3）$\sum_{n=1}^{\infty}(-1)^n\frac{\ln n}{n}$.

2．判定下列级数的敛散性．如果是收敛的，判断是绝对收敛还是条件收敛？

（1）$\frac{1}{3}\cdot\frac{1}{2}-\frac{1}{3}\cdot\frac{1}{2^2}+\frac{1}{3}\cdot\frac{1}{2^3}-\frac{1}{3}\cdot\frac{1}{2^4}+\cdots$；（2）$\sum_{n=1}^{\infty}(-1)^{n-1}\frac{1}{2n+1}$；

（3）$\sum_{n=1}^{\infty}(-1)^{n-1}\ln\frac{n}{n+1}$；（4）$\sum_{n=1}^{\infty}\frac{\sqrt{n}\sin n}{n^2}$.

3．证明：若正项级数$\sum_{n=1}^{\infty}u_n$收敛，则级数$\sum_{n=1}^{\infty}u_n^2$也收敛；但$\sum_{n=1}^{\infty}u_n^2$收敛时，$\sum_{n=1}^{\infty}u_n$不一定收敛．试举例说明之．若任意项级数$\sum_{n=1}^{\infty}v_n$收敛，$\sum_{n=1}^{\infty}v_n^2$是否一定收敛？试举例说明之.

4．已知级数$\sum_{n=1}^{\infty}u_n$绝对收敛，级数$\sum_{n=1}^{\infty}v_n$收敛，证明级数$\sum_{n=1}^{\infty}u_nv_n$绝对收敛.

第四节　幂级数

一、函数项级数的概念

前面所讨论的常数项级数，其各项均为一个常数，若将各项改变为定义在区间 I 上的函数，便为函数项级数．

设 $\{u_n(x)\}$ 是定义在区间 I 上的函数列，则表达式

$$u_1(x)+u_2(x)+\cdots+u_n(x)+\cdots=\sum_{n=1}^{\infty}u_n(x) \tag{6}$$

称为定义在 I 上的**函数项级数**．而

$$s_n(x)=u_1(x)+u_2(x)+\cdots+u_n(x)=\sum_{k=1}^{n}u_k(x)$$

称为函数项级数（6）的**部分和**．

取 $x=x_0\in I$，则函数项级数（6）便为一个常数项级数

$$\sum_{n=1}^{\infty}u_n(x_0)=u_1(x_0)+u_2(x_0)+\cdots+u_n(x_0)+\cdots. \tag{7}$$

若级数（7）收敛，则称 $x=x_0$ 为函数项级数（6）的**收敛点**；若级数（7）发散，则称 $x=x_0$ 是函数项级数（6）的**发散点**．显然，对任意 $x\in I$，x 不是收敛点，就是发散点，两者必居其一．所有收敛点的全体称为函数项级数（6）的**收敛域**，所有发散点的全体称为函数项级数（6）的**发散域**．若对于 I 中的每一点 x_0，级数（7）均收敛，则称函数项级数（6）**在区间 I 上收敛**．

对于收敛域中的任意一个数 x，函数项级数 $\sum\limits_{n=1}^{\infty}u_n(x)$ 为一收敛的常数项级数，因而有一个确定的和 s 与 x 对应．因此，在收敛域上，函数项级数的和是 x 的函数 $s(x)$，通常称 $s(x)$ 为函数项级数（6）的**和函数**，该函数的定义域为级数的收敛域．显然，有

$$\lim_{n\to\infty}s_n(x)=s(x).$$

称 $r_n(x)=s(x)-s_n(x)$ 为函数项级数 $\sum\limits_{n=1}^{\infty}u_n(x)$ 的**余项**．对于收敛域上的每一点 x，有

$$\lim_{n\to\infty}r_n(x)=0.$$

例 14　求级数 $\sum\limits_{n=1}^{\infty}\dfrac{|x|^n}{1+x^{2n}}$ 的收敛域．

解　因为 $\dfrac{|x|^n}{1+x^{2n}}\leqslant|x|^n$，而当 $|x|<1$ 时，级数 $\sum\limits_{n=1}^{\infty}|x|^n$ 收敛，所以级数 $\sum\limits_{n=1}^{\infty}\dfrac{|x|^n}{1+x^{2n}}$ 收敛．

又因为 $\dfrac{|x|^n}{1+x^{2n}}<\dfrac{|x|^n}{x^{2n}}=\left|\dfrac{1}{x}\right|^n$，而当 $|x|>1$ 时，级数 $\sum\limits_{n=1}^{\infty}\left|\dfrac{1}{x}\right|^n$ 收敛，所以级数 $\sum\limits_{n=1}^{\infty}\dfrac{|x|^n}{1+x^{2n}}$ 收敛．

当 $|x|=1$ 时，$\lim\limits_{n\to\infty}u_n(x)=\dfrac{1}{2}\neq0$，所以级数 $\sum\limits_{n=1}^{\infty}\dfrac{|x|^n}{1+x^{2n}}$ 发散．

因此所求级数的收敛域为 $(-\infty,\ -1)\cup(-1,1)\cup(1,\ +\infty)$．

二、幂级数及其收敛性

函数项级数中简单而常见的一类级数是级数的各项都是幂函数的函数项级数，即幂级数，它的形式为

$$\sum_{n=0}^{\infty} a_n x^n = a_0 + a_1 x + a_2 x^2 + \cdots + a_n x^n + \cdots, \tag{8}$$

其中 $a_0, a_1, a_2, \cdots, a_n, \cdots$ 称为幂级数的系数．例如

$$\sum_{n=0}^{\infty} x^n = 1 + x + x^2 + \cdots + x^n + \cdots, \quad \sum_{n=1}^{\infty} \frac{1}{n} x^n = x + \frac{1}{2} x^2 + \cdots + \frac{1}{n} x^n + \cdots$$

都是幂级数．

从幂级数的形式不难看出，任何幂级数在 $x=0$ 处总是收敛的．而对任意 $x \neq 0$ 的点，幂级数的敛散性如何呢？先看下面的定理．

定理 9.8（阿贝尔（Abel）定理） 若幂级数 $\sum_{n=0}^{\infty} a_n x^n$ 在 $x = x_0\ (x_0 \neq 0)$ 处收敛，则对于满足不等式 $|x| < |x_0|$ 的一切 x，幂级数 $\sum_{n=0}^{\infty} a_n x^n$ 绝对收敛．反之，若幂级数 $\sum_{n=0}^{\infty} a_n x^n$ 在 $x = x_1$ 处发散，则对于满足不等式 $|x| > |x_1|$ 的一切 x，幂级数 $\sum_{n=0}^{\infty} a_n x^n$ 发散．

证明 因为 $\sum_{n=0}^{\infty} a_n x_0^n$ 收敛，所以 $\lim_{n\to\infty} a_n x_0^n = 0$．从而存在 $M > 0$，使得

$$|a_n x_0^n| \leqslant M \quad (n = 0, 1, 2, \cdots),$$

又

$$|a_n x^n| = \left| a_n x_0^n \cdot \frac{x^n}{x_0^n} \right| = |a_n x_0^n| \cdot \left| \frac{x^n}{x_0^n} \right| \leqslant M \left| \frac{x}{x_0} \right|^n,$$

当 $|x| < |x_0|$ 时，有 $\left| \frac{x}{x_0} \right| < 1$，从而 $\sum_{n=0}^{\infty} M \left| \frac{x}{x_0} \right|^n$ 收敛，所以 $\sum_{n=0}^{\infty} |a_n x^n|$ 收敛，即 $\sum_{n=0}^{\infty} a_n x^n$ 绝对收敛．

第二部分采用反证法证．设存在 x_2，满足 $|x_2| > |x_1|$ 且 $\sum_{n=0}^{\infty} a_n x^n$ 在 $x = x_2$ 处收敛，则由本定理的第一部分可得，$\sum_{n=0}^{\infty} a_n x^n$ 在 $x = x_1$ 处收敛，与已知矛盾．故对于满足不等式 $|x| > |x_1|$ 的一切 x，幂级数 $\sum_{n=0}^{\infty} a_n x^n$ 发散．

定理 9.8 说明，如果幂级数 $\sum_{n=0}^{\infty} a_n x^n$ 在 $x = x_0 \neq 0$ 处收敛，则对于开区间 $(-|x_0|, |x_0|)$ 内的任何 x，幂级数 $\sum_{n=0}^{\infty} a_n x^n$ 都收敛．如果幂级数 $\sum_{n=0}^{\infty} a_n x^n$ 在 $x = x_1$ 处发散，则对于闭区间 $[-|x_1|, |x_1|]$ 外的任何 x，幂级数 $\sum_{n=0}^{\infty} a_n x^n$ 都发散．因此，由定理 9.8 可以推出如下结论．

推论 2 如果幂级数 $\sum_{n=0}^{\infty} a_n x^n$ 不是在整个数轴上都收敛，也不是仅在 $x = 0$ 处收敛，则一定存

在一个确定的正数 R，使得

（1）当 $|x|<R$ 时，幂级数 $\sum\limits_{n=0}^{\infty}a_nx^n$ 收敛；

（2）当 $|x|>R$ 时，幂级数 $\sum\limits_{n=0}^{\infty}a_nx^n$ 发散；

（3）当 $x=R$ 或 $x=-R$，幂级数 $\sum\limits_{n=0}^{\infty}a_nx^n$ 可能收敛，也可能发散.

上述推论中的正数 R 称为**收敛半径**．由推论可知，幂级数（8）的收敛域是一个以原点为中点的区间，称为幂级数（8）的**收敛区间**．收敛区间可能是开区间，可能是闭区间，也可能是半开半闭区间．若幂级数（8）在 $(-\infty,+\infty)$ 上每一点都收敛，规定 $R=+\infty$；若幂级数（8）仅在 $x=0$ 处收敛，规定 $R=0$.

关于幂级数的收敛半径求法，我们有下面的定理.

定理 9.9　设幂级数 $\sum\limits_{n=0}^{\infty}a_nx^n$ 的系数 $a_n\neq 0$，且

$$\lim_{n\to\infty}\left|\frac{a_{n+1}}{a_n}\right|=\rho,$$

则

$$R=\begin{cases}\dfrac{1}{\rho}, & \rho\neq 0,\\ +\infty, & \rho=0,\\ 0, & \rho=+\infty.\end{cases}$$

证明　当 $x=0$ 时，级数必收敛.

当 $x\neq 0$ 时，对幂级数 $\sum\limits_{n=0}^{\infty}a_nx^n$ 的各项取绝对值构成的级数为

$$\sum_{n=0}^{\infty}\left|a_nx^n\right|=|a_0|+|a_1x|+\left|a_2x^2\right|+\cdots+\left|a_nx^n\right|+\cdots. \tag{9}$$

对级数（9）用比值审敛法，得

$$\lim_{n\to\infty}\left|\frac{a_{n+1}x^{n+1}}{a_nx^n}\right|=|x|\lim_{n\to\infty}\left|\frac{a_{n+1}}{a_n}\right|=\rho|x|.$$

（1）若 $\rho\neq 0$，则当 $\rho|x|<1$，即 $|x|<\dfrac{1}{\rho}$ 时，级数（9）收敛，从而级数（8）绝对收敛．当 $\rho|x|>1$，即 $|x|>\dfrac{1}{\rho}$ 时，级数（9）发散，且从某一个 n 开始，有

$$\left|a_{n+1}x^{n+1}\right|>\left|a_nx^n\right|,$$

因此，级数（9）的通项 $\left|a_nx^n\right|$ 不趋于零（当 $n\to\infty$ 时）．所以 a_nx^n 也不趋于零（当 $n\to\infty$ 时），从而级数（8）发散．故收敛半径 $R=\dfrac{1}{\rho}$.

（2）若 $\rho=0$，则对任何 $x\neq 0$，有 $\rho|x|=0<1$，因此级数（9）收敛，从而级数（8）绝对收

敛，故收敛半径 $R=+\infty$．

（3）若 $\rho=+\infty$，则对一切 $x\neq 0$，有 $\rho|x|=+\infty$，级数（9）发散，从而级数（8）发散，否则由定理 9.8 可得存在点 $x\neq 0$ 使级数（9）收敛，故 $R=0$．

例 15　求幂级数 $\sum_{n=1}^{\infty}\frac{1}{n}x^n$ 的收敛半径与收敛区间．

解　因为

$$\rho=\lim_{n\to\infty}\left|\frac{a_{n+1}}{a_n}\right|=\lim_{n\to\infty}\frac{n}{n+1}=1,$$

所以收敛半径为 $R=1$．

当 $x=-1$ 时，级数成为 $\sum_{n=1}^{\infty}\frac{(-1)^n}{n}$，该级数收敛；当 $x=1$ 时，级数成为 $\sum_{n=1}^{\infty}\frac{1}{n}$，该级数发散．所以收敛区间为 $[-1,1)$．

例 16　求幂级数 $\sum_{n=1}^{\infty}n^n x^n$ 的收敛半径及收敛区间．

解　因为

$$\rho=\lim_{n\to\infty}\left|\frac{a_{n+1}}{a_n}\right|=\lim_{n\to\infty}\frac{(n+1)^{n+1}}{n^n}=+\infty,$$

所以收敛半径 $R=0$，即级数仅在点 $x=0$ 处收敛．

例 17　求幂级数 $\sum_{n=0}^{\infty}\frac{1}{n!}x^n$ 的收敛半径及收敛区间．

解　因为

$$\rho=\lim_{n\to\infty}\left|\frac{a_{n+1}}{a_n}\right|=\lim_{n\to\infty}\frac{1}{n+1}=0,$$

所以收敛半径 $R=+\infty$，从而收敛区间为 $(-\infty,+\infty)$．

例 18　求幂级数 $\sum_{n=1}^{\infty}\frac{4^n}{n}x^{2n}$ 的收敛半径及收敛区间．

解　观察幂级数的形式发现，$\sum_{n=1}^{\infty}\frac{4^n}{n}x^{2n}$ 是缺项级数，因而不能直接利用定理 9.9 求其收敛半径．

（方法 1）　令 $y=x^2$，则所给级数变为

$$\sum_{n=1}^{\infty}\frac{4^n}{n}y^n. \tag{10}$$

对级数（10），因为

$$\rho=\lim_{n\to\infty}\left|\frac{a_{n+1}}{a_n}\right|=\lim_{n\to\infty}\frac{4n}{n+1}=4,$$

所以级数（10）的收敛半径 $R_1=\frac{1}{4}$．从而当 $|y|<\frac{1}{4}$ 时，级数（10）收敛；当 $|y|>\frac{1}{4}$ 时，级数（10）发散．

当 $y=-\frac{1}{4}$ 时，级数（10）成为 $\sum_{n=1}^{\infty}\frac{(-1)^n}{n}$，该级数收敛；当 $y=\frac{1}{4}$ 时，级数（10）成为 $\sum_{n=1}^{\infty}\frac{1}{n}$，该级数发散．因此当 $-\frac{1}{4}\leqslant y<\frac{1}{4}$ 时，级数 $\sum_{n=1}^{\infty}\frac{4^n}{n}y^n$ 收敛．从而当 $x^2<\frac{1}{4}$，即 $-\frac{1}{2}<x<\frac{1}{2}$ 时，原级数收敛．因此所求级数的收敛半径 $R=\frac{1}{2}$，收敛区间为 $\left(-\frac{1}{2},\frac{1}{2}\right)$．

（方法 2）　利用收敛半径及收敛区间定义求．

因为

$$\lim_{n\to\infty}\left|\frac{u_{n+1}(x)}{u_n(x)}\right|=\lim_{n\to\infty}\left|\frac{4n}{n+1}x^2\right|=4x^2,$$

故当 $4x^2<1$，即 $|x|<\frac{1}{2}$ 时，原级数收敛；当 $4x^2>1$，即 $|x|>\frac{1}{2}$ 时，原级数发散．因此所求收敛半径 $R=\frac{1}{2}$．

当 $x=\pm\frac{1}{2}$ 时，级数成为 $\sum_{n=1}^{\infty}\frac{1}{n}$，该级数发散．故所求级数的收敛区间为 $\left(-\frac{1}{2},\frac{1}{2}\right)$．

例 19　求幂级数 $\sum_{n=1}^{\infty}\frac{2^n}{n+1}(x-2)^n$ 的收敛区间．

解　同上题，可用两种解法，下面只介绍方法 1．

令 $y=x-2$，所给级数变成为

$$\sum_{n=1}^{\infty}\frac{2^n}{n+1}y^n \tag{11}$$

对级数（11），因为

$$\rho=\lim_{n\to\infty}\left|\frac{a_{n+1}}{a_n}\right|=\lim_{n\to\infty}\frac{2(n+1)}{n+2}=2,$$

所以级数（11）的收敛半径 $R_1=\frac{1}{2}$．从而当 $|y|<\frac{1}{2}$ 时，级数（11）收敛；当 $|y|>\frac{1}{2}$ 时，级数（11）发散．

当 $y=-\frac{1}{2}$ 时，级数（11）成为 $\sum_{n=1}^{\infty}\frac{(-1)^n}{n+1}$，该级数收敛；当 $y=\frac{1}{2}$ 时，级数（11）成为 $\sum_{n=1}^{\infty}\frac{1}{n+1}$，该级数发散．于是当 $-\frac{1}{2}\leqslant y<\frac{1}{2}$ 时，级数（11）收敛．从而当 $-\frac{1}{2}\leqslant x-2<\frac{1}{2}$，即 $\frac{3}{2}\leqslant x<\frac{5}{2}$ 时，原级数收敛．故所求级数的收敛半径 $R=\frac{1}{2}$，收敛区间为 $\left[\frac{3}{2},\frac{5}{2}\right)$．

三、幂级数的运算及和函数的性质

下面给出幂级数的运算及其和函数具有的几个重要性质，但不予证明．

定理 9.10　设幂级数

$$a_0+a_1x+a_2x^2+\cdots+a_nx^n+\cdots \quad 及 \quad b_0+b_1x+b_2x^2+\cdots+b_nx^n+\cdots$$

的收敛半径分别为 R_a 和 R_b（均为正数），取 $R=\min(R_a,R_b)$，则在区间 $(-R,R)$ 内有

（1）$\sum_{n=0}^{\infty}a_n x^n \pm \sum_{n=0}^{\infty}b_n x^n = \sum_{n=0}^{\infty}(a_n \pm b_n)x^n$；

（2）$\left(\sum_{n=0}^{\infty}a_n x^n\right)\left(\sum_{n=0}^{\infty}b_n x^n\right) = \sum_{n=0}^{\infty}(a_0 b_n + a_1 b_{n-1} + \cdots + a_n b_0)x^n$.

定理 9.11　设幂级数 $\sum_{n=0}^{\infty}a_n x^n$ 在 $(-R, R)$ 内的和函数为 $s(x)$，则

（1）$s(x)$在 $(-R, R)$ 内连续，且若幂级数在 $x = R$（或 $x = -R$）也收敛，则 $s(x)$ 在 $x = R$ 处左连续（或在 $x = -R$ 处右连续）.

（2）$s(x)$ 在 $(-R, R)$ 内每一点都是可导的，且有逐项求导公式

$$s'(x) = \left(\sum_{n=0}^{\infty}a_n x^n\right)' = \sum_{n=0}^{\infty}(a_n x^n)' = \sum_{n=1}^{\infty}n a_n x^{n-1} .$$

逐项求导后所得的幂级数与原幂级数有相同的收敛半径 R，但收敛域可能不同.

反复应用上述结论可得，幂级数 $\sum_{n=0}^{\infty}a_n x^n$ 的和函数 $s(x)$ 在收敛区间内具有任意阶导数.

（3）$s(x)$ 在 $(-R, R)$ 内可以积分，且有逐项积分公式

$$\int_0^x s(x)\mathrm{d}x = \int_0^x \sum_{n=0}^{\infty}a_n x^n \mathrm{d}x = \sum_{n=0}^{\infty}a_n \int_0^x x^n \mathrm{d}x = \sum_{n=0}^{\infty}\frac{a_n}{n+1}x^{n+1} .$$

逐项积分后所得的幂级数与原级数有相同的收敛半径 R，但收敛域可能不同.

例 20　求幂级数 $\sum_{n=1}^{\infty}n x^{n-1}$ 的和函数，并求级数 $\sum_{n=1}^{\infty}\frac{n}{2^{n-1}}$ 的和.

解　因为

$$\rho = \lim_{n\to\infty}\left|\frac{a_{n+1}}{a_n}\right| = \lim_{n\to\infty}\frac{n+1}{n} = 1 ,$$

所以收敛半径 $R = 1$.

当 $x = -1$ 时，级数 $\sum_{n=1}^{\infty}(-1)^{n-1}n$ 发散；当 $x = 1$ 时，级数 $\sum_{n=1}^{\infty}n$ 发散. 因此收敛域为 $(-1, 1)$.

设

$$s(x) = \sum_{n=1}^{\infty}n x^{n-1} \quad (-1 < x < 1),$$

对上式逐项积分，得

$$\int_0^x s(x)\mathrm{d}x = \int_0^x \sum_{n=1}^{\infty}n x^{n-1}\mathrm{d}x = \sum_{n=1}^{\infty}n\int_0^x x^{n-1}\mathrm{d}x = \sum_{n=1}^{\infty}x^n = \frac{x}{1-x} \quad (-1 < x < 1).$$

再对上式求导，可得和函数

$$s(x) = \frac{1}{(1-x)^2}, \quad x \in (-1,\ 1) .$$

于是 $\sum_{n=1}^{\infty}\frac{n}{2^{n-1}} = \frac{1}{\left(1-\frac{1}{2}\right)^2} = 4$.

习　题　9-4

1．求下列幂级数的收敛半径与收敛域.

（1）$\sum_{n=1}^{\infty}\frac{1}{n^2}x^n$；（2）$\sum_{n=1}^{\infty}\frac{2^n}{n!}x^n$；（3）$\sum_{n=1}^{\infty}\frac{\ln n}{n}x^n$；

（4）$\sum_{n=1}^{\infty}(-1)^n\frac{x^{2n+1}}{2n+1}$；（5）$\sum_{n=1}^{\infty}\frac{(x-1)^n}{3^n}$；（6）$\sum_{n=1}^{\infty}\frac{(x+2)^n}{\sqrt{n}}$.

2．求下列幂级数的和函数.

（1）$\sum_{n=1}^{\infty}\frac{x^n}{n}$；（2）$\sum_{n=1}^{\infty}nx^n$.

第五节　函数展开成幂级数

一、泰勒（Tayler）公式

多项式是函数中最简单的一种，用多项式近似表达函数是近似计算中的一个重要内容．在第二章第五节中，我们已见过：$\sin x\approx x$, $e^x\approx 1+x$ 等近似计算公式，就是多项式表示函数的一个特殊情形．下面我们将推广到一个更广泛的、更高精度的近似公式.

设 $f(x)$ 在含有 x_0 的某一开区间内具有直到 $(n+1)$ 阶导数，试找一个多项式

$$P_n(x)=a_0+a_1(x-x_0)+a_2(x-x_0)^2+\cdots+a_n(x-x_0)^n \tag{12}$$

来近似表达 $f(x)$，使 $P_n(x)$ 和 $f(x)$ 在点 x_0 处有相同的函数值和直到 n 阶导数的各阶导数，即满足

$$P_n(x_0)=f(x_0),\quad P_n'(x_0)=f'(x_0),\quad P_n''(x_0)=f''(x_0),\quad \cdots,\quad P_n^{(n)}(x_0)=f^{(n)}(x_0).$$

下面确定 $P_n(x)$ 的系数 $a_0,a_1,a_2,\cdots,a_n$．通过求导，可得

$$a_0=f(x_0),\ a_1=f'(x_0),\ a_2\cdot 2!=f''(x_0),\ a_3\cdot 3!=f'''(x_0),\ \cdots,\ a_n\cdot n!=f^{(n)}(x_0).$$

故

$$P_n(x)=f(x_0)+f'(x_0)(x-x_0)+\frac{f''(x_0)}{2!}(x-x_0)^2+\cdots+\frac{f^{(n)}(x_0)}{n!}(x-x_0)^n \tag{13}$$

定理 9.12（泰勒（Taylor）中值定理）　如果函数 $f(x)$ 在含有 x_0 的某区间 (a,b) 内具有直到 $(n+1)$ 阶的导数，则当 $x\in(a,b)$ 时，$f(x)$ 可表示为 $(x-x_0)$ 的一个多项式 $P_n(x)$ 与一个余项 $R_n(x)$ 之和

$$f(x)=f(x_0)+f'(x_0)(x-x_0)+\frac{f''(x_0)}{2!}(x-x_0)^2+\cdots+\frac{f^{(n)}(x_0)}{n!}(x-x_0)^n+R_n(x), \tag{14}$$

其中
$$R_n(x)=\frac{f^{(n+1)}(\xi)}{(n+1)!}(x-x_0)^{n+1}\quad(\xi\text{ 介于 }x_0\text{ 与 }x\text{ 之间}).$$

证明　令 $R_n(x)=f(x)-P_n(x)$，下面证明在 x_0 与 x 之间存在 ξ，使得

$$R_n(x)=\frac{f^{(n+1)}(\xi)}{(n+1)!}(x-x_0)^{n+1}. \tag{15}$$

由于 $f(x)$ 有直到 $(n+1)$ 阶导数，$P_n(x)$ 为多项式，故 $R_n(x)$ 在 (a,b) 内有直到 $(n+1)$ 阶导数，且

$$R_n(x_0)=R_n'(x_0)=R_n''(x_0)=\cdots=R_n^{(n)}(x_0)=0\,.$$

对函数 $R_n(x)$ 和 $(x-x_0)^{n+1}$ 在以 x_0 和 x 为端点的区间上应用 Cauchy 中值定理，得

$$\frac{R_n(x)}{(x-x_0)^{n+1}}=\frac{R_n(x)-R_n(x_0)}{(x-x_0)^{n+1}-(x_0-x_0)^{n+1}}=\frac{R_n'(\xi_1)}{(n+1)(\xi_1-x_0)^n}\quad（\xi_1 在 x_0 与 x 之间），$$

$$\frac{R_n'(\xi_1)}{(n+1)(\xi_1-x_0)^n}=\frac{R_n'(\xi_1)-R_n'(x_0)}{(n+1)(\xi_1-x_0)^n-(n+1)(x_0-x_0)^n}=\frac{R_n''(\xi_2)}{(n+1)n(\xi_2-x_0)^{n-1}}$$

（ξ_2 介于 ξ_1 与 x_0 之间）.

如此继续下去，经过 $(n+1)$ 次后，在 ξ_n 与 x_0 之间存在 ξ，使得

$$\frac{R_n(x)}{(x-x_0)^{n+1}}=\frac{R_n^{(n+1)}(\xi)}{(n+1)!}\quad（\xi 介于 x_0 与 x 之间）.$$

又因为 $R_n(x)=f(x)-P_n(x)$，而 $P_n(x)$ 为 n 次多项式，故 $R_n^{(n+1)}(x)=f^{(n+1)}(x)$，所以

$$\frac{R_n(x)}{(x-x_0)^{n+1}}=\frac{f^{(n+1)}(\xi)}{(n+1)!},$$

即
$$R_n(x)=\frac{f^{(n+1)}(\xi)}{(n+1)!}(x-x_0)^{n+1}\quad（\xi 介于 x_0 与 x 之间）.$$

公式（14）称为 $f(x)$ 按 $(x-x_0)$ 的幂展开到 n 阶的**泰勒（Taylor）公式**，$R_n(x)$ 的表达式（15）称为 Lagrange **型余项**.

当 $n=0$ 时，公式（14）变为

$$f(x)=f(x_0)+f'(\xi)(x-x_0)\quad（\xi 介于 x_0 与 x 之间），$$

这就是**拉格朗日中值公式**.

从公式(14)可以看出：用(13)式的多项式 $P_n(x)$ 来近似表达 $f(x)$，所产生的误差为 $|R_n(x)|$. 再由公式（15）不难看出：若在 (a,b) 上，有 $\left|f^{(n+1)}(x)\right|\leqslant M$，则

$$|R_n(x)|\leqslant\frac{M}{(n+1)!}(x-x_0)^{n+1},$$

此时 $\lim\limits_{x\to x_0}\frac{R_n(x)}{(x-x_0)^n}=0$，即

$$R_n(x)=o((x-x_0)^n)\quad(x\to x_0)\,.$$

特别地，取 $x_0=0$，这时公式（14）变为

$$f(x)=f(0)+f'(0)x+\frac{f''(0)}{2!}x^2+\cdots+\frac{f^{(n)}(0)}{n!}x^n+R_n(x),\tag{16}$$

这里
$$R_n(x)=\frac{f^{(n+1)}(\xi)}{(n+1)!}x^{n+1}\quad（\xi 介于 0 与 x 之间）.$$

公式（16）称为 $f(x)$ 的**麦克劳林（Maclourin）公式**.

二、泰勒（Tayler）级数

由函数的泰勒中值公式可知，$|R_n(x)|$ 就是用

$$P_n(x)=f(x_0)+f'(x_0)(x-x_0)+\frac{f''(x_0)}{2!}(x-x_0)^2+\cdots+\frac{f^{(n)}(x_0)}{n!}(x-x_0)^n$$

代替 $f(x)$ 时所产生的误差．如果随着 n 的增大，误差越来越小，则说明近似代替的效果越来越佳．特别地，若 $f(x)$ 在 $x=x_0$ 的某一个邻域内具有各阶导数且其余项有 $\lim\limits_{n\to\infty}R_n(x)=0$，则 $\lim\limits_{n\to\infty}[f(x)-P_n(x)]=0$，即 $f(x)=\lim\limits_{n\to\infty}P_n(x)$，从而

$$f(x)=f(x_0)+f'(x_0)(x-x_0)+\frac{f''(x_0)}{2!}(x-x_0)^2+\cdots+\frac{f^{(n)}(x_0)}{n!}(x-x_0)^n+\cdots.$$

即幂级数 $f(x_0)+f'(x_0)(x-x_0)+\frac{f''(x_0)}{2!}(x-x_0)^2+\cdots+\frac{f^{(n)}(x_0)}{n!}(x-x_0)^n+\cdots$ 可以精确表示 $f(x)$. 反过来，若 $f(x)$ 可以用上述幂级数来精确表示，则

$$f(x)=\lim_{n\to\infty}P_n(x),\quad \lim_{n\to\infty}R_n(x)=\lim_{n\to\infty}[f(x)-P_n(x)]=0.$$

定义 9.3　若函数 $f(x)$ 在 $x=x_0$ 处具有各阶导数，则称

$$f(x_0)+f'(x_0)(x-x_0)+\frac{f''(x_0)}{2!}(x-x_0)^2+\cdots+\frac{f^{(n)}(x_0)}{n!}(x-x_0)^n+\cdots$$

为 $f(x)$ 在 $x-x_0$ 处的**泰勒级数**.

由定义 9.3 可知，$f(x)$ 在 $x=x_0$ 处有泰勒级数，只需 $f(x)$ 在 $x=x_0$ 处有各阶导数即可，未必要 $f(x)$ 在 x_0 的某个邻域内有各阶导数．但若考虑其敛散性，就需要考虑 $f(x)$ 在 x_0 的某个邻域内具有各阶导数.

函数 $f(x)$ 在 $x=x_0$ 处的泰勒级数显然为一个函数项级数，它有其敛散性，综合前述我们有下面的定理.

定理 9.13　设 $f(x)$ 在 x_0 的某个邻域内具有各阶导数，$f(x)$ 在 $x=x_0$ 处的泰勒级数在 x_0 的某个邻域内收敛于 $f(x)$ 的充分必要条件为

$$\lim_{n\to\infty}R_n(x)=0.$$

若 $f(x)$ 在 $x=x_0$ 处的泰勒级数在 x_0 的某个邻域内收敛于 $f(x)$，即

$$f(x)=f(x_0)+f'(x_0)(x-x_0)+\frac{f''(x_0)}{2!}(x-x_0)^2+\cdots+\frac{f^{(n)}(x_0)}{n!}(x-x_0)^n+\cdots$$

则称 $f(x)$ **能够展开成泰勒级数**.

并非任一函数都可展开成泰勒级数．如 $f(x)=\begin{cases}e^{-\frac{1}{x^2}}, & x\neq 0,\\ 0, & x=0\end{cases}$ 在 $x=0$ 处的任何阶导数都存在，

且 $f^{(n)}(0)=0\ (n=1,2,\cdots)$，此时，$f(x)$ 在 $x=0$ 处的泰勒级数为

$$0+0x+\frac{0}{2!}x^2+\cdots+\frac{0}{n!}x^n+\cdots.$$

显然，上述泰勒级数在 $(-\infty,+\infty)$ 上收敛，且和函数为 0，而不是 $f(x)$．事实上，泰勒级数未必收敛，即使收敛也未必收敛于 $f(x)$．

当 $x_0=0$ 时，$f(x)$ 的泰勒级数变为

$$f(0)+f'(0)x+\frac{f''(0)}{2!}x^2+\cdots+\frac{f^{(n)}(0)}{n!}x^n+\cdots \tag{17}$$

级数（17）称为 $f(x)$ 的**麦克劳林级数**.

下面来说明这样一个事实．若 $f(x)$ 可展开成泰勒级数，则这种展开是唯一的．可以用麦克劳林级数来证明这一点．

设

$$f(x)=a_0+a_1x+a_2x^2+\cdots+a_nx^n+\cdots,$$

$$f(x)=b_0+b_1x+b_2x^2+\cdots+b_nx^n+\cdots,$$

则

$$a_n=\frac{f^{(n)}(0)}{n!},\quad b_n=\frac{f^{(n)}(0)}{n!}\quad (n=1,2,\cdots),$$

从而 $a_n=b_n\ (n=1,2,\cdots)$，于是展开式是唯一的.

三、函数展开成幂级数

1．直接展开法

利用泰勒公式或麦克劳林公式，可将函数 $f(x)$ 展成幂级数．将函数 $f(x)$ 展成麦克劳林级数的步骤如下：

（1）求出 $f(x)$ 的各阶导数 $f'(x), f''(x),\cdots, f^{(n)}(x),\cdots$．若在 $x=0$ 处，$f(x)$ 的某阶导数不存在，即终止，此函数不能展开成幂级数.

（2）求出 $f(0), f'(0), f''(0),\cdots, f^{(n)}(0),\cdots$.

（3）写出幂级数 $f(0)+f'(0)x+\frac{f''(0)}{2!}x^2+\cdots+\frac{f^{(n)}(0)}{n!}x^n+\cdots$，并求该级数的收敛半径 R.

（4）验证当 $|x|<R$ 时，极限 $\lim\limits_{n\to\infty}R_n(x)$ 是否为 0．若不为 0，则 $f(x)$ 不能展开成幂级数；若为 0，则 $f(x)$ 可以展开成幂级数，且有

$$f(x)=f(0)+f'(0)x+\frac{f''(0)}{2!}x^2+\cdots+\frac{f^{(n)}(0)}{n!}x^n+\cdots\quad(-R<x<R).$$

例 21　将 $f(x)=\mathrm{e}^x$ 展开成 x 的幂级数.

解　因为 $f^{(n)}(x)=\mathrm{e}^x\ (n=1,2,\cdots)$，所以 $f^{(n)}(0)=1\ (n=1,2,\cdots)$．于是有级数

$$1+x+\frac{1}{2!}x^2+\cdots+\frac{1}{n!}x^n+\cdots,$$

其收敛半径为 $R=+\infty$，即收敛域为 $(-\infty,+\infty)$.

对于任何有限数 x，有

$$|R_n(x)|=\left|\frac{\mathrm{e}^{\xi}}{(n+1)!}x^{n+1}\right|\leqslant \mathrm{e}^{|x|}\frac{|x|^{n+1}}{(n+1)!}\quad(\xi\text{ 介于 } 0 \text{ 与 } x \text{ 之间}).$$

因为 $\mathrm{e}^{|x|}$ 是有限数，$\frac{|x|^{n+1}}{(n+1)!}$ 是级数 $\sum\limits_{n=0}^{\infty}\frac{|x|^n}{n!}\ (-\infty<x<+\infty)$ 的通项，所以 $\lim\limits_{n\to\infty}\frac{|x|^{n+1}}{(n+1)!}=0$，从而 $\lim\limits_{n\to\infty}R_n(x)=0\ (-\infty<x<+\infty)$，故有

$$e^x = 1 + x + \frac{1}{2!}x^2 + \cdots + \frac{1}{n!}x^n + \cdots \quad (-\infty < x < +\infty).$$

例 22　将 $f(x) = \sin x$ 展开为 x 的幂级数.

解　因为

$$f^{(n)}(x) = \sin\left(x + \frac{n\pi}{2}\right) \quad (n = 1, 2, \cdots),$$

所以
$$f(0) = 0, \quad f^{(2n)}(0) = 0, \quad f^{(2n-1)}(0) = (-1)^{n-1} \quad (n = 1, 2, \cdots).$$

于是有级数

$$x - \frac{x^3}{3!} + \frac{x^5}{5!} - \cdots + (-1)^{n-1}\frac{x^{2n-1}}{(2n-1)!} + \cdots,$$

其收敛半径为 $R = +\infty$，即收敛域为 $(-\infty, +\infty)$.

对于任何有限数 x，有

$$|R_n(x)| = \left|\frac{\sin\left(\xi + (n+1)\frac{\pi}{2}\right)}{(n+1)!}x^{n+1}\right| \leqslant \frac{|x|^{n+1}}{(n+1)!} \quad (\xi 介于 0 与 x 之间).$$

所以对任意 $x \in (-\infty, +\infty)$，有 $\lim\limits_{n\to\infty} R_n(x) = 0$，故有

$$\sin x = x - \frac{x^3}{3!} + \frac{x^5}{5!} - \cdots + (-1)^{n-1}\frac{x^{2n-1}}{(2n-1)!} + \cdots \quad (-\infty < x < +\infty).$$

类似可得下列函数的展开式：

$$\cos x = 1 - \frac{x^2}{2!} + \frac{x^4}{4!} - \cdots + (-1)^n\frac{x^{2n}}{(2n)!} + \cdots \quad (-\infty < x < +\infty).$$

$$\frac{1}{1+x} = 1 - x + x^2 - x^3 + \cdots + (-1)^n x^n + \cdots \quad (-1 < x < 1).$$

$$\ln(1+x) = x - \frac{x^2}{2} + \frac{x^3}{3} - \frac{x^4}{4} + \cdots + (-1)^{n-1}\frac{x^n}{n} + \cdots \quad (-1 < x \leqslant 1).$$

$$(1+x)^m = 1 + mx + \frac{m(m-1)}{2!}x^2 + \cdots + \frac{m(m-1)\cdots(m-n+1)}{n!}x^n + \cdots \quad (-1 < x < 1，m 为实数)$$

2．间接展开法

用直接展开法将函数展开成幂级数，计算量非常大，而且研究余项 $R_n(x)$ 是否趋于零也不是一件容易的事，因此，通常是从已知的展开式出发，通过变量代换、幂级数的运算、逐项求导、逐项积分等方法将所给函数展开成幂级数．这样做不但计算简单，而且避免研究余项．这种方法称为**间接展开法**，这时必须掌握上面推出的几个常见函数的展开式．

例 23　将函数 $\arctan x$ 展开成 x 的幂级数.

解　因为

$$\frac{1}{1+x} = 1 - x + x^2 - x^3 + \cdots + (-1)^n x^n + \cdots \quad (-1 < x < 1),$$

所以
$$\frac{1}{1+x^2} = 1 - x^2 + x^4 - x^6 + \cdots + (-1)^n x^{2n} + \cdots \quad (-1 < x < 1).$$

从而 $$\int_0^x \frac{1}{1+x^2}\mathrm{d}x = \int_0^x \sum_{n=0}^{\infty}(-1)^n x^{2n}\mathrm{d}x = \sum_{n=0}^{\infty}(-1)^n \int_0^x x^{2n}\mathrm{d}x = \sum_{n=0}^{\infty}(-1)^n \frac{x^{2n+1}}{2n+1},$$

故 $$\arctan x = x - \frac{1}{3}x^3 + \frac{1}{5}x^5 - \cdots + (-1)^n \frac{1}{2n+1}x^{2n+1} + \cdots \quad (-1 \leqslant x \leqslant 1).$$

例 24 将函数 $\ln x$ 展开为 $x-1$ 的幂级数

解 因为

$$\ln(1+x) = x - \frac{x^2}{2} + \frac{x^3}{3} - \frac{x^4}{4} + \cdots + (-1)^{n-1}\frac{x^n}{n} + \cdots \quad (-1 < x \leqslant 1),$$

而 $\ln x = \ln[1+(x-1)]$，故利用上式，得

$$\ln x = (x-1) - \frac{(x-1)^2}{2} + \frac{(x-1)^3}{3} - \frac{(x-1)^4}{4} + \cdots + (-1)^{n-1}\frac{(x-1)^n}{n} + \cdots \quad (0 < x \leqslant 2).$$

例 25 将函数 $\frac{1}{x}$ 展成 $x-2$ 的幂级数.

解 因为

$$\frac{1}{1+x} = 1 - x + x^2 - x^3 + \cdots + (-1)^n x^n + \cdots \quad (-1 < x < 1),$$

所以 $$\frac{1}{x} = \frac{1}{2+(x-2)} = \frac{1}{2}\frac{1}{1+\frac{x-2}{2}} \quad \left(-1 < \frac{x-2}{2} < 1\right)$$

$$= \frac{1}{2} - \frac{x-2}{2^2} + \frac{(x-2)^2}{2^3} + \cdots + (-1)^n \frac{(x-2)^n}{2^{n+1}} + \cdots \quad (0 < x < 4).$$

习　题　9–5

1．用直接展开法将下列函数展开成 x 的幂级数.

（1）$f(x) = \cos x$；　　（2）$f(x) = \ln(x+1)$.

2．用间接展开法将下列函数展开成 x 的幂级数，并确定收敛域.

（1）$f(x) = \ln(2-x^2)$；　　（2）$f(x) = \frac{1}{2}(\mathrm{e}^x + \mathrm{e}^{-x})$；

（3）$f(x) = \sin^2 x$；　　（4）$f(x) = \frac{1}{x^2-5x+6}$.

3．将下列函数展开成 $x-1$ 的幂级数:

（1）$f(x) = \frac{1}{x}$；　　（2）$f(x) = \lg x$.

复习题九

1．填空题.

（1）设级数 $\sum_{n=1}^{\infty} u_n$ 的前 n 项部分和 $s_n = \frac{3n}{n+1}$，则 $u_n =$ ______；

（2）级数 $\sum_{n=0}^{\infty} \frac{(\ln 3)^n}{2^n}$ 的和为______；

（3）已知级数 $\sum\limits_{n=1}^{\infty}(-1)^{n-1}a_n=2$，$\sum\limits_{n=1}^{\infty}a_{2n-1}=5$，则 $\sum\limits_{n=1}^{\infty}a_n=$______；

（4）幂级数 $\sum\limits_{n=1}^{\infty}\dfrac{x^n}{\sqrt{n+1}}$ 的收敛半径为______；

（5）级数 $\sum\limits_{n=1}^{\infty}\dfrac{(x-2)^{2n}}{n4^n}$ 的收敛域为______.

2．选择题.

（1）设 $u_n=(-1)^n\ln\left(1+\dfrac{1}{\sqrt{n}}\right)$，则有（　　）.

A　$\sum\limits_{n=1}^{\infty}u_n$ 与 $\sum\limits_{n=1}^{\infty}u_n^2$ 都收敛　　B　$\sum\limits_{n=1}^{\infty}u_n$ 与 $\sum\limits_{n=1}^{\infty}u_n^2$ 都发散

C　$\sum\limits_{n=1}^{\infty}u_n$ 收敛而 $\sum\limits_{n=1}^{\infty}u_n^2$ 发散　　D　$\sum\limits_{n=1}^{\infty}u_n$ 发散而 $\sum\limits_{n=1}^{\infty}u_n^2$ 收敛

（2）设 $p_n=\dfrac{a_n+|a_n|}{2}$, $q_n=\dfrac{a_n-|a_n|}{2}$ $(n=1,2,\cdots)$，则下列命题正确的是（　　）.

A　若 $\sum\limits_{n=1}^{\infty}a_n$ 条件收敛，则 $\sum\limits_{n=1}^{\infty}p_n$ 与 $\sum\limits_{n=1}^{\infty}q_n$ 都收敛

B　若 $\sum\limits_{n=1}^{\infty}a_n$ 绝对收敛，则 $\sum\limits_{n=1}^{\infty}p_n$ 与 $\sum\limits_{n=1}^{\infty}q_n$ 都收敛

C　若 $\sum\limits_{n=1}^{\infty}a_n$ 条件收敛，则 $\sum\limits_{n=1}^{\infty}p_n$ 与 $\sum\limits_{n=1}^{\infty}q_n$ 的敛散性都不定

D　若 $\sum\limits_{n=1}^{\infty}a_n$ 绝对收敛，则 $\sum\limits_{n=1}^{\infty}p_n$ 与 $\sum\limits_{n=1}^{\infty}q_n$ 的敛散性都不定

（3）若级数 $\sum\limits_{n=1}^{\infty}u_n$ 收敛，则下列级数中必收敛的是（　　）.

A　$\sum\limits_{n=1}^{\infty}(-1)^n\dfrac{u_n}{n}$　　B　$\sum\limits_{n=1}^{\infty}u_n^2$　　C　$\sum\limits_{n=1}^{\infty}(u_n+u_{n+1})$　　D　$\sum\limits_{n=1}^{\infty}(u_{2n-1}-u_{2n})$

（4）设 $0\leqslant a_n<\dfrac{1}{n}$ $(n=1,2,\cdots)$，则下列级数中肯定收敛的是（　　）.

A　$\sum\limits_{n=1}^{\infty}a_n$　　B　$\sum\limits_{n=1}^{\infty}(-1)^n a_n$　　C　$\sum\limits_{n=1}^{\infty}\sqrt{a_n}$　　D　$\sum\limits_{n=1}^{\infty}(-1)^n a_n^2$

（5）若幂级数 $\sum\limits_{n=1}^{\infty}a_n(x-1)^n$ 在 $x=-1$ 处收敛，则此级数在 $x=2$ 处（　　）.

A　绝对收敛　　B　条件收敛　　C　发散　　D　收敛性不能确定

3．解答题.

（1）判定级数 $\sum\limits_{n=1}^{\infty}\dfrac{n}{(n+1)!}$ 的敛散性，若收敛求其和；

（2）判定级数$\sum_{n=1}^{\infty}(-1)^n \ln\frac{n+1}{n}$是绝对收敛还是条件收敛；

（3）设正项数列$\{a_n\}$单调减少，且$\sum_{n=1}^{\infty}(-1)^n a_n$发散，试问级数$\sum_{n=1}^{\infty}\left(\frac{1}{a_n+1}\right)^n$是否收敛？并说明理由；

（4）求幂级数$\sum_{n=1}^{\infty}\frac{(x-3)^n}{n^2}$的收敛域；

（5）求幂级数$\sum_{n=1}^{\infty}\frac{1}{n2^n}x^{n-1}$的收敛域，并求其和函数；

（6）求常数项级数$\sum_{n=1}^{\infty}\frac{n^2}{n!}$的和；

（7）将$f(x)=\frac{1}{x^2-3x+2}$展开成x的幂级数，并指出其收敛区间；

（8）求幂级数$1+\sum_{n=1}^{\infty}(-1)^n\frac{x^{2n}}{2n}\ (|x|<1)$的和函数$s(x)$及其极值．

4．证明题．

设正项级数$\sum_{n=1}^{\infty}u_n$和$\sum_{n=1}^{\infty}v_n$都收敛，证明级数$\sum_{n=1}^{\infty}(u_n+v_n)^2$也收敛．

第十章　微分方程与差分方程

函数反映了客观世界运动过程中各种变量之间的关系，是研究现实世界运动规律的重要工具．但在大量的实际问题中遇到稍微复杂的运动过程时，要直接写出反映运动规律的量与量之间的函数关系往往是不可能的，但可建立含有要找的函数及其导数或微分之间的关系式，这种关系式称为微分方程．对微分方程进行分析，找出未知函数，这就是解微分方程．本章主要讨论微分方程的基本概念，几类常用微分方程的解法，以及差分方程．

第一节　微分方程的基本概念

下面通过几何、物理学中的两个例子来引入微分方程的基本概念．

例 1　一曲线过点 $(1,3)$，且在任意一点 $M(x,y)$ 处的切线斜率为 $2x$，求其方程．

解　设所求的曲线方程为 $y=f(x)$，则由导数的几何意义，得

$$y'=2x\ . \tag{1}$$

此外，未知函数 $y=f(x)$ 还满足下列条件：

$$y\big|_{x=1}=3\ . \tag{2}$$

将（1）式两端积分，得 $$y=\int 2x\mathrm{d}x\ ,$$

即 $$y=x^2+C\quad（C\text{ 为任意常数}）. \tag{3}$$

将条件（2）代入（3）式得 $$3=1^2+C\ ,$$

即 $C=2$．故所求曲线方程为 $$y=x^2+2\ .$$

例 2　质量为 m 的物体从高为 s_0 处垂直上抛，不计空气阻力，设初速度为 v_0，求该物体的运动规律．

解　设该物体的运动规律为 $s=s(t)$，由牛顿第二定律及导数的物理意义，得

$$s''=-g\ . \tag{4}$$

此外，未知函数为 $s=s(t)$ 还满足条件：

$$s(0)=s_0,\qquad s'(0)=v_0\ . \tag{5}$$

将(4)式两端积分，得 $$v=\frac{\mathrm{d}s}{\mathrm{d}t}=-gt+C_1\ . \tag{6}$$

再将(6)式两端积分，得 $$s=-\frac{1}{2}gt^2+C_1t+C_2\ . \tag{7}$$

将条件（5）代入（6），（7）式，得 $C_1=v_0$，$C_2=s_0$．故所求物体的运动规律为

$$s=-\frac{1}{2}gt^2+v_0t+s_0\ .$$

上面两个例子中的关系式（1）和（4）都含有未知函数的导数，我们称它们为微分方程．一般地，有：

定义 10.1　含有自变量、未知函数及未知函数的导数或微分的方程称为**微分方程**，简称**方程**．而方程中未知函数的最高阶导数的阶数称为**微分方程的阶**．

例如，方程（1）是一阶微分方程，方程（4）是二阶微分方程．又如，$y'''-y=x$ 为三阶微分方程，$y^{(4)}-y'''+2y'=\mathrm{e}^x$ 为四阶微分方程．

一般地，n 阶微分方程的一般形式为

$$F(x,y,y',\cdots,y^{(n)})=0 . \tag{8}$$

在方程（8）中，$y^{(n)}$ 必须出现，而 $x,y,y',\cdots,y^{(n-1)}$ 等变量则可以不出现．

若能从方程（8）中解出 $y^{(n)}$，可得微分方程

$$y^{(n)}=f(x,y,y',\cdots,y^{(n-1)}) .$$

由前面例子可以看到，在研究一些实际问题时，首先是建立微分方程，然后解出满足微分方程的函数．我们称该函数为方程的解．一般地，有：

定义 10.2 若将一个函数代入微分方程后，方程两端相等，则称该函数为微分方程的**解**．

例如，在例 1 中，$y=x^2+C$，$y=x^2+2$ 都为方程（1）的解；在例 2 中，$s=-\dfrac{1}{2}gt^2+C_1t+C_2$，$s=-\dfrac{1}{2}gt^2+v_0t+s_0$ 都为方程（4）的解．

定义 10.3 若方程的解中含有相互独立的任意常数，且常数的个数等于方程的阶数，则称此解为方程的**通解**．而将通解中任意常数确定后得到的解称为方程的**特解**．

例如，在例 1 中，$y=x^2+C$ 为方程（1）的通解，$y=x^2+2$ 为方程（1）的特解；在例 2 中，$s=-\dfrac{1}{2}gt^2+C_1t+C_2$ 为方程（4）的通解，$s=-\dfrac{1}{2}gt^2+v_0t+s_0$ 为方程（4）的特解．

为了确定通解中的任意常数而得到特解，就必须给出一定的条件．这种用于确定通解中任意常数的条件称为微分方程的**初始条件**．例如，在例 1 中，条件（2）为方程（1）的初始条件；在例 2 中，条件（5）为方程（4）的初始条件．

例 3 验证函数 $y=\mathrm{e}^x+\mathrm{e}^{2x}$ 为微分方程 $y''-3y'+2y=0$ 的解．

解 因为

$$y'=\mathrm{e}^x+2\mathrm{e}^{2x} ,$$

所以

$$y''=\mathrm{e}^x+4\mathrm{e}^{2x} .$$

把 y、y'、y'' 代入方程 $y''-3y'+2y=0$，得

$$\mathrm{e}^x+4\mathrm{e}^{2x}-3(\mathrm{e}^x+2\mathrm{e}^{2x})+2(\mathrm{e}^x+\mathrm{e}^{2x})\equiv 0 .$$

故函数 $y=\mathrm{e}^x+\mathrm{e}^{2x}$ 为微分方程 $y''-3y'+2y=0$ 的解．

习 题 10-1

1．指出下列微分方程的阶数．

（1）$\dfrac{\mathrm{d}y}{\mathrm{d}x}=y^2+x^3$；　　（2）$\dfrac{\mathrm{d}^2y}{\mathrm{d}x^2}=x+\sin x$；

（3）$x(y')^2-2y'+4x^3=0$；　　（4）$y^{(4)}=4$．

2．验证给出的函数是否为相应微分方程的解．

（1）$xy'=2y,\ y=5x^2$；　　（2）$y''+y=0,\ y=3\sin x-4\cos x$；

（3）$(x+y)\mathrm{d}x+x\mathrm{d}y=0,\ y=\dfrac{C^2-x^2}{2x}$；　　（4）$y''=x^2+y^2,\ y=\dfrac{1}{x}$．

3．写出由下列条件确定的曲线所满足的微分方程．

（1）曲线在点 (x,y) 处的切线的斜率等于该点横坐标的平方；

（2）曲线过点 $(1,0)$，且其上任意点 $P(x,y)$ 处的法线与 x 轴的交点为 Q，线段 PQ 被 y 轴平分.

第二节　可分离变量的微分方程与齐次方程

本节及下一节，我们讨论一阶微分方程 $y'=f(x,y)$ 的一些解法.

一阶微分方程有时可写成如下形式

$$P(x,y)\mathrm{d}x+Q(x,y)\mathrm{d}y=0 .$$

一、可分离变量方程

形如

$$f(y)\mathrm{d}y=g(x)\mathrm{d}x$$

的一阶微分方程称为**可分离变量微分方程**.

例如，方程 $y'=2xy$ 为可分离变量方程. 下面探讨可分离变量方程的解法，为此我们先介绍一个结论.

定理 10.1　若 $F'(y)=f(y)$，$G'(x)=g(x)$，则方程 $f(y)\mathrm{d}y=g(x)\mathrm{d}x$ 的通解为

$$F(y)=G(x)+C .$$

证明　（1）先证 $F(y)=G(x)+C$ 是方程的解.

两边对 x 求导，得

$$f(y)\frac{\mathrm{d}y}{\mathrm{d}x}=g(x),$$

即

$$f(y)\mathrm{d}y=g(x)\mathrm{d}x,$$

故 $F(y)=G(x)+C$ 是方程的解.

（2）设 $y=\varphi(x)$ 是方程的任一解，则

$$f[\varphi(x)]\varphi'(x)\mathrm{d}x=g(x)\mathrm{d}x$$

两边关于 x 积分，得

$$\int f[\varphi(x)]\varphi'(x)\mathrm{d}x=\int g(x)\mathrm{d}x .$$

又 $F(y)$ 是 $f(y)$ 的一个原函数，$G(x)$ 是 $g(x)$ 的一个原函数，则

$$F[\varphi(x)]=G(x)+C ,$$

即 $y=\varphi(x)$ 在 $F(y)=G(x)+C$ 中，所以 $F(y)=G(x)+C$ 为方程 $f(y)\mathrm{d}y=g(x)\mathrm{d}x$ 的通解.

由上面的定理，得

可分离变量方程的解法：两边取不定积分，即得通解.

我们通常将 $F(y)=G(x)+C$ 称为可分离变量方程的**隐式通解**.

例 4　求微分方程 $y'=2xy$ 的通解.

解　将原方程分离变量，得

$$\frac{1}{y}\mathrm{d}y=2x\mathrm{d}x,$$

两边取不定积分，得

$$\int\frac{1}{y}\mathrm{d}y=\int 2x\mathrm{d}x,$$

于是

$$\ln y=x^2+C_1 .$$

故所求通解为

$$y=C\mathrm{e}^{x^2}\ (C=\mathrm{e}^{C_1}) .$$

例 5　求微分方程 $y' = e^{x+y}$ 的通解.

解　将原方程分离变量，得

$$e^{-y}dy = e^{x}dx,$$

两边取不定积分，得

$$\int e^{-y}dy = \int e^{x}dx,$$

故所求通解为

$$-e^{-y} = e^{x} + C.$$

例 6　求方程 $\sin x\cos y dx - \cos x\sin y dy = 0$ 满足初始条件 $y(0) = \frac{\pi}{4}$ 的特解.

解　将原方程分离变量，得

$$\frac{\sin y}{\cos y}dy = \frac{\sin x}{\cos x}dx,$$

两边取不定积分，得

$$-\ln\cos y = -\ln\cos x - \ln C,$$

即原方程通解为

$$\cos y = C\cos x.$$

将 $y(0) = \frac{\pi}{4}$ 代入上述通解，得　$\cos\frac{\pi}{4} = C\cos 0$，

即 $C = \frac{\sqrt{2}}{2}$．故所求特解为

$$\cos y = \frac{\sqrt{2}}{2}\cos x.$$

二、齐次方程

形如

$$\frac{dy}{dx} = f\left(\frac{y}{x}\right)$$

的一阶微分方程称为**齐次微分方程**.

例如，方程 $\frac{dy}{dx} = \frac{xy + y^2}{x^2}$ 为齐次方程，下面我们来探讨齐次方程的解法.

令 $u = \frac{y}{x}$，即 $y = ux$，则

$$\frac{dy}{dx} = u + x\frac{du}{dx},$$

代入方程 $\frac{dy}{dx} = f\left(\frac{y}{x}\right)$，得

$$u + x\frac{du}{dx} = f(u),$$

分离变量，得

$$\frac{1}{f(u) - u}du = \frac{1}{x}dx,$$

两边取不定积分，得

$$\int \frac{1}{f(u) - u}du = \int \frac{1}{x}dx.$$

求出积分后，再将 $\frac{y}{x}$ 代替 u，即得齐次方程的通解.

齐次方程的解法：作代换 $u = \frac{y}{x}$，可化为可分离变量方程.

例 7　求方程 $\frac{dy}{dx} = \frac{xy + y^2}{x^2}$ 的通解.

解　原方程可化为

$$\frac{dy}{dx}=\frac{y}{x}+\left(\frac{y}{x}\right)^2, \tag{9}$$

令$u=\frac{y}{x}$，则方程（9）可化为　$u+x\frac{du}{dx}=u+u^2$，

即　$\frac{1}{u^2}du=\frac{1}{x}dx$.

两边积分，得　$-\frac{1}{u}=\ln x+C$，

把$u=\frac{y}{x}$代入上式，得所求通解　$y=-\frac{x}{\ln x+C}$.

例 8　求方程$\frac{dy}{dx}=e^{\frac{y}{x}}+\frac{y}{x}$满足初始条件$y|_{x=1}=0$的特解.

解　令$u=\frac{y}{x}$，则原方程可化为

$$u+x\frac{du}{dx}=e^u+u,$$

即　$\frac{1}{e^u}du=\frac{1}{x}dx$.

两边积分，得　$-e^{-u}=\ln x+C$，

把$u=\frac{y}{x}$代入上式，得所给方程的通解

$$y=-x\ln(-\ln x-C).$$

将$y|_{x=1}=0$代入上述通解，得　$0=-\ln(-C)$，

即$C=-1$．故所求特解为　$y=-x\ln(1-\ln x)$.

在解齐次方程时，我们引进了变量代换，这种通过变量代换先改变方程的形式，再求方程解的方法，是解微分方程的一种常用方法，希望读者细心体会.

例 9　求方程$y'=(x+y)^2$的通解.

解　令$u=x+y$，则$y'=u'-1$，于是原方程可化为

$$u'-1=u^2,$$

即　$\frac{1}{1+u^2}du=dx$.

两边积分，得　$\arctan u=x+C$，

故所求通解为　$y=\tan(x+C)-x$.

习　题　10-2

1．求下列微分方程的通解.

（1）$ydy=xdx$；　（2）$\tan ydx-\cot xdy=0$；　（3）$(x+2y)dx-xdy=0$；

（4）$\frac{dy}{dx}=y\ln y$；　（5）$\frac{dy}{dx}=e^{x-y}$；　（6）$xy'-y=x\tan\frac{y}{x}$.

2．求下列微分方程满足初始条件的特解．

（1）$\frac{dy}{dx}=y(y-1),\ y(0)=1$； （2）$\frac{dy}{dx}=2\sqrt{\frac{y}{x}}+\frac{y}{x},\ y(1)=4$；

（3）$(x^2-1)y'+2xy^2=0,\ y(0)=1$； （4）$xy'-y=\sqrt{x^2-y^2},\ y(1)=\frac{1}{2}$．

第三节 一阶线性微分方程与伯努利方程

一、一阶线性微分方程

形如
$$y'+P(x)y=Q(x) \tag{10}$$
的微分方程称为**一阶线性微分方程**；当 $Q(x)=0$ 时，则方程（10）称为**一阶齐次线性方程**；当 $Q(x)\neq 0$ 时，则方程（10）称为**一阶非齐次线性方程**．

例如，方程 $y'-y\tan x=\sec x$ 为一阶非齐次线性方程，下面我们来探讨方程（10）的解法．

先看齐次方程：
$$y'+P(x)y=0 \tag{11}$$
显然方程（11）是可分离变量方程，分离变量，得
$$\frac{dy}{y}=-P(x)dx,$$
两边积分，得
$$\ln y=\int -P(x)dx+\ln C,$$
于是方程（11）的通解为
$$y=Ce^{-\int P(x)dx}. \tag{12}$$

下面求方程（10）的解．由方程（10）和（11）形式的相似性，可知它们的解也具有某种相似性．下面用一种常数变易法来求方程（10）的解．

假设 $y=u(x)e^{-\int P(x)dx}$ 为非齐次线性方程（10）的解，代入方程（10），得
$$u'(x)e^{-\int P(x)dx}-P(x)u(x)e^{-\int P(x)dx}+P(x)u(x)e^{-\int P(x)dx}=Q(x),$$
于是
$$u'(x)e^{-\int P(x)dx}=Q(x),$$
即
$$u'(x)=Q(x)e^{\int P(x)dx},$$
积分，得
$$u(x)=\int Q(x)e^{\int P(x)dx}dx+C,$$
故方程（10）的通解为
$$y=e^{-\int P(x)\,dx}\left(\int Q(x)e^{\int P(x)\,dx}dx+C\right).$$

一阶线性方程的通解为
$$y=e^{-\int P(x)\,dx}\left(\int Q(x)e^{\int P(x)\,dx}dx+C\right). \tag{13}$$

将（13）式作恒等变形得
$$y=Ce^{-\int P(x)dx}+e^{-\int P(x)dx}\int Q(x)e^{\int P(x)dx}dx,$$
上述解的第 2 项相当于公式（13）中 $C=0$ 的情形，它是方程（10）的一个解；第 1 项是对应齐

次方程的通解．由此可见，一阶非齐次线性方程的通解等于对应齐次线性方程的通解与非齐次线性方程的一个特解之和．

例 10　求方程 $y'-y\tan x=\sec x$ 的通解．

解　因为所给方程为一阶线性方程，且 $P(x)=-\tan x$，$Q(x)=\sec x$．故所求通解为

$$y=\mathrm{e}^{-\int P(x)\mathrm{d}x}\left(\int Q(x)\mathrm{e}^{\int P(x)\mathrm{d}x}\mathrm{d}x+C\right)=\mathrm{e}^{-\int-\tan x\mathrm{d}x}\left(\int\sec x\mathrm{e}^{\int-\tan x\mathrm{d}x}\mathrm{d}x+C\right)$$

$$=\mathrm{e}^{-\ln\cos x}\left(\int\sec x\mathrm{e}^{\ln\cos x}\mathrm{d}x+C\right)=\frac{1}{\cos x}\left(\int\mathrm{d}x+C\right)=\sec x(x+C).$$

例 11　一曲线过点 $(2,\ 2)$，且在任意点 $(x,\ y)$ 处的切线在 y 轴上的截距等于该点的横坐标的立方，求其方程．

解　依题意，得

$$\frac{y-x^3}{x-0}=y' \quad 且 \quad y|_{x=2}=2,$$

即

$$y'-\frac{1}{x}y=-x^2 \quad 且 \quad y|_{x=2}=2.$$

这里 $P(x)=-\frac{1}{x}$，$Q(x)=-x^2$．因而通解为

$$y=\mathrm{e}^{-\int P(x)\mathrm{d}x}\left(\int Q(x)\mathrm{e}^{\int P(x)\mathrm{d}x}\mathrm{d}x+C\right)=\mathrm{e}^{-\int-\frac{1}{x}\mathrm{d}x}\left(\int-x^2\mathrm{e}^{\int-\frac{1}{x}\mathrm{d}x}\mathrm{d}x+C\right)$$

$$=\mathrm{e}^{\ln x}\left(\int-x^2\mathrm{e}^{-\ln x}\mathrm{d}x+C\right)=x\left(\int-x\mathrm{d}x+C\right)=x\left(-\frac{x^2}{2}+C\right).$$

由 $y|_{x=2}=2$，得 $C=3$．故所求曲线方程为

$$y=3x-\frac{x^3}{2}.$$

例 12　求方程 $\frac{\mathrm{d}y}{\mathrm{d}x}=\frac{y}{2x-y^2}$ 的通解．

解　若将 y 看成函数，x 作为变量，此方程不是一阶线性方程．但将 x 看成函数，y 作为变量，则原方程化为

$$\frac{\mathrm{d}x}{\mathrm{d}y}=\frac{2x-y^2}{y}.$$

再化简，得

$$\frac{\mathrm{d}x}{\mathrm{d}y}-\frac{2}{y}x=-y. \tag{14}$$

方程（14）为一阶线性方程，且 $P(y)=-\frac{2}{y}$，$Q(y)=-y$．故所求通解为

$$x=\mathrm{e}^{-\int P(y)\mathrm{d}y}\left(\int Q(y)\mathrm{e}^{\int P(y)\mathrm{d}y}\mathrm{d}y+C\right)=\mathrm{e}^{-\int-\frac{2}{y}\mathrm{d}y}\left(\int-y\mathrm{e}^{\int-\frac{2}{y}\mathrm{d}y}\mathrm{d}y+C\right)$$

$$=\mathrm{e}^{2\ln y}\left(\int-y\mathrm{e}^{-2\ln y}\mathrm{d}y+C\right)=y^2\left(\int-\frac{1}{y}\mathrm{d}y+C\right)=y^2(C-\ln y).$$

二、伯努利方程

形如

$$y' + P(x)y = Q(x)y^n \quad (n \neq 0, 1) \tag{15}$$

的一阶微分方程称为**伯努利方程**.

例如，方程 $xy' + y - y^2 \ln x = 0$ 为伯努利方程，下面我们来探讨伯努利方程的解法.

将方程变形为

$$y^{-n}\frac{\mathrm{d}y}{\mathrm{d}x} + P(x)y^{1-n} = Q(x),$$

令 $z = y^{1-n}$，则方程（15）化为

$$\frac{\mathrm{d}z}{\mathrm{d}x} + (1-n)P(x)z = (1-n)Q(x). \tag{16}$$

方程（16）为一阶线性方程，故可用上述方法求解，最后将 $z = y^{1-n}$ 回代，即得通解.

伯努利方程的解法：作代换 $z = y^{1-n}$ 化为一阶线性方程.

例 13　求方程 $xy' + y - y^2 \ln x = 0$ 的通解.

解　原方程可化为

$$y' + \frac{1}{x}y = \frac{\ln x}{x}y^2, \tag{17}$$

令 $z = y^{-1}$，则方程（17）可化为

$$\frac{\mathrm{d}z}{\mathrm{d}x} - \frac{1}{x}z = -\frac{\ln x}{x}.$$

于是

$$z = \mathrm{e}^{-\int -\frac{1}{x}\mathrm{d}x}\left(\int -\frac{\ln x}{x}\mathrm{e}^{\int -\frac{1}{x}\mathrm{d}x}\mathrm{d}x + C\right) = \mathrm{e}^{\ln x}\left(\int -\frac{\ln x}{x}\mathrm{e}^{-\ln x}\mathrm{d}x + C\right)$$

$$= x\left(\int -\frac{\ln x}{x^2}\mathrm{d}x + C\right) = x\left(\frac{\ln x}{x} + \frac{1}{x} + C\right),$$

即

$$z = Cx + \ln x + 1.$$

把 $z = y^{-1}$ 代入上式，得所求通解　$y = \dfrac{1}{\ln x + Cx + 1}$.

习　题　10-3

1．求下列微分方程的通解.

（1）$y' = x^2 - \dfrac{y}{x}$；　（2）$(1+x^2)y' - 2xy = (1+x^2)^2$；

（3）$y\ln y\mathrm{d}x + (x - \ln y)\mathrm{d}y = 0$；　（4）$\dfrac{\mathrm{d}y}{\mathrm{d}x} = \dfrac{y}{x+y^2}$；

（5）$\dfrac{\mathrm{d}y}{\mathrm{d}x} - y = xy^5$；　（6）$\dfrac{\mathrm{d}y}{\mathrm{d}x} - 3xy = xy^2$.

2．求下列微分方程满足初始条件的特解.

（1）$\dfrac{\mathrm{d}y}{\mathrm{d}x} - y\tan x = \sec x$，$y(0) = 0$；　（2）$\dfrac{\mathrm{d}y}{\mathrm{d}x} + 2xy = \mathrm{e}^{-x^2} - x$，$y(0) = 2$；

（3）$\dfrac{dy}{dx}-\dfrac{xy}{2(x^2+1)}=\dfrac{x}{2y}$，$y(0)=1$.

3．一曲线过原点，且在任意点(x,y)处的切线斜率为$2x+y$，求其方程.

第四节　二阶常系数齐次线性微分方程

本节及下一节，我们将讨论高阶微分方程，主要以二阶常系数线性微分方程为主.

一、函数的线性相关与线性无关

定义 10.4　设$y_1(x),y_2(x),\cdots,y_n(x)$是定义在区间$I$上的函数，若存在不全为零的常数$k_1,k_2,\cdots,k_n$，使得

$$k_1y_1+k_2y_2+\cdots+k_ny_n\equiv 0 .$$

则称$y_1(x),y_2(x),\cdots,y_n(x)$在区间$I$上**线性相关**；否则，称$y_1(x),y_2(x),\cdots,y_n(x)$在区间$I$上**线性无关**.

例如，函数$1,\sin^2 x,\cos^2 x$在$\mathbf{R}$上线性相关．事实上，取$k_1=-1$，$k_2=k_3=1$，则有

$$-1+\sin^2 x+\cos^2 x\equiv 0 .$$

又如，函数$1,x,x^2$在任何区间(a,b)内都线性无关．因为如果k_1,k_2,k_3不全为零，则在该区间内至多有两个x值能使二次三项式$k_1+k_2x+k_3x^2$为零，因而要使它恒等于零，必须k_1,k_2,k_3全为零.

显然，若$y_1(x)$，$y_2(x)$是定义在I上的函数，则$y_1(x)$，$y_2(x)$线性无关的充分必要条件为$\dfrac{y_1(x)}{y_2(x)}\neq C$，其中$C$为常数.

二、二阶齐次线性微分方程及其解的结构

形如

$$y''+P(x)y'+Q(x)y=f(x) \tag{18}$$

的微分方程称为**二阶线性微分方程**．当$f(x)=0$时，方程（18）变为

$$y''+P(x)y'+Q(x)y=0 . \tag{19}$$

方程（19）称为对应的**二阶齐次线性方程**；当$f(x)\neq 0$时，方程（18）称为**二阶非齐次线性方程**.

为了探讨二阶齐次线性方程解的结构，下面先讨论解的性质.

性质 1　若$y(x)$是方程（19）的解，C为常数，则$Cy(x)$也是方程（19）的解.

证明　由$y(x)$是方程（19）的解，得

$$y''(x)+P(x)y'(x)+Q(x)y(x)=0 .$$

于是

$$[Cy(x)]''+P(x)[Cy(x)]'+Q(x)[Cy(x)]=C[y''(x)+P(x)y'(x)+Q(x)y(x)]=C\cdot 0=0 ,$$

故$Cy(x)$也是方程（19）的解.

性质 2　若$y_1(x),y_2(x)$是方程（19）的解，则$y_1(x)+y_2(x)$也是方程（19）的解.

证明　由$y_1(x),y_2(x)$是方程（19）的解，得

$$y_1''(x)+P(x)y_1'(x)+Q(x)y_1(x)=0 ,\quad y_2''(x)+P(x)y_2'(x)+Q(x)y_2(x)=0 .$$

于是

$$\begin{aligned}&[y_1(x)+y_2(x)]''+P(x)[y_1(x)+y_2(x)]'+Q(x)[y_1(x)+y_2(x)]\\&=[y_1''(x)+y_2''(x)]+P(x)[y_1'(x)+y_2'(x)]+Q(x)[y_1(x)+y_2(x)]\\&=[y_1''(x)+P(x)y_1'(x)+Q(x)y_1(x)]+[y_2''(x)+P(x)y_2'(x)+Q(x)y_2(x)]=0+0=0 .\end{aligned}$$

故 $y_1(x)+y_2(x)$ 也是方程（19）的解.

根据二阶齐次线性方程解的性质，不难得到如下定理.

定理 10.2 若 $y_1(x), y_2(x)$ 是方程（19）的两个解，则 $C_1y_1(x)+C_2y_2(x)$ 也是方程（19）的解，其中 C_1, C_2 是两个任意常数.

定理 10.2 说明二阶齐次线性方程的解具有叠加性. 叠加起来的解，从形式上看含有两个任意常数，但它不一定是方程（19）的通解. 根据二阶齐次线性方程解的叠加性和函数的线性无关定义，我们有如下二阶齐次线性方程解的结构定理.

定理 10.3 $y_1(x), y_2(x)$ 是方程（19）的两个线性无关的解，则 $C_1y_1(x)+C_2y_2(x)$ 为方程（19）的通解，其中 C_1, C_2 是两个任意常数.

例如，$y=\mathrm{e}^{3x}$ 与 $y=\mathrm{e}^{5x}$ 是方程 $y''-8y'+15y=0$ 的两个线性无关的解，由定理 10.3 可知这个方程的通解为 $y=C_1\mathrm{e}^{3x}+C_2\mathrm{e}^{5x}$.

三、二阶常系数齐次线性微分方程及其解法

形如

$$y''+py'+qy=0 \tag{20}$$

的微分方程称为**二阶常系数齐次线性微分方程**，其中 p, q 为常数.

由前面的讨论可知，要求出方程（20）的通解，只需找出它的两个线性无关的解 $y_1(x)$, $y_2(x)$，即可得其通解.

命题 e^{rx} 是方程（20）的解的充分必要条件为 r 是方程 $r^2+pr+q=0$ 的解.

证明 由 e^{rx} 是方程（20）的解，得

$$(\mathrm{e}^{rx})''+p(\mathrm{e}^{rx})'+q\mathrm{e}^{rx}=(r^2+pr+q)\mathrm{e}^{rx}=0,$$

又 $\mathrm{e}^{rx}\neq 0$，故

$$r^2+pr+q=0,$$

即 r 是 $r^2+pr+q=0$ 的解.

反之亦然.

我们称

$$r^2+pr+q=0 \tag{21}$$

为方程（20）的**特征方程**.

当特征方程（21）有两个不相等的实根 r_1, r_2 时，则 $y_1=\mathrm{e}^{r_1x}$，$y_2=\mathrm{e}^{r_2x}$ 是方程（20）的两个解，且 $\dfrac{y_1}{y_2}=\mathrm{e}^{(r_1-r_2)x}\neq C$. 从而方程（20）的通解为

$$y=C_1\mathrm{e}^{r_1x}+C_2\mathrm{e}^{r_2x}.$$

当特征方程（21）有两个相等实根 $r_1=r_2=r$ 时，则 $y_1=\mathrm{e}^{rx}$ 是方程（20）的一个解. 因此必须求出另一个解 y_2，使 y_1, y_2 线性无关. 为此设 $\dfrac{y_2}{\mathrm{e}^{rx}}=u(x)$，把 $y_2=u(x)\mathrm{e}^{rx}$ 代入（20），得

$$\mathrm{e}^{rx}[u''+(2r+p)u'+(r^2+pr+q)]=0.$$

由 $\mathrm{e}^{rx}\neq 0$，$2r+p=0,\ r^2+pr+q=0$，得 $u''=0$，所以 $u(x)=C_1+C_2x$. 取 $u(x)=x$，得 $y_2=x\mathrm{e}^{rx}$，从而方程（20）的通解为

$$y=(C_1+C_2x)\mathrm{e}^{rx}.$$

当特征方程（21）有一对共轭虚根 $r_{1,2}=\alpha\pm\mathrm{i}\beta$ 时，则 $y_1=\mathrm{e}^{(\alpha+\mathrm{i}\beta)x}, y_2=\mathrm{e}^{(\alpha-\mathrm{i}\beta)x}$ 为方程（20）

的解．应用欧拉公式，得

$$y_1 = e^{\alpha x}(\cos\beta x + i\sin\beta x)\,,\quad y_2 = e^{\alpha x}(\cos\beta x - i\sin\beta x)\,.$$

由定理 10.2，得

$$Y_1 = \frac{1}{2}(y_1 + y_2) = e^{\alpha x}\cos\beta x\,,\qquad Y_2 = \frac{1}{2i}(y_1 - y_2) = e^{\alpha x}\sin\beta x$$

且为方程（20）的解．显然 Y_1, Y_2 线性无关，从而方程（20）的通解为

$$y = e^{\alpha x}(C_1\cos\beta x + C_2\sin\beta x)\,.$$

综上所述，求二阶常系数齐次线性微分方程 $y'' + py' + qy = 0$ 的通解的步骤如下：

（1）写出方程 $y'' + py' + qy = 0$ 的特征方程 $r^2 + pr + q = 0$；

（2）求出特征方程 $r^2 + pr + q = 0$ 的两个根 r_1, r_2；

（3）根据特征方程 $r^2 + pr + q = 0$ 的两个根的不同情形，按照表 10.1 写出微分方程 $y'' + py' + qy = 0$ 的通解．

表 10.1

特征方程 $r^2 + pr + q = 0$ 的两个根 r_1, r_2	微分方程 $y'' + py' + qy = 0$ 的通解
两个不相等的实根 r_1, r_2	$y = C_1 e^{r_1 x} + C_2 e^{r_2 x}$
两个相等实根 $r_1 = r_2 = r$	$y = (C_1 + C_2 x)e^{rx}$
一对共轭虚根 $r_{1,2} = \alpha \pm i\beta$	$y = e^{\alpha x}(C_1\cos\beta x + C_2\sin\beta x)$

例 14　求下列微分方程的通解．

（1）$y'' + 2y' + y = 0$；　（2）$y'' + 2y' - 3 = 0$；　（3）$y'' - 2y' + 5y = 0$．

解（1）特征方程为 $r^2 + 2r + 1 = 0$，

其根 $r_1 = r_2 = -1$，故所求通解为 $y = (C_1 + C_2 x)e^{-x}$．

（2）特征方程为 $r^2 + 2r - 3 = 0$，

其根 $r_1 = -3,\ r_2 = 1$，故所求通解为 $y = C_1 e^{-3x} + C_2 e^{x}$．

（3）特征方程为 $r^2 - 2r + 5 = 0$，

其根 $r_{1,2} = 1 \pm 2i$．故所求通解为

$$y = e^{x}(C_1\cos 2x + C_2\sin 2x)\,.$$

例 15　求微分方程 $y'' + 6y' + 9y = 0$ 满足初始条件 $y(0) = 1,\ y'(0) = 0$ 的特解．

解　特征方程为 $r^2 + 6r + 9 = 0$，

其根 $r_1 = r_2 = -3$，从而通解为 $y = (C_1 + C_2 x)e^{-3x}$．

于是

$$y' = C_2 e^{-3x} - 3(C_1 + C_2 x)e^{-3x}$$

将条件 $y(0) = 1,\ y'(0) = 0$ 代入上述两式，得

$$\begin{cases} C_1 = 1, \\ C_2 - 3C_1 = 0. \end{cases}$$

解上述方程组得 $C_1 = 1, C_2 = 3$．故所求特解为

$$y = (1+3x)\mathrm{e}^{-3x}.$$

习 题 10-4

1．求下列微分方程的通解．

（1）$y'' - 6y' = 0$；（2）$y'' - 6y' + 9y = 0$；（3）$y'' + 16y = 0$；

（4）$y'' + 6y' + 13y = 0$；（5）$2y'' - 3y' + y = 0$；（6）$4y'' + 4y' + y = 0$．

2．求下列微分方程满足初始条件的特解．

（1）$y'' - 4y' + 3y = 0, y(0) = 6, y'(0) = 10$；（2）$9y'' + 6y' + y = 0, y(0) = 1, y'(0) = 2$；

（3）$y'' + 4y = 0, y(0) = 1, y'(0) = 4$．

3．设某个二阶常系数齐次线性方程的特征方程的一个根为 $3+2\mathrm{i}$，求此微分方程，并求其通解．

4．设函数 $y = y(x)$ 满足条件 $\begin{cases} y'' + 4y' + 4y = 0, \\ y(0) = 2,\ y'(0) = -4, \end{cases}$ 求广义积分 $\int_0^{+\infty} y(x)\mathrm{d}x$．

第五节　二阶常系数非齐次线性微分方程

一、二阶非齐次线性微分方程及其解的结构

给定二阶非齐次线性微分方程

$$y'' + P(x)y' + Q(x)y = f(x) \tag{22}$$

若取 $f(x) = 0$，可确定一个齐次线性微分方程

$$y'' + P(x)y' + Q(x)y = 0 \tag{23}$$

我们称方程（23）为方程（22）对应的**齐次线性方程**．

为了探讨二阶非齐次线性方程解的结构，下面先讨论其解的性质．

性质 3　若 $y_1(x), y_2(x)$ 是方程（22）的两个解，则 $y_1(x) - y_2(x)$ 是方程（23）的解．

证明　由 $y_1(x), y_2(x)$ 是方程（22）的解，得

$$y_1''(x) + P(x)y_1'(x) + Q(x)y_1(x) = f(x), \quad y_2''(x) + P(x)y_2'(x) + Q(x)y_2(x) = f(x).$$

于是

$$\begin{aligned} &[y_1(x) - y_2(x)]'' + P(x)[y_1(x) - y_2(x)]' + Q(x)[y_1(x) - y_2(x)] \\ &= [y_1''(x) - y_2''(x)] + P(x)[y_1'(x) - y_2'(x)] + Q(x)[y_1(x) - y_2(x)] \\ &= [y_1''(x) + P(x)y_1'(x) + Q(x)y_1(x)] - [y_2''(x) + P(x)y_2'(x) + Q(x)y_2(x)] \\ &= f(x) - f(x) = 0, \end{aligned}$$

故 $y_1(x) - y_2(x)$ 是方程（23）的解．

性质 4　若 $y(x)$ 是方程（22）的解，$Y(x)$ 是方程（23）的解，则 $y(x) + Y(x)$ 是方程（22）的解．

证明　由 $y(x)$ 是方程（22）的解，$Y(x)$ 是方程（23）的解，得

$$y''(x) + P(x)y'(x) + Q(x)y(x) = f(x), \quad Y''(x) + P(x)Y'(x) + Q(x)Y(x) = 0.$$

于是

$$[y(x) + Y(x)]'' + P(x)[y(x) + Y(x)]' + Q(x)[y(x) + Y(x)]$$

$$=[y''(x)+Y''(x)]+P(x)[y'(x)+Y'(x)]+Q(x)[y(x)+Y(x)]$$
$$=[y''(x)+P(x)y'(x)+Q(x)y(x)]+[Y''(x)+P(x)Y'(x)+Q(x)Y(x)]$$
$$=f(x)+0=f(x),$$

故 $y(x)+Y(x)$ 是方程（22）的解.

性质 5　设 y_1^* 与 y_2^* 分别是方程

$$y''+P(x)y'+Q(x)y=f_1(x) \quad 与 \quad y''+P(x)y'+Q(x)y=f_2(x)$$

的解，则 $y_1^*+y_2^*$ 是方程

$$y''+P(x)y'+Q(x)y=f_1(x)+f_2(x)$$

的解.

证明过程类似于性质 4，略.

根据二阶非齐次线性微分方程解的性质 3 或性质 4，不难得到如下二阶非齐次线性微分方程解的结构定理.

定理 10.4　若 y^* 是方程（22）的特解，$C_1y_1(x)+C_2y_2(x)$ 是方程（23）的通解，则方程（22）的通解为

$$y=y^*+C_1y_1(x)+C_2y_2(x).$$

例 16　设 $y_1=xe^x$，$y_2=xe^x-e^{-x}$，$y_3=xe^x-e^{2x}+e^{-x}$ 是某二阶非齐次线性方程的解，求该方程的通解.

解　由已知及性质 1，得

$$Y_1=y_1-y_2=e^{-x}, \quad Y_2=y_1-y_3=e^{2x}-e^{-x}$$

为对应的齐次线性方程的解．又 $\dfrac{Y_1}{Y_2}=\dfrac{e^{-x}}{e^{2x}-e^{-x}}\neq C$，所以 Y_1, Y_2 线性无关．故所求通解为

$$y=xe^x+C_1e^{-x}+C_2(e^{2x}-e^{-x}).$$

二、二阶常系数非齐次线性微分方程及其解法

形如

$$y''+py'+qy=f(x) \tag{24}$$

的微分方程称为**二阶常系数非齐次线性微分方程**，其中 p, q 为常数.

若取 $f(x)=0$，可得方程（24）对应的齐次线性微分方程

$$y''+py'+qy=0. \tag{25}$$

根据二阶非齐次线性方程解的结构定理，要求方程（24）的通解，只需求出方程（24）的一个特解和方程（25）的通解．而方程（25）的通解已在第四节解决了，因此下面主要讨论二阶常系数非齐次线性微分方程的一个特解 y^* 的求法.

显然，非齐次线性方程（24）的特解与 $f(x)$ 有关，我们只讨论 $f(x)=e^{\lambda x}P_m(x)$ 型，其中 $P_m(x)=a_0x^m+a_1x^{m-1}+\cdots+a_{m-1}x+a_m$ 为一个 m 次多项式.

我们知道，方程（24）的特解 y^* 是使方程（24）成为恒等式的函数．由于方程（24）的右边是多项式 $P_m(x)$ 与指数函数 $e^{\lambda x}$ 的乘积，而多项式与指数函数乘积的导数仍为多项式与指数函数的乘积，因此，可以推测方程（24）的特解可能是 $y^*=e^{\lambda x}Q(x)$，其中 $Q(x)$ 是某个多项式．把 $y^*, y^{*\prime}, y^{*\prime\prime}$ 代入方程（24），再选择适当的多项式 $Q(x)$，使 $y^*=e^{\lambda x}Q(x)$ 满足方程（24）．为此，将

$$y^* = e^{\lambda x}Q(x),$$

$$y^{*\prime} = e^{\lambda x}[\lambda Q(x) + Q'(x)],$$

$$y^{*\prime\prime} = e^{\lambda x}[\lambda^2 Q(x) + 2\lambda Q'(x) + Q''(x)],$$

代入方程（24）并消去$e^{\lambda x}$，得

$$Q''(x) + (2\lambda + p)Q'(x) + (\lambda^2 + p\lambda + q)Q(x) = P_m(x) \tag{26}$$

（1）当λ不是特征根，即$\lambda^2 + p\lambda + q \neq 0$时，由（26）式可知，$Q(x)$与$P_m(x)$的次数相同，故$Q(x)$也应是一个$m$次多项式．因此，可设

$$Q(x) = Q_m(x) = b_0x^m + b_1x^{m-1} + \cdots + b_m,$$

将其代入（26）式，比较等式两边x同次幂的系数，即可求得$Q_m(x)$的系数，并得到所求的特解$y^* = e^{\lambda x}Q_m(x)$．

（2）当λ是特征单根，即$\lambda^2 + p\lambda + q = 0$，$2\lambda + p \neq 0$时，由（26）式可知，$Q'(x)$与$P_m(x)$的次数相同，故$Q(x)$应是一个$m+1$次多项式．因此，可设为

$$Q(x) = xQ_m(x),$$

用同样方法可求得$Q_m(x)$的系数，并得到所求的特解$y^* = xe^{\lambda x}Q_m(x)$．

（3）当λ是特征重根，即$\lambda^2 + p\lambda + q = 0$，$2\lambda + p = 0$时，由（26）式可知，$Q''(x)$与$P_m(x)$的次数相同，故$Q(x)$应是一个$m+2$次多项式．因此，可设为

$$Q(x) = x^2Q_m(x),$$

用同样方法可求得$Q_m(x)$的系数，并得到所求特解$y^* = x^2e^{\lambda x}Q_m(x)$．

通过上面分析，可以得到二阶常系数非齐次线性微分方程

$$y'' + py' + qy = e^{\lambda x}P_m(x)$$

的特解

$$y^* = x^kQ_m(x)e^{\lambda x}.$$

其中$k = \begin{cases} 0, & \lambda\text{不是特征方程}r^2 + pr + q = 0\text{的根} \\ 1, & \lambda\text{是特征方程}r^2 + pr + q = 0\text{的单根} \\ 2, & \lambda\text{是特征方程}r^2 + pr + q = 0\text{的重根} \end{cases}$，$Q_m(x)$为一个$m$次多项式．

$Q_m(x)$的求法：把y^*代入方程（24），比较等式两边x同次幂的系数，即可求得$Q_m(x)$的系数．

例 17 求微分方程$y'' - 3y' + 2y = xe^x$的一个特解．

解 因为$\lambda = 1$为特征方程$r^2 - 3r + 2 = 0$的单根，故可设特解为

$$y^* = x(ax + b)e^x.$$

将y^*代入所给方程，得

$$-2ax + 2a - b = x.$$

比较两端x同次幂的系数，得

$$\begin{cases} -2a = 1, \\ 2a - b = 0. \end{cases}$$

从而$a = -\dfrac{1}{2}, b = -1$．所以所求特解为

$$y^* = -\left(\frac{1}{2}x^2 + x\right)e^x .$$

例 18　求方程 $y'' - 3y' + 2y = x^2$ 的通解.

解　特征方程为
$$r^2 - 3r + 2 = 0 .$$
其根 $r_1 = 1$，$r_2 = 2$，所以对应齐次线性方程的通解为
$$Y = C_1 e^x + C_2 e^{2x} .$$

又 $\lambda = 0$ 不是特征方程 $r^2 - 3r + 2 = 0$ 的根，故可设特解为
$$y^* = ax^2 + bx + c .$$
将 y^* 代入所给方程，得
$$2ax^2 + (2b - 6a)x + 2a - 3b + 2c = x^2 ,$$
比较两端 x 同次幂的系数，得
$$\begin{cases} 2a = 1, \\ 2b - 6a = 0, \\ 2a - 3b + 2c = 0. \end{cases}$$
从而 $a = \frac{1}{2}$，$b = \frac{3}{2}$，$c = \frac{7}{4}$．所以特解为
$$y^* = \frac{1}{2}x^2 + \frac{3}{2}x + \frac{7}{4}.$$
故所求通解为
$$y = \frac{1}{2}x^2 + \frac{3}{2}x + \frac{7}{4} + C_1 e^x + C_2 e^{2x} .$$

例 19　求方程 $y'' + 9y = x + e^x$ 的一个特解.

解　先对方程 $y'' + 9y = x$ 求解.

因为 $\lambda = 0$ 不是特征方程 $r^2 + 9 = 0$ 的根，故可设方程 $y'' + 9y = x$ 的特解为
$$y_1^* = ax + b .$$
将 y_1^* 代入方程 $y'' + 9y = x$，得
$$9ax + 9b = x ,$$
比较两端 x 同次幂的系数，得
$$\begin{cases} 9a = 1, \\ 9b = 0. \end{cases}$$
从而 $a = \frac{1}{9}$，$b = 0$．所以 $y'' + 9y = x$ 的一个特解为
$$y_1^* = \frac{1}{9}x .$$

同理可求方程 $y'' + 9y = e^x$ 的一个解为
$$y_2^* = \frac{1}{10}e^x .$$
故所求方程的一个特解为
$$y^* = \frac{1}{9}x + \frac{1}{10}e^x .$$

习　题　10-5

1．求下列微分方程的特解.

（1）$y'' - 4y = x^2$；　（2）$y'' + 2y' - 3y = (2x + 1)e^x$；　（3）$y'' + 4y' + 4y = 3e^{-2x}$.

2．求下列微分方程的通解．

（1） $y''+5y'+4y=3-2x$；（2） $y''-2y'-8y=\mathrm{e}^{-2x}$；（3） $y''+2y'+y=x\mathrm{e}^{-x}$；

（4） $y''+y=(x-2)\mathrm{e}^{3x}$；（5） $2y''+5y'=5x^2-2x-1$；（6） $y''+y'=2+x\mathrm{e}^{x}$．

3．求下列微分方程满足初始条件的特解．

（1） $y''+y'-2y=6\mathrm{e}^{-2x},\ y(0)=0,\ y'(0)=1$；

（2） $y''-3y'+2y=5,\ y(0)=1,\ y'(0)=2$；

（3） $y''+4y=8x,\ y(0)=0,\ y'(0)=4$．

4．设 $f(x)$ 连续，且 $f(x)=\mathrm{e}^x+\int_0^x tf(t)\mathrm{d}t-x\int_0^x f(t)\mathrm{d}t$，求 $f(x)$．

第六节 差分方程简介

一、差 分

在自然科学与经济管理研究中，在连续变化的时间范围内，变量 y 的变化速度是用 $\frac{\mathrm{d}y}{\mathrm{d}t}$ 来刻画的．但在有些场合，变量是按一定的离散时间取值．例如，在经济上进行动态分析，判断某一经济计划完成情况时，需要依据计划期末的指标数值来进行．因此常取规定的时间区间上的差商 $\frac{\Delta y}{\Delta t}$ 来刻画变化速度．如果选择 $\Delta t=1$，则 $\Delta y=y(t+1)-y(t)$ 可以近似表示变量的变化速度．

定义 10.5 设函数 $y=f(t)$，记为 y_t，当 t 取遍非负整数时，函数值可以排成一个数列：

$$y_0, y_1, \cdots, y_t, \cdots$$

则差 $y_{t+1}-y_t$ 称为函数 y_t 的**差分**，也称为一阶差分，记为 Δy_t，即

$$\Delta y_t=y_{t+1}-y_t \quad 或 \quad \Delta y(t)=y(t+1)-y(t).$$

一阶差分的差分称为二阶差分，记为 $\Delta^2 y_t$，即

$$\Delta^2 y_t=\Delta(\Delta y_t)=\Delta y_{t+1}-\Delta y_t=(y_{t+2}-y_{t+1})-(y_{t+1}-y_t)=y_{t+2}-2y_{t+1}+y_t.$$

类似可定义三阶差分，四阶差分，……

$$\Delta^3 y_t=\Delta(\Delta^2 y_t),\quad \Delta^4 y_t=\Delta(\Delta^3 y_t),\quad \cdots$$

一般地，函数 y_t 的 $n-1$ 阶差分的差分称为 n 阶差分，记为 $\Delta^n y_t$，即

$$\Delta^n y_t=\Delta^{n-1}y_{t+1}-\Delta^{n-1}y_t=\sum_{i=0}^{n}(-1)^i \mathrm{C}_n^i\, y_{t+n-i}.$$

二阶及二阶以上的差分统称为**高阶差分**．

差分具有类似于导数的运算法则，即

（1） $\Delta(Cy_t)=C\Delta y_t$（C 为常数）；（2） $\Delta(y_t\pm z_t)=\Delta y_t\pm\Delta z_t$；

（3） $\Delta(y_t z_t)=z_t\Delta y_t+y_{t+1}\Delta z_t$；（4） $\Delta\left(\frac{y_t}{z_t}\right)=\frac{z_t\Delta y_t-y_t\Delta z_t}{z_{t+1}z_t}\quad(z_t\neq 0)$．

例 20　设 $y=t^2+2t$，求 $\Delta y_t,\Delta^2 y_t,\Delta^3 y_t$.

解　$\Delta y_t=[(t+1)^2+2(t+1)]-(t^2+2t)=2t+3$.

$\Delta^2 y_t=\Delta(\Delta y_t)=\Delta(2t+3)=2\Delta(t)+\Delta(3)=2\times 1=2$.

$\Delta^3 y_t=\Delta(\Delta^2 y_t)=\Delta(2)=0$.

一般地，若 $f(t)$ 为 n 次多项式，则 $\Delta^n f(t)$ 为常数，且 $\Delta^m f(t)=0\ (m>n)$.

例 21　设 $t^{(n)}=t(t-1)(t-2)\cdots(t-n+1)$，$t^{(0)}=1$，求 $\Delta t^{(n)}$.

解　设 $y_t=t^{(n)}=t(t-1)(t-2)\cdots(t-n+1)$，则

$$\Delta y_t=(t+1)^{(n)}-t^{(n)}=(t+1)t(t-1)\cdots(t+1-n+1)-t(t-1)\cdots(t-n+2)(t-n+1)$$

$$=[(t+1)-(t-n+1)]t(t-1)\cdots(t-n+2)=nt^{(n-1)}.$$

二、差分方程的概念

定义 10.6　含自变量 t，未知函数 y_t 及其未知函数的各阶差分的方程称为**差分方程**.

n 阶差分方程的一般形式为

$$F(t,y_t,\Delta y_t,\Delta^2 y_t,\cdots,\Delta^n y_t)=0 \quad 或 \quad G(t,y_t,y_{t+1},y_{t+2},\cdots,y_{t+n})=0.$$

差分方程中所含未知函数差分的最高阶数称为该差分方程的**阶**. 差分方程的不同形式可以互相转化. 例如，二阶差分方程 $\Delta^2 y_t-2y_t=3^t$ 可化为 $y_{t+2}-2y_{t+1}-y_t=3^t$. 一阶差分方程 $y_{t+1}-y_t=2$ 可化为 $\Delta y_t=2$.

例 22　试确定下列差分方程的阶.

（1）$y_{t+3}-y_{t-2}+y_{t-4}=0$;　　　　（2）$5y_{t+5}+3y_{t+1}=7$.

解　（1）由于方程中未知函数下标的最大差为 7，故方程的阶为 7.

（2）由于方程中未知函数下标的最大差为 4，故方程的阶为 4.

定义 10.7　满足差分方程的函数称为该差分方程的**解**.

如对于差分方程 $y_{t+1}-y_t=2$，将 $y_t=2t$ 代入该方程，有

$$y_{t+1}-y_t=2(t+1)-2t=2,$$

故 $y_t=2t$ 是该差分方程的解. 易见对任意常数 C，$y_t=2t+C$ 都是差分方程 $y_{t+1}-y_t=2$ 的解.

若差分方程的解中含有的相互独立的任意常数的个数恰好等于方程的阶数，则称这个解为该差分方程的**通解**.

我们往往要根据系统在初始时刻所处的状态对差分方程附加一定的条件，这种附加条件称为初始条件. 满足初始条件的解称为**特解**.

定义 10.8　若差分方程中所含未知函数及未知函数的各阶差分均为一次，则称该差分方程为**线性差分方程**.

线性差分方程的一般形式为

$$y_{t+n}+a_1(t)y_{t+n-1}+\cdots+a_{n-1}(t)y_{t+1}+a_n(t)y_t=f(t),$$

其特点是 y_{t+n}，y_{t+n-1}，$\cdots$，y_t 都是一次的.

例 23　指出下列等式哪一个是差分方程，若是，进一步指出是否为线性方程.

（1） $-3\Delta y_t = 3y_t + a^t$；　　　　（2） $y_{t+2} - 2y_{t+1} + 3y_t = 4$．

解（1）将原方程变形为 $-3y_{t+1} = a^t$，于是该方程不是差分方程．

（2）由定义可知，此方程是差分方程，且是线性差分方程．

三、一阶常系数线性差分方程

一阶常系数线性差分方程的一般形式为

$$y_{t+1} - Py_t = f(t), \tag{27}$$

其中，P 为非零常数，$f(t)$ 为已知函数．如果 $f(t)=0$，则方程变为

$$y_{t+1} - Py_t = 0, \tag{28}$$

方程（28）称为**一阶常系数线性齐次差分方程**．相应地，方程（27）称为**一阶常系数线性非齐次差分方程**．

1．一阶常系数线性齐次差分方程的通解

对于 $y_{t+1} - Py_t = 0$，P 为非零常数，采用迭代法求其通解．

设 y_0 已知，将 $t = 0,1,2,\cdots$ 代入 $y_{t+1} - Py_t = 0$，得

$$y_1 = Py_0,\quad y_2 = Py_1 = P^2 y_0,\quad y_3 = Py_2 = P^3 y_0,\quad \cdots,\quad y_t = P^t y_0,$$

则 $y_t = y_0 P^t$ 为方程（28）的解．

易证，对任意常数 A，$y_t = AP^t$ 都是方程（28）的解，故方程（28）的通解为

$$y_t = AP^t. \tag{29}$$

例 24　求差分方程 $y_{t+1} - 3y_t = 0$ 的通解．

解　由（29）式得，原方程的通解为 $y_t = A3^t$．

2．一阶常系数线性非齐次差分方程的通解

定理 10.5　设 $\overline{y}_t$ 为方程（28）的通解，y_t^* 为方程（27）的一个特解，则 $y_t = \overline{y}_t + y_t^*$ 为方程（27）的通解．

证明　由题设，有

$$y_{t+1}^* - Py_t^* = f(t),\quad \overline{y}_{t+1} - P\overline{y}_t = 0,$$

两式相加，得

$$(\overline{y}_{t+1} + y_{t+1}^*) - P(\overline{y}_t + y_t^*) = f(t),$$

故 $y_t = \overline{y}_t + y_t^*$ 为方程（27）的通解．

下面针对右边项 $f(t)$ 的几种特殊形式，给出求其特解 y_t^* 的方法，进一步给出方程（27）的通解形式．

（1） $f(t) = C$ (C 为非零常数)，则方程（27）为

$$y_{t+1} - Py_t = C. \tag{30}$$

下面通过两种方法即迭代法及待定系数法给出方程（30）的特解，进一步给出方程（30）的通解．

迭代法：给定初值 y_0，由于 $y_{t+1}^*=Py_t^*+C$，所以

$$y_1^*=Py_0+C,$$

$$y_2^*=Py_1^*+C=P^2y_0+C(1+P),$$

$$y_3^*=Py_2^*+C=P^3y_0+C(1+P+P^2),$$

……

$$y_t^*=P^ty_0+C(1+P+P^2+\cdots+P^{t-1}).$$

当 $P\neq 1$ 时，方程（30）的特解为

$$y_t^*=\left(y_0-\frac{C}{1-P}\right)P^t+\frac{C}{1-P}.$$

又方程（30）对应的齐次方程的通解为 $\bar{y}_t=AP^t$，

故方程（30）的通解为 $y_t=\left(A+y_0-\frac{C}{1-P}\right)P^t+\frac{C}{1-P}.$

当 $P=1$ 时，方程（30）的特解为 $y_t^*=y_0+Ct$.

又方程（30）对应的齐次方程的通解为 $\bar{y}_t=A$，
故方程（30）的通解为 $y_t=A+y_0+Ct$.

待定系数法：设方程（30）具有 $y_t^*=kt^s$ 形式的特解.

当 $P\neq 1$ 时，取 $s=0$，代入方程（30）得

$$k-Pk=C,$$

即 $k=\frac{C}{1-P}$，于是方程（30）的特解为

$$y_t^*=\frac{C}{1-P}.$$

又方程（30）对应的齐次方程的通解为

$$\bar{y}_t=AP^t,$$

故方程（30）的通解为 $y_t=AP^t+\frac{C}{1-P}.$

当 $P=1$ 时，取 $s=1$，将 $y_t^*=kt$ 代入方程（30）得 $k=C$. 于是方程（30）的特解为 $y_t^*=Ct$.
又方程（30）对应的齐次方程的通解为

$$\bar{y}_t=A,$$

故方程（30）的通解为 $y_t=A+Ct$.

（2）$f(t)=Cb^t$ (C,b 为非零常数且 $b\neq 1$)，方程（27）为

$$y_{t+1}-Py_t=Cb^t. \tag{31}$$

当 $b\neq P$ 时，设 $y_t^*=kb^t$ 为方程（31）的特解，将其代入方程（31），得

$$kb^{t+1}-Pkb^t=Cb^t,$$

于是 $k=\dfrac{C}{b-P}$，从而
$$y_t^*=\frac{C}{b-P}b^t.$$

故当 $b\neq P$ 时，方程（31）的通解为

$$y_t=AP^t+\frac{C}{b-P}b^t.$$

当 $b=P$ 时，设 $y_t^*=ktb^t$ 为方程（31）的特解，将其代入方程（31），得 $k=\dfrac{C}{P}$，故当 $b=P$ 时，方程（31）的通解为

$$y_t=AP^t+Ctb^t.$$

（3）$f(t)=Ct^n$ (C 为非零常数，n 为正整数)，方程（27）为

$$y_{t+1}-Py_t=Ct^n. \tag{32}$$

当 $P\neq 1$ 时，设 $y_t^*=B_0+B_1t+\cdots+B_nt^n$ 为方程（32）的特解，其中 $B_0,B_1,\cdots,B_n$ 为待定系数，将其代入方程（32），求出 $B_0,B_1,\cdots,B_n$ 便得方程（32）的特解 y_t^*.

当 $P=1$ 时，设 $y_t^*=t(B_0+B_1t+\cdots+B_nt^n)$ 为方程（32）的特解，其中 $B_0,B_1,\cdots,B_n$ 为待定系数，将其代入方程（32），求出 $B_0,B_1,\cdots,B_n$ 便得方程（32）的特解 y_t^*.

例 25 求差分方程 $y_{t+1}-3y_t=-2$ 的通解.

解 由于 $P=3,\ C=-2$，故原方程的通解为

$$y_t=A3^t+1.$$

例 26 求差分方程 $y_{t+1}-\dfrac{1}{2}y_t=3\left(\dfrac{3}{2}\right)^t$ 在初始条件 $y_0=5$ 的特解.

解 由于 $P=\dfrac{1}{2},\ C=3,\ b=\dfrac{3}{2}$，于是通解为

$$y_t=A\left(\frac{1}{2}\right)^t+3\left(\frac{3}{2}\right)^t.$$

将 $y_0=5$ 代入上式，得 $A=2$. 故所求特解为

$$y_t=2\left(\frac{1}{2}\right)^t+3\left(\frac{3}{2}\right)^t.$$

例 27 求差分方程 $y_{t+1}-4y_t=3t^2$ 的通解.

解 设 $y_t^*=B_0+B_1t+B_2t^2$ 为原方程的解，将 y_t^* 代入原方程，得

$$(-3B_0+B_1+B_2)+(-3B_1+2B_2)t-3B_2t^2=3t^2.$$

比较同次幂系数，得 $B_0=-\dfrac{5}{9},\ B_1=-\dfrac{2}{3},\ B_3=-1$. 于是

$$y_t^*=-\left(\frac{5}{9}+\frac{2}{3}t+t^2\right),$$

故原方程的通解为 $$y_t=-\left(\frac{5}{9}+\frac{2}{3}t+t^2\right)+A4^t.$$

四、二阶常系数线性差分方程

二阶常系数线性差分方程的一般形式:

$$y_{t+2}+ay_{t+1}+by_t=f(t), \tag{33}$$

其中，a,b 均为常数，且 $b\neq0$，$f(t)$ 是已知函数．当 $f(t)=0$ 时，方程（33）变为

$$y_{t+2}+ay_{t+1}+by_t=0 \tag{34}$$

方程（34）称为**二阶常系数线性齐次差分方程**．相应地，方程（33）称为**二阶常系数线性非齐次差分方程**．

1．二阶常系数线性齐次差分方程的通解

为求二阶常系数线性齐次差分方程（34）的通解，设 $y_t=\lambda^t(\lambda\neq0)$ 为（34）的一个特解，代入方程（34），得

$$\lambda^{t+2}+a\lambda^{t+1}+b\lambda^t=0,$$

从而 $$\lambda^2+a\lambda+b=0. \tag{35}$$

方程（35）称为二阶常系数线性齐次差分方程（34）的**特征方程**，其根称为**特征根**．

特征根：$\lambda_1=\dfrac{-a+\sqrt{a^2-4b}}{2}$，$\lambda_2=\dfrac{-a-\sqrt{a^2-4b}}{2}$．

当 $a^2>4b$ 时，特征方程（35）有两个相异的实数根 λ_1,λ_2，则差分方程（34）的通解为

$$y_t=A_1\lambda_1^t+A_2\lambda_2^t\quad（A_1,A_2\text{为任意常数}）.$$

当 $a^2=4b$ 时，特征方程（35）有两重实数根 $\lambda_1=\lambda_2=-\dfrac{a}{2}$，则差分方程（34）的通解为

$$y_t=(A_1+A_2t)\left(-\frac{a}{2}\right)^t\quad（A_1,A_2\text{为任意常数}）.$$

当 $a^2<4b$ 时，特征方程（35）有两个共轭复数根 $\lambda_{1,2}=\alpha\pm\mathrm{i}\beta$，将它们化成三角形式，得

$$\lambda_{1,2}=r(\cos\theta\pm\mathrm{i}\sin\theta).$$

其中，$r=\sqrt{\alpha^2+\beta^2},\tan\theta=\dfrac{\beta}{\alpha}$.则

$$y_t^{(1)}=\lambda_1^t=r^t(\cos t\theta+\mathrm{i}\sin t\theta),\quad y_t^{(2)}=\lambda_2^t=r^t(\cos t\theta-\sin t\theta)$$

都是差分方程（34）的特解.

易证，$\dfrac{1}{2}(y_t^{(1)}+y_t^{(2)})$ 及 $\dfrac{1}{2\mathrm{i}}(y_t^{(1)}-y_t^{(2)})$ 也都是方程（34）的特解，即 $r^t\cos t\theta$ 及 $r^t\sin t\theta$ 都是方程（34）的特解．故差分方程（34）的通解为

$$y_t=r^t(A_1\cos t\theta+A_2\sin t\theta)\quad（A_1,A_2\text{为任意常数}）.$$

例 28　求差分方程 $y_{t+2}-3y_{t+1}-4y_t=0$ 的通解.

解 特征方程为 $$\lambda^2-3\lambda-4=0,$$
其特征根为 $\lambda_1=-1,\lambda_2=4$，故所求通解为

$$y_t=A_1(-1)^t+A_2 4^t .$$

例 29 求差分方程 $y_{t+2}+4y_{t+1}+4y_t=0$ 的通解.

解 特征方程为 $$\lambda^2+4\lambda+4=0,$$
其特征根 $\lambda_1=\lambda_2=-2$，故所求通解为

$$y_t=(A_1+A_2t)(-2)^t .$$

例 30 求差分方程 $y_{t+2}-2y_{t+1}+4y_t=0$ 的通解.

解 特征方程为 $$\lambda^2-2\lambda+4=0,$$
其特征根为 $\lambda_{1,2}=1\pm\mathrm{i}\sqrt{3}$，于是 $r=\sqrt{1^2+(\sqrt{3})^2}=2,\ \tan\theta=\sqrt{3},\ \theta=\dfrac{\pi}{3}$，故所求通解为

$$y_t=2^t\left(A_1\cos\frac{\pi}{3}t+A_2\sin\frac{\pi}{3}t\right).$$

2．二阶常系数线性非齐次差分方程的通解和特解

定理 10.6 设 $\overline{y}_t$ 为方程(34)的通解，y_t^* 为方程(33)的一个特解，则 $y_t=\overline{y}_t+y_t^*$ 为方程(33)的通解.

证略.

下面仅考虑方程（33）中的 $f(t)$ 取某些特殊形式的函数时的特解.

（1）若 $f(t)=P_m(t)$ ($P_m(t)$ 为 m 次多项式)，则方程（33）具有形如

$$y_t^*=t^kR_m(t)$$

的特解，其中 $R_m(t)$ 为 m 次待定多项式.

对所给方程的具体情况，可进一步确定如下.

当 $1+a+b\neq0$ 时，取 $k=0$，设 $y_t^*=B_0+B_1t+\cdots+B_mt^m$；

当 $1+a+b=0$，但 $a\neq-2$ 时，取 $k=1$，设 $y_t^*=t(B_0+B_1t+\cdots+B_mt^m)$；

当 $1+a+b=0$，且 $a=-2$ 时，取 $k=2$，设 $y_t^*=t^2(B_0+B_1t+\cdots+B_mt^m)$.

（2）若 $f(t)=P_m(t)C^t$ ($P_m(t)$ 为 m 次多项式，C 为常数)，则方程（33）具有形如

$$y_t^*=t^kR_m(t)C^t$$

的特解，其中 $R_m(t)$ 为 m 次待定多项式.

对所给方程的具体情况，可进一步确定如下.

当 $C^2+Ca+b\neq0$ 时，取 $k=0$，设 $y_t^*=(B_0+B_1t+\cdots+B_mt^m)C^t$；

当 $C^2+Ca+b=0$，但 $2C+a\neq-2$ 时，取 $k=1$，设 $y_t^*=t(B_0+B_1t+\cdots+B_mt^m)C^t$；

当 $C^2+Ca+b=0$，且 $2C+a=-2$ 时，取 $k=2$，设 $y_t^*=t^2(B_0+B_1t+\cdots+B_mt^m)C^t$.

例 31 求差分方程 $y_{t+2}+3y_{t+1}-4y_t=t$ 的通解.

解 易见对应齐次方程的通解为

$$Y_t = A_1(-4)^t + A_2\ ,$$

因$1+a+b=0$且$a=3\neq -2$，故可设特解为

$$y_t^* = t(B_0 + B_1 t)\ .$$

把它代入原方程，得$B_0 = -\dfrac{7}{50}, B_1 = \dfrac{1}{10}$. 于是特解为

$$y_t^* = t\left(-\frac{7}{50} + \frac{1}{10}t\right),$$

故所求通解为

$$y_t = t\left(-\frac{7}{50} + \frac{1}{10}t\right) + A_1(-4)^t + A_2\ .$$

例 32 求差分方程$y_{t+2}+2y_{t+1}+y_t = 3\cdot 2^t$的通解.

解 易见对应齐次方程的通解为

$$Y_t = (A_1 + A_2 t)(-1)^t\ ,$$

因$C^2+Ca+b=9\neq 0$，故可设特解为

$$y_t^* = B_0 2^t\ ,$$

把它代入原方程，得$B_0 = \dfrac{1}{3}$. 于是特解为

$$y_t^* = \frac{1}{3}\cdot 2^t\ ,$$

故所求通解为

$$y_t = \frac{1}{3}\cdot 2^t + (A_1 + A_2 t)(-1)^t\ .$$

五、差分方程在经济学中的应用

采用与微分方程完全类似的方法，可以建立在经济学中的差分方程模型，下面举例说明其应用.

1."筹措教育经费"模型

某家庭从现在着手，从每月工资中拿出一部分资金存入银行，用于投资子女的教育，并计算 20 年后开始从投资账户中每月支取 1 000 元，直到 10 年后子女大学毕业并用完全部资金. 要实现这个投资目标，20 年内要总共筹措多少资金？每月要在银行存入多少钱？假设投资的月利率为 0.5%，为此，设第t个月，投资账户资金为a_t，每月存资金为b元，于是

20 年后，关于a_t的差分方程模型为

$$a_{t+1} = 1.005a_t - 1\,000\ . \tag{36}$$

且$a_{120}=0$, a_0为 20 年筹措的资金.

从现在到 20 年内，关于a_t的差分方程模型为

$$a_{t+1} = 1.005a_t + b\ . \tag{37}$$

且$a_0=0$, a_{240}为 20 年内筹措的资金.

2. 价格与库存模型

设$P(t)$为第t个时段某类产品的价格，$L(t)$为第t个时段的库存量，$\overline{L}$为该产品的合理库存量. 一般情况下，如果库存量超过合理库存，则该产品的售价要下跌；如果库存量低于合理库存，

则该产品售价要上涨．于是关于 P_t 的差分方程模型为

$$P_{t+1}-P_t=k(\overline{L}-L_t)\,. \tag{38}$$

其中，k 为比例常数．

3．国民收入的稳定分析模型

设第 t 期内的国民收入 y_t 主要用于该期内的消费 C_t，再生产投资 I_t 和政府用于公共设施的开支 G（定为常数），即有

$$y_t=C_t+I_t+G\,. \tag{39}$$

又设第 t 期的消费水平与前一期的国民收入水平有关，即

$$C_t=Ay_{t-1}\quad(0<A<1)\,. \tag{40}$$

第 t 期的生产投资应取决于消费水平的变化，即有

$$I_t=B(C_t-C_{t-1})\,. \tag{41}$$

由方程（39），（40），（41）合并整理，得关于 y_t 的差分方程模型

$$y_t-A(1+B)y_{t-1}+BAy_{t-2}=G\,. \tag{42}$$

习 题 10-6

1．求下列函数的差分．

（1）$y_t=C$（C 为常数），求 Δy_t；（2）$y_t=a^t$（$a>0,a\neq1$），求 $\Delta^2 y_t$；

（3）$y_t=\sin t$，求 Δy_t；（4）$y_t=t^3+3$，求 $\Delta^3 y_t$．

2．确定下列方程的阶．

（1）$y_{t+3}-t^2y_{t+1}+3y_t=2$；（2）$y_{t-2}-y_{t-4}=y_{t+2}$．

3．验证函数 $y_t=C_1+C_2 2^t$ 是差分方程 $y_{t+2}-2y_{t+1}+2y_t=0$ 的解，并求 $y_0=1,\ y_1=3$ 时方程的特解．

4．求下列差分方程的通解和特解．

（1）$y_{t+1}-5y_t=3,\ y_0=1$；

（2）$y_{t+1}+y_t=2^t,\ y_0=2$；

（3）$y_{t+1}+4y_t=2t^2+t-1,\ y_0=1$；

（4）$y_{t+2}+3y_{t+1}-\dfrac{7}{4}y_t=9,\ y_0=6,\ y_1=3$；

（5）$y_{t+2}-4y_{t+1}+16y_t=0,\ y_0=0,\ y_1=1$；

（6）$y_{t+2}-2y_{t+1}+2y_t=0,\ y_0=2,\ y_1=2$．

复习题十

1．填空题．

（1）微分方程 $y\mathrm{d}x+(x^2-4x)\mathrm{d}y=0$ 的通解为________；

（2）微分方程 $(x+y)\mathrm{d}x-(y-x)\mathrm{d}y=0$ 的通解为________；

（3）微分方程 $y''+5y'+6y=0$ 的通解为________；

（4）微分方程 $y''-y'-2y=\mathrm{e}^{2x}$ 的一个特解为________；

（5）差分方程 $2y_{t+1}+10y_t-5t=0$ 的通解为________．

2．选择题．

（1）下列微分方程中是一阶线性微分方程的是（　　）．

A　$xy' = y + x^2$　　B　$xy' \cdot e^y = 1$　　C　$y'' = x$　　D　$(xy - x^2)y' = y^2$

（2）函数 $y = e^x \int_x^0 e^{t^2} dt + Ce^x$ 是微分方程（　　）的解．

A　$y' - y = e^{x+x^2}$　　B　$y' - y = -e^{x+x^2}$　　C　$y' + y = e^{x+x^2}$　　D　$y' + y = -e^{x+x^2}$

（3）微分方程 $y'' - y = e^x + 1$ 的一个特解应具有形式（　　）．

A　$ae^x + b$　　B　$axe^x + bx$　　C　$ae^x + bx$　　D　$axe^x + b$；

（4）与差分方程 $y_{t+1} - y_t = 2t^2$ 等价的是（　　）．

A　$y_t - y_{t-1} = 2t^2$　　B　$y_{t+2} - y_{t+1} = 2t^2$

C　$y_t - y_{t-1} = 2(t-1)^2$　　D　$y_t - y_{t-1} = 2(t+1)^2$

（5）差分方程 $y_t - 3y_{t-1} - 4y_{t-2} = 0$ 的通解为（　　）．

A　$y_t = (-1)^t A + B4^t$　　B　$y_t = (-1)^t B$

C　$y_t = (-1)^t + B4^t$　　D　$y_t = A4^t$

3．解答题．

（1）求解微分方程 $(x^3 + y^3)dx - 3xy^2 dy = 0$；

（2）求解微分方程 $y' + y\cos x = (\ln x)e^{-\sin x}$；

（3）求解微分方程 $(\cos y)y' = x + 1 - \sin y$；

（4）求微分方程 $y'' - 6y' + 9y = 0$ 满足初始条件 $y(0) = 1, y'(0) = 0$ 的特解；

（5）求微分方程 $y'' - 3y' + \frac{9}{4}y = e^x$ 的通解；

（6）设 $\varphi(x)$ 为二次可微函数，且 $\varphi(x) = \cos x - \int_0^x (x-u)\varphi(u)du$，求 $\varphi(x)$；

（7）求差分方程 $y_{t+1} - y_t = t2^t$ 的通解；

（8）求差分方程 $y_{t+2} + 5y_{t+1} + 4y_t = t$ 的通解．

4．证明题．

设函数 $f(x)$ 在 $[1, +\infty)$ 上连续且由曲线 $y = f(x)$，直线 $x = 1,\ x = t(t > 1)$ 与 x 轴围成的平面图形绕 x 轴旋转一周所成的旋转体的体积为 $V(t) = \frac{\pi}{3}[t^2 f(t) - f(1)]$，证明过点 $(2, 9)$ 的曲线方程为 $y = \frac{x}{1+x^3}$．

附录一　基础知识

一、三角公式

1. 平方关系

（1）$\sin^2\alpha+\cos^2\alpha=1$；　（2）$1+\tan^2\alpha=\sec^2\alpha$；　（3）$1+\cot^2\alpha=\csc^2\alpha$.

2. 倍角公式

（1）$\sin 2\alpha=2\sin\alpha\cos\alpha$；　（2）$\cos 2\alpha=\cos^2\alpha-\sin^2\alpha=2\cos^2\alpha-1=1-2\sin^2\alpha$；

（3）$\tan 2\alpha=\dfrac{2\tan\alpha}{1-\tan^2\alpha}$.

3. 两角和与差公式

（1）$\sin(\alpha\pm\beta)=\sin\alpha\cos\beta\pm\cos\alpha\sin\beta$；　（2）$\cos(\alpha\pm\beta)=\cos\alpha\cos\beta\mp\sin\alpha\sin\beta$；

（3）$\tan(\alpha\pm\beta)=\dfrac{\tan\alpha\pm\tan\beta}{1\mp\tan\alpha\tan\beta}$.

4. 万能公式

（1）$\sin\alpha=\dfrac{2\tan\dfrac{\alpha}{2}}{1+\tan^2\dfrac{\alpha}{2}}$；　（2）$\cos\alpha=\dfrac{1-\tan^2\dfrac{\alpha}{2}}{1+\tan^2\dfrac{\alpha}{2}}$；　（3）$\tan\alpha=\dfrac{2\tan\dfrac{\alpha}{2}}{1-\tan^2\dfrac{\alpha}{2}}$.

5. 积化和差公式

（1）$\sin\alpha\cos\beta=\dfrac{1}{2}[\sin(\alpha+\beta)+\sin(\alpha-\beta)]$；（2）$\cos\alpha\sin\beta=\dfrac{1}{2}[\sin(\alpha+\beta)-\sin(\alpha-\beta)]$；

（3）$\cos\alpha\cos\beta=\dfrac{1}{2}[\cos(\alpha+\beta)+\cos(\alpha-\beta)]$；（4）$\sin\alpha\sin\beta=-\dfrac{1}{2}[\cos(\alpha+\beta)-\cos(\alpha-\beta)]$.

6. 和差化积公式

（1）$\sin\alpha+\sin\beta=2\sin\dfrac{\alpha+\beta}{2}\cos\dfrac{\alpha-\beta}{2}$；　（2）$\sin\alpha-\sin\beta=2\cos\dfrac{\alpha+\beta}{2}\sin\dfrac{\alpha-\beta}{2}$；

（3）$\cos\alpha+\cos\beta=2\cos\dfrac{\alpha+\beta}{2}\cos\dfrac{\alpha-\beta}{2}$；　（4）$\cos\alpha-\cos\beta=-2\sin\dfrac{\alpha+\beta}{2}\sin\dfrac{\alpha-\beta}{2}$.

二、反三角函数公式

（1）$\arccos(-x)=\pi-\arccos x$；　（2）$\operatorname{arccot}(-x)=\pi-\operatorname{arccot}x$；

（3）$\arcsin x+\arccos x=\dfrac{\pi}{2}$；　（4）$\arctan x+\operatorname{arccot}x=\dfrac{\pi}{2}$；

（5）$\sin(\arcsin x)=x$；　（6）$\sin(\arccos x)=\sqrt{1-x^2}$；

（7）$\sin(\arctan x)=\dfrac{x}{\sqrt{1+x^2}}$；　（8）$\sin(\operatorname{arccot}x)=\dfrac{1}{\sqrt{1+x^2}}$；

（9）$\cos(\arcsin x)=\sqrt{1-x^2}$；　（10）$\cos(\arccos x)=x$；

（11）$\cos(\arctan x)=\dfrac{1}{\sqrt{1+x^2}}$；　（12）$\cos(\operatorname{arccot}x)=\dfrac{x}{\sqrt{1+x^2}}$；

（13）$\tan(\arcsin x)=\dfrac{x}{\sqrt{1-x^2}}$；　（14）$\tan(\arccos x)=\dfrac{\sqrt{1-x^2}}{x}$；

（15）$\tan(\arctan x)=x$；　（16）$\tan(\mathrm{arccot}\, x)=\dfrac{1}{x}$；

（17）$\cot(\arcsin x)=\dfrac{\sqrt{1-x^2}}{x}$；　（18）$\cot(\arccos x)=\dfrac{x}{\sqrt{1-x^2}}$；

（19）$\cot(\arctan x)=\dfrac{1}{x}$；　（20）$\cot(\mathrm{arccot}\, x)=x$.

三、代数公式

1. 对数公式

（1）$\log_a a=1,\ \log_a 1=0$；　（2）$\log_a(xy)=\log_a x+\log_a y$；

（3）$\log_a x^y=y\log_a x$；　（4）$\log_a \dfrac{x}{y}=\log_a x-\log_a y$；

（5）$\log_x y=\dfrac{\log_a y}{\log_a x}$；　（6）$x^y=a^{y\log_a x}$.

2. 方幂公式

（1）$a^m a^n=a^{m+n}$；　（2）$\dfrac{a^m}{a^n}=a^{m-n}$；　（3）$(a^m)^n=a^{mn}$；　（4）$(ab)^m=a^m b^m$；

（5）$\left(\dfrac{a}{b}\right)^m=\dfrac{a^m}{b^m}$；　（6）$(a+b)^n=\mathrm{C}_n^0 a^n+\mathrm{C}_n^1 a^{n-1}b+\cdots+\mathrm{C}_n^{n-1}ab^{n-1}+\mathrm{C}_n^n b^n$.

3. 求和公式

（1）等差数列 n 项和：$s_n=a_1+a_2+\cdots+a_n=\dfrac{n(a_1+a_n)}{2}=na_1+\dfrac{n(n-1)}{2}d$；

（2）等比数列 n 项和：$s_n=a_1+a_1q+\cdots+a_1q^{n-1}=\dfrac{a_1(1-q^n)}{1-q}\ (q\neq 1)$；

（3）$1+2+3+\cdots+n=\dfrac{n(n+1)}{2}$；

（4）$1^2+2^2+3^2+\cdots+n^2=\dfrac{n(n+1)(2n+1)}{6}$；

（5）$\dfrac{1}{1\times 2}+\dfrac{1}{2\times 3}+\cdots+\dfrac{1}{n(n+1)}=1-\dfrac{1}{n+1}=\dfrac{n}{n+1}$.

四、极坐标

1. 极坐标系

在平面内取一个定点 O（称为极点），以点 O 为端点引一条射线 Ox（称为极轴），再选定一个长度单位和角度的正方向（通常取逆时针方向），如图 1 所示．对于平面内任意一点 M，设 $\rho=|OM|$，θ 表示从 Ox 到 OM 的旋转角，则点 M 的位置可以序用有数对 (ρ,θ) 表示．对于点 O，显然有 $\rho=0$，θ 可取任意值．这样就在平面上建立了一个不同于直角坐标系的坐标系，我们称

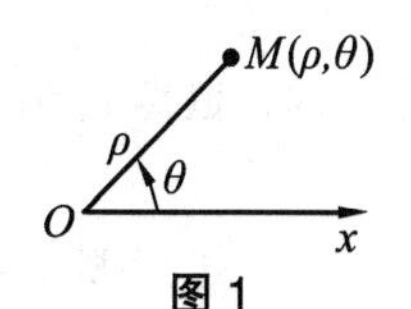

图 1

之为**极坐标系**．而 (ρ, θ) 称为点 P 的**极坐标**，记为 $M(\rho, \theta)$，其中 ρ 称为点 M 的**极径**，θ 称为点 M 的**极角**．

在极坐标系中，我们规定 $\rho \geqslant 0, 0 \leqslant \theta < 2\pi$，则一个极坐标对应唯一确定的点，一个点（极点除外）对应唯一一个极坐标，即极坐标系中的点（极点除外）与极坐标一一对应．

2．直角坐标与极坐标的互化

如图 2 所示，把直角坐标系的原点作为极点 O，x 轴的正半轴为极轴，并且在两种坐标系中取相同的长度单位．设 M 为平面内任一点，它的直角坐标为 (x, y)，极坐标为 (ρ, θ)，则由三角知识不难得出它们之间有如下变换公式：

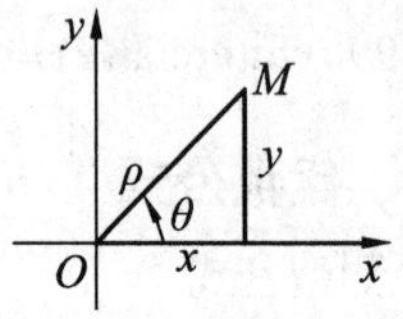

图 2

（1）$\begin{cases} x = \rho\cos\theta, \\ y = \rho\sin\theta. \end{cases}$

（2）$\rho = \sqrt{x^2 + y^2}$，$\theta = \begin{cases} \arctan\dfrac{y}{x}, & x > 0, y \geqslant 0, \\ \dfrac{\pi}{2}, & x = 0, y > 0, \\ \pi + \arctan\dfrac{y}{x}, & x < 0, y \in \mathbf{R}, \\ \dfrac{3\pi}{2}, & x = 0, y < 0, \\ 2\pi + \arctan\dfrac{y}{x}, & x > 0, y < 0. \end{cases}$

例如，把点 P 的极坐标 $\left(6, \dfrac{7\pi}{6}\right)$ 化为直角坐标．事实上

$$x = \rho\cos\theta = 6\cos\frac{7\pi}{6} = 6 \times \left(-\frac{\sqrt{3}}{2}\right) = -3\sqrt{3},$$

$$y = \rho\sin\theta = 6\sin\frac{7\pi}{6} = 6 \times \left(-\frac{1}{2}\right) = -3,$$

所以点 P 的直角坐标为 $(-3\sqrt{3}, -3)$．

再如，把点 P 的直角坐标 $(-\sqrt{3}, 1)$ 化为极坐标．事实上

$$\rho = \sqrt{x^2 + y^2} = \sqrt{(-\sqrt{3})^2 + 1^2} = 2,$$

$$\theta = \pi + \arctan\frac{y}{x} = \pi + \arctan\frac{1}{-\sqrt{3}} = \pi - \frac{\pi}{6} = \frac{5\pi}{6},$$

所以点 P 的极坐标为 $\left(2, \dfrac{5\pi}{6}\right)$．

3．直线的极坐标方程

（1）过极点，倾角为 α 的直线极坐标方程为 $\theta = \alpha$（见图 3）．

（2）过点 $A(a, 0)$ 且垂直于极轴的直线极坐标方程为 $\rho\cos\theta = a$（见图 4）．

（3）过点 $A(a, \pi)$ 且垂直于极轴的直线极坐标方程为 $\rho\cos\theta = -a$（见图 5）．

（4）过点 $B\left(b, \dfrac{\pi}{2}\right)$ 且垂直于极轴的直线极坐标方程为 $\rho\sin\theta = b$（见图 6）．

（5）过点 $B\left(b, \dfrac{3\pi}{2}\right)$ 且垂直于极轴的直线极坐标方程为 $\rho\sin\theta = -b$（见图 7）．

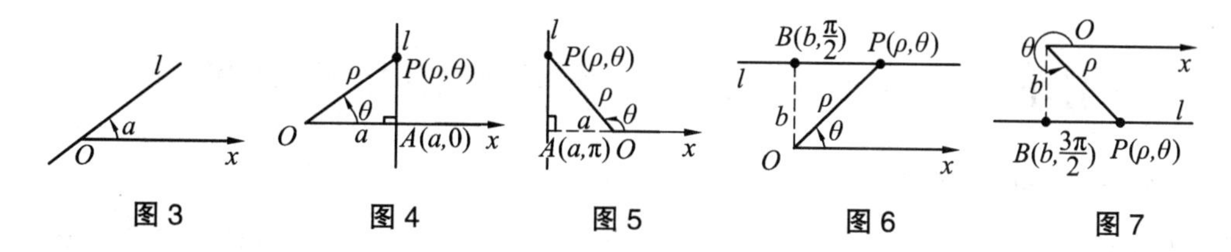

图 3 图 4 图 5 图 6 图 7

4. 圆的极坐标方程

（1）圆心为极点，半径为 r 的圆极坐标方程为 $\rho=r$（见图 8）.

（2）圆心为 $C(r,0)$，半径为 r 的圆极坐标方程为 $\rho=2r\cos\theta$（见图 9）.

（3）圆心为 $C(r,\pi)$，半径为 r 的圆极坐标方程为 $\rho=-2r\cos\theta$（见图 10）.

（4）圆心为 $C\left(r,\dfrac{\pi}{2}\right)$，且半径为 r 的圆极坐标方程为 $\rho=2r\sin\theta$（见图 11）.

（5）圆心为 $C\left(r,\dfrac{3\pi}{2}\right)$，且半径为 r 的圆极坐标方程为 $\rho=-2r\sin\theta$ （见图 12）.

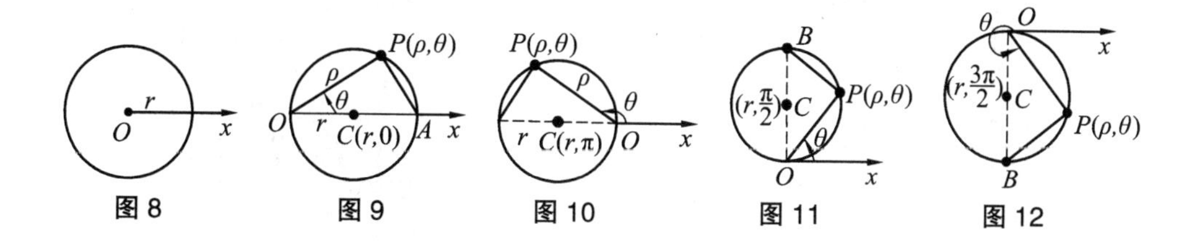

图 8 图 9 图 10 图 11 图 12

附录二 Mathematica 软件介绍与数学实验

一、Mathematica 软件简介

Mathematica 是由美国科学家 Stephen Wolfram 主持的一个科研小组开发的，它的语法规则简单，然而却拥有强大的符号运算功能和制图功能．现在，Mathematica 软件已在工程、科研、教学、数学建模等各个领域被广泛使用．本书将依照 Mathematica 英文 5.0 版介绍 Mathematica．

1．基本操作

（1）Mathematica 的界面．

运行 Mathematica 程序后，会出现如下界面．

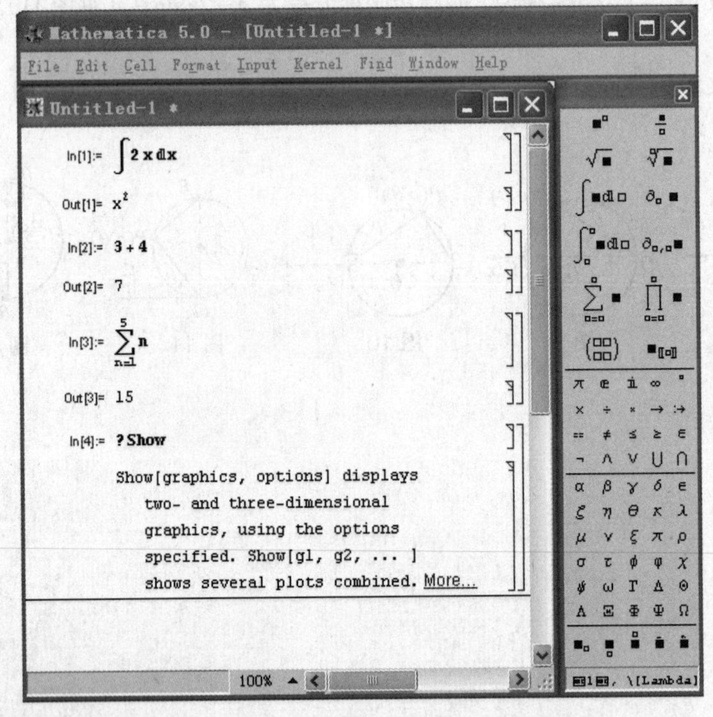

图 1

左边为 Mathematica 的主窗口，Mathematica 命令的输入以及运行结果都在主窗口显示；右侧的长方块是软键盘，Mathematica 命令也可用鼠标点击软键盘输入．“In[n]:=”和“Out[n]=”由系统自动生成，分别标识输入和输出．

（2）命令的输入与执行．

键盘输入时注意输入状态必须是英文输入状态，要严格区分字母的大小写．还可通过鼠标点击图 1 右侧的软键盘输入，可点击 File-> Palettes-> Basic Input Palette 打开软键盘．

执行命令按键盘数字区的“Enter”键，或按“Shift + Enter”两个键（笔记本电脑）．按字母区的“Enter”键，计算机将执行文档中的换行动作．中止命令按“Alt+.”键．

执行命令中，若 Mathematica 无法执行，则原样输出；若输入命令错误，则给出提示．

若某一变量或函数已被赋值或定义，可以用“Clear[x,f]”或“Remove[x,f]”予以消除．为避免出错，通常在输入命令前先使用上述命令消除将要使用的变量．

（3）使用帮助.

可输入“？命令”了解该命令的用法，这对学习 Mathematica 尤为重要．了解更详细的介绍需要点击“More…”（见图 1）.

2. 数、变量、函数、表

（1）数的表示和计算、近似数.

Mathematica5.0 不需定义数据类型，可直接赋值．注意复数的表示，如：2-3I 表示 2-3i.

系统中的数学常数见表 1.

表 1 数学常数

符 号	功 能
Pi	圆周率 π
E	自然对数的底 e
Degree	度
Infinity	无穷大∞
–Infinity	负无穷大-∞
I	虚数单位 i

输入 N[表达式]可计算表达式的近似值，但具有机器规定的精度（16 位有效数字），按标准输出只显示前 6 位有效数字．N[表达式，数字位数]可计算出表达式按指定数字位数的近似值（指定数字位数必须大于 16），还可以使用函数 NumberForm[Real,n]规定实数的显示位数 n.

（2）变量.

变量名必须是以字母开头并由字母和数字组成的字符串（长度不限），但不能含空格或标点符号，区分大小写.

用等号可以给变量赋各种类型的数或字符串，也可以是一个算式，不用声明类型.

① x = Value 给 x 赋值.

② {x, y, …}={Value1, Value2, …} 给 $x, y, \cdots$ 赋不同的值.

为了避免隐蔽的错误，需要清除将要使用的变量.

① x = . 清除 x 的值但保留变量 x.

② Clear[x] 清除 x 的值但保留变量 x.

③ Clear[x, y, z] 同时清除 $x. y, z$ 的值但保留变量 x, y, z.

（3）函数.

函数不仅局限于数学上的含义，也有实现各种操作的函数，也可自定义函数.

函数的一般形式：函数名[参数 1，参数 2，…] .

系统自带函数名严格区分大小写，第一个字符大写，函数名中不能有空格（自定义的函数首字符不必大写），参数用方括号括起来.

常用函数有：

三角函数：Sin[x]，Cos[x]，Tan[x]，Cot[x]，Sec[x]，Csc[x] .

反三角函数：ArcSin[x]，ArcCos[x]，ArcTan[x]，ArcCot[x]，ArcSec[x]，ArcCsc[x] .

指数函数：Exp[x]表示 e^x .

对数函数：Log[x]表示 $\ln x$（$\log_a x$ 用 Log[a,x]表示）.

平方根函数：Sqrt[x]表示 $\sqrt{x}$.

绝对值函数：Abs[x]表示求实数 x 的绝对值或复数的模.

最大值函数：Max[$x_1, x_2, \ldots$] 表示 $x_1, x_2, \cdots$ 的最大值.

最小值函数：Min[$x_1, x_2, \ldots$] 表示 $x_1, x_2, \cdots$ 的最小值.

另外，Re[x]表示复数 x 的实部，In[x]表示复数 x 的虚部；Conjugate[x]表示复数 x 的共轭数；n!表示 n 的阶乘；Sign[x]表示符号函数.

自定义函数格式如下：

格式 1：f [x_]:=表达式

功能：定义一元函数 f (x).

格式 2：f [x_,y_]:=表达式

功能：定义二元函数 f (x,y).

格式 3：Clear[f]

功能：取消对 f 的定义.

注意：严格按格式写，如方括号不能变为圆括号，“x_”不可写为“x”.

（4）表.

表的数据类型是 List，格式为{表达式 1，表达式 2，…}. 表可以用来表示各种对象，如：数据表{1,3,2.14}、变量表{x,y,z}、3×3 矩阵{{1,2,3},{4,5,6},{7,8,9}}、解集{{x->1,y->2}}.

表的构造方法及操作见表 2.

表 2

格 式	功 能
表名={元素 1，元素 2，…}	列举法建立表
表名={k,k_0,k_1,d}	从 k_0 按步长 d 生成表直到 k_1，k_0 和 k_1 省略时默认为 1
Table[通项公式 f(n),{n,n_0,n_1,d}]	按照通项公式生成表中的元素
Table[f(m,n) ,{m,m_0,m_1,d_1},{n,n_0,n_1,d_2}]	二重嵌套表
t[[n]]	表 t 中的第 n 个元素
t[[i,j]]	表 t 中第 i 个子表的第 j 个元素
t[[{n_1,n_2,…}]]	由 t 中的第 n_1,n_2,…等元素组成的新表
Apply[f,表名]	将函数 f 作用到该表的每一位元素

3. 一般运算

算术运算有加、减，乘、除、乘方，分别用“+”、“−”、“*”、“/”、“^”表示，其中在不引起混淆的情况下乘法运算符“*”也可用空格代替. 上述运算的优先顺序同数学运算完全一致.

关系运算有等于、不等于、大于、大于等于、小于、小于等于，分别用“= =”、“! =”、“>”、“>=”、“<”、“<=”表示.

逻辑运算有非、与、或，分别用“!”、“&&”、“||”表示.

其他运算见表 3：

表 3

化简表达式	Simplify[expr]	化简表达式
	FullSimplify[expr]	用更广泛的变换化简表达式
分式化简与展开	Together[expr]	通分并化简
	Cancel[expr]	约去分子、分母的公因式
	Apart[expr]	将有理式分解为最简分式的和
因式分解	Factor[expr]	合式因式分解，也可分解分式的分子、分母
合并同类项	Collect[expr]	将表达式 expr 中的 x 的同次幂合并
	Collect[expr，{x，y，…}]	将表达式 expr 按 x，y 的同次幂合并
表达式的展开	Expand[expr]	乘积的展开及展开分式的分子
	ExpandAll[expr]	乘积的展开及将分式的分子和分母都展开
	ExpandNumerator[expr]	只展开分式的分子
	ExpandDenominator[expr]	只展开分式的分母
替代运算	expr /. rules	将规则 rules 应用于表达式 expr
解方程	Solve[方程，变量]	解关于变量的方程
	Solve[{方程 1,方程 2,…},{x，y，…}]	解方程组
	FindRoot[方程，变量]	求方程近似数值解

4. 其　他

（1）输出.

Mathematica 命令的显示结果是表达式的值，若想改变输出形式，可用函数 Print. 该函数具有计算功能，对于表达式，先计算然后输出结果；对于字符串，原样输出.

格式：Print[表达式 1，,“字符串 1”，…] .

功能：依次输出表达式 1，字符串 1，….

（2）注意事项.

要明确“{ }”，“[ ]”，“( )”不可混用.“{ }”一般用于表，“[ ]”一般用于函数，“( )”一般用于确定运算次序.

二、数学实验

实验一　极　限

（1）实验目的.

掌握 Mathematica 软件求极限函数 Limit，并用来解决相关实际问题.

（2）数学软件功能与命令.

① 极限计算.

Limit[a[n], n->Infinity]

功能：计算 $\lim\limits_{n\to+\infty} a_n$.

Limit[f[x], x->x0]

功能：计算 $\lim\limits_{x\to x_0} f(x)$.

Limit[f[x], x->x0, Direction->1]

功能：计算 $\lim\limits_{x\to x_0^+} f(x)$.

Limit[f[x], x->x0, Direction->−1]

功能：计算 $\lim\limits_{x\to x_0^-} f(x)$.

说明：在求无穷振荡点处的极限时，Limit 语句得到的是函数振荡时可能的取值范围. 例如，Limit[Sin[1/x], x->0]，结果为 Interval[{−1,1}].

Limit[f[x], n->Infinity]

功能：计算 $\lim\limits_{x\to\infty} f(x)$.

② 画出数列 a[n] 的散点图.

ListPlot[a[n]]

功能：画出数列的图像，观察变化趋势，从而判断出数列的极限.

（3）实验举例.

例 1　观察数列 $\left\{2+\dfrac{1}{n^2}\right\}$ 的变化趋势，并求极限.

解　In[1]:= a = Table[2+ (n^2) ^ (−1), {n, 50}];

ListPlot[a]

Out[2]=-Graphics-

In[3]:=Limit[2+ (n^2) ^(−1), n->Infinity]

Out[3]= 2

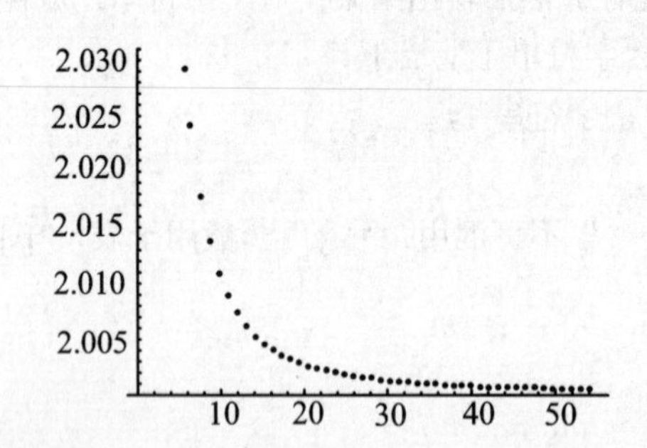

注意：以“;”结尾的命令不输出结果.

例 2　设 $f(x)=\begin{cases} x\sin\dfrac{1}{x}, & x>0, \\ x^2, & x\leqslant 0, \end{cases}$ 判断 $f(x)$ 在 $x=0$ 是否连续.

解　需要计算 $f(x)$ 在 $x=0$ 处左右极限.

In[1]:= Limit[x*Sin[1/x], x->0, Direction->1]

Out[1]= 0

In[2]:= Limit[x^2, x->0, Direction->−1]

Out[2]= 0

故 $f(x)$ 在 $x=0$ 连续.

实验任务.

1．计算下列极限.

（1）$\lim\limits_{n\to\infty}\left(1+\dfrac{1}{n}\right)^n$；　　（2）$\lim\limits_{x\to 0}\dfrac{\sin x}{x}$；

（3）$\lim\limits_{x\to 1}\left(\dfrac{1}{x\ln^2 x}-\dfrac{1}{(x-1)^2}\right)$；　　（4）$\lim\limits_{x\to 0}\cos\dfrac{1}{x}$.

2．求分段函数 $f(x)=\begin{cases}x^2, & x<0,\\ x+1, & x>0\end{cases}$ 在 $x\to 0$ 时的左右极限.

3．试求数列 $\left\{\dfrac{1}{\sqrt{n^2+1}}\right\}$ 的极限，并画出数列散点图.

实验二　导　数

（1）实验目的.

掌握 Mathematica 软件求导数和微分运算.

（2）数学软件功能与命令.

① 一般函数求导.

D[f [x], x]

功能：求函数 $f(x)$ 对自变量 x 的一阶导数.

D[f [x]，{x, n}]

功能：求函数 $f(x)$ 对自变量 x 的 n 阶导数.

D[f, x1, x2, …]

功能：求函数 f 对自变量 $x_1, x_2, \cdots$ 的混合偏导数.

D[f, {x1, n1}, {x2, n2}, …]

功能：求函数 f 对自变量 $x_1, x_2, \cdots$ 的 $n_1, n_2, \cdots$ 阶混合偏导数.

说明：如果用来求导的函数是用自定义函数表示的，那么求导可采用 f'[x]来求导. 另外，可以使用基本输入模板中提供的偏导数符号.

② 隐函数与由参数方程确定的函数的导数.

求隐函数的导数与由参数方程确定的函数的导数,需将求导命令与其他命令结合起来使用.

③ 求全微分和全导数.

Dt[f]

求 f 的全微分.

Dt[f, var]

求 f 对自变量 var 的全导数，其中 f 的各元都是 var 的函数.

（3）实验举例.

例 3　求函数 $f(x)=\sin x^2$ 的导数值 $\dfrac{\mathrm{d}^2 f}{\mathrm{d}x^2}$.

解 In[1]:= f [x_]:=Sin[x^2];

f" [x]

Out[2]= 2Cos[x²]–4x²Sin[x²]

例 4 求由方程 $xy-\mathrm{e}^x+\mathrm{e}^y=0$ 确定的函数 $y=y(x)$ 的导数.

解 先在方程两边对变量 x 求导，再从所得方程中解出 $y'(x)$.

In[1]:= D[x*y[x]-Exp[x]+Exp[y[x]]==0,x];

Solve[%,D[y[x]],x]]

Out[2]={ $y'[x] \to \dfrac{\mathrm{e}^x-y[x]}{\mathrm{e}^{y[x]}+x}$ }

在方程中要将 y 写成 $y[x]$，表示 y 是 x 的函数."%"表示上一个命令的输出，尽管这里不显示.

例 5 设 $\begin{cases} x=2(t-\sin t), \\ y=2(1-\cos t), \end{cases}$ 求 $\dfrac{\mathrm{d}y}{\mathrm{d}x}$.

解 In[1]:= D[2* (1-Cos[t]), t]/D[2* (t-Sin[t]), t]

Out[1]= $\dfrac{\mathrm{Sin}[t]}{1-\mathrm{Cos}[t]}$

例 6 观察求下面函数微分的运算.

解 In[1]:= Dt[x y z]

Out[1]= yzDt[x]+xzDt[y]+xyDt[z]

In[2]:= Dt[x*y, z]

Out[2]= yDt[x,z]+xDt[y, z]

In[3]:= SetAttributes[x, Constant];

Dt[x*y, z]

Out[4]= xDt[y, z]

在 In[1]中，"x y z"之间有空格，表示乘的关系. 其中 Dt[x]表示 dx, Dt[x, z]表示 $\dfrac{\mathrm{d}x}{\mathrm{d}z}$. SetAttributes[x, Constant]，声明 x 是常数.

实验任务

1. 已知 $y=\ln\sqrt{\dfrac{1-\sin x}{1+\sin x}}$, 求 y'.

2. 已知 $y=x\arctan x$，求高阶导数 $y^{(100)}$ 以及它在 $x=0$ 点的值.

3. 已知 $x^3+y^3-xy=0$，求 y'.

4. 已知 $\begin{cases} x=5\sin x, \\ y=4\cos x, \end{cases}$ 求 y'.

5. 求 $y=x\ln x$ 的二阶导数.

6. 求 $y=\cos 2x$ 的微分.

实验三　作　图

（1）实验目的.

掌握 Mathematica 软件作图命令 Plot，ParametricPlot，Plot3D，ParametricPlot3D，并解决相关问题.

（2）数学软件功能与命令.

① 由一元函数给出的平面曲线作图.

Plot[f(x), {x, a, b}, 参数->选值]

功能：绘制函数 $f(x)$ 在区间$[a, b]$范围内的图形.

Plot[{f_1(x), f_2(x),…}, {x, a, b}，参数->选值]

功能：同时绘制多个函数的图形.

注意：当 $f(x)$ 不是一个能直接将 x_i 代入即求出 y_i 的函数表达式时，需使用函数 Evaluate[f]，首先求表达式 f 的值. 例如 Plot[Evaluate[$\int$ 2xdx, {x, −1, 1}].

部分可选参数见表 4

表 4

参　数	选　值	功　能
PlotRange	All	画出所有点
	{min，max}	y（三维为 z）轴方向取值范围
	{{x_1, x_2}，{y_1, y_2}}	分别给出 x，y（三维加 z）轴方向的取值范围
AspectRatio	默认值	黄金分割
	Automatic	高宽比为 1
	任何正数	高宽比

说明：AspectRatio->Automatic 在画圆时常用,不采用该参数会画成椭圆.

② 由参数方程及极坐标方程给出的平面曲线作图.

ParametricPlot[{x(t), y(t)}, {t, a, b}]

功能：画出一条参数方程曲线，其中 t 的取值范围是区间[a, b].

ParametricPlot[{{x_1(t), y_1(t)}, {x_2(t), y_2(t)}, …}, {t, a, b}]

功能：同时画出多条参数方程曲线.

这个函数能添加与 Plot 一样的可选参数.

画极坐标方程应该先转换成参数式：$x(\theta)=r(\theta)\cos\theta$, $y(\theta)=r(\theta)\sin\theta$.

③ 其他类型二维作图.

• 绘制散点图.

ListPlot[{y_1, y_2，…}]

功能：画出点列 $(1, y_1), (2, y_2), \cdots$ 的散点图.

ListPlot[{{x1, y1}，{x2, y2}，…}]

功能：画出点列 $(x_1, y_1), (x_2, y_2), \cdots$ 的散点图.

可选参数 PlotJoined ->True，将各点用线段顺序连接起来.

· 等值线图.

ContourPlot[f, {x, xmin, xmax}, {y, ymin, ymax}]

功能：灰度表示函数 $f(x, y)$ 值的大小，越亮的地方函数值越大.

④ 由二元函数给出的空间曲面作图.

Plot3D[f, {x, xmin, xmax}, {y, ymin, ymax}]

功能：在矩形区域中绘制二元函数 $z = f(x, y)$ 的图形.

Plot3D[{f，RGBColor[r, g, b]}，{x, xmin, xmax}, {y, ymin, ymax}]

功能：绘图并着色.

RGBColor[r, g, b]中, r, g, b 的值可由 Mathematica 提供．方法是：单击菜单 Input 中的第三项 ColorSelector，可以打开颜色选择对话框．单击对话框左边的一种基本颜色或者利用对话框右边的色框自定义一种颜色，然后单击确定，则在当前工作区的光标处自动写出 RGBColor[r，g，b] 的具体值.

⑤ 由参数方程给出的空间曲线作图.

ParametricPlot3D[{x(t), y(t), z(t)}, {t, a, b}]

功能：绘制三维参数式曲线．如果第一个参数改为{{曲线 1 参数式}，{曲线 2 参数式}，…}，可以同时画出多条曲线.

⑥ 由参数方程给出的空间曲面作图.

ParametricPlot3D[{x(u, v), y(u, v), z(u, v)}, {u, umin, umax}, {v, vmin, vmax}]

功能：绘制三维参数式曲面，柱面坐标曲面也可看作参数式.

ParametricPlot3D[{{曲面 1 参数式}，{曲面 2 参数式}, …}, {u, umin, umax}, {v, vmin, vmax}]

功能：同时画出多个曲面相交的情形.

⑦ 图形的重组.

Show[图形表达式 1，图形表达式 2，…，参数]

功能：画出图形表达式．这个函数能添加与 Plot 一样的可选参数.

图形表达式是指 Plot 函数运行结果，如 a=Plot[{Sin[x], Cos[x]}, {x, 0, 2*Pi}]，则 a 就是图形表达式.

使用 Show 目的是显示复杂的组合图.

（3）实验举例.

例 7 绘制如下图所示的星形线 $\begin{cases} x = \cos^3 t, \\ y = \sin^3 t. \end{cases}$

解 In[1]:= ParametricPlot[{Cos[t]^3, Sin[t]^3}, {t, 0, 2π}，AspectRatio->Automatic]

Out[1]= -Graphics-

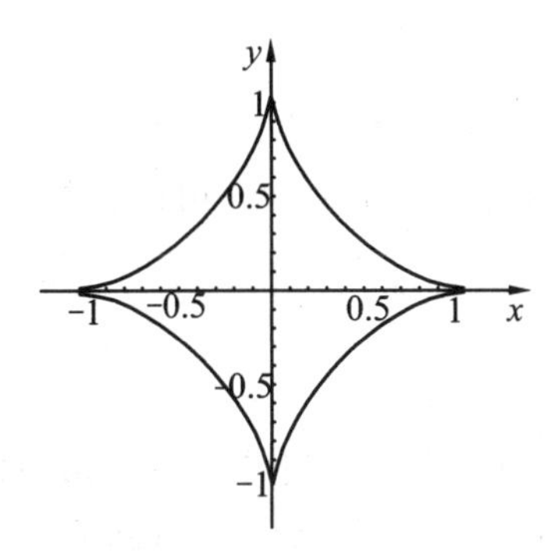

使用 AspectRatio-> Automatic 目的是保持长宽比为 1，不使图变形.

例 8 绘制 $z=3-2x^2-y^2$ 与 $z=x^2+2y^2$ 相交形成的曲面.

解
```
In[1]:= z1=3 - 2x^2 - y^2;
        z2 = x^2 + 2y^2;
        x= rCos[θ];
        y= rSin[θ];
        ParametricPlot3D[{{x, y, z1}, {x, y, z2}}, {θ, 0, 2π}, {r, 0, 1}]
Out[5]= -Graphics3D-
```

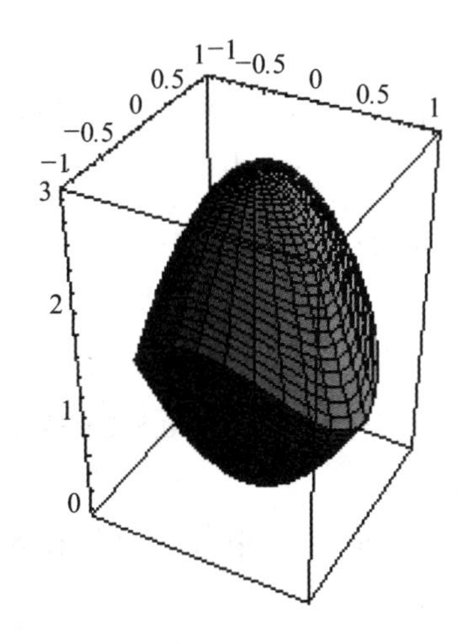

在上例中，首先将直角坐标化为柱面坐标.

实验任务

绘制下列曲线与曲面：

（1） $x^2+2y^2=1$.

（2） $x^2+2y^2=z$.

（3）画出以 $y=\sin x$ 为准线，母线平行 z 轴的柱面.

（4）画出由平面曲线 $y^2=2x$ 绕 x 轴旋转而成的旋转面.

（5）画出椭圆抛物面.

实验四 极 值

（1）实验目的.

掌握用 Mathematica 软件求函数极值及最值的语句和方法.

（2）数学软件功能与命令.

① 一元函数的极值.

FindMinimum[f [x], {x, x0, xmin, xmax}]

功能：由 x0 出发，搜索 f [x]的极小值，当超过[xmin，xmax]时停止. 注意应先作出函数的图像，再由图像确定接近极值的初始值. 两参数 xmin，xmax 可省略.

② 驻点法求一元函数的极值.

可以结合前面所学的求导命令“D”和解方程命令“Solve”，先求出驻点，再判断是否极值.

③ 二元函数的极值.

FindMinimum[f, {x, x0}, {y, y0}]

功能：由（x0,y0）出发，搜索 f [x,y]的极小值.

由于初值的选取比较麻烦，FindMinimum 采用的是从初值开始，以一定步长沿最速下降法达到局部最小. 因步长不可能取到无穷小而可能错过某些极值，所以一般采用驻点法.

④ 最大值最小值.

Minimize[f[x], x]

功能：关于 x, y 的最大值.

Maximize[{f [x], cons}, {x, y}]

功能：在约束条件 cons 下求关于 x，y 的最大值（精确值）.

（3）实验举例.

例 9 求函数 $y=x+\sqrt{1-x}$ 的极大值.

解 In[1]:= Plot[x+Sqrt[1-x],{x,-2,1}]

Out[1]= -Graphics-

In[2]:= FindMinimum[-x-Sqrt[1-x]， {x, 0.8, 0.5, 0.95}]

Out[2]= {-1.25,{x->0.75}}

本例先画图的目的是确定起始搜索点. 求最大值转化为求 $-f(x)$ 最小值，也可直接用 FindMaximum[f[x],{x,x0,xmin,xmax}].

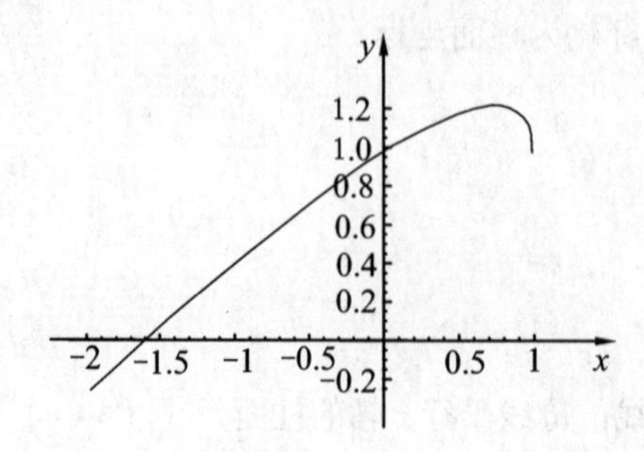

例 10 驻点法求函数 $y=-x^4+2x^2$ 的极值.

解 In[1]:= f [x_]:=-x^4+2x^2;

```
Df =f'[x];D2f =f''[x];
Solve[Df = =0,x]
Out[3]= {{x->-1},{x->0},{x->1}}
In[4]:=D2f/.%
Out[4]={-8,4,8}
In[5]:=f[x]/.%%
Out[5]={1,0,1}
```

故函数在 $x=-1$ 取得极大值，在 $x=0$，$x=1$ 处取得极小值.

"%%" 代表倒数第二个输出，在求驻点时，如果用函数 Solve 解方程 $f'(x)=0$ 无效时，可以试用 FindRoot.

实验任务

1．求 $y=x^3+x^2-18x$ 的极值.

2．求 $y=x-\ln(1+x)$ 的极值.

3．求 $f(x,y)=-x^2-y^2$ 的极值.

4．求 $y=2x^3-3x^2$（$-1\leqslant x\leqslant 4$）的最大值最小值.

实验五　积　分

（1）实验目的.

掌握用 Mathematica 软件求不定积分、求定积分、重积分与广义积分的语句和方法.

（2）数学软件功能与命令.

① 求不定积分.

Integrate[f [x], x] 或使用基本输入模板 File-Palettes-BasicInput.

功能：用于求 $f(x)$ 的一个原函数.

② 求定积分、重积分与广义积分.

Integrate[f, {x, a, b}]

功能：用于求 $\int_a^b f(x)\mathrm{d}x$.

Integrate[f, {x, a, b}，{y, y1, y2}]

功能：用于求 $\int_a^b \mathrm{d}x\int_{y_1}^{y_2} f(x,y)\mathrm{d}y$.

另广义积分也可计算，不必写出瑕点．也可以使用基本输入模板连续多次输入积分符号.

③ 数值积分.

许多函数的原函数不能用初等函数表达时，可尝试用数值积分.

NIntegrate[f, {x, a, b}]，使用数值积分的方法直接求近似解，运行时间短，但可靠性差.

N[Integrate[f, {x, a, b}], n]，首先求符号解，然后再求近似解，运行时间长，但安全可靠.

（3）实验举例.

例 11　计算不定积分 $\int 2x\mathrm{d}x$.

解　In[1]:= Integrate[2x,x]

Out[1]= x^2

应注意：用 Mathematica 求出的答案大多没有化简或使用双曲函数，一般要化简（Simplify 或 FullSimplify）或转换一下.

例 12 计算下列积分. $\int_1^2 dx\int_0^{1-x} y dy$；$\int_{-1}^1 |x|^{-\frac{1}{2}} dx$.

解 In[1]:= Integrate[y,{x,1,2},{y,0,1−x}]

Out[1]= $\frac{1}{6}$

In[2]:= Integrate[1/Sqrt[Abs[x]],{x,−1,1}]

Out[2]= 4

实验任务

计算下列积分.

（1）$\int \tan^4 x dx$；（2）$\int_0^2 \frac{1}{(1-x)^2} dx$；

（3）$\int_0^{+\infty} \frac{x^2}{x^4+x^2+1} dx$；（4）$\int_0^1 dy\int_0^y 2xy dx$.

实验六 无穷级数

（1）实验目的.

会进行级数的求和、展开与收敛性判别.

（2）数学软件功能与命令.

① 求有限或无穷和.

Sum[f(i), {i, imin, imax}]

功能：求 $\sum_{i=\mathrm{imin}}^{\mathrm{imax}} f(i)$，其中imin可以是 $-\infty$，imax可以是 ∞（即 $+\infty$），但是必须满足imin≤imax.

Sum[f(i), {i, imin, imax}, {j, jmin, jmax}, …]

功能：求多重和，也可以使用基本输入模板连续多次输入求和符号得到.

NSum[f(i), {i, imin, imax}]

功能：求 $\sum_{i=i\min}^{i\max} f(i)$ 的数值解.

② 将函数展开为幂级数.

Series[f, {x, x_0, n}]

将函数 $f(x)$ 在 x_0 处展成幂级数直到 n 次项为止.

Series[f, {x, x_0, n}, {y, y_0, m}]

将函数 $f(x,y)$ 先对 y 后对 x 展开.

对已经展开的幂级数进行操作的两个函数是：

Normal[幂级数] 将幂级数去掉余项转换成多项式.

SeriesCoefficient[幂级数, n] 找出幂级数的 n 次项系数.

（3）实验举例

例 13 求 $\sum_{n=1}^{\infty} \frac{n!}{n^n}$ 的值.

解　In[1]:= a[n_]: =n!/n^n;

Sum[a[n],{n,1,Infinity}]

Out[2]= $\sum_{n=1}^{\infty} n^{-n} n!$

In[3]:= Limit[a[n+1]/a[n],n->Infinity]

Out[3]= $\frac{1}{e}$

In[4]:= NSum[a[n],{n,1, Infinity }]

Out[4]= 1.87985

上例中级数仅用 Sum 无法求出其和，甚至无法判断其收敛性．这时，用 Limit[ ]函数，由比值判别法先来判断级数是否收敛，若收敛，再用 NSum[ ]函数求出级数和的数值近似值．

例 14　写出 e^x 的 5 阶麦克劳林多项式．

解　In[1]:= Series[Exp[x], {x, 0, 5}]

Out[1]= $1+x+\frac{x^2}{2}+\frac{x^3}{6}+\frac{x^4}{24}+\frac{x^5}{120}+o[x]^6$

实验任务

1．求下列级数的和．

（1）$\sum_{n=1}^{\infty}\frac{1}{2^n}$；　　（2）$\sum_{n=1}^{\infty}\frac{2^n n!}{n^n}$；

（3）$\sum_{n=1}^{\infty} nx^n$；　　（4）$\sum_{n=1}^{\infty}\frac{n(n+1)}{2}x^{n-1}$．

2．写出 $\arctan x$ 的 6 阶麦克劳林多项式．

3．将 $\frac{1}{1+x}$ 展开为 $(x-1)$ 的泰勒级数．

实验七　微分方程

（1）实验目的．

掌握用 Mathematica 软件求微分方程的通解与特解．

（2）数学软件功能与命令．

① 求微分方程的通解．

DSolve [微分方程,y[x],x]

功能：求微分方程的通解，但输出不可用于运算．

DSolve [微分方程,y,x]

功能：求微分方程的通解，输出结果可用于运算．

② 求微分方程的特解．

DSolve [{微分方程,初始条件},y[x]，x]

功能：求微分方程的在初始条件下的特解．

③ 求微分方程的数值解．

NDSolve [微分方程,y,{x,xmin,xmax}]

功能：求微分方程的数值解

对大多数微分方程，其精确解不能用初等函数表示，这时只能求其数值解.

（3）实验举例.

例 15 求解方程 $y' = y^2$，并求验证结果.

解 In[1]:= DSolve [y'[x]==y[x]^2,y,x]

Out[1]= {{y->Function[{x}, $\dfrac{1}{-\text{x}-\text{C}[1]}$]}}

In[2]:= y'[x]−y[x]^2/.%

Out[2]= 0

方程中的等号应连输 2 个“=”，二阶导数记号应连输入两个单引号.“ /. ”是替代运算，“%”表示上一结果.

注意：微分方程中“y”要写成 $y[x]$，表示 y 是 x 的函数.

例 16 解微分方程 $y' = y^2, y\big|_{x=0} = 0$.

解 In[1]:=DSolve[{y'[x]==y[x]^2,y[0] ==1},y[x],x]

Out[1]= {{y[x] ->1/(1−x)}}

实验任务

解下列微分方程.

（1）$y'' - 2y' - 2y = \mathrm{e}^{2x}$；　　（2）$y'' - 4y' + 2y = 2\sin x$；

（3）$3x^2 + 5x - 5y' = 0$；　　（4）$y'' + y = x\cos 2x$；

（5）$(1+\mathrm{e}^x)yy' = \mathrm{e}^x, y\big|_{x=0} = 0$.

习题答案

第一章

习题 1-1

1．$A\cap B=(-8,-4)$，$A\cup B=(-\infty,3]\cup(4,+\infty)$，$A\setminus B=(-\infty,-8]\cup(4,+\infty)$，$B\setminus A=[-4,3]$．

2．略．　　3．（1）$\left[-\dfrac{3}{2},+\infty\right)$；（2）$(1,+\infty)$；（3）$(-\infty,-2)\cup(-2,2)\cup(2,+\infty)$；（4）$(-1,1)\cup(1,+\infty)$；（5）$(2,3]$；（6）$[1,4]$．

4．（1）不同；（2）相同．　　5．$f\left(\dfrac{\pi}{4}\right)=\dfrac{\sqrt{2}}{2}$，$f\left(-\dfrac{\pi}{6}\right)=\dfrac{1}{2}$，$f(-2)=0$．　　6．略．

7．（1）偶函数；（2）非奇非偶函数；（3）奇函数；（4）奇函数；（5）偶函数；（6）非奇非偶函数．　　8．略．

9．（1）是，周期为π；（2）不是；（3）是，周期为π；（4）是，周期为 2π．

10．略．　　11．（1）$y=1-x^3$；（2）$y=\dfrac{2-3x}{1+x}$；（3）$y=\mathrm{e}^{x-1}-2$；（4）$y=\log_2\dfrac{x}{1-x}$．

12．$f[f(x)]=\dfrac{x}{1+2x}$，$f\{f[f(x)]\}=\dfrac{x}{1+3x}$．

13．$f[g(x)]=\begin{cases}1, & x<0,\\ 0, & x=0,\\ -1, & x>0;\end{cases}$　$g[f(x)]=\begin{cases}\mathrm{e}, & |x|<1,\\ 1, & |x|=1,\\ \mathrm{e}^{-1}, & |x|>1.\end{cases}$

14．（1）$[-1,1]$．（2）$\bigcup\limits_{k\in\mathbf{Z}}[2k\pi,(2k+1)\pi]$．（3）当 $0<a\leqslant\dfrac{1}{2}$ 时，$D(f)=[a,1-a]$；当 $a>\dfrac{1}{2}$ 时，$D(f)=\phi$．

15．$f(x)=x^2-2$．　　16．$f(x)=\dfrac{1}{8}\left(x+\dfrac{3}{x}\right)$．　　17．$2\sin^2 x$．

18．（1）$y=\mathrm{e}^u, u=\sin v, v=\dfrac{1}{x}$；　　（2）$y=\cos u, u=\ln v, v=x-2$；

（3）$y=\sqrt{u}, u=\arctan v, v=w+1, w=x^2$．

19．$C(x)=130+6x, x\in[0,100]$; $\overline{C}(x)=\dfrac{130}{x}+6$．

20．$R(x)=\begin{cases}130x, & 0\leqslant x\leqslant 700,\\ 9\,100+117x, & 700<x\leqslant 1\,000.\end{cases}$

习题 1-2

1．（1）收敛，极限为 0；（2）收敛，极限为 1；（3）收敛，极限为 0；（4）收敛，极限为 3；（5）发散；（6）收敛，极限为 0．　2．略．　3．略．　4．略．

习题 1-3

1．略．　2．$\lim\limits_{x\to0^-}f(x)=-1$，$\lim\limits_{x\to0^+}f(x)=1$，$\lim\limits_{x\to0}f(x)$不存在．　3．略．　4．略．　5．略．

习题 1-4

1．略．　2．略．　3．（1）0；（2）0；（3）0．　4．略．

习题 1-5

1.（1）$\frac{1}{2}$；（2）0；（3）-6；（4）$2x$；（5）$\frac{1}{2}$；（6）n；（7）2；（8）$\frac{3}{5}$；（9）0；（10）$\frac{1}{2}$；（11）$\frac{1}{2\sqrt{x}}$；（12）$\frac{1}{6^{10}}$；（13）$\frac{1}{2}$；（14）$\frac{3}{2}$；（15）1；（16）-2.

2．$a=-4$，$b=3$．　3．$a=1, b=2$．　4．略．　5．略．

习题 1-6

1.（1）$\frac{2}{3}$；（2）2；（3）$-\pi$；（4）2；（5）2；（6）$\frac{3}{5}$；（7）x；（8）0；（9）$\frac{12}{5}$.

2.（1）e^{-1}；（2）e^{-2}；（3）e^{2}；（4）e^{-2}；（5）e^{3}；（6）e^{-k}.

3．略．　4．略．　5．略．

习题 1-7

1．$3x^2-x^3$ 是比 $x-x^2$ 高阶的无穷小．　2.（1）高阶无穷小；（2）等价无穷小．　3．略．

4.（1）$\frac{2}{3}$；（2）$\frac{3}{7}$；（3）$0\,(n>m), 1\,(n=m), \infty\,(n<m)$；（4）1；（5）$\frac{1}{2}$；（6）$\frac{1}{2}$.

5．略．　6．略．

习题 1-8

1．略．　2．$f(x)$ 在 $[0,2]$ 上连续．

3.（1）$x=2$ 为可去间断点，$x=1$ 为第二类间断点；（2）$x=1$ 为跳跃间断点；（3）$x=0$ 为可去间断点．

4.（1）$f(0)=1$；（2）$f(0)=0$．

5．$f(x)=\begin{cases} x, & |x|<1, \\ 0, & |x|=1, \\ -x, & |x|>1, \end{cases}$ $x=\pm 1$ 为第一类间断点．6．$a=2, b=2$．

习题 1-9

1．$(-\infty,-3),(-3,2),(2,+\infty)$；$\lim\limits_{x\to 0} f(x)=-\frac{1}{2}$；$\lim\limits_{x\to -3} f(x)=\frac{2}{5}$；$\lim\limits_{x\to 2} f(x)=\infty$．

2.（1）$\ln 2$；（2）2；（3）$\frac{1}{2}$；（4）$\frac{5}{4}$；（5）$\frac{2}{3}$；（6）1.

3．1．　4．略．　5．略．　6．略．　7．略．

复习题一

1.（1）$[-\sqrt{2},\sqrt{2}]$；（2）$\ln 2$；（3）2；（4）-50；（5）$a=2$.

2.（1）A；（2）D；（3）C；（4）B；（5）B.

3.（1）$\frac{3}{2}$；（2）$a=1, b=-3$；（3）1；（4）$a=4, b=3$；（5）是；（6）1；（7）e^4；（8）$\frac{1}{2}$.

4．提示：令 $F(x)=f(x)-f(x+a)$．

第二章

习题 2-1

1．1．　2．略．　3．4．　4.（1）$-\frac{1}{2}x^{-\frac{3}{2}}$；（2）$\frac{5}{2}x^{\frac{3}{2}}$；（3）$\frac{5}{6}x^{-\frac{1}{6}}$．

5．切线方程为：$x-ey+e-1=0$；法线方程为：$ex+y-e^2-1=0$．

6．连续且可导．　7．$a=2,\ b=-1$．　8．略．

习题 2-2

1．略．

2．（1）$-\frac{15}{x^6}-\frac{16}{x^5}+\frac{5}{x^2}$；　（2）$3x^2\mathrm{e}^x+x^3\mathrm{e}^x+3^x\ln 3$；　（3）$-\frac{2}{x(1+\ln x)^2}$；

（4）$\sec^2 x-\cot x+x\csc^2 x$；　（5）$2\mathrm{e}^x\cos x$；　（6）$\frac{x\cos x-\sin x}{x^2}+\frac{\sin x-x\cos x}{\sin^2 x}$；

（7）$\ln x\cos x+\cos x-x\ln x\sin x$；（8）$2x\arccos x-\frac{x^2}{\sqrt{1-x^2}}$；　（9）$\frac{1-2x\arctan x}{(1+x^2)^2}$．

3．（1）$\frac{\sqrt{2}}{4}+\frac{\sqrt{2}\pi}{8}$；　（2）$f'(0)=\frac{3}{25},\ f'(2)=\frac{17}{15}$．

4．切线方程为：$2x-y+3=0$；法线方程为：$x+2y-6=0$．

5．（1）$36x^2(2+3x^3)^3$；　（2）$-2x\mathrm{e}^{-x^2}$；　（3）$2^{\frac{x}{\ln x}}\ln 2\frac{\ln x-1}{(\ln x)^2}$；

（4）$-\frac{2\arccos x}{\sqrt{1-x^2}}$；　（5）$-\frac{1}{1+x^2}$；　（6）$\csc x$；

（7）$n\sin^{n-1}x\sin(n+1)x$；　（8）$\arcsin\frac{x}{2}$；　（9）$\csc x$；

（10）$-\frac{1}{x^2}\sin\frac{2}{x}$；　（11）$\frac{\mathrm{e}^{\arctan\sqrt{x}}}{2\sqrt{x}(1+x)}$；　（12）$(2x+1)\mathrm{e}^{x^2+x-1}\cos\mathrm{e}^{x^2+x-1}$．

6．$\frac{f(x)f'(x)+g(x)g'(x)}{\sqrt{f^2(x)+g^2(x)}}$．7．（1）$\mathrm{e}^{f(x)}f(x)f'(x)[2+f(x)]$；（2）$\frac{1}{1+x^2}f'\left(\operatorname{arccot}\frac{1}{x}\right)$．

8．$-\frac{1}{(1+x)^2}$．9．$\frac{3\pi}{4}$．10．$f(x)$ 在 $(-\infty,0)\cup(0,+\infty)$ 内可导，且 $f'(x)=\begin{cases}\frac{2-x^2}{(2+x^2)^2}, & x<0,\\ 0, & x>0.\end{cases}$

习题 2-3

1．（1）$6-\frac{1}{x^2}$；　（2）$2\cos x-x\sin x$；　（3）$-2\cos 2x$；

（4）$2\left(\arctan x+\frac{x}{1+x^2}\right)$；（5）$-\frac{1}{4x\sqrt{x}}(\mathrm{e}^{\sqrt{x}}-\mathrm{e}^{-\sqrt{x}})+\frac{1}{4x}(\mathrm{e}^{\sqrt{x}}+\mathrm{e}^{-\sqrt{x}})$；（6）$-x(x^2-1)^{-\frac{3}{2}}$．

2．960．3．（1）$2f'(x^2)+4x^2f''(x^2)$；（2）$\frac{f''(x)f(x)-[f'(x)]^2}{f^2(x)}$．

4．略．　5．（1）$-2^{n-1}\cos\left(2x+\frac{n\pi}{2}\right)$；（2）$(x+n)\mathrm{e}^x$；（3）$(-1)^n n!\left[\frac{1}{(x+1)^{n+1}}-\frac{1}{(x+2)^{n+1}}\right]$．

习题 2-4

1．（1）$\frac{y-x^2}{y^2-x}$；（2）$-\frac{\mathrm{e}^y}{1+x\mathrm{e}^y}$；（3）$\frac{x+y}{x-y}$．

2．切线方程为：$x+y-\frac{\sqrt{2}}{2}a=0$；法线方程为：$x-y=0$．

3. （1） $\dfrac{6(xy-x^2-y^2)}{(2y-x)^3}$；（2） $-2\csc^2(x+y)\cot^3(x+y)$． 4． e^2． 5． $-\dfrac{[1-f'(y)]^2-f''(y)}{x^2[1-f'(y)]^3}$．

6. （1） $\left(\dfrac{x}{x+a}\right)^x\left[\ln\left(\dfrac{x}{x+a}\right)+\dfrac{a}{x+a}\right]$； （2） $\dfrac{1}{2}\sqrt{x\cos x\sqrt{e^x}}\left(\dfrac{1}{x}-\tan x+\dfrac{1}{2}\right)$；

（3） $\dfrac{\sqrt{x+2}(3-x)^2}{(x+1)^3\sin x}\left[\dfrac{1}{2(x+2)}+\dfrac{2}{x-3}-\dfrac{3}{x+1}-\cot x\right]$．

7. （1） $\dfrac{4t+1}{2t+2}$； （2） $\dfrac{\sin t+\cos t}{\cos t-\sin t}$； （3） $2t$． 8． $x-2y=0$．

9. （1） $-\dfrac{b}{a^2}\csc^3 t$；（2） $\dfrac{6t(1+t^2)}{2+t^2}$； （3） $\dfrac{1}{f''(t)}$．

习题 2-5

1. $\mathrm{d}y\big|_{\substack{x=2\\ \Delta x=1}}=11,\ \mathrm{d}y\big|_{\substack{x=2\\ \Delta x=0.1}}=1.1,\ \mathrm{d}y\big|_{\substack{x=2\\ \Delta x=0.01}}=0.11$．

2. （1） $-\left(\dfrac{1}{x^2}+\dfrac{1}{\sqrt{x}}\right)\mathrm{d}x$； （2） $2x(\cos 2x-x\sin 2x)\mathrm{d}x$； （3） $(x^2+1)^{-\frac{3}{2}}\mathrm{d}x$；

（4） $-\dfrac{4x\ln(1-x^2)}{1-x^2}\mathrm{d}x$； （5） $-\dfrac{1}{2\sqrt{x}\sqrt{1-x}}\mathrm{d}x$； （6） $-e^{-x}[\sin(1-3x)+3\cos(1-3x)]\mathrm{d}x$；

（7） $\dfrac{2x}{1+x^4}\mathrm{d}x$；（8） $x^{\sqrt{x}-\frac{1}{2}}(\ln x+2)\mathrm{d}x$；（9） $\dfrac{1}{2}\sqrt{\dfrac{(x+1)^2(x+2)}{(x+3)(x+4)^3}}\left(\dfrac{2}{x+1}+\dfrac{1}{x+2}-\dfrac{1}{x+3}-\dfrac{3}{x+4}\right)\mathrm{d}x$．

3. （1） $\dfrac{y-3x^2}{3y^2-x}\mathrm{d}x$；（2） $\dfrac{e^{x+y}-y\sin(xy)}{x\sin(xy)-e^{x+y}}\mathrm{d}x$；（3） $\dfrac{y-x}{y+x}\mathrm{d}x$．

4. （1） $2\sqrt{x}+C$； （2） $-\dfrac{1}{2}e^{-2x}+C$； （3） $-\dfrac{1}{3}\cot 3x+C$．

5. （1）-43.63cm^2；（2）104.72cm^2． 6. （1）2.0052；（2）0.8747；（3）0.7954． 7. 略．

复习题二

1. （1）1；（2） $\dfrac{e-1}{1+e^2}$；（3）-1；（4） $\dfrac{(-1)^n 2n!}{(1+x)^{n+1}}$；（5）$-\pi\,\mathrm{d}x$．

2. （1）D；（2）A；（3）D；（4）C；（5）B．

3. （1） e^{-1}； （2） $\dfrac{e^x}{\sqrt{1+e^{2x}}}$； （3） $\sin x\ln\tan x$； （4）1；

（5） $f'_-(0)=1,\ f'_+(0)=0$， $f(x)$ 在 $x=0$ 处不可导；（6） $\dfrac{\sin t-t\cos t}{4t^3}$；

（7） $\dfrac{f''}{(1-f')^3}$；（8） $e^{f(x)}\left[\dfrac{1}{x}f'(\ln x)+f(\ln x)f'(x)\right]\mathrm{d}x$． 4． 略．

第三章

习题 3-1

1. （1）满足． $\xi=2$；（2）不满足．

2. 略．提示：$v(t)$ 在区间 $\left[0,\dfrac{1}{6}\right]$ 上满足拉格朗日定理．

3. 略． 4． 略．提示：可设辅助函数 $F(x)=\sin x\cdot f(x)$．

5．略．提示：两次应用拉格朗日定理． 6．略．提示：可设辅助函数 $F(x)=\mathrm{e}^{-x}f(x)$．

7．（1）略．提示：可设 $f(x)=x^n, x\in[b,a]$；（2）略．提示：可设 $f(x)=\ln x, x\in[b,a]$．

习题 3-2

1．（1）2； （2）1； （3）$-\dfrac{1}{8}$； （4）$\dfrac{1}{3}$； （5）1； （6）$\dfrac{1}{2}$； （7）$\dfrac{1}{2}$； （8）$\mathrm{e}^{-\frac{1}{6}}$；

（9）$\dfrac{1}{2}$； （10）3； （11）1； （12）1； （13）$-\dfrac{1}{2}$； （14）1； （15）$\mathrm{e}^{\frac{1}{3}}$．

2.（1）1；（2）$\dfrac{1}{2}$． 3. $f''(a)$． 4. 连续．

习题 3-3

1．函数 $f(x)$ 在 $(-\infty, +\infty)$ 内单调减少．

2．（1）在 $(-1,3)$ 内单调减少，在 $(-\infty,-1]$ 和 $[3,+\infty)$ 上单调增加；

（2）在 $(0,2]$ 上单调减少，在 $(2,+\infty)$ 内单调增加；

（3）在 $\left(-\infty,\dfrac{1}{2}\right]$ 上单调减少，在 $\left(\dfrac{1}{2},+\infty\right)$ 内单调增加；

（4）在 $[n,+\infty)$ 上单调减少，在 $[0,n)$ 上单调增加；

（5）在 $\left(\dfrac{2a}{3},a\right)$ 内单调减少，在 $\left(-\infty,\dfrac{2a}{3}\right]$ 和 $[a,+\infty)$ 上单调增加.

3．提示：（1）设 $f(x)=1+\dfrac{1}{2}x-\sqrt{1+x}$， $x\in[0,+\infty)$；

（2）设 $f(x)=1+x\ln(x+\sqrt{1+x^2})-\sqrt{1+x^2}$， $x\in[0,+\infty)$；

（3）设 $f(x)=\tan x-x-\dfrac{1}{3}x^3$， $x\in\left[0,\dfrac{\pi}{2}\right)$．

4．唯一．

习题 3-4

1．（1）极小值 $f(3)=-47$，极大值 $f(-1)=17$；（2）极小值 $f(0)=0$；

（3）极大值 $y\left(\dfrac{3}{4}\right)=\dfrac{5}{4}$；（4）极大值 $f(0)=0$，极小值 $f(2)=4\mathrm{e}^{-2}$；（5）无极值；

（6）极小值 $y\left[\dfrac{\pi}{4}+2(k+1)\pi\right]=-\mathrm{e}^{\frac{\pi}{4}+2(k+1)\pi}\cdot\dfrac{\sqrt{2}}{2}$，极大值 $y\left(\dfrac{\pi}{4}+2k\pi\right)=\mathrm{e}^{\frac{\pi}{4}+2k\pi}\cdot\dfrac{\sqrt{2}}{2}$．

2. 当 $a=2$ 时，极大值 $f\left(\dfrac{\pi}{3}\right)=\sqrt{3}$．

3.（1）最小值 $y(2)=-14$，最大值 $y(3)=11$；

（2）最小值 $y(-5)=-5+\sqrt{6}$，最大值 $y\left(\dfrac{3}{4}\right)=\dfrac{5}{4}$；

（3）最小值 $y\left(\dfrac{5}{4}\pi\right)=-\sqrt{2}$，最大值 $y\left(\dfrac{1}{4}\pi\right)=\sqrt{2}$；

（4）最小值 $y\left(\dfrac{5}{4}\pi\right)=0$，最大值 $y\left(\dfrac{1}{4}\pi\right)=\ln 5$．

4．最小值 $y(-3)=27$． 5．最大值 $y(1)=\dfrac{1}{2}$．

6．截去的小正方形的边长$\dfrac{a}{6}$时，该盒子的容量最大．

7．价格$x=60$时，利润最大．

习题 3-5

1．（1）曲线在（$-\infty, +\infty$）内是凸的，无拐点；

（2）曲线在（$-\infty, -1$]和[$1, +\infty$）内是凸的，在[$-1, 1$]内是凹的，拐点为（$-1, \ln 2$）和（$1, \ln 2$）；

（3）在（$-\infty, +\infty$）内是凹的，无拐点；

（4）在$\left(-\infty, \dfrac{1}{2}\right]$内是凹的，在$\left(\dfrac{1}{2}, +\infty\right)$内是凸的，拐点是$\left(\dfrac{1}{2}, \mathrm{e}^{\arctan\frac{1}{2}}\right)$．

2．拐点为$(2, 2\mathrm{e}^{-2})$；切线方程为：$x+\mathrm{e}^2 y-4=0$；法线方程为：$\mathrm{e}^2 x-y+2\mathrm{e}^{-2}-2\mathrm{e}^2=0$．

3．$a=-\dfrac{3}{2}, b=\dfrac{9}{2}$．

习题 3-6

1．（1）水平渐近线$y=1$；铅直渐近线$x=0$．（2）铅直渐近线$x=1$，$x=-3$；斜渐近线$y=x-2$．

2．略．

习题 3-7

1．（1）总成本 1775（万元），平均单位成本约 1.9722（万元/单位）；（2）1.583；

（3）$C'(900)=1.5$，经济意义为生产 900 个单位时，每增加或减少一个单位的产量，总成本增加或减少 1.5 万元；$C'(1\,000)\approx 1.667$，经济意义为生产 1000 个单位时，每增加或减少一个单位的产量，总成本增加或减少 1.667 万元．

2.总收益 9 975，平均收益 199.5，边际收益 199．

3．（1）总收益$R(20)=120, R(30)=120$，平均收益$\overline{R}(20)=6$，$\overline{R}(30)=4$，边际收益$R'(20)=2$，$R'(30)=-2$；（2）25．

4．$Q=15$．

5．（1）$Q'(6)=-24$．经济意义：在价格$P=6$时，价格上涨一个价格单位（降低一个价格单位），需求量将减少（增加）24 单位；

（2）$\eta(6)\approx 1.846$．经济意义：在价格$P=6$时，价格上涨（或下降）1%，需求量将减少（或增加）1.846%；

（3）$\left.\dfrac{\mathrm{E}R}{\mathrm{E}P}\right|_{p=6}\approx -0.846$．当$P=6$时，若价格$P$下降 2%，总收益将增加 1.692%．

复习题三

1．（1）$\xi=\dfrac{1}{2}$；（2）$(-\infty, 0]$；（3）$\dfrac{2}{3}$；（4）$(-\infty, 2]$；（5）$y(1)=0$．

2．（1）C；（2）A；（3）D；（4）B；（5）C．

3．（1）$\dfrac{4}{3}$；（2）$-\dfrac{1}{6}$；（3）$a_1 a_2\cdots a_n$；（4）凸的；（5）①$\dfrac{P}{20-P}$，②$10<P<20$；

（6）单增区间为$[-1, 1]$，单减区间为$(-\infty, -1]$、$[1, +\infty)$；极小值$y(-1)=-\dfrac{1}{2}$，极大值$y(1)=\dfrac{1}{2}$．

（7）最大值$M=\sqrt[3]{4}$，最小值$m=\sqrt[3]{4}-\sqrt[3]{3}$；

（8）极大值 $f(-\sqrt{3})=-\dfrac{\sqrt{3}}{4}$，极小值 $f(\sqrt{3})=\dfrac{\sqrt{3}}{4}$.

4．提示：设 $F(x)=\dfrac{f(x)}{x}, x\in(0,+\infty)$.

第四章

习题 4-1

1．（1）$\dfrac{2}{5}x^{\frac{5}{2}}+C$；（2）$-\dfrac{3}{2}\cdot\dfrac{1}{x\sqrt{x}}+C$；（3）$\dfrac{1}{5}x^5+\dfrac{2}{3}x^3+x+C$；

（4）$\dfrac{1}{3}x^3-\dfrac{2}{3}x^{\frac{3}{2}}+\dfrac{2}{5}x^{\frac{5}{2}}-x+C$；（5）$-\dfrac{1}{x}-\arctan x+C$；（6）$x^3+\arctan x+C$；

（7）$2\mathrm{e}^x+3\ln|x|+C$；（8）$\mathrm{e}^x-2\sqrt{x}+C$；（9）$\dfrac{1}{2}\tan x+C$；

（10）$-\cot x-\tan x+C$；（11）$-\cot x-x+C$；（12）$\tan x-\sec x+C$；

（13）$\sin x+\cos x+C$；（14）$\dfrac{1}{2}(x+\sin x)+C$；（15）e^x+x+C .

2．$x^2+10x+20$.　3．$y=\ln|x|+1$.

习题 4-2

1．（1）$\dfrac{1}{5}$；（2）$-\dfrac{1}{2}$；（3）$\dfrac{1}{20}$；（4）$\dfrac{1}{2}$；（5）$\dfrac{1}{2}$；（6）$-\dfrac{1}{2}$；（7）$\dfrac{1}{2}$；（8）-1 .

2．（1）$\dfrac{1}{5}\mathrm{e}^{5x}+C$；（2）$-\dfrac{1}{8}(3-2x)^4+C$；（3）$-\dfrac{1}{2}(2-3x)^{\frac{2}{3}}+C$；

（4）$-\dfrac{1}{2}\ln|1-2x|+C$；（5）$-2\cos\sqrt{x}+C$；（6）$-\dfrac{1}{2}\mathrm{e}^{-x^2}+C$；

（7）$\arctan\mathrm{e}^x+C$；（8）$\ln|\ln\ln x|+C$；（9）$-\ln\left|\cos\sqrt{1+x^2}\right|+C$；

（10）$\ln|\tan x|+C$；（11）$\dfrac{1}{2}\sin x^2+C$；（12）$\dfrac{3}{2}(\sin x-\cos x)^{\frac{2}{3}}+C$；

（13）$\dfrac{1}{2}\sec^2 x+C$；（14）$\dfrac{1}{2}\arcsin\dfrac{2x}{3}+\dfrac{1}{4}\sqrt{9-4x^2}+C$；（15）$\dfrac{1}{2}(x^2-9\ln|9+x^2|)+C$；

（16）$\ln|x|-\dfrac{1}{7}\ln|x^7+1|+C$;（17）$\sin x-\dfrac{1}{3}\sin^3 x+C$；（18）$-\dfrac{1}{10}\cos 5x+\dfrac{1}{2}\cos x+C$；

（19）$\dfrac{1}{3}\sec^3 x-\sec x+C$；（20）$-\dfrac{10^{2\arccos x}}{2\ln 10}+C$；（21）$\dfrac{1}{3}\ln\left|\dfrac{x-2}{x+1}\right|+C$；

（22）$-\dfrac{1}{x\ln x}+C$；（23）$x-\ln|1-\mathrm{e}^x|+C$；（24）$(\arctan\sqrt{x})^2+C$.

3．（1）$\sqrt{2x}-\ln\left|1+\sqrt{2x}\right|+C$；（2）$\sqrt{x^2-9}-3\arccos\dfrac{3}{x}+C$；（3）$\arcsin x-\dfrac{x}{1+\sqrt{1-x^2}}+C$；

（4）$\arccos\dfrac{1}{x}+C$；（5）$\dfrac{x}{\sqrt{x^2+1}}+C$；

（6）$\dfrac{9}{2}\arcsin\dfrac{x+2}{3}+\dfrac{x+2}{2}\sqrt{5-4x-x^2}+C$；（7）$-\dfrac{\sqrt{1-x^2}}{x}-\arcsin x+C$；

（8）$2\sqrt{x}-3\sqrt[3]{x}+6\sqrt[6]{x}-6\ln\left|\sqrt[6]{x}+1\right|+C$；（9）$\frac{1}{2}\ln\left|\sqrt{1+x^4}-1\right|-\ln|x|+C$.

习题 4-3

1.（1）$-x\cos x+\sin x+C$；　（2）$x\ln(1+x^2)-2x+2\arctan x+C$；

（3）$x\arcsin x+\sqrt{1-x^2}+C$；　（4）$x\ln^2 x-2x\ln x+2x+C$；

（5）$-\frac{1}{2}x^2+x\tan x+\ln|\cos x|+C$；　（6）$-\frac{1}{4}x\cos 2x+\frac{1}{8}\sin 2x+C$；

（7）$\frac{1}{2}e^{-x}(\sin x-\cos x)+C$；　（8）$\frac{1}{3}x^3\arctan x-\frac{1}{6}x^2+\frac{1}{6}\ln\left|1+x^2\right|+C$；

（9）$-\frac{1}{2}e^{-2x}\left(x+\frac{1}{2}\right)+C$；　（10）$\frac{1}{6}x^3+\frac{1}{2}x^2\sin x+x\cos x-\sin x+C$；

（11）$\frac{x}{2}(\cos\ln x+\sin\ln x)+C$；　（12）$x(\arcsin x)^2+2\sqrt{1-x^2}\ \arcsin x-2x+C$；

（13）$\frac{1}{2}e^x-\frac{1}{10}e^x(\cos 2x+2\sin 2x)+C$；

（14）$\frac{1}{2}x^2\ln(1+x)-\frac{1}{2}x^2\ln(1-x)-\frac{1}{2}\ln|x+1|+\frac{1}{2}\ln|x-1|+x+C$；（15）$(3\sqrt[3]{x^2}-6\sqrt[3]{x}+6)e^{\sqrt[3]{x}}+C$.

2. $\frac{x\cos x-2\sin x}{x}+C$.　3. $\frac{(x-2)e^x}{x}+C$.　4. $x\ln x$.

习题 4-4

1.（1）$\frac{1}{3}x^3-\frac{3}{2}x^2+9x-27\ln|x+3|+C$；（2）$\frac{1}{3}x^3+\frac{1}{2}x^2+x+8\ln|x|-4\ln|x+1|-3\ln|x-1|+C$；

（3）$\ln|x|-\frac{1}{2}\ln\left|1+x^2\right|+C$；　（4）$-\frac{1}{x-1}-\frac{1}{(x-1)^2}+C$；　（5）$2\ln\left|\frac{x+3}{x+2}\right|-\frac{3}{x+3}+C$；

（6）$\frac{1}{2}\ln\left|x^2-1\right|+\frac{1}{x+1}+C$；　（7）$\ln|x+1|-\frac{1}{2}\ln\left|x^2-x+1\right|+\sqrt{3}\arctan\frac{2x-1}{\sqrt{3}}+C$；

（8）$\ln|x|-\frac{1}{2}\ln|x+1|-\frac{1}{4}\ln\left|x^2+1\right|-\frac{1}{2}\arctan x+C$；（9）$2\ln|x+2|-\frac{3}{2}\ln|x+3|-\frac{1}{2}\ln|x+1|+C$；

2.（1）$\frac{1}{\sqrt{2}}\arctan\frac{\tan\frac{x}{2}}{\sqrt{2}}+C$；　（2）$\frac{2}{\sqrt{3}}\arctan\frac{2\tan\frac{x}{2}+1}{\sqrt{3}}+C$；

（3）$\frac{\sqrt{3}}{6}\arctan\frac{\sqrt{3}\tan x}{2}+C$；　（4）$\frac{1}{2}(x+\ln|\cos x+\sin x|)+C$.

复习题四

1.（1）$\frac{1}{2}f(x^2)+C$；（2）$-\frac{1}{3}(1-x^2)^{\frac{3}{2}}+C$；（3）$xf(x)+C$；（4）$-\frac{\ln x}{x}+C$；（5）$x+e^x+C$.

2.（1）C；（2）B；（3）A；（4）D；（5）B.

3.（1）$2x\sqrt{e^x-1}-4\sqrt{e^x-1}+4\arctan\sqrt{e^x-1}+C$；（2）$\sec x+x-\tan x+C$；

（3）$\frac{1}{3}(1+x^2)^{\frac{3}{2}}-(1+x^2)^{\frac{1}{2}}+C$；　（4）$-2x\cos\sqrt{x}+4\sqrt{x}\sin\sqrt{x}+4\cos\sqrt{x}+C$；

（5）$e^{\sin x}(x-\sec x)+C$；　（6）$\frac{xe^x}{1+e^x}-\ln\left|1+e^x\right|+C$；

（7）$x\arctan x-\frac{1}{2}\ln\left|1+x^2\right|-\frac{1}{2}(\arctan x)^2+C$；（8）$\frac{1-2\ln x}{x}+C$.

4．略．

第五章

习题 5-1

1．（1）$\dfrac{b^2-a^2}{2}$；（2）e−1． 2．略．

3．（1）$6\leqslant\int_1^4(x^2+1)\mathrm{d}x\leqslant 51$； （2）$\pi\leqslant\int_{\frac{\pi}{4}}^{\frac{5}{4}\pi}(1+\sin^2 x)\,\mathrm{d}x\leqslant 2\pi$；

（3）$\dfrac{2}{5}\leqslant\int_1^2\dfrac{x}{1+x^2}\mathrm{d}x\leqslant\dfrac{1}{2}$； （4）$-2\mathrm{e}^2\leqslant\int_2^0\mathrm{e}^{x^2-x}\,\mathrm{d}x\leqslant -2\mathrm{e}^{-\frac{1}{4}}$．

4．（1）$\int_0^{\frac{\pi}{2}}x\mathrm{d}x$ 较大；（2）$\int_0^1 x^2\mathrm{d}x$ 较大；（3）$\int_1^2\ln x\mathrm{d}x$ 较大；（4）$\int_0^1\mathrm{e}^x\mathrm{d}x$ 较大．

习题 5-2

1．1；$\dfrac{\sqrt{2}}{2}$．

2．（1）$\sqrt{1+x}$；（2）$6x\sqrt{1+x^4}$；（3）$\cos(\pi\sin^2 x)(\sin x-\cos x)$；（4）$\dfrac{2\sin x^2}{x}-\dfrac{\sin\sqrt{x}}{2x}$．

3．（1）$\dfrac{1}{2}$；（2）1；（3）1． 4．（1）$\dfrac{4}{3}$；（2）12；（3）$\dfrac{271}{6}$；（4）$\dfrac{21}{8}$；

（5）$1-\dfrac{\pi}{4}$；（6）$\dfrac{\pi}{2}$；（7）1；（8）$\dfrac{\pi}{6}$；（9）4．

5．函数在 $[-2,0]$, $[4,6]$ 上单调增加，在 $[0,4]$ 上单调减少．极大值为 $y(0)=0$，极小值为 $y(4)=-\dfrac{32}{3}$．曲线在 $[-2,2]$ 上是凸的，在 $[2,6]$ 上是凹的．拐点为 $\left(2,-\dfrac{16}{3}\right)$．

6．$2\cos x^2$． 7．$\cot t$． 8．略． 9．$F(x)=\begin{cases}0, & x<0,\\ \dfrac{1}{2}(1-\cos x), & 0\leqslant x\leqslant\pi,\\ 1, & x>\pi.\end{cases}$

习题 5-3

1．（1）$\dfrac{65}{4}$；（2）$2(2-\arctan 2)$；（3）$\dfrac{51}{512}$；（4）$\pi-\dfrac{4}{3}$；（5）$2-\dfrac{\pi}{2}$；（6）$\dfrac{\pi}{3}+\dfrac{\sqrt{3}}{2}$；

（7）$10+12\ln 2-4\ln 3$；（8）$\sqrt{3}-\dfrac{\pi}{3}$；（9）$\dfrac{\pi}{6}$；（10）$\sqrt{2}-\dfrac{2\sqrt{3}}{3}$；（11）$1-\mathrm{e}^{-\frac{1}{2}}$；（12）0；

（13）$\dfrac{4}{3}$；（14）$1-\dfrac{\pi}{4}$．

2．（1）0；（2）$\dfrac{3\pi}{2}$；（3）0；（4）$\dfrac{22}{3}$． 3．$\dfrac{\pi}{2}$，（1）$\dfrac{9\pi}{2}$；（2）-6π． 4．略． 5．略． 6．略．

习题 5-4

1．（1）$1-\dfrac{2}{\mathrm{e}}$；（2）$\ln 2-\dfrac{1}{2}$；（3）$\dfrac{\pi}{4}-\dfrac{1}{2}$；（4）$\dfrac{1}{2}(\mathrm{e}\sin 1-\mathrm{e}\cos 1+1)$；（5）$\dfrac{\pi}{4}$；（6）$\pi^2$；

（7）$2-\dfrac{3}{4\ln 2}$；（8）$2-\dfrac{2}{\mathrm{e}}$；（9）$\dfrac{\pi}{4}-\dfrac{1}{2}\ln 2$．

2．（1）$(a+1)\mathrm{e}^{-a}-(b+1)\mathrm{e}^{-b}$；（2）$(b-1)\mathrm{e}^{b}-(a-1)\mathrm{e}^{a}$；（3）$(1-a)\mathrm{e}^{a}-(b+1)\mathrm{e}^{-b}$．

3．$\frac{1}{2}(\cos1-1)$．　　4．$\frac{\pi}{4}$．

习题 5-5

1．（1）1；（2）发散；（3）$\frac{1}{3}$；（4）1；（5）发散；（6）1；（7）2；（8）π；（9）$\frac{\pi}{2}$．

2．当$k>1$时，收敛于$\frac{1}{(k-1)(\ln 2)^{k-1}}$；当$k\leqslant 1$时，发散．

3．发散．　　4．1．　　5．（1）30；（2）$\frac{16}{105}$；（3）24；（4）$\frac{\sqrt{2}\pi}{16}$．

复习题五

1．（1）$\left(0,\frac{1}{4}\right)$；（2）0；（3）$\frac{\sqrt{\mathrm{e}}}{2}$；（4）$g(x)f(x)+g'(x)\int_a^x f(t)\mathrm{d}t$；（5）1.

2．（1）C；（2）D；（3）B；（4）D；（5）B．

3．（1）$2(\sqrt{2}-1)$；（2）$\ln2-\frac{1}{2}$；（3）$\frac{\pi}{4}$；（4）$\frac{\pi}{8}-\frac{1}{4}\ln2$；（5）$\frac{1}{2}$；（6）0；（7）$\frac{3}{2}\ln2$；

（8）$\sqrt{3}-\frac{\pi}{3}$．

4．略．

第六章

习题 6-1

1．（1）$\frac{1}{6}$；（2）$\frac{4}{3}a\sqrt{a}$；（3）$\frac{8}{3}$；（4）$\frac{4}{3}$；（5）$\frac{3}{2}-\ln2$；（6）1；（7）$b-a$；（8）$\frac{5}{2}$．

2．$\frac{1}{2}$．　　3．$\frac{\mathrm{e}}{2}-1$．

4．（1）$V_x=\frac{128}{7}\pi,\ V_y=\frac{64}{5}\pi$；　　（2）$V_x=\frac{15}{2}\pi,\ V_y=\frac{124}{5}\pi$．

（3）$V_x=\frac{3}{10}\pi$，$V_y=\frac{3}{10}\pi$；　　（4）$V_x=\frac{\pi^2}{4},\ V_y=2\pi$．

5．$160\pi^2$．　　6．$\frac{4\sqrt{3}}{3}R^3$．

习题 6-2

1．30 万件；80 万件．

2．（1）4 987.5 元；（2）$R(x)=100x-\frac{x^2}{200}$，$\overline{R}(x)=100-\frac{x}{200}$．

3．（1）$L(x)=-0.4x^2+16x-2$；（2）20（百台），最大利润 158（万元）．

复习题六

1．（1）$\frac{37}{12}$；（2）$2\sqrt{2}$；（3）$\frac{\pi^2}{2}$；（4）1；（5）$2\pi a x_0^2$．

2．（1）D；（2）A；（3）B；（4）B；（5）D．

3．（1）$\frac{5}{2}$；（2）4；（3）当$t=\frac{\pi}{4}$时，S最小，当$t=0$，S最大；（4）$4\pi\ln2-\frac{3\pi}{2}$；

（5）$\dfrac{\pi}{6}$；（6）$2\pi^2 a^2 b$；（7）$\dfrac{\pi R^2 h}{2}$；（8）$L(x)=4x-\dfrac{2}{3}x^2-1$，最大利润为 5 万元.

4．略.

第七章

习题 7-1

1．A：Ⅰ，B：Ⅳ，C：Ⅵ，D：Ⅶ，E：Ⅴ.

2．$(3,-2,1)$，$(-3,-2,1)$，$(3,2,1)$，$(3,-2,-1)$，$(-3,2,1)$，$(3,2,-1)$，$(-3,-2,-1)$.

3．$d_0=\sqrt{50},\ d_x=\sqrt{34},\ d_y=\sqrt{41},\ d_z=5$.

4．略． 5．$x+2y=0$.

6．$x^2+y^2+z^2-2x-6y+4z=0$． 7．旋转抛物面，方程为 $z=x^2+y^2$.

习题 7-2

1．（1）$D=\{(x,y)\mid |y|\leqslant |x|, x\neq 0\}$；（2）$D=\{(x,y)\mid y>x, x\geqslant 0, x^2+y^2<1\}$；

（3）$D=\{(x,y)\mid x^2+y^2\leqslant 4, y>x\}$；　（4）$D=\left\{(x,y)\middle| -\dfrac{1}{2}\leqslant x\leqslant \dfrac{1}{2}, y^2\leqslant 4x, 0<x^2+y^2<1\right\}$.

2.（1）$\dfrac{x^2(1+y)}{1-y}$；（2）$\dfrac{x\cdot e^x}{y e^{2y}}$． 3.（1）$-\dfrac{1}{4}$；（2）$\ln 2$；（3）0；（4）e；（5）2；（6）$-2$． 4．略.

习题 7-3

1．（1）$\dfrac{\partial z}{\partial x}=2xy^2,\ \dfrac{\partial z}{\partial y}=2x^2y$；

（2）$\dfrac{\partial z}{\partial x}=yx^{y-1},\ \dfrac{\partial z}{\partial y}=x^y\ln x$；

（3）$\dfrac{\partial z}{\partial x}=\cot(x-2y)$，$\dfrac{\partial z}{\partial y}=-2\cot(x-2y)$；

（4）$\dfrac{\partial u}{\partial x}=\dfrac{y}{z}x^{\frac{y}{z}-1},\ \dfrac{\partial u}{\partial y}=\dfrac{1}{z}x^{\frac{y}{z}}\ln x,\ \dfrac{\partial u}{\partial z}=-\dfrac{y}{z^2}x^{\frac{y}{z}}\ln x$；

（5）$\dfrac{\partial u}{\partial x}=\dfrac{x}{\sqrt{x^2+y^2+z^2}},\ \dfrac{\partial u}{\partial y}=\dfrac{y}{\sqrt{x^2+y^2+z^2}},\ \dfrac{\partial u}{\partial z}=\dfrac{z}{\sqrt{x^2+y^2+z^2}}$；

（6）$\dfrac{\partial u}{\partial x}=\dfrac{z(x-y)^{z-1}}{1+(x-y)^{2z}},\dfrac{\partial u}{\partial y}=\dfrac{-z(x-y)^{z-1}}{1+(x-y)^{2z}},\dfrac{\partial u}{\partial z}=\dfrac{(x-y)^z\ln(x-y)}{1+(x-y)^{2z}}$

2．（1）-1，0；（2）$\dfrac{1}{4}$，$\dfrac{1}{4}$；（3）$\dfrac{1}{2}$，1，$\dfrac{1}{2}$． 3．略.

4．$\dfrac{\partial u}{\partial x}=-zf(xz),\ \dfrac{\partial u}{\partial y}=zf(yz),\ \dfrac{\partial u}{\partial z}=-xf(xz)+yf(yz)$.

5．$z''_{xx}=-\dfrac{2x}{(1+x^2)^2},\ z''_{xy}=0,\ z''_{yx}=0,\ z''_{yy}=-\dfrac{2y}{(1+y^2)^2}$.

6．$\dfrac{\partial^2 z}{\partial x^2}=y^x\ln^2 y,\ \dfrac{\partial^2 z}{\partial y^2}=x(x-1)y^{x-2},\ \dfrac{\partial^2 z}{\partial x\partial y^2}=y^{x-1}(1+x\ln y)$． 7．略.

习题 7-4

1．（1）$\dfrac{\sqrt{xy}}{2xy^2}(y\mathrm{d}x-x\mathrm{d}y)$；　（2）$\dfrac{x}{x^2+y^2}\mathrm{d}x+\dfrac{y}{x^2+y^2}\mathrm{d}y$；

（3）$\dfrac{1}{1+x^2y^2}(y\mathrm{d}x+x\mathrm{d}y)$；　　（4）$yzx^{yz-1}\mathrm{d}x+zx^{yz}\ln x\mathrm{d}y+yx^{yz}\ln x\mathrm{d}z$．

2．$\mathrm{d}x-\mathrm{d}y$．　3．$\Delta z=-0.119,\ \mathrm{d}z=-0.125$．　4．$0.25\mathrm{e}$．　5．$\dfrac{1}{5}$．　6．（1）2.95；（2）2.039 3．

习题 7-5

1．（1）$\mathrm{e}^{\sin t-2t^3}(\cos t-6t^2)$；　（2）$\dfrac{3(1-4t^2)}{\sqrt{1-(3t-4t^3)^2}}$；　（3）$\mathrm{e}^x(\sin x+\cos x)$；

（4）$4t^3+36t+30$；　（5）$\mathrm{e}^{ax}\sin x$．

2．（1）$\dfrac{\partial z}{\partial x}=3x^2\sin y\cos y(\cos y-\sin y)$，$\dfrac{\partial z}{\partial y}=-2x^3\sin y\cos y(\sin y+\cos y)+x^3(\sin^3 y+\cos^3 y)$；

（2）$\dfrac{\partial z}{\partial x}=\dfrac{2y^2}{x(x^2+y^2)}-\dfrac{2y^2}{x^3}\ln(x^2+y^2)$，$\dfrac{\partial z}{\partial y}=\dfrac{2y}{x^2}\ln(x^2+y^2)+\dfrac{2y^3}{x^2(x^2+y^2)}$；

（3）$\dfrac{\partial z}{\partial x}=\mathrm{e}^{xy}\left[y\sin(\sqrt{x}+\sqrt{y})+\dfrac{\cos(\sqrt{x}+\sqrt{y})}{2\sqrt{x}}\right],\dfrac{\partial z}{\partial y}=\mathrm{e}^{xy}\left[x\sin(\sqrt{x}+\sqrt{y})+\dfrac{\cos(\sqrt{x}+\sqrt{y})}{2\sqrt{y}}\right]$．

（4）$\dfrac{\partial z}{\partial x}=\dfrac{1}{y}\cos\dfrac{x}{y}+y,\ \dfrac{\partial z}{\partial y}=-\dfrac{x}{y^2}\cos\dfrac{x}{y}+x$．

3．（1）$\dfrac{\partial z}{\partial x}=f_1'+yf_2'+f_3'$，$\dfrac{\partial z}{\partial y}=xf_2'-f_3'$；

（2）$\dfrac{\partial u}{\partial x}=\dfrac{1}{y}f_1'$，$\dfrac{\partial u}{\partial y}=-\dfrac{x}{y^2}f_1'+\dfrac{1}{z}f_2'$，$\dfrac{\partial u}{\partial z}=-\dfrac{y}{z^2}f_2'$．

4．（1）$\dfrac{\partial^2 z}{\partial x^2}=f_{11}''+\dfrac{2}{y}f_{12}''+\dfrac{1}{y^2}f_{22}''$，$\dfrac{\partial^2 z}{\partial x\partial y}=-\dfrac{x}{y^2}f_{12}''-\dfrac{x}{y^3}f_{22}''-\dfrac{1}{y^2}f_2'$，$\dfrac{\partial^2 z}{\partial y^2}=\dfrac{2x}{y^3}f_2'+\dfrac{x^2}{y^4}f_{22}''$；

（2）$\dfrac{\partial^2 z}{\partial x^2}=y^2f_{11}''+4xyf_{12}''+4x^2f_{22}''+2f_2'$，$\dfrac{\partial^2 z}{\partial x\partial y}=xyf_{11}''+2(x^2+y^2)f_{12}''+4xyf_{22}''+f_1'$，

$\dfrac{\partial^2 z}{\partial y^2}=x^2f_{11}''+4xyf_{12}''+4y^2f_{22}''+2f_2'$．

5．略．　6．略．　7．$yf''+y\varphi''+\varphi'$．

习题 7-6

1．$-\dfrac{y}{x}$．　2．$\dfrac{x+y}{x-y}$．　3．$\dfrac{\partial z}{\partial x}=-\dfrac{yz}{xy-\mathrm{e}^z},\ \dfrac{\partial z}{\partial y}=-\dfrac{xz}{xy-\mathrm{e}^z}$．

4．$\dfrac{\partial z}{\partial x}=-\dfrac{\sin 2x}{\sin 2z},\quad \dfrac{\partial z}{\partial y}=-\dfrac{\sin 2y}{\sin 2z}$．　5．$z_x'(0,1)=\mathrm{e}^4$，$z_y'(0,1)=-\mathrm{e}^2$．

6．$\mathrm{d}z=-\mathrm{d}x-\mathrm{d}y$．　7．$\dfrac{\partial^2 z}{\partial x\partial y}=\dfrac{2z}{(x+y)^2}$．　8．$\dfrac{\partial z}{\partial x}=\dfrac{2x}{\varphi'-2z},\ \dfrac{\partial z}{\partial y}=\dfrac{y\varphi-z\varphi'}{2yz-y\varphi'}$．

习题 7-7

1.极小值 $f(1,1)=-1$．　2．极大值 $f\left(\dfrac{\pi}{3},\dfrac{\pi}{3}\right)=\dfrac{3\sqrt{3}}{2}$．

3.极小值 $f(-2,0)=-2\mathrm{e}^{-1}$．　4．极大值 $z(1,1)=1$．

5．$P_1=\dfrac{63}{2}$(万元)，$P_2=14$(万元)．　6．$2ab$．　7．长、宽都为$\sqrt[3]{2V}$，高为$\dfrac{\sqrt[3]{2V}}{2}$．

8．（1）$x_1=0.75,x_2=1.25$；（2）将 1.5 万元全部用于报纸广告费用．

复习题七

1．（1）$2z$；（2）$\cos(xy)e^{\sin(xy)}(y\,dx+x\,dy)$；（3）$yf_1'+\frac{1}{y}f_2'-\frac{y}{x^2}g'$；（4）2；（5）$\pi^2 e^{-2}$．

2．（1）B；（2）A；（3）D；（4）C；（5）D.

3．（1）$\frac{-ydx+xdy}{x^2+y^2}$；　（2）$\frac{\partial z}{\partial x}=\frac{z}{x+z}$，$\frac{\partial z}{\partial y}=\frac{z^2}{y(x+z)}$；

（3）$\frac{\partial z}{\partial x}=(1+xy)^x\left[\ln(x+y)+\frac{xy}{1+xy}\right]$，$\frac{\partial z}{\partial y}=x^2(1+xy)^{x-1}$；（4）$\frac{2y}{x}f'\left(\frac{y}{x}\right)$；

（5）$\frac{1}{1+\varphi'}[(2x-\varphi')dx+(2y-\varphi')dy]$；　（6）$e^x f_u'+ye^{2x}f_{uu}''+ye^x f_{uy}''+e^x f_{xu}''+f_{xy}''$；

（7）$\frac{du}{dx}=f_x'-\frac{y}{x}f_y'+\left[1-\frac{e^x(x-z)}{\sin(x-z)}\right]f_z'$；（8）$\left(-\frac{1}{4},-\frac{1}{4}\right)$.

4．略.

第八章

习题 8-1

1．（1）$\frac{1}{3}\pi R^3$；（2）$\frac{2}{3}\pi R^3$．

2．（1）$\iint\limits_D(x^2-y^2)d\sigma \geqslant \iint\limits_D\sqrt{x^2-y^2}d\sigma$；（2）$\iint\limits_D\ln(x+y)d\sigma \geqslant \iint\limits_D[\ln(x+y)]^2d\sigma$．

3．（1）$22\pi \leqslant \iint\limits_D(x+y+10)d\sigma \leqslant 30\pi$；　（2）$(\sqrt{5}-1)\pi \leqslant \iint\limits_D\sqrt{x^2+y^2}d\sigma \leqslant (\sqrt{5}+1)\pi$．

习题 8-2

1．（1）$\frac{421}{336}$；（2）$\frac{27}{64}$；（3）$\frac{1}{2}e-1$；（4）$\frac{32}{15}\sqrt{2}$；（5）$\frac{64}{15}$；（6）$\frac{1}{6}-\frac{1}{3e}$．

2．（1）$\int_0^1dx\int_x^1 f(x,y)\,dy$；　（2）$\int_{-1}^0dy\int_{-\sqrt{1-y^2}}^{\sqrt{1-y^2}}f(x,y)\,dx+\int_0^1dy\int_{-\sqrt{1-y}}^{\sqrt{1-y}}f(x,y)\,dx$；

（3）$\int_0^1dx\int_{x^2}^{x}f(x,y)\,dy$；　（4）$\int_0^2dy\int_{\frac{y}{2}}^{y}f(x,y)\,dx+\int_2^4dy\int_{\frac{y}{2}}^{2}f(x,y)\,dx$．

3．（1）$\frac{15}{4}$；（2）$\frac{1}{12}\left(1-\frac{2}{e}\right)$．　4．（1）$\frac{1}{3}$；（2）$2\sqrt{2}$．　5．（1）$\frac{1}{36}$；（2）36.

习题 8-3

1．（1）$\int_{\frac{\pi}{4}}^{\frac{\pi}{2}}d\theta\int_1^2 f(\rho\cos\theta,\rho\sin\theta)\rho d\rho$；

（2）$\int_0^{\frac{\pi}{4}}d\theta\int_0^{\frac{a}{\cos\theta}}f(\rho\cos\theta,\rho\sin\theta)\rho d\rho+\int_{\frac{\pi}{4}}^{\frac{\pi}{2}}d\theta\int_0^{\frac{a}{\sin\theta}}f(\rho\cos\theta,\rho\sin\theta)\rho d\rho$；

2．（1）$\frac{\pi}{8}a^4$；（2）$\sqrt{2}-1$．

3．（1）$\pi\ln 2$；（2）$-6\pi^2$；（3）$\frac{1}{4}\pi^2$；（4）$1+\frac{3\pi}{8}$；（5）$\frac{45}{2}\pi$．

4．$\frac{16a^3(3\pi-4)}{9}$．

复习题八

1.（1）$\frac{1}{2}$；（2）$\int_0^{\frac{1}{2}}dx\int_{x^2}^{x}f(x,y)dy$；（3）$5\pi$；（4）$\frac{\pi}{4}$；（5）$\frac{1}{2}(1-e^{-4})$.

2.（1）C；（2）A；（3）B；（4）B；（5）D.

3.（1）$\frac{2}{9}$；（2）$1-\sin 1$；（3）$e-1$；（4）$\frac{76}{3}$；（5）$\frac{8}{3}$；（6）$\frac{1}{2}-\frac{\pi}{8}$；（7）$\frac{10\sqrt{2}}{9}$；（8）$\frac{3}{8}e-\frac{1}{2}\sqrt{e}$.

4．略.

第九章

习题 9-1

1.（1）$u_n=(-1)^{n-1}\frac{1}{2^{n-1}},n=1,2,\cdots$；（2）$u_n=\frac{n^2}{3n-1},n=1,2,\cdots$；

（3）$u_n=(-1)^{n-1}\frac{n+1}{n},\ n=1,2,\cdots$；（4）$u_n=\frac{1}{(3n-2)(3n+1)},n=1,2,\cdots$.

2.（1）发散；（2）收敛，和为$\frac{1}{2}$；（3）收敛，和为$\frac{3}{2}$；（4）发散．　3．略.

习题 9-2

1.（1）收敛；（2）发散；（3）收敛；（4）当$0<a\leqslant 1$时，发散，当$a>1$时，收敛.

2.（1）发散；（2）收敛；（3）收敛；（4）收敛.

3.（1）收敛；（2）收敛；（3）收敛；（4）发散.

4．略.

习题 9-3

1.（1）收敛；（2）发散；（3）收敛.

2.（1）绝对收敛；（2）条件收敛；（3）发散；（4）绝对收敛.

3．略．　4．略.

习题 9-4

1.（1）$R=1,\ [-1,1]$；（2）$R=+\infty,\ (-\infty,\ +\infty)$；（3）$R=1,\ [-1,1)$；
（4）$R=1,\ [-1,1]$；　（5）$R=3,\ (-2,\ 4)$；　（6）$R=1,\ [-3,-1)$.

2.（1）$s(x)=-\ln|1-x|$；（2）$s(x)=\frac{x}{(1-x)^2}$.

习题 9-5

1.（1）$\sum_{n=0}^{\infty}(-1)^n\frac{x^{2n}}{(2n)!}\ (-\infty<x<+\infty)$；（2）$\sum_{n=1}^{\infty}(-1)^{n-1}\frac{x^n}{n}\ (-1<x\leqslant 1)$.

2.（1）$\ln 2-\sum_{n=1}^{\infty}\frac{x^{2n}}{n2^n}\ (-\sqrt{2}<x<\sqrt{2})$；（2）$\sum_{n=0}^{\infty}\frac{x^{2n}}{(2n)!}\ (-\infty<x<+\infty)$；

（3）$\frac{1}{2}-\sum_{n=0}^{\infty}(-1)^n\frac{2^{2n-1}}{(2n)!}x^{2n}\ \ (-\infty<x<+\infty)$；（4）$\sum_{n=0}^{\infty}\left(\frac{1}{2^{n+1}}-\frac{1}{3^{n+1}}\right)x^n\ (-2<x<2)$.

3.（1）$f(x)=\sum_{n=0}^{\infty}(-1)^n(x-1)^n\ (0<x<2)$；（2）$f(x)=\frac{1}{\ln 10}\sum_{n=0}^{\infty}(-1)^n\frac{(x-1)^{n+1}}{n+1}\ (0<x<2)$.

复习题九

1.（1）$\frac{3}{n(n+1)}$；（2）$\frac{2}{2-\ln 3}$；（3）8；（4）1；（5）$(0,4)$.

2.（1）C；（2）B；（3）C；（4）D；（5）A.

3.（1）收敛，$s=1$；（2）条件收敛；（3）收敛；（4）$[2,4]$；

（5）$[-2,2)$，$s(x)=\begin{cases}-\frac{1}{x}\ln\left(1-\frac{x}{2}\right), & -2\leqslant x<0,\ 0<x<2,\\ \frac{1}{2}, & x=0;\end{cases}$

（6）$s(x)=-\frac{1}{x}$；（7）$\sum_{n=0}^{\infty}\left(1-\frac{1}{2^{n+1}}\right)x^n$，收敛区间为$(-1,1)$；

（8）$s(x)=1-\frac{1}{2}\ln(1+x^2)$，$s(x)$在$x=0$处取极大值，且极大值为$s(0)=1$.　4．略.

第十章

习题 10-1

1.（1）一阶；（2）二阶；（3）一阶；（4）四阶.

2.（1）是；（2）是；（3）是；（4）不是.

3.（1）$\frac{dy}{dx}=x^2$；（2）$y\frac{dy}{dx}+2x=0,\ \ y(1)=0$.

习题 10-2

1.（1）$y^2-x^2=C$；（2）$\cos x\sin y=C$；（3）$y=Cx^2-x$；

（4）$y=e^{Ce^x}$；（5）$e^y=e^x+C$；（6）$\sin\frac{y}{x}=Cx$.

2.（1）$y=1$；（2）$y=x(2+\ln x)^2$；

（3）$y^{-1}=\ln(1-x^2)+1$；（4）$\arcsin\frac{y}{x}=\ln x+\frac{\pi}{6}$.

习题 10-3

1.（1）$y=\frac{C}{x}+\frac{1}{4}x^3$；（2）$y=(1+x^2)(x+C)$；（3）$x=\frac{1}{2}\ln y+\frac{C}{\ln y}$；

（4）$x=y(y+C)$；（5）$y^{-4}=-x+\frac{1}{4}+Ce^{-4x}$；（6）$y^{-1}=-\frac{1}{3}+Ce^{-\frac{3}{2}x^2}$.

2.（1）$y=x\sec x$；（2）$y=\left(x+\frac{5}{2}\right)e^{-x^2}-\frac{1}{2}$；（3）$y^2-x^2=1$.

3. $y=-2x-2+2e^x$.

习题 10-4

1.（1）$y=C_1+C_2e^{6x}$；（2）$y=(C_1+C_2x)e^{3x}$；

（3）$y=C_1\cos 4x+C_2\sin 4x$；（4）$y=e^{-3x}(C_1\cos 2x+C_2\sin 2x)$；

（5）$y=C_1e^{\frac{x}{2}}+C_2e^x$；（6）$y=(C_1+C_2x)e^{-\frac{x}{2}}$.

2.（1）$y=4e^x+2e^{3x}$；（2）$y=\left(1+\frac{7}{3}x\right)e^{-\frac{1}{3}x}$；（3）$y=\cos 2x+2\sin 2x$.

3. $y''-6y'+13y=0$，通解 $y=\mathrm{e}^{3x}(C_1\cos 2x+C_2\sin 2x)$.

4．1.

习题 10-5

1．（1）$y^*=-\frac{1}{4}x^2-\frac{1}{8}$；（2）$y^*=x\left(\frac{1}{4}x+\frac{1}{8}\right)\mathrm{e}^x$；（3）$y^*=\frac{3}{2}x^2\mathrm{e}^{-2x}$

2．（1）$y=C_1\mathrm{e}^{-x}+C_2\mathrm{e}^{-4x}-\frac{1}{2}x+\frac{11}{8}$;　　（2）$y=C_1\mathrm{e}^{4x}+C_2\mathrm{e}^{-2x}-\frac{1}{6}x\mathrm{e}^{-2x}$；

（3）$y=(C_1+C_2x)\mathrm{e}^{-x}+\frac{1}{6}x^3\mathrm{e}^{-x}$；　　（4）$y=C_1\cos x+C_2\sin x+\left(\frac{1}{10}x-\frac{13}{50}\right)\mathrm{e}^{3x}$；

（5）$y=C_1+C_2\mathrm{e}^{-\frac{5}{2}x}+\frac{1}{3}x^3-\frac{3}{5}x^2+\frac{7}{25}x$；（6）$y=C_1+C_2\mathrm{e}^{-x}+2x+\left(\frac{1}{2}x-\frac{3}{4}\right)\mathrm{e}^x$.

3．（1）$y=\mathrm{e}^x-(2x+1)\mathrm{e}^{-2x}$；（2）$y=-5\mathrm{e}^x+\frac{7}{2}\mathrm{e}^{2x}+\frac{5}{2}$；（3）$y=\sin 2x+2x$.

4．$y=\frac{1}{2}(\cos x+\sin x+\mathrm{e}^x)$.

习题 10-6

1．（1）0;（2）$(a-1)^2a^t$；（3）$2\cos\left(t+\frac{1}{2}\right)\sin\frac{1}{2}$；（4）6.

2．（1）三阶;（2）六阶.　　3．$y_t=-1+2^{t+1}$.

4．（1）$y_t=-\frac{3}{4}+A\cdot 5^t$, $y_t=-\frac{3}{4}+\frac{7}{4}\cdot 5^t$；　　（2）$y_t=\frac{1}{3}\cdot 2^t+A\cdot(-1)^t$,　$y_t=\frac{1}{3}\cdot 2^t+\frac{5}{3}\cdot(-1)^t$；

（3）$y_t=-\frac{36}{125}+\frac{1}{25}t+\frac{2}{5}t^2+A\cdot(-4)^t$，$y_t=-\frac{36}{125}+\frac{1}{25}t+\frac{2}{5}t^2+\frac{161}{125}\cdot(-4)^t$；

（4）$y_t=4+A_1\cdot\left(-\frac{7}{2}\right)^t+A_2\cdot\left(\frac{1}{2}\right)^t$, $y_t=4+\frac{1}{2}\cdot\left(-\frac{7}{2}\right)^t+\frac{3}{2}\cdot\left(\frac{1}{2}\right)^t$；

（5）$y_t=4^t\left(A_1\cos\frac{\pi}{3}t+A_2\sin\frac{\pi}{3}t\right)$, $y_t=\frac{1}{2\sqrt{3}}\cdot 4^t\cdot\sin\frac{\pi}{3}t$；

（6）$y_t=(\sqrt{2})^t\left(A_1\cos\frac{\pi}{4}t+A_2\sin\frac{\pi}{4}t\right)$, $y_t=2\cdot(\sqrt{2})^t\cdot\cos\frac{\pi}{4}t$，.

复习题十

1．（1）$(x-4)y^4=Cx$；　　（2）$x^2+2xy-y^2=C$；　　（3）$y=C_1\mathrm{e}^{-2x}+C_2\mathrm{e}^{-3x}$；

（4）$y^*=\frac{1}{3}x\mathrm{e}^{2x}$；　　（5）$y_t=-\frac{5}{72}+\frac{5}{12}t+A(-5)^t$.

2．（1）A;（2）B;（3）D;（4）C;（5）A.

3．（1）$2y^3-x^3=Cx$；　　（2）$y=\mathrm{e}^{-\sin x}[x(\ln x-1)+C]$；　　（3）$\sin y=x+C\mathrm{e}^{-x}$；

（4）$y=(1-3x)\mathrm{e}^{3x}$；　　（5）$y=(C_1+C_2x)\mathrm{e}^{\frac{3}{2}x}+4\mathrm{e}^x$；　　（6）$y=\cos x-\frac{x}{2}\sin x$；

（7）$y_t=A+(t-2)2^t$；　　（8）$y_t=-\frac{7}{90}+\frac{1}{9}t+A_1(-1)^t+A_2(-4)^t$.

4．略.